Hexagonal Boron Nitride and Its Composite Ceramic Materials

六方氮化硼及其复相陶瓷材料

段小明　贾德昌　周　玉　陈　磊等　著

科 学 出 版 社

北　京

内 容 简 介

本书以六方氮化硼陶瓷及其相关的陶瓷复合材料为对象，在介绍氮化硼的晶体结构特征与相转变规律的基础上，系统阐述了国内外六方氮化硼粉体的合成、结构、特征及应用，六方氮化硼基复相陶瓷，六方氮化硼改性的复相陶瓷，以及类六方氮化硼纳米材料等方面的新近研究成果。

本书可作为高等院校材料、物理、化学等专业本科生和研究生的教材或教学参考书，也可供科研院所和厂矿企业等材料、冶金、化工相关专业领域的科研、生产工程技术及相关专业的科技管理人员参考。

图书在版编目(CIP)数据

六方氮化硼及其复相陶瓷材料/段小明等著. —北京：科学出版社，2020. 5

ISBN 978-7-03-063966-0

Ⅰ. ①六… Ⅱ. ①段… Ⅲ. ①氮化硼陶瓷－研究 Ⅳ. ① TQ174.75

中国版本图书馆CIP数据核字（2019）第300119号

责任编辑：刘凤娟 郭学雯 / 责任校对：彭珍珍

责任印制：吴兆东 / 封面设计：无极书装

科学出版社 出版

北京东黄城根北街 16 号

邮政编码: 100717

http://www.sciencep.com

北京虎彩文化传播有限公司 印刷

科学出版社发行 各地新华书店经销

*

2020年5月第 一 版 开本: 720 × 1000 1/16

2021年1月第二次印刷 印张: 19 3/4 插页 4

字数: 392 000

定价：139.00 元

（如有印装质量问题，我社负责调换）

前　言

近些年, 随着材料制备工艺技术方法、检测和评价手段的飞速发展, 之前主要用于耐火材料领域的六方氮化硼陶瓷材料又焕发出新的活力, 并已逐渐成为陶瓷学术界的研究热点之一, 相关的研究论文数量呈逐年显著增加的态势, 因而也日益受到各国工业界的关注。目前, 已逐渐发展出多种氧化物、氮化物、碳化物、硼化物复合强韧化的六方氮化硼基复相陶瓷, 而晶粒定向排列且具有各向异性的织构化六方氮化硼陶瓷、显微组织形态各异的氮化硼纳米材料 (纳米颗粒、纳米管、纳米片) 等多种新型氮化硼类材料也不断涌现, 极大地丰富了氮化硼陶瓷家族的体系。六方氮化硼陶瓷材料的制备技术也取得快速发展, 从传统的热压烧结和无压烧结, 发展出热等静压烧结、放电等离子烧结、先驱体合成等多种手段, 所制备材料的力学、热学、电学性能也得到了极大的改善和提高。六方氮化硼陶瓷材料的应用也已从传统的耐火材料拓展到天线罩、天线窗盖板、霍尔推进器通道、薄带连铸侧封板、微纳米器件等高技术领域, 为航天、国防和国民经济建设提供了有力支撑。

哈尔滨工业大学周玉院士、贾德昌教授团队, 在新型六方氮化硼基复相陶瓷材料的合成、烧结、性能表征及其在航天、国防和冶金等领域的应用方面开展了较为系统的研究工作。本书涵盖了团队多年来的相关研究成果, 并综合吸纳了现阶段国内外其他团队的最新研究成果, 是对六方氮化硼陶瓷与陶瓷复合材料等相关领域学术前沿和工程化应用方面研究结果全面、系统的归纳总结。

全书共 6 章, 由贾德昌教授负责全书内容规划, 具体内容与撰写分工如下：第 1 ~ 3 章由贾德昌、周玉、段小明共同撰写, 4.2.3、4.5、5.1、5.2 节由陈磊撰写, 4.2.1、4.3 节由田卓撰写, 4.2.2、5.3 节由蔡德龙撰写, 4.4 节由杨治华撰写, 5.4 节由王玉金撰写, 其余章节由段小明撰写。博士研究生张卓、邱宝付、汪其堃等参与了资料收集、整理, 在此一并向他们表示衷心的感谢!

感谢国家自然科学基金创新研究群体、国家杰出青年科学基金和国家自然科学基金面上项目、总装备部与国家国防科技工业局及相关横向课题和教育部长江学者奖励计划的资助。

鉴于相关材料体系复杂, 相关研究亦尚不彻底, 加之水平和学识有限, 疏漏和不妥之处在所难免, 恳请读者批评指正。

作　者
于哈尔滨工业大学科学园
2019 年 10 月

目　录

第 1 章　绪　　论

1.1　六方氮化硼的特性

六方氮化硼 (hexagonal boron nitride, h-BN) 由相等原子个数的 B、N 两种元素构成。它不是自然产生的化合物，最早是由 Balmain[1] 在 1842 年通过熔融的硼酸 (H_3BO_3) 与氰化钾 (KCN) 合成得到的，而其性质的正式确认则是在 1850 年由 Wohler 通过几乎纯净的氮化硼化合物完成的。h-BN 的理论密度为 $2.27g/cm^3$，其晶体具有类似石墨的层状结构，粉体状态呈现松散、润滑、易吸潮、质轻等性状，烧结得到的纯 h-BN 块体是纯白色的，所以其又被称为“白色石墨”。独特的晶体结构赋予了 h-BN 一系列特殊的性能。

1.1.1　力学性能

与氧化铝 (Al_2O_3)、氧化锆 (ZrO_2)、碳化硅 (SiC)、氮化硅 (Si_3N_4) 等陶瓷材料不同，h-BN 陶瓷属于软性材料，其莫氏硬度仅为 2，是所有陶瓷材料中硬度最低的。h-BN 的弹性模量、抗弯强度等力学性能也相对较低，传统纯 h-BN 陶瓷的弹性模量为 $30 \sim 40$ GPa，抗弯强度也仅为 $50 \sim 70$ MPa，难以满足大多数构件对力学性能的要求。通过添加烧结助剂和增强相等方式，可以有效提高其性能，使 h-BN 基复相陶瓷的弹性模量提高到 $70 \sim 80$ GPa，抗弯强度达到 200 MPa 以上。

此外，纯 h-BN 陶瓷具有良好的高温力学性能，在高温下没有类似石墨的负载软化现象，在室温至 1000℃ 乃至更高的温度范围内，其抗弯强度能够保持不降低甚至有所提升，这对于将其应用于高温结构件是十分有利的，可提高其在高温环境下使用的可靠性。而 h-BN 基复相陶瓷中第二相往往会对高温性能产生不利影响，如氧化硼 (B_2O_3) 经常作为 h-BN 陶瓷的黏结剂和杂质相存在，但含有B_2O_3的 h-BN 陶瓷一旦温度升高，其性能将迅速下降，抗弯强度从室温时的 100 MPa 降低到 1000℃ 时的 14 MPa[2]。

由于 h-BN 陶瓷硬度低，且具有自润滑特性，因此其机械加工性能好，可以通过常规的车、铣、钻、磨、切等方法进行加工，制成各种形状复杂的构件。h-BN 还可以作为改性相加入其他陶瓷中，降低材料的硬度，改善可加工性。

1.1.2　热学性能

h-BN 具有良好的高温稳定性，在标准大气压下无明显熔点，在 3000℃ 以上发生升华。在氮气 (N_2) 或氩气 (Ar) 气氛中，h-BN 的耐热温度可达到 2800℃，且不发生软化，在中性还原气氛中耐热温度也可达 2000℃；但其在氧气 (O_2) 气氛中易发生氧化生成低熔点的氧化硼，导致其稳定性较差，使用温度一般在 900℃以下。

h-BN 具有优良的导热性，热压致密块体陶瓷的室温热导率可达 50 W/(m·K) 以上，在陶瓷材料中仅次于氧化铍 (BeO, 243 W/(m·K)) 和氮化铝 (AlN, 175 W/(m·K))，与钢铁的热导率接近。值得指出的是，h-BN 陶瓷的热导率随温度上升而下降的趋势不大，在 600℃ 以上时，其热导率高于 BeO，在 1000℃时，垂直 c 轴排列方向的热导率约为 27 W/(m·K)，高于绝大部分电绝缘体 (热压烧结的 h-BN 存在织构特征，导致不同方向的性能有差异)。如果通过向其中添加烧结助剂、改性相等来提高 h-BN 基复相陶瓷的致密度，其热导率可望得到进一步的提高[3]。

h-BN 陶瓷的热膨胀系数也相对较低，对于烧结后不存在明显织构的块体陶瓷，其热膨胀系数为 $(2.5 \sim 4) \times 10^{-6}\text{K}^{-1}$。但对于存在明显晶粒择优取向排列的织构 h-BN 陶瓷，其沿垂直于 c 轴排列方向的热膨胀系数一般小于 $1 \times 10^{-6}\text{K}^{-1}$，而平行于 c 轴排列方向的热膨胀系数则显著增大，可达 $10 \times 10^{-6}\text{K}^{-1}$ 以上，两者相差可达 10 余倍。

基于较高的热导率、较低的热膨胀系数和弹性模量，h-BN 陶瓷具有优异的抗热冲击性能，材料经受反复强烈热震后也能保持不被破坏。热压 h-BN 陶瓷试样在 1000℃ 高温环境中保温 20 min 后，立即移入空气中冷却或用风扇冷却至室温，再送回高温环境中，如此反复循环数百次仍可保持材料不发生开裂破坏，只是强度略有降低[3,4]。

1.1.3　电学性能

h-BN 是良好的室温和高温电绝缘体。在干燥环境下，高纯度 h-BN 陶瓷电阻率可达 $10^{16} \sim 10^{18}\ \Omega \cdot \text{cm}$，即使在 1000℃，电阻率仍可保持在 $10^4 \sim 10^6\ \Omega \cdot \text{cm}$。但随着湿度的增加，h-BN 的电阻率会有所下降；h-BN 具有很高的击穿电压，可达 30 ~ 40 kV/mm，因此其是作为高频绝缘、高压绝缘、高温绝缘的理想候选材料；h-BN 的介电常数 ε 值为 3 ~ 5，介电损耗为 $(2 \sim 8) \times 10^{-4}$，这在陶瓷材料中也是比较小的。

1.1.4 化学性质

h-BN 具有优异的化学稳定性，不溶于冷水，在沸水中水解非常缓慢并产生少量的硼酸和氨 (NH_3)。h-BN 对各种无机酸、碱、盐溶液及有机溶剂均有相当的抗腐蚀能力，在大多数酸、碱中都具有极好的稳定性，在室温下与弱酸和强碱均不起反应，在浓硫酸、硝酸、磷酸等溶液中浸泡 7 天的试样质量损失率均小于 10%，微溶于热酸，用熔融的氢氧化钠 (NaOH)、氢氧化钾 (KOH) 等处理后才能发生分解。此外，h-BN 对大多数金属和玻璃的高温熔体既不润湿也不发生反应，因此其可作为熔制各种金属的理想坩埚材料。

1.1.5 各向异性

由于 h-BN 晶体的层片状结构，通过热压烧结成型的 h-BN 陶瓷在力学、热学等性能上通常表现出具有一定程度的各向异性，平行和垂直于热压压力方向的性能具有差异。因此，可以根据使用性能的需要，通过烧结粉体形貌控制、烧结工艺优化等，制备出层片状 h-BN 晶粒定向排列的织构陶瓷，使其具有显著的各向异性，发挥其在某一方向上的性能特点。如织构 h-BN 基复相陶瓷，不同方向上的热导率相差可达 10 倍以上，可望在防隔热一体化天线窗盖板、集成电子电路散热基板等中获得应用。

现阶段，法国圣戈班陶瓷材料公司 (Saint-Gobain Ceramic Materials, France)、美国精密陶瓷公司 (Precision Ceramics，USA)、美国 Accuratus 公司 (Accuratus Corporation，USA) 均已形成系列化的氮化硼基复相陶瓷产品。其提供的产品根据成分、性能和用途的不同，主要包括 A 型 (h-BN/B_2O_3)、HP 型 (h-BN/$Ca_3B_2O_6$)、AX05 型 (h-BN)、M/M26 型 (h-BN/SiO_2)、ZSBN 型 (h-BN/ZrO_2/硼硅玻璃) 等，相应的产品性能列于表 1-1 中[5]。

表 1-1 典型 h-BN 系列产品的性能表[5]

产品编号	A		HP		AX05		M		M26		ZSBN	
主要成分	h-BN		h-BN		h-BN $>$ 99%		BN-40% SiO_2-60%		BN-60% SiO_2-40%		BN-45% ZrO_2-45% 硼硅玻璃 $<$ 10%	
黏合剂相	B_2O_3		$Ca_3B_2O_6$		—		SiO_2		SiO_2		硼硅酸盐	
颜色	白		白		白		白		白		灰	
性能特点	—		优异的防潮性，耐火性，介电强度		优异的耐腐蚀性，高热导率，高纯度		优异的抗热震性，防潮性，介电强度		优异的导热性，防潮性，介电强度		熔融金属应用中的极强耐磨性和耐腐蚀性	
方向	//	⊥	//	⊥	//	⊥	//	⊥	//	⊥	//	⊥

续表

产品编号	A		HP		AX05		M		M26		ZSBN	
力学性能												
抗弯强度/MPa	94	65	59	45	22	21	103	76	62	34	144	107
杨氏模量/GPa	47	74	40	60	17	71	94	106			71	71
室温压缩强度/MPa	143	186	96		25		316.9	289.4			218.7	253.8
显气孔率/%	2.84				19.3		6.880		6.724		1.066	
密度 /(g/cm^3)	2		2		1.9		2.3		2.1		2.9	
努氏硬度/(kg/mm^2)	20		16		4						100	
热物理性能												
热导率/(W/(m·K)), 25℃	30	34	27	29	78	130	12	14	11	29	24	34
热膨胀系数 /($\times10^{-6}$/K)												
25 ~ 400℃	3.0	3.0	0.6	0.4	−2.3	−0.7	1.5	0.2	3.0	0.4	4.1	3.4
400 ~ 800℃	2.0	1.4	1.1	0.8	−2.5	1.1	1.2	0.4	2.5	0.1	5.6	4.3
800 ~ 1200℃	1.9	1.8	1.5	0.9	1.6	0.4	1.2	0.8	3.0	0.1	7.2	5.2
1200 ~ 1600℃	5.0	4.8	2.8	2.7	0.9	0.3					4.6	3.4
1600 ~ 1900℃	7.2	6.1			0.5	0.9						
比热容/(J/(g·K)), 25℃	0.86		0.81		0.81		0.76		0.77		0.64	
最高使用温度/℃(氧化/惰性气氛)	850/1200		850/1150		850/2000		1000+		1000+		850/1600	
电性能												
介电常数 (1 MHz)	4.6	4.2	4.3	4.0	4.0	4.0	3.4	3.7	4.5	3.8		
耗散因数/($\times10^{-3}$), MHz	1.2	3.4	1.5	2.1	1.2	3.0	3.0	3.1	1.7	6.7		
介电强度/(kV/mm)	88		> 10		79		> 10		6			
室温电阻率/(Ω · cm)	$>10^{13}$	$>10^{14}$	$>10^{13}$	$>10^{13}$	$>10^{13}$	$>10^{14}$	$>10^{14}$	$>10^{14}$	$>10^{13}$	$>10^{14}$		

我国也已有多家企业可提供 h-BN 粉体及陶瓷等相关产品，主要分布在山东、江苏、广东等省份，但仍未形成具有固定牌号的系列化产品，不同厂家的产品性能差异明显。此外，相关高校和研究所，如哈尔滨工业大学等，也具有提供小批量氮化硼陶瓷产品以及相应的解决方案的能力。

1.2　六方氮化硼的典型应用

如前所述，h-BN 具有一系列优异的特性，其作为一种主要的结构陶瓷材料，已在多个领域获得成功应用。而随着研究的广泛开展，h-BN 的功能特性也被逐渐开发出来，在新能源、电子等领域具有广阔的应用前景。此外，对于具有结构功能一体化要求的某些苛刻服役环境，h-BN 也是一种理想的候选材料。

1.2.1 航空航天领域

h-BN 具有高的热稳定性和低的介电损耗，是适合于制造高温天线罩/窗的材料之一。尽管其存在硬度低、抗雨蚀能力差等问题，但通过采用氮化硅、氧化硅等对 h-BN 陶瓷进行复合化，在改进烧结特性的同时还可以兼具各成分的优势，能够满足高马赫数飞行条件下天线罩/窗构件对于防热、承载、透波等多种复杂性能的要求[6]。

针对可应用于卫星和深空探测器姿态控制、轨道插入、转移、保持等飞行任务的霍尔电推进器，其关键部件喷管材料要求具有良好的耐热、抗循环热震、高温电绝缘、抗离子溅射侵蚀性能，以及适宜的二次电子发射系数，h-BN 陶瓷是最为合适的制备喷管构件的材料。俄罗斯、日本、美国以及欧盟都已在霍尔电推进器 h-BN 系列陶瓷喷管材料的研究方面开展了大量的工作，并在相关航天飞行器上获得成功应用，我国也在相关型号卫星等航天飞行器上完成了霍尔电推进器及其喷管构件的空间在轨实验验证。

1.2.2 冶金行业

h-BN 及其复相陶瓷一直以来被大量作为高温耐火材料应用，如 TiB_2-AlN-BN 复相陶瓷蒸发舟、Si_3N_4-BN 分离环、特种金属高温电解槽、高温坩埚、铸造用型壳等。随着研究的深入以及应用需求的扩展，该系列陶瓷材料的性能有了较大程度的改进，应用领域也日益拓宽。

薄带连铸技术是一种新型的薄带钢生产工艺，与传统热轧工艺相比，具有设备投资少、生产工序简单、能耗小、产品成本低等优点。侧封板是为了能在铸辊之间形成液态金属熔池而在铸辊两端添加的重要防漏装置，它能起到约束金属液体、促进薄带成型、保证薄带边缘质量等作用，其要求材料具有良好的抗热震、抗钢水侵蚀、高温体积稳定、与钢水不浸润等特性以及适宜的耐磨性能。经历了传统耐火材料、熔融石英 (fused quartz)、氧化锆等多种材质后，h-BN 已被公认为是最有潜力的材料。日本、美国、俄罗斯、德国等冶金技术强国均对 h-BN 复相陶瓷侧封板进行了系统的研究，形成了 SiAlON-BN、Si_3N_4-BN、AlN-BN、ZrO_2-BN 等多个系列材料，我国相关研究机构也已完成模拟工况条件下的实验测试。

1.2.3 电子行业

h-BN 具有高绝缘、高导热等特性，在电子电路中可以作为散热管理器件使用。将化学气相沉积或者液相剥离法制备的单层或少层 h-BN 纳米材料应用到芯片表面时，既可以起到保护作用，还可以利用其特殊的二维结构所带来的优异横向传热能力，将高功率电子器件的局部热点热量迅速沿横向传开，降低局部最高温度，从而提升器件的寿命及可靠性 [7]。此外，h-BN 粉体还是一种理想的高分子填料，将其加入树脂、橡胶、塑料等材料中，可提高热导率并改善绝缘特性，这对于高分子材料在柔性电子器件中的应用具有重要作用。

近些年，随着石墨烯研究的逐年升温，二维氮化硼纳米片也受到了广泛关注。由于两者的结构相似但电学性质迥异，将它们逐层相间排列，可构成高质量的平面异质结，其具有晶格失配小、载流子迁移率高、带隙宽度可调等特点，在微纳米结构的高频晶体管和光电子器件等方面具有广阔的应用前景。

1.2.4 其他

h-BN 在其他领域也具有广泛的应用：含硼的化合物具有一定的防中子辐射特性，h-BN 也可用于防止中子辐照的包装材料、原子反应堆的结构部件等；h-BN 的耐高温、化学稳定及良好高温润滑特性，使其可应用于高温润滑剂或模具的脱模剂、熔体的防黏剂中等；高纯度的 h-BN 附着力好，质感柔软润滑，比传统的化妆品粉末 (如滑石粉、云母等) 的摩擦系数更低，可用作高端化妆品如粉饼、口红、唇彩、皮肤护理品等产品的填料；最近的研究表明，h-BN 的各种形态可以通过一些自由基的形成引发或催化一系列反应，包括乙炔氯化反应和丙烷脱氢反应，因此其既可作为催化剂的载体，还可以通过掺杂、修饰等手段将其直接应用于催化反应之中，表现出良好的应用潜力。

1.3 六方氮化硼的发展趋势与展望

虽然 h-BN 已在近些年受到越来越多的重视，并在很多领域获得成功应用，但 h-BN 材料本身仍存在致密化困难、力学性能低等“弱点”，对其研究的广度和深度也还远远不够，导致其工程应用受到很大限制。因此，加大投入，开展有针对性、系统性的研究与开发，是十分必须和迫切的。今后一段时期内，对于 h-BN 系列陶瓷材料的研究将集中在以下几个方面。

(1) 通过现有工艺的改进和优化，新方法、新工艺的开发，烧结助剂的设计以及第二相、晶须、纤维等复合，在改善 h-BN 基复相陶瓷烧结特性的同时实现显微组织结构的调控和力学、热学、介电等性能的进一步优化，以获得具有理想综合性能的材料。

(2) 开发系列化的 h-BN 基复相陶瓷大尺寸、复杂形状构件的成型、烧结、加工方法，实现低成本制备和规模化生产，促进其在更多领域的推广应用。

(3) 对 h-BN 基复相陶瓷及构件在高温、热震、烧蚀、侵蚀、溅射、辐射等极端环境及其耦合作用条件下的损伤机理及失效机制进行系统研究，为其在航空航天、化工冶金、能源、电子、环境等方面的推广应用提供进一步理论指导和数据支撑；

(4) 开展新型纳米级 BN 材料 (氮化硼纳米片、氮化硼纳米管等) 的合成、表征及其在相关功能领域的应用研究。

总之，开展 h-BN 系列材料的研究，不仅能丰富完善无机非金属材料的学科理论，具有重要的学术价值，同时还具有巨大的潜在社会效益和经济效益。美国、德国、日本等材料研发强国已对 h-BN 材料进行了多年系统的研究，形成了系列化产品并应用于实际。我国此前针对 h-BN 的研究主要集中在耐火材料领域，近些年相关高校、研究所、企业开展了针对不用应用领域和服役环境的高性能 h-BN 及其复相陶瓷制备、性能表征和服役损伤机理的系统化研究，并在霍尔电推进器喷管、冶金关键部件等方面获得实际应用，且呈逐年增多的态势。此外，对于新型微纳米氮化硼材料研究的标志性成果也屡屡涌现，前景可期。

1.4 本章小结

本章介绍了 h-BN 材料的力学、热学、电学特性，以及化学稳定性、各向异性等特点，并就其在航空航天、冶金、电子等行业/领域的典型应用进行了介绍，最后提出了 h-BN 材料的发展趋势，指出了发展该系列材料的重要意义并展望了其美好的发展未来。

参考文献

[1] Balmain W H. Bemerkungen über die bildung von verbindungen des Bors und siliciums mit stickstoff und gewissen metallen. Journal Für Praktische Chemie, 1842, 27(1): 422-430.

[2] 江东亮, 李龙土, 欧阳世翕, 等. 中国材料工程大典: 无机非金属材料工程 (上). 8 卷. 北京: 化学工业出版社, 2006: 163, 164.

[3] 顾立德. 氮化硼陶瓷: 新型无机非金属材料. 北京: 中国建筑工业出版社, 1982.

[4] 段小明, 杨治华, 王玉金, 等. 六方氮化硼 (h-BN) 基复合陶瓷研究与应用的最新进展. 中国材料进展, 2015, 34(10): 770-782.

[5] https://www.bn.saint-gobain.com/products/machinable-ceramics.

[6] 蔡德龙, 杨治华, 于长清, 等. 高温透波陶瓷材料研究进展. 现代技术陶瓷, 2019, 40(Z1): 4-120.

[7] 鲍婕. 二维层状六方氮化硼在高功率电子器件中的绝缘散热应用研究. 上海: 上海大学, 2016.

第 2 章　氮化硼的类型及晶体结构

氮化硼 (boron nitride, BN) 的化学组成比较简单，是由硼原子和氮原子按照摩尔比 1 : 1，质量分数比 43.6 : 56.4 而构成的化合物。这两种元素的原子序数分别为 5 和 7，在元素周期表中位于碳元素的两侧 (图 2-1)，因此由其构成的 BN 与由碳单质构成的石墨和金刚石在某些方面具有非常相似的特征。

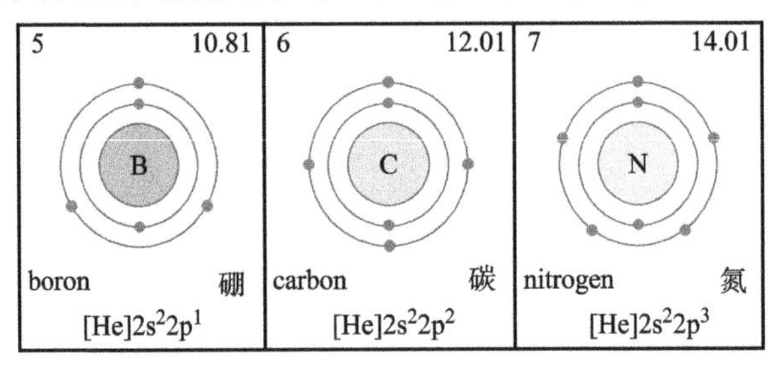

图 2-1　元素周期表中的 B、C、N 元素及其原子常数和核外电子分布

通过计算得到的不同 B、N 摩尔比情况下的相图 (图 2-2)，只有当 B、N 的摩尔比为 1 : 1 时，才能得到稳定的单相组织[1]。当 B 的含量较高时，低温下以 B 和 BN 的混合物形式存在，高温下为液相和 BN 共存；而当 N 的含量较高时，体系是以气相和 BN 共存的。在温度超过 2767 K 时，整个体系中都是以液相和气相共存的形式存在。温度进一步提高，则全部转化为气相。

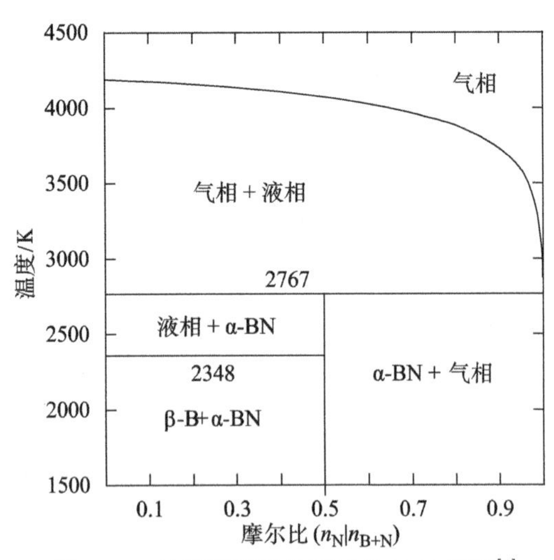

图 2-2　计算得到的常压下的 B-N 相图[1]

2.1 氮化硼的类型

BN 根据其晶体结构的不同，主要可以分为四种：六方氮化硼 (hexagonal boron nitride, h-BN)、纤锌矿结构氮化硼 (wurtzide boron nitride, w-BN)、菱方氮化硼 (rhomb boron nitride, r-BN) 和立方氮化硼 (cubic boron nitride, c-BN)，不同晶型 BN 的晶体结构、晶格常数、密度、结合能等如图 2-3 和表 2-1 所示[2]。

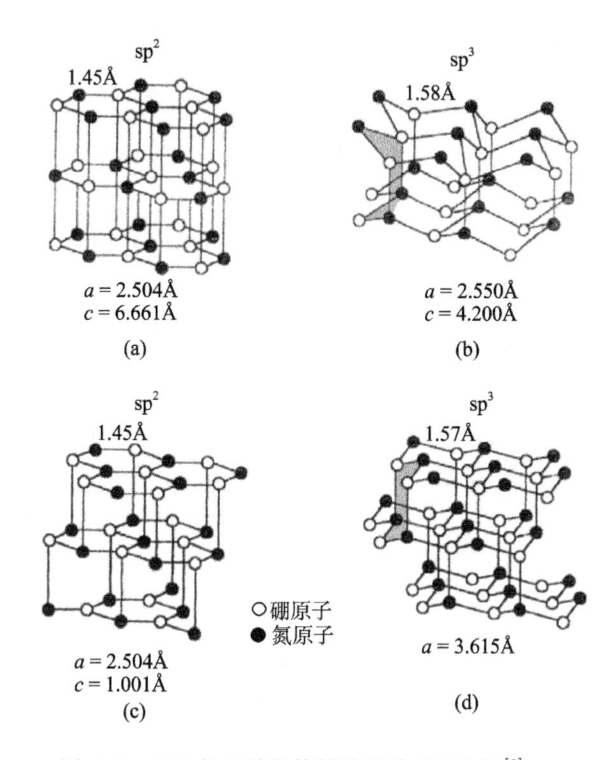

图 2-3 BN 的四种晶体结构及其晶格常数[2]

(a) h-BN；(b) w-BN；(c) r-BN；(d) c-BN

表 2-1 不同晶型 BN 的晶体结构常数

晶相		h-BN	r-BN	c-BN	w-BN
电子杂化状态		sp^2	sp^2	sp^3	sp^3
空间群		$P63/mmc$	$R3m$	$Fd3m$	$P63mc$
配位数 z		3	3	4	4
晶格常数/nm	a 轴	0.2504	0.2504	0.3615	0.2550
	c 轴	0.6661	0.1001	—	0.4200

续表

晶相		h-BN	r-BN	c-BN	w-BN
原子间距/nm		0.1445	0.145	0.157	0.158
002 层面间距/nm		0.333	0.334	—	0.220
密度/(g/cm^3)		2.29	2.29	3.51	3.50
结合能/eV	共价键	3.25	3.25	1.52	1.52
	范德瓦耳斯键	0.052	0.052	—	—

h-BN 和 r-BN 属于低密度型，它们是以 sp^2 杂化共价键连接近邻的 3 个原子从而构成平面的 B_3N_3 六元环，再通过层间的范德瓦耳斯力结合而成的。其中 r-BN 较为不常见，其六方层排列顺序为 ABCABC···ABC，即每隔三层重复一次[3−5]。

w-BN 和 c-BN 属于高密度型，其原子均处于 sp^3 杂化状态，构成 4 个强 σ 共价键，并与最近邻原子构成四面体结构，没有提供形成较弱价键的多余 π 电子，因此其具有高硬度和很好的绝缘特性。w-BN 和 c-BN 两者之间的区别在于四面体拓扑结构的不同，c-BN 的晶格属于立方闪锌矿型，而 w-BN 的晶格则属于六方的纤锌矿型。

当 BN 晶体没有完全发育，或由于高能球磨等外部因素作用而导致其晶体出现一定程度的无序排列或高度扭曲时，则会出现另外一种热力学上具有非稳态的乱层状晶体结构，一般称其为乱层或湍层 BN (turbostratic boron nitride, t-BN)，其结构如图 2-4 所示。

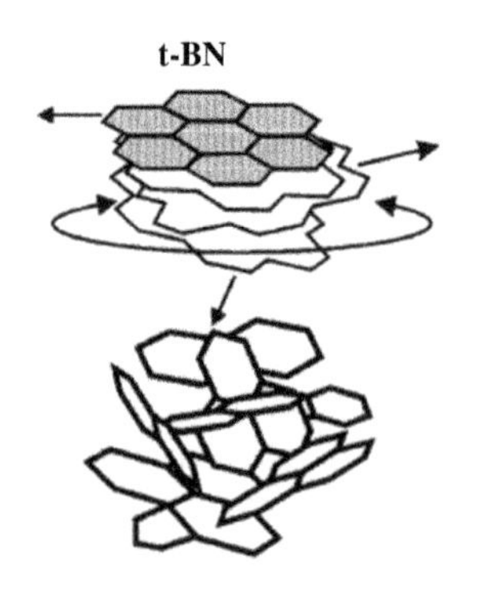

图 2-4　乱层 BN 结构示意图

在上述 BN 的种类中，h-BN 和 c-BN 是被研究最多、应用最广泛的两种。此外，随着近些年研究的发展，又衍生或发明了多种新型的 BN 材料，如 BN 纤维

(boron nitride fiber)、BN 纳米管和纳米线 (boron nitride nanotube, boron nitride nanowire)、二维 BN 纳米片 (boron nitride nanosheets) 等，虽然它们也具有和 h-BN 或 c-BN 相同的价键组成，但由于其形态的影响，分别具有特殊的性能及应用。

2.2 六方氮化硼的晶体结构

h-BN 属于六方晶系，$P63/mmc$ (No.194) 空间群，与石墨是等电子体 (价电子数和原子数相同的分子、离子或原子团，有些等电子体化学键和构型类似，可用以推测某些物质的构型和预示新化合物的合成和结构)。h-BN 具有类似石墨的层状结构，每一层由 B、N 原子相间排列成六角环状网络，这些六角形原子层沿 c 轴方向按 ABABAB 方式排列 (图 2-3(a))。层内 B-N 原子间距为 0.145 nm，原子之间由 sp^2 强共价键紧密结合；而层间原子间距为 0.333 nm，以分子键结合，结合弱，易被剥离开。h-BN 层内和层间价键结合方式的差异，导致其晶体具有显著的各向异性，例如，层内的理论弹性模量可达 910 GPa，而层间的理论弹性模量只有 30 GPa。

h-BN 晶体在 a、c 轴方向的晶格常数分别为 0.2504 nm、0.6661 nm，而石墨晶体 a、c 轴方向的晶格常数分别为 0.2456 nm、0.6696 nm，两种材料不仅结构一致，晶格常数也十分相似，具有很多相似的性质，如较高的热导率、良好的自润滑特性以及明显的各向异性等。但 h-BN 和石墨之间又存在诸多不同的地方，如石墨是良好的导电体，而 h-BN 则是完全的绝缘体，因此可分别用于不同的领域。

2.3 立方氮化硼的晶体结构

c-BN 属于立方晶系，$Fd3m$ (No.216) 空间群，其晶体结构与金刚石类似，在每个 B (或 N) 原子周围有 4 个按正四面体分布的 N (或 B) 原子，这种结构可看成是由两套面心立方布拉维格子 (Bravais lattice) 构成的，套构的方式是沿着单胞立方体对角线方向移动 1/4 距离，也可以看成是由许多 (111) 的原子密排面沿着 [111] 方向、按照 ABCABC···ABC 规律堆积起来而构成的。c-BN 的每个单胞中包含 8 个原子，每个原胞中包含 2 个不等价的原子，是一种复式晶格。c-BN 中的 B—N 键长为 0.157 nm，晶体 a 轴方向的晶格常数 0.3615 nm，而金刚石的 C—C 键长为 0.155 nm，晶体 a 轴方向的晶格常数为 0.3567 nm，两者非常接近，因此都具有高硬度、高模量、高热导率等相似的性质。

2.4　氮化硼相图

Bundy 和 Wentorf 在 20 世纪 60 年代开始研究 h-BN 在催化剂作用下向 c-BN 转变以及 h-BN 在高温、高压下的溶解，之后又通过碳材料的相图推导出了 h-BN、c-BN、液相的三相点以及 c-BN 的熔点，进而建立了 BN 的温度–压力相图 (如图 2-5 中粗实线所示)。而在 1975 年，Corrigan 和 Bundy 又将 BN 相图延伸到了低温区域，从而建立了完整的 BN 温度–压力平衡态相图，该相图中 c-BN/h-BN 的平衡线与碳材料中金刚石/石墨的平衡线十分接近，也显示了二者之间有较好的类比关系 (如图 2-5 中细实线所示)。此后，许多研究者都对 BN 在温度–压力下的相变进行了研究，但结果具有一定的差异，这主要是在进行相变实验中，采用了不同物质作为“催化剂”，从而导致其相变的温度和压力发生了改变，也使得对于 BN 物相的转变以及物相稳定性的评价具有一定的难度。

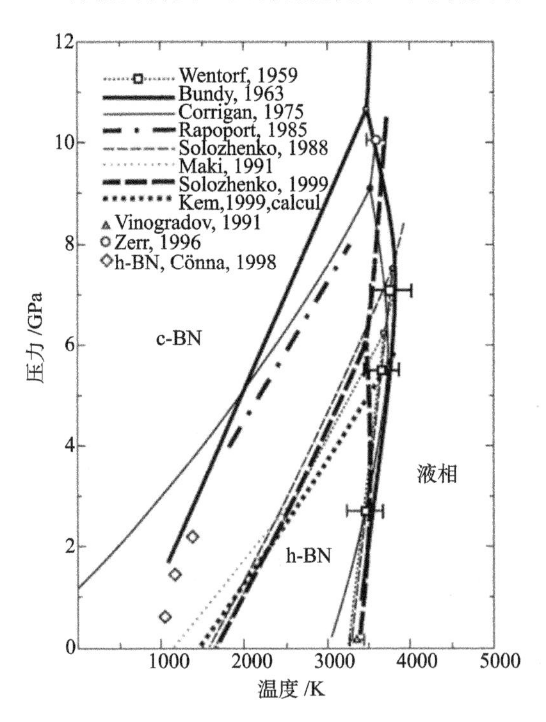

图 2-5　不同文献中报道的 BN 温度–压力 (T-P) 相图[1]

如 BN 的温度–压力相图所示，h-BN 在常压下是稳定相，c-BN 在高压下是稳定相, 在常压下是亚稳相，h-BN 与 c-BN 在一定条件下可以进行相互转换。有研究认为 h-BN 与 c-BN 的转变并不是直接进行的，而是在其转变过程中首先转化为其他晶型 (w-BN、r-BN)，进而发生了二次转变[1]。

c-BN 常压下在空气中温度高于 1400℃ 时开始发生向 h-BN 的转变，这主要可以通过化学气相沉积 (CVD) 以及固相反应来实现 (图 2-6)。其中，化学气相沉积法的主要过程包括 c-BN 表面 sp^3 键重构为 sp^2 键、sp^2 键团簇通过蒸发–再沉积形成新的 h-BN 价键结构、h-BN 晶体生长并与 c-BN 形成界面；固相反应则主要是通过相转变完成的，c-BN 先转变为 r-BN，再转变为 h-BN。两种转变所得 h-BN 的显微形貌具有显著的差异。

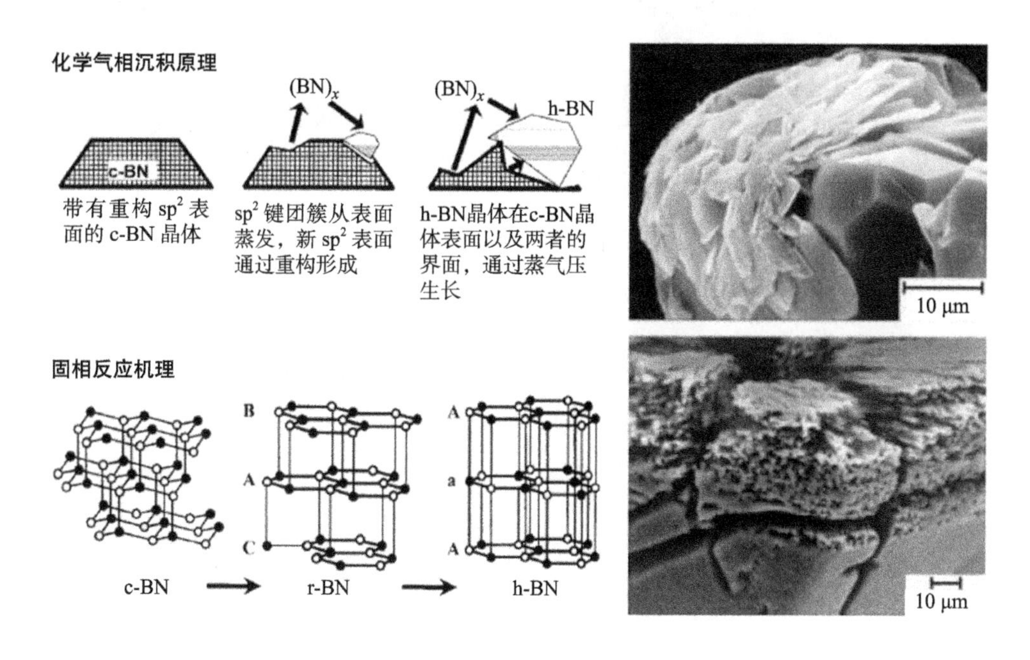

图 2-6 c-BN 向 h-BN 转变机制示意图及产物的显微形貌[5]

h-BN 转变为具有较高密度和高硬度的 c-BN，主要是通过高温高压、结合催化剂的环境来实现的，这也是现阶段生产 c-BN 最主要的方法。

2.5 本章小结

本章介绍了 BN 的几种晶型以及常见的 h-BN、c-BN 的晶体结构特点，进而对 BN 温度–压力相图的研究现状以及不同晶型之间的相转变进行了阐述。

参考文献

[1] Haubner R, Wilhelm M, Weissenbacher R, et al. Boron nitrides-properties, synthesis and applications//Jansen M. High Performance Non-Oxide Ceramics II. New York: Springer,

2002, 102: 1.
[2] Sung C M, Tai M F. The reversible transition of graphite under high pressure: implications for the kinetic stability of lonsdaleite at intermediate temperature. High Temperature-High Pressure, 1997, 29(6): 631-648.
[3] Ishii T, Sato T, Sekikawa Y, et al. Growth of whiskers of hexagonal boron nitride. Journal of Crystal Growth, 1981, 52(1): 285-289.
[4] Petrescu M I, Balint M G. Structure and properties modifications in boron nitride. Part I: direct polymorphic transformations mechanisms. UPB Scientific Bulletin, Series B: Chemistry and Materials Science, 2007, 69(1): 35-42.
[5] Sachdev H, Haubner R, Nöth H, et al. Investigation of the c-BN/h-BN phase transformation at normal pressure. Diamond and Related Materials, 1997, 6(2-4): 286-292.

第 3 章　六方氮化硼粉体的合成及应用

h-BN 粉体表观上呈现白色、松散的状态 (图 3-1)。h-BN 粉末具有良好的耐高温、电绝缘和热传导特性；抗氧化温度可达 900℃；在室温和高温下均具有良好的润滑性；具有很强的中子吸收能力；化学性质稳定，对几乎所有的熔融金属都呈化学惰性。

图 3-1　h-BN 粉体的表观形貌

h-BN 在大自然中不存在，属于典型的人工合成材料，首次合成是在 1842 年由 Balmain[1] 实现的。迄今为止，已发展出 10 余种 h-BN 的合成方法，通常都是采用元素硼或硼的氧化物、卤化物以及硼盐，与含有氮元素的盐类在氮气或氨气的气氛中，通过气相–固相或气相–气相反应合成。

h-BN 粉体是烧结制备 BN 陶瓷及其复合材料、高温高压合成 c-BN 的主要原料，此外，其还可用于抗压抗磨耐高温润滑脂，各种耐高温、耐腐蚀、抗氧化涂层，高压高频电及等离子弧的绝缘体，抗熔融金属腐蚀的耐火材料添加剂等中，在现代化工业的多个领域均占有十分重要的地位。

本章首先介绍现阶段 h-BN 的主要合成方法，再对 h-BN 粉体在各方面的典型应用进行阐述。

3.1　六方氮化硼粉体的合成

3.1.1　硼的氮化法

根据反应方程式：

$$2\,B + N_2 = 2\,BN \tag{3-1}$$

硼元素能够在高温、N_2 气氛下通过氮化反应生成 h-BN。但这种方法存在两个问题，其一就是所需的单质硼元素价格昂贵，此外就是即使在高温条件下反应，其最终生成粉体的纯度、均匀性也很难保证，因此现在已很少采用这种方法来制备 h-BN 粉体。

3.1.2　硼酸法

以硼酸 (H_3BO_3) 为原料，在一定条件下与含氮的化合物反应可制得 h-BN，参与反应的含氮化合物主要包括 NaCN、CO (NH_2)$_2$、N_2、有机胺等，其中应用最多的是硼酸–尿素法，已在工业上投入生产。

现在有很多关于硼酸和尿素反应生成 h-BN 机理方面的研究，归纳起来认为其反应历程主要为以下 3 种[2]：

(1) 硼酸与尿素直接发生化学反应，反应方程式为

$$CO(NH_2)_2 + H_3BO_3 \longrightarrow BN + CO_2\uparrow + H_2O\uparrow \tag{3-2}$$

但理论计算表明该反应直接发生所需的温度至少应为 1500℃，远高于实际制备时的温度。

(2) 硼酸先与尿素反应形成聚脲 (主链含有—NHCONH—重复结构单元的一类聚合物)，然后聚脲在 500℃ 的NH_3 气氛中分解生成 h-BN。

(3) 尿素和硼酸分别分解产生 NH_3 和 B_2O_3，然后 NH_3 与 B_2O_3 反应生成 h-BN。其过程如下：

$$2\,CO(NH_2)_2 \xrightarrow{\sim 200\ ℃} NH_3 + H_2N—CO—NH—CO—NH_2 \tag{3-3}$$

$$2\,H_3BO_3 \xrightarrow{\sim 300\ ℃} B_2O_3 + 3\,H_2O \tag{3-4}$$

$$B_2O_3 + NH_3 \xrightarrow{850\ ℃} BN\,(非晶\,BN) + H_2OBN\,(非晶\,BN) \xrightarrow{1750\ ℃} h\text{-}BN \tag{3-5}$$

现阶段，人们普遍认为硼酸–尿素法制备 h-BN 的反应机理主要为第三种，其实质是先驱体 H_3BO_3 先分解产生 B_2O_3，之后 B_2O_3 与 NH_3 间发生气–固非均相

反应。原料配比、反应温度、反应时间、反应气氛和升温保温制度是影响反应的重要因素。

乐红志等[3] 用硼酸作为主要硼源，尿素作为氮源，硼砂作为助熔剂，采用后期酸洗或碱洗去除杂质，制备出了纯度高、晶粒细小均匀的 h-BN 粉体，并系统研究了硼、氮元素的物质量的比值，烧成制度，助熔剂的添加量对产物物相成分和颗粒形貌的影响。随着原料中氮元素比例的增加，产物中 h-BN 含量也逐渐增加，当硼、氮元素物质量的比为 1 : 3 时较为合理，产物中 h-BN 的含量可以达到 90.1%，继续增加氮的比例，h-BN 的含量增加不显著 (图 3-2)；助熔剂硼砂的用量从 3% 增加至 15% 时，产物中 h-BN 的含量显著提高，由 79.4% 提高到 95.6%，但再继续增加助熔剂用量，产物中 h-BN 含量的增加效果甚微 (图 3-3)；通过不同保温时间的对比，发现保温时间越长反应越完全，产物中 h-BN 的含量也显著提高 (图 3-4)，1300℃ 保温 150 min 条件下生成的 h-BN 晶粒结晶充分，呈圆片状结构，晶粒尺寸细小均匀；而对反应后产物采用碱洗 (10% NaOH) 和酸洗 (10% HCl) 均可显著去除产物中的杂质硼酸 (纯度从 95.6% 提高到 99%)，且不会影响粉体颗粒的形貌结构，可以在生产中用以进行后续提纯处理。

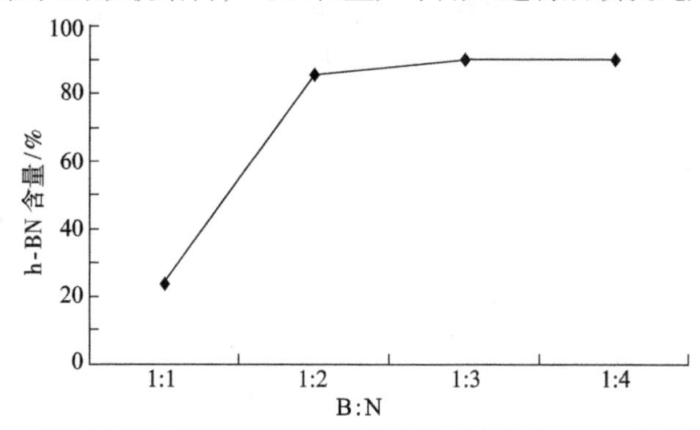

图 3-2 原料中硼、氮元素物质的量的比值对产物中 h-BN 含量的影响[3]

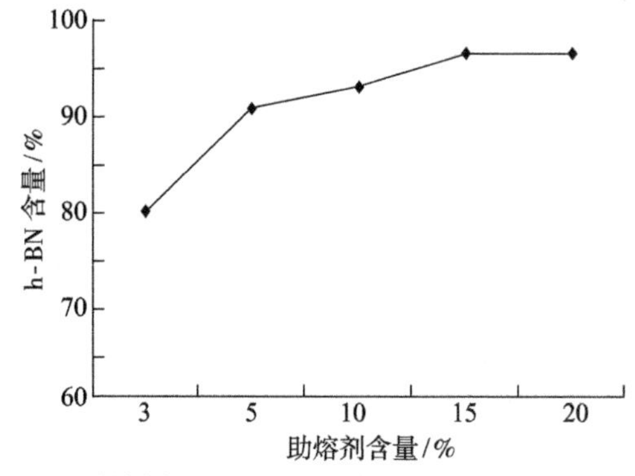

图 3-3 助熔剂硼砂的含量对产物中 h-BN 含量的影响[3]

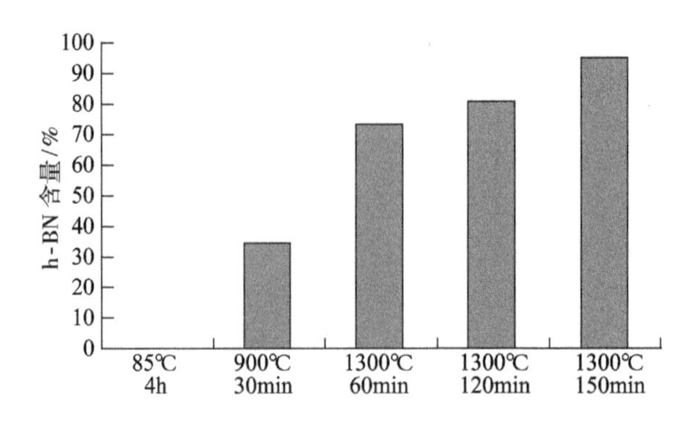

图 3-4　保温时间对产物中 h-BN 含量的影响[3]

此外，采用 NH_4Cl 作为氮源与 H_3BO_3 反应，也可以制备 h-BN 粉体。段杰等[4] 以 H_3BO_3 和 NH_4Cl 作反应物，Mg 作还原剂，在高压釜中于 600℃ 温度下反应 10 h 后得到了白色的 h-BN 粉末，透射电子显微照片以及场发射扫描电镜照片中可以观察到明显的层片状结构特征 (图 3-5)。

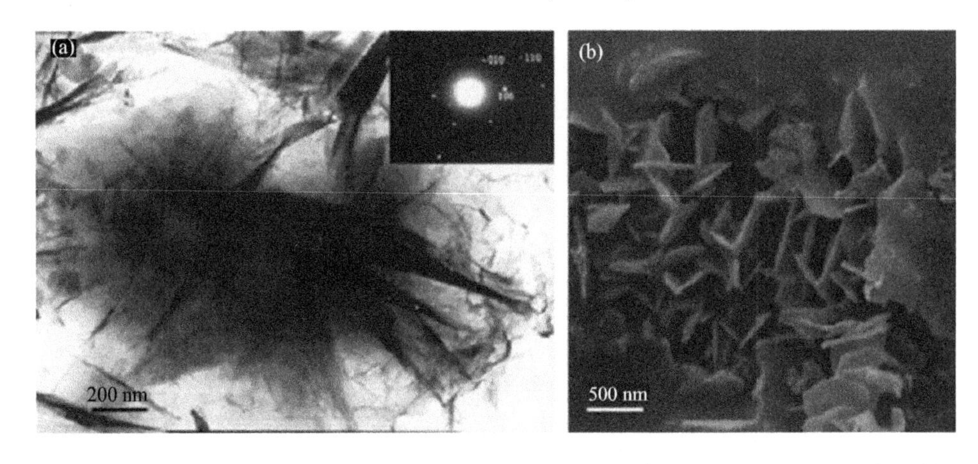

图 3-5　采用 H_3BO_3 和 NH_4Cl 反应制得的 h-BN 的 (a) 透射电子显微照片和 (b) 场发射扫描电镜照片[4]

在此体系的反应过程中，一方面发生了 NH_4Cl 加热分解为 NH_3 和 HCl，其中的 NH_3 与 H_3BO_3 反应，生成 h-BN，同时生成气态的 H_2O；HCl 与 Mg 粉反应生成 $MgCl_2$，气态的 H_2O 与 Mg 粉反应生成 MgO 和 H_2。另一方面，过量的 NH_4Cl 与 Mg 粉反应生成 $MgCl_2$ 和 NH_3。反应过程可用以下的反应方程式表示：

$$NH_4Cl \longrightarrow NH_3 + HCl \tag{3-6}$$

$$2\,H_3BO_3 \longrightarrow B_2O_3 + 3\,H_2O \tag{3-7}$$

$$B_2O_3 + 2\,NH_3 \longrightarrow 2\,BN + 3\,H_2O \tag{3-8}$$

$$Mg + 2\,HCl \longrightarrow MgCl_2 + H_2 \tag{3-9}$$

$$Mg + H_2O \longrightarrow MgO + H_2 \tag{3-10}$$

总的反应方程式为

$$H_3BO_3 + 4\,Mg + 2\,NH_4Cl \longrightarrow BN + MgCl_2 + 3\,MgO + 4\,H_2 + NH_3 \tag{3-11}$$

H_3BO_3 和 NaN_3 反应也可生成 h-BN。以 H_3BO_3 和 NaN_3 作反应物，Mg 粉作还原剂和催化剂，在 500℃ 下恒温反应 10 h，再将收集到的白色产物用稀盐酸和蒸馏水多次洗涤以除去其中的杂质，最后干燥可得到白色的 h-BN 粉末[5]。

3.1.3 硼酐法

硼酐指的是三氧化二硼 (B_2O_3),将其作为硼源,与含氮的多种化合物 (如 NH_3、NH_4Cl、$C_3H_6N_6$ 等) 都可以反应生成 h-BN。

B_2O_3 与 NH_3 发生反应生成 h-BN 的反应式为

$$B_2O_3 + 2\,NH_3 \longrightarrow 2\,BN + 3\,H_2O \tag{3-12}$$

此反应中,B_2O_3 的熔点较低 (玻璃态的熔点为 294℃ 左右,结晶态的熔点为 450 ~ 600℃)，在氮化温度下易熔化成为黏稠的液体，阻碍了 NH_3 气体的流动，不利于反应的进行。为解决这一问题，一般需在反应原料中加入一些既不参加反应又易去除的高熔点化合物，如 $Ca_3(PO_4)_2$、$CaCO_3$、$MgCl_2$ 等，其中 $Ca_3(PO_4)_2$ 不溶于水、乙醇，但是溶于酸，其熔点也比较高 (约 1670℃)，因此效果最好。先将 B_2O_3 与 $Ca_3(PO_4)_2$ 通过干法混合，在 300℃ 下开始发生氮化反应，至约 800℃ 初步完成，再在 900 ~ 1000℃ 下保温 4 ~ 24 h，使反应充分完成，最后用盐酸洗去反应产物中的高熔点化合物，用乙醇洗去未参与反应的 B_2O_3，所得 h-BN 的纯度为 80% ~ 90%，所含杂质主要为中间化合物。如想进一步提高纯度，可将反应产物在 1800℃ 左右的 N_2、NH_3 气氛下保温处理，最终得到纯度较高的 h-BN 粉体。这种制备 h-BN 的方法原料价格相对便宜，且不产生腐蚀性气体，对环境危害较小，现已成为工业生产 h-BN 粉体的主要方法之一[6]。

以 NH_4Cl 作为氮源，与 B_2O_3 反应也可生成 h-BN。王吉林等[7] 采用 B_2O_3、NH_4Cl 和 Mg 为反应物，以 Fe_2O_3 为催化剂，利用镁热还原法在 700 ~ 850℃ 下反应，制备了 h-BN 粉体。其过程是：将预先设计配比的反应物充分混合后加入不锈钢反应釜，将其放入常压 N_2 保护的井式炉中加热，在 700 ~ 850℃ 下反应 15 ~ 30 min 后自然冷却，反应产物用盐酸或硝酸浸泡并搅拌以溶解催化剂等杂质，然后抽滤、水洗，除去氯化镁等水溶性副产物和杂质，再经 80℃ 干燥后得到灰白色 h-BN 粉体。产物呈圆片状，粒子平均直径约为 0.9 μm，平均厚度约为 100 nm (图 3-6)。该反应中加入的催化剂 Fe_2O_3 可有效降低合成反应温度，而镁热还原反应中副产物无水氯化镁可作为 h-BN 晶体的生长介质，反应生成的水蒸气与氯化铵分解气体则可作为一种隔离和分散介质，使反应体系内形成气–固相对流，有效避免了产物颗粒的烧结和团聚。

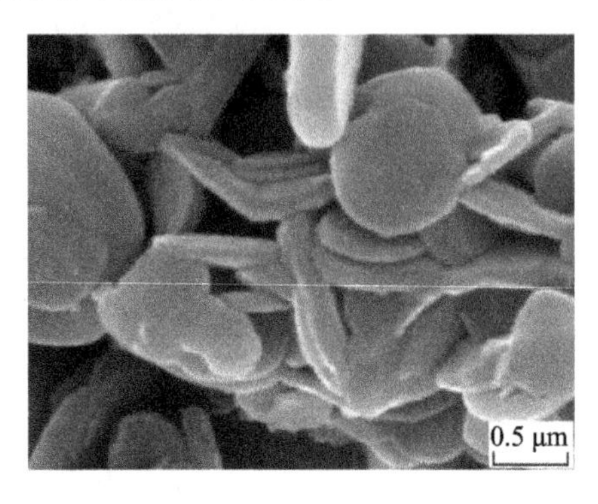

图 3-6　B_2O_3-NH_4Cl-Mg-Fe_2O_3 体系反应生成 h-BN 粉体的显微组织照片[7]

三聚氰胺 ($C_3H_6N_6$) 也可以作为氮源，与 B_2O_3 反应用以合成 h-BN 粉体。高瑞和尹龙卫[8] 将机械混合的 B_2O_3 和 $C_3H_6N_6$ 粉末放入石墨坩埚中，然后将其放入高纯石墨高频感应炉中，抽真空后通入高纯 Ar，然后以再通入的 N_2 作为反应气体，在 1000 ~ 1350℃ 保温 1 h 即可得到白色的 h-BN 粉末。从场发射显微电镜照片 (图 3-7) 可见，晶体生长完好，呈明显的层片状结构，具有明显的 h-BN 晶体的特征。此外，该反应还可以通过控制反应温度的方法来调整 h-BN 层片的厚度，随反应温度的升高，生成的 h-BN 层片厚度是逐渐降低的。

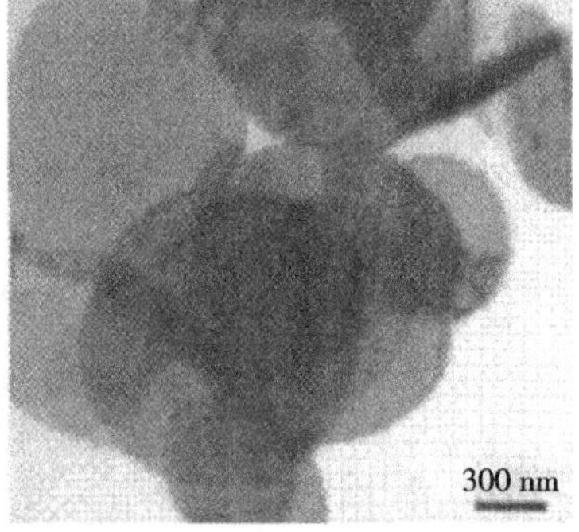

图 3-7　采用 B_2O_3 与 $C_3H_6N_6$ 在 1200℃ 合成 h-BN 粉体的显微形貌[8]

采用硼酐与尿素 ($CO(NH_2)_2$) 或六硼化钙 (CaB_6) 在氮气气氛下反应也可用来生成 h-BN[9]，其反应温度需分别大于 1000℃ 和 1500℃，反应方程式如下：

$$B_2O_3 + CO(NH_2)_2 \longrightarrow 2\,BN + CO_2 + 2\,H_2O \quad (T > 1000℃) \tag{3-13}$$

$$B_2O_3 + 3\,CaB_6 + 10\,N_2 \longrightarrow 20\,BN + 3\,CaO \quad (T > 1500℃) \tag{3-14}$$

硼酐还可以与氰化钠 (NaCN) 或氰化钙 ($Ca(CN)_2$) 发生反应制得 h-BN，反应方程式为

$$B_2O_3 + 2\,NaCN \longrightarrow 2\,BN + Na_2O + 2\,CO \tag{3-15}$$

另外，硼酐也可在石墨坩埚中在催化剂存在的情况下采用碳热还原氮化的方法制备 h-BN，反应方程式为

$$B_2O_3 + 3\,C + N_2 \longrightarrow 2\,BN + 3\,CO \tag{3-16}$$

但该反应需在 1700℃ 以上进行，且产物渗碳严重，转化率也较低。

3.1.4 卤化硼法

卤化硼是卤族元素与硼的化合物，主要包括氟化硼 (BF_3)、氯化硼 (BCl_3)、溴化硼 (BBr_3)、碘化硼 (BI_3)，其中最常用的是BCl_3。

采用 BCl_3 作为硼源，NH_3 作为氮源，反应过程中首先生成氨基络合物，再经过高温处理制得 h-BN，反应方程式为

$$BCl_3 + NH_3 \longrightarrow BCl_3 \cdot 6\,NH_3 \longrightarrow B(NH_2)_3 + NH_4Cl \tag{3-17}$$

$$B(NH_2)_3 \longrightarrow B_2(NH_2)_3 + NH_3 \quad (125 \sim 130℃) \tag{3-18}$$

$$B_2(NH_2)_3 \longrightarrow BN + NH_3 \quad (900 \sim 1200℃) \tag{3-19}$$

在此温度下得到的 h-BN 粉末纯度较低，还需经 1600 ~ 1900℃ 高温处理后才能得到高纯度的产物。但由于 BCl_3 沸点为 12.5℃，必须在低温下保存，且在反应过程中释放出的 HCl 易腐蚀化工设备，兼之制造工艺复杂，故此难以进行大规模工业化生产，仅限于制备实验室规模用的高纯试剂。

朱玲玲等[10] 采用 BCl_3 为硼源、氮化锂 (Li_3N) 为氮源、吡啶 (C_5H_5N) 作为溶剂，合成了纳米 h-BN 粉体，该反应的方程式为

$$BCl_3 + Li_3N \longrightarrow BN + 3\,LiCl \tag{3-20}$$

在该反应过程中，首先形成的是结构无序的无定形纳米氮化硼 (a-BN)。随着反应温度和压力的提高以及时间的延长，氮化硼中的原子排列有序度不断提高，逐

渐出现了结构部分有序的湍层氮化硼 (t-BN) 和结构有序的六方氮化硼 (h-BN)。当反应温度和压力提高时，首先可使样品中的 t-BN 含量提高，然后是 h-BN 含量的明显增加，说明在合成反应过程中存在 a-BN→t-BN→h-BN 的物相转变 (图 3-8 ~ 图 3-10)。

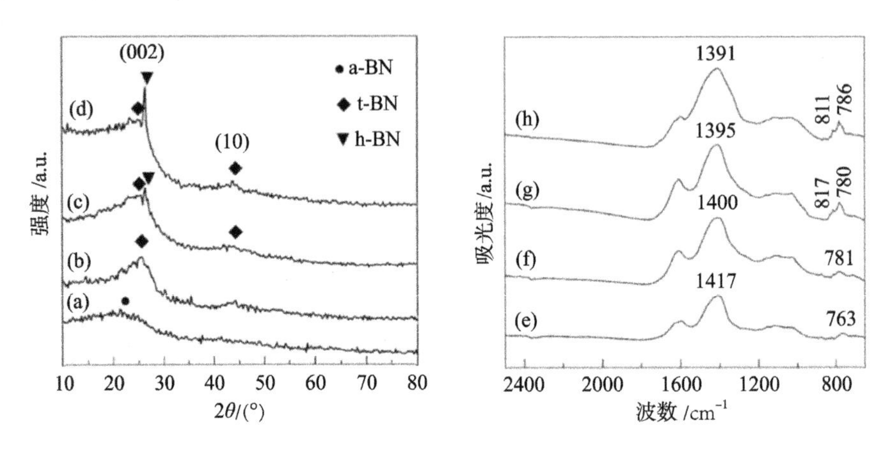

图 3-8　不同反应温度下制备的氮化硼粉体的 XRD 谱和 FTIR 谱图[10]

(a), (e) 260°C, 3 MPa, 24 h；(b), (f) 280°C, 3 MPa, 24 h；
(c), (g) 300°C, 3 MPa, 24 h；(d), (h) 320°C, 3MPa, 24 h

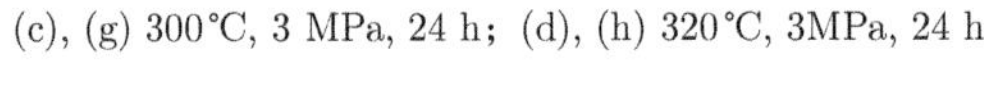

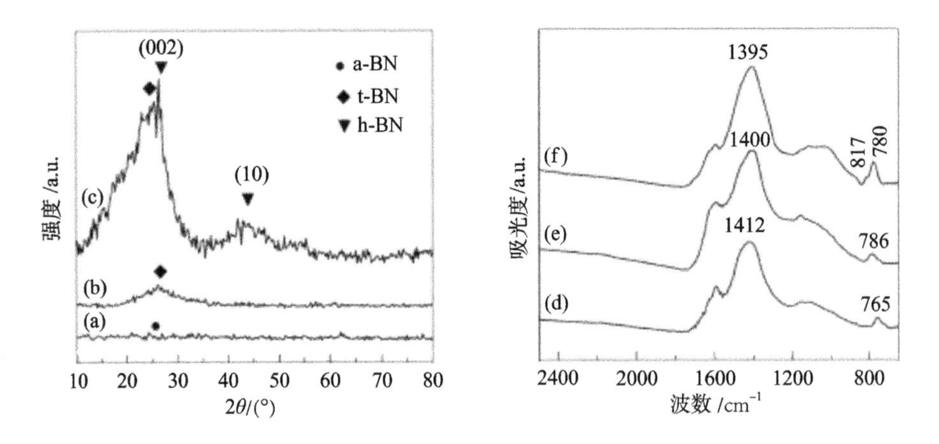

图 3-9　反应持续不同时间制备的氮化硼粉体的 XRD 谱和 FTIR 谱图[10]

(a), (d) 15 h, 300°C, 3 MPa；(b), (e) 20 h, 300°C, 3 MPa；(c), (f) 24 h, 300°C, 3 MPa

通过对 300°C 分别反应不同时长样品的透射电镜 (TEM) 照片观察 (图 3-11)，反应时间为 15 h 得到的样品中，颗粒没有规则的外形，基本上为无定形状态；当延长反应时间至 20 h 时，得到的样品中出现了较多的近球形小颗粒，

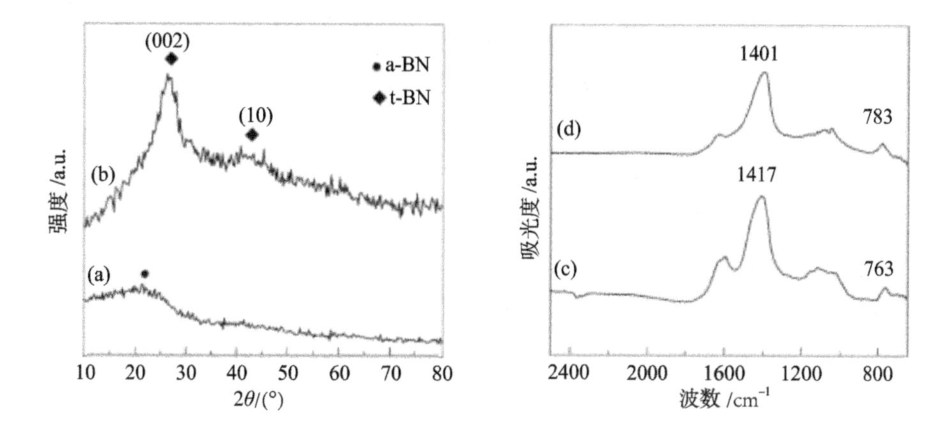

图 3-10 不同压力下制备的氮化硼粉体的 XRD 谱和 FTIR 谱图[10]

(a), (c) 3 MPa, 260℃, 24 h；(b), (d) 6 MPa, 260℃, 24 h

尺寸在 15 nm 以下；继续延长反应时间至 24 h 时, 样品中大多是粒径达到 20 nm 的球形颗粒。这表明随着反应时间的延长, 氮化硼样品的平均粒度不断长大, 结晶化程度也越来越高。

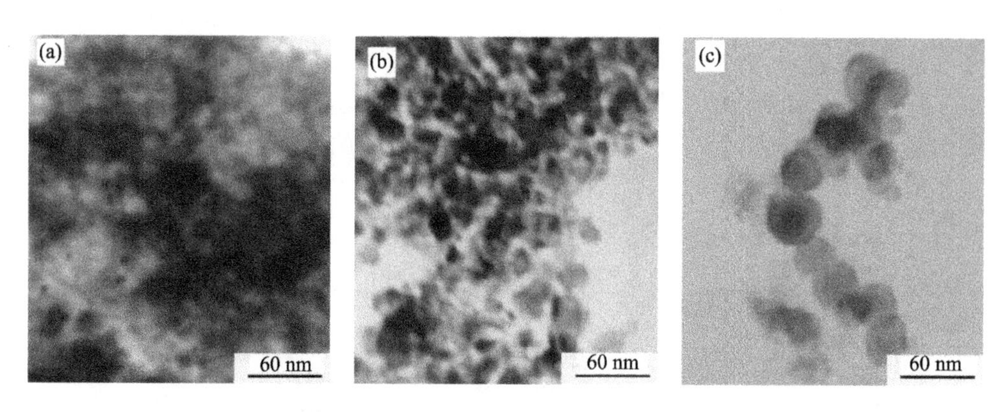

图 3-11 不同反应时间条件下制备的氮化硼粉体的 TEM 照片[10]

(a) 15 h, 300℃, 3 MPa；(b) 20 h, 300℃, 3 MPa；(c) 24 h, 300℃, 3 MPa

3.1.5 硼砂法

硼砂是含有 10 个水分子的四硼酸钠 ($Na_2B_4O_7 \cdot 10H_2O$)，其可以通过与氯化铵、尿素、三聚氰胺等反应来制备氮化硼。

硼砂–氯化铵法合成 h-BN 的工艺流程是 (图 3-12)：首先将硼砂置于真空中在 200 ~ 400℃ 下脱水，引入氯化铵溶解成饱和溶液，经过滤除去杂质。然后将上述原料粉碎、干燥，以硼砂和氯化铵按质量比 7 : 3 的比例混合，压制成坯块，在反应炉中合成。反应温度为 900 ~ 1000℃，保温 6 h，在反应过程中通入 NH_3 以弥补反应物自身形成时氮气量的不足[11,12]。其主要反应式为

$$Na_2B_4O_7 + 2\,NH_4Cl + 2\,NH_3 \longrightarrow 4\,BN + 2\,NaCl + 7\,H_2O \tag{3-21}$$

反应产物用盐酸浸洗除去剩余硼酸、氯化钠等杂质，再经干燥、粉碎，即可获得 h-BN 粉体，纯度可达 97%。

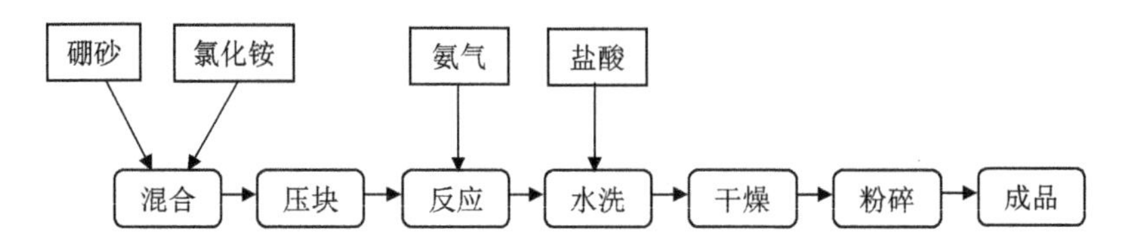

图 3-12　硼砂–氯化铵法合成 h-BN 的工艺流程[12]

硼砂–尿素法的工艺是先将硼砂脱水、干燥、粉碎，将尿素提纯干燥、粉碎。硼砂与尿素按照 1 : (1.5 ~ 2) 的比例均匀混合后，放置于石英玻璃、刚玉、石墨或不锈钢容器中，然后放入反应炉中，升温至 100℃ 下保温 30 min，再依次在 140℃、180℃、800℃ 下各保温 2 h，最后在最终温度 800 ~ 1000℃ 下保温 2 ~ 4 h，在反应过程中，当温度处于 300℃ 以下时先通入氮气，在 300℃ 以上时改通入氨气。反应生成的产物用盐酸酸洗除去其中的 Na_2O，然后水洗去 Cl^-，再用酒精洗去 H_3BO_3，用水与酒精反复处理后干燥，即获得 h-BN 粉体，纯度可达 95%。主要化学反应为

$$Na_2B_4O_7 + CO(NH_2)_2 \longrightarrow BN + Na_2O + H_2O + CO_2\uparrow \tag{3-22}$$

硼砂–三聚氰胺法是将脱水后的硼砂与三聚氰胺混合，在氮气中加热反应，将反应后的产物经过处理即得到纯度为 97% ~ 98% 的 h-BN，具体过程是：先将无水硼砂粉碎，与三聚氰胺混合均匀，然后在压力机上进行压块，放入炉中待温度升至 400℃ 时通入氨气，在 1200℃ 中反应大约 9 h，待降温后取出产物，即可得到 h-BN。近年来，该方法经采用改进后的新型加热炉，合成温度达到 1600 ~ 2000℃，转化率可达 70% 以上，纯度可达 99% 以上，其晶粒发育较大且完整，一次粒径可达到 3 ~ 8 μm，如再经过高温精制工序，晶体会发育得更大 (图 3-13)[13]。反应方程式为

$$3\,Na_2B_4O_7 + 2\,C_3H_6N_6 \longrightarrow 12\,BN + 3\,Na_2O + 6\,H_2O + 6\,CO_2\uparrow \tag{3-23}$$

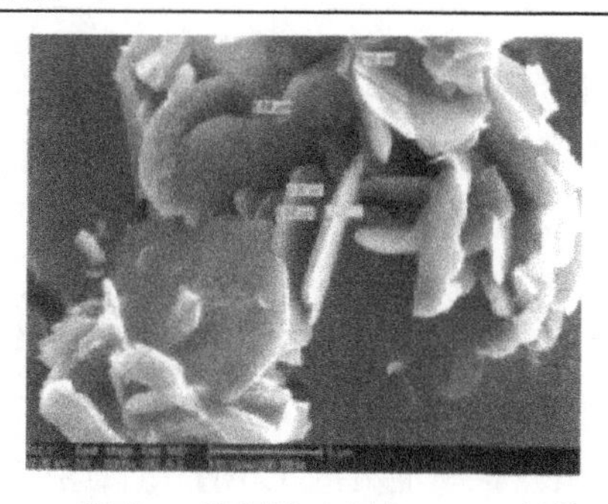

图 3-13 硼砂–三聚氰胺法制备 h-BN 粉体形貌[13]

3.1.6 电弧等离子体法

电弧等离子体法是一种在惰性气氛或反应性气氛下通过电弧放电使气体电离产生高温等离子体，从而在等离子体增强的气氛中发生物理或化学变化产生气相沉积的材料制备方法。电弧等离子体法作为一种材料制备方法，具有独特的优点，在制备各种纳米粉末、纳米管、纳米薄膜等方面有重要的应用[14]。

在使用硼砂和尿素制备 h-BN 时，使产物均处于等离子体化的氮气气氛中，虽然反应机理与前述相同 (式 (3-22))，但等离子体可以提供一个可控的高温化学反应环境，使反应时的温度接近 3000℃，反应 20 min 后即可以得到纯度约为 95% 的 h-BN，再经水洗、酸洗，纯度可以达到 99.7%。由于该反应在高温下进行，提高了反应速率和生产效率，且通过高温反应可以去除杂质，提高反应物的产量，同时也简化了生产工艺流程，因此具有较好的发展前景[15]。

3.1.7 燃烧合成法

燃烧合成法，也称自蔓延高温合成法 (self-propagating high temperature synthesis method)，是利用反应物之间高的化学反应热的自加热和自传导作用来合成材料的一种技术，反应物一旦被引燃，便会自动向尚未反应的区域传播，直至反应完全，是制备无机化合物高温材料的一种新方法。与传统制备材料的工艺相比，该方法具有工序少、流程短、工艺简单等特点，一经引燃启动后就不需要对其进一步提供任何能量。燃烧波通过试样时产生的高温可将易挥发杂质排除，提高产品纯度。同时燃烧过程中有较大的热梯度和较快的冷凝速度，有可能形成复杂相，易于从一些原料直接转变为另一种产品。

李成威等[16] 采用镁热还原法制备了 h-BN 粉体，其反应方程式为

$$3\,Mg + B_2O_3 + N_2 \longrightarrow 2\,BN + 3\,MgO \tag{3-24}$$

该反应为放热反应，点火后可自发完成。具体操作步骤为：按化学反应式设计材

料配方，将镁粉、氧化硼粉、硼粉、氮化硼粉和尿素等经过混合、干燥、压制坯块等工序完成材料准备，再将干燥好的压坯放入自制的反应器中 (图 3-14)。先向反应器中通入氮气排出反应器中的空气，然后通入高压氮气，保持容器内压力，通过点火器点燃物料进行自蔓延反应，反应后卸除高压，继续通氮气保持正压冷却至室温。最后对反应产物进行酸浸洗和纯净水洗，反复多次并烘干，得到产物 h-BN 的纯度 ≥ 99.5%。反应物中加入少量 h-BN 及 B 的目的是，B 可以优先与 N 元素反应生成 BN 新相，它与加入的 h-BN 在自蔓延反应过程中起到“晶种”的作用，可以引发后续生成的 h-BN 在其基体上长大，实现原位生长的效果，有利于获得高纯度的粉体。

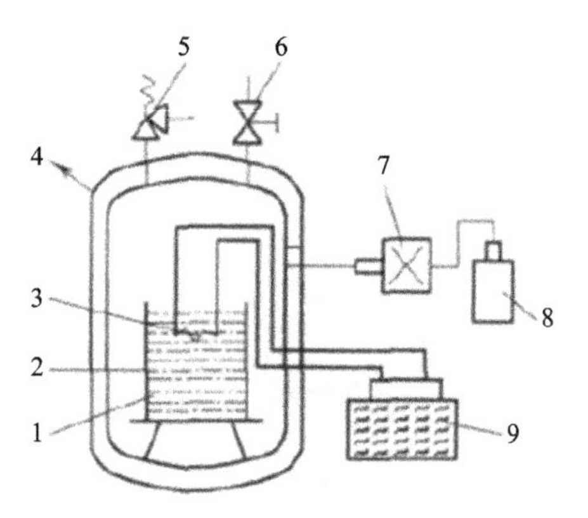

图 3-14 燃烧合成反应器示意图[16]

1-物料；2-石墨腔；3-电阻丝；4-反应室；5-安全阀；6-放气阀；7-加压阀；8-氮气瓶；9-点火器

徐子林[17] 以硼氢化钠 ($NaBH_2$)、氨基钠 ($NaNH_2$) 和溴 (Br) 为原料，在低温和常压下通过固液界面反应制得片状 h-BN。具体操作步骤为：按照反应化学计量比称取硼氢化钠和氨基钠，充分研磨后混合均匀压制成饼状固体，将其放入不锈钢反应釜内的坩埚中，加热到 200℃ 时再加入过量的无水液溴。随着液溴的加入，反应迅速发生。反应完成后，自然冷却至室温，收集反应器内的白色粉末, 并以乙醇和蒸馏水洗涤除去杂质，真空干燥后得到白色的纳米 h-BN 固体粉末。该反应的方程式为

$$Br_2(l) + NaBH_2(s) + NaNH_2(s) \longrightarrow BN(s) + 2\,NaBr(s) + 2\,H_2(g) \tag{3-25}$$

Chung 和 Hsu[18] 以 Mg 还原 B_2O_3 作为硼源，分别以 NaN_3、$C_3H_6N_6$、NH_4Cl、NH_4Br 作为氮源，通过燃烧合成制备了 h-BN 粉体 (图 3-15)。当以 NH_4Cl 为氮源，在 1.6 MPa 的氮气下反应后可获得 h-BN 的最高产率约为 67% (图 3-16)，并给出了该反应的机理 (图 3-17)。

图 3-15 原始粉体组成 B_2O_3 : Mg : NH_4Cl = 1 : 3 : 0.1，在 0.6 MPa 氮气气氛下燃烧合成的 h-BN 粉体照片[18]

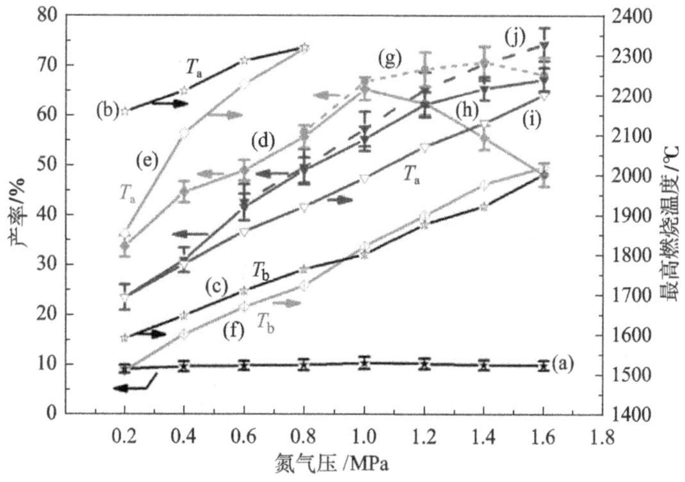

图 3-16 不同原料组成在不同氮气压力下燃烧合成 h-BN 的产率及反应过程中的最高燃烧温度 (T_a、T_b 分别为反应原料坯体中心区和边缘区的温度)[18](后附彩图)

(a), (b), (c) B_2O_3 : Mg = 1 : 3; (d), (e), (f), (g) B_2O_3 : Mg : NH_4Cl = 1 : 3 : 0.1; (h), (i), (j) B_2O_3 : Mg : NH_4Cl : BN = 1 : 3 : 0.1 : 0.6

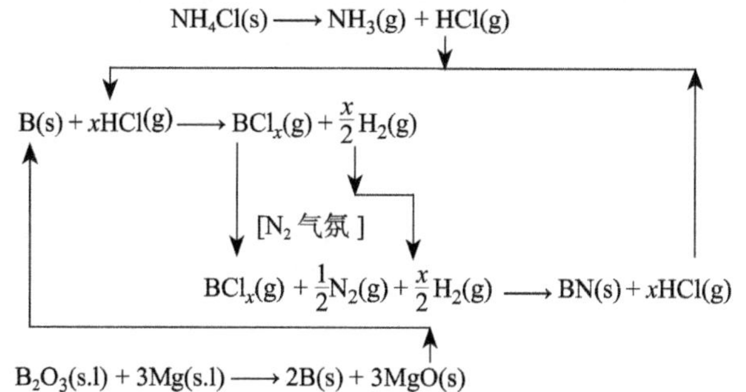

图 3-17 B_2O_3、Mg、NH_4Cl 燃烧合成 h-BN 的反应过程[18]

3.1.8　先驱体转化法

先驱体转化 (PIP) 法是近些年发展起来的主要针对制备连续纤维增强陶瓷基复合材料 (CFRCMC) 的新工艺，它的基本过程为：用先驱体溶液或熔液浸渍纤维预制件，在一定条件下干燥或固化，然后高温裂解，重复浸渍–裂解过程数次即得纤维增强复合材料。该方法工艺过程简单，可对先驱体进行分子设计制备出所需组成和结构的陶瓷基体。

用先驱体制备陶瓷粉体主要有两种途径：一是将先驱体在低温下交联为脆性固体，它容易被磨细成微粉，再通过高温裂解制得陶瓷微粉；二是以相对低分子质量的陶瓷先驱体为原料，可在低温下气化，经气相裂解制得纳米级陶瓷粉末。

李俊生等[19] 以环硼氮烷 ($B_3H_6N_3$) 为先驱体，采用化学气相沉积的方法来制备 h-BN，具体步骤为：先制备出环硼氮烷先驱体，然后在管式炉中以 N_2 为载气，采用鼓泡方式将先驱体带入反应沉积室，在 800 ~ 900℃ 的温度条件下进行沉积。其中，当温度为 800℃ 时由于环硼氮烷分解不完全，所得产物中含有微量的氢。而在 900℃ 沉积时，则可以得到较为纯净的 h-BN，所得产物宏观上为均匀细腻的白色粉末，质地松软。900℃ 沉积的产物为部分结晶的 h-BN(图 3-18)，将其在惰性气氛 1600℃ 下进一步晶化处理后可得到结晶良好的 h-BN 粉体。

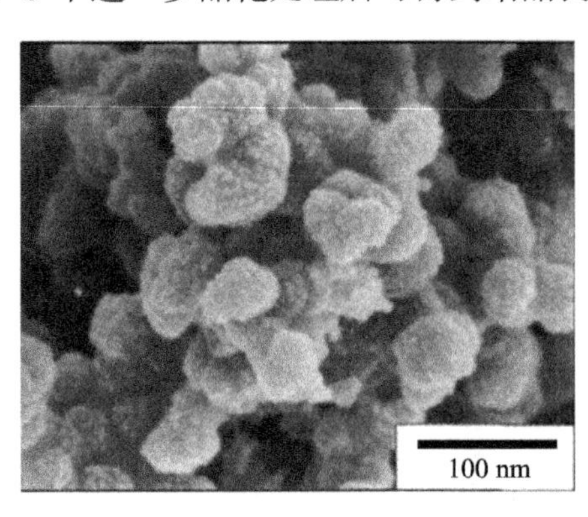

图 3-18　环硼氮烷先驱体化学气相沉积制备 h-BN 的显微组织照片[19]

3.2　六方氮化硼粉体的应用

h-BN 粉体因其晶体结构的特点，具有良好的耐热性、化学稳定性、导热性、电绝缘性等，已广泛地应用于高温轴承的固体润滑剂，玻璃和金属铸件的脱模剂，橡胶、树脂和塑料的活性填料，高温油脂的填料，超高压的传送介质，蒸发装置的涂层，石墨热压磨具的涂层，加热管线的包埋剂以及合成 c-BN 和制备陶瓷基复合材料的原材料中。本节将介绍 h-BN 粉体的几种典型应用。

3.2.1　高温固体润滑剂、脱模剂

h-BN 是一种典型的层状固体润滑材料，其具有良好的润滑性是因为晶体层面之间的结合力比层内的结合力弱得多。当在 a 轴方向有力作用时，很容易使层间的结合力断开，所以运动阻力非常小，宏观上即表现出良好的润滑性。值得关注的是，h-BN 在高温时仍保持良好的润滑性能，而其他固体润滑剂如石墨、二硫化钼、滑石等在 400℃ 以上时，润滑性能已基本消失。可见，h-BN 是一种理想的润滑材料，尤其适于在高温环境下使用[20]。

h-BN 本身的材料强度比较低，因此一般不能单独用来作为摩擦材料使用，更多的是将其粉末作为润滑相加入其他的有机或无机溶液中，或将其涂敷在模具表面起到润滑的作用。

熊坤[21] 采用非均相沉淀法，以可溶性钙盐和硼酸盐为钙、硼源，调控反应条件合成了 h-BN/硼酸钙复合纳米微球。通过对无添加润滑粒子的基础油、分别添加 h-BN 和 h-BN/硼酸钙的三种油样摩擦后的磨斑表面形貌进行观察，h-BN/硼酸钙油样对应的磨斑表面最平整光滑，缺陷和凸起较另两种油样明显减少 (图 3-19)，具有最优的保护摩擦副的作用，表明 h-BN/硼酸钙体系具有协同润滑的作用。

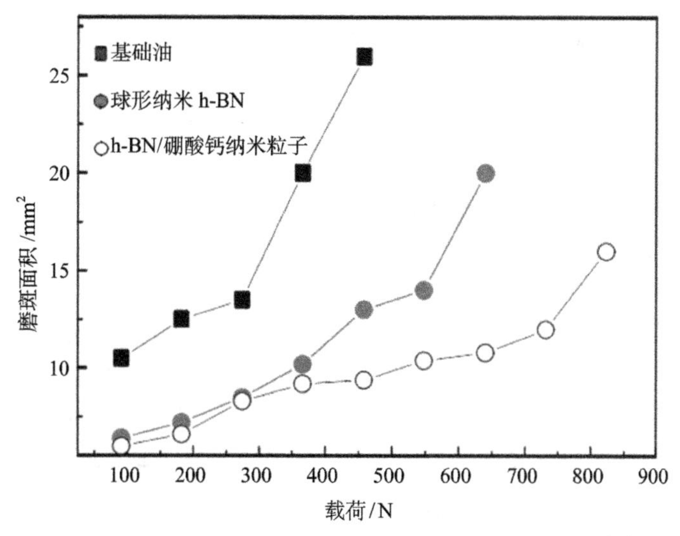

图 3-19　三种润滑方式下不同载荷对磨斑面积的影响[21]

陈晓虎[22] 利用层状结构 h-BN 优良的润滑特性，将其引入 Al_2O_3 陶瓷基体之中，制备出陶瓷摩擦材料，通过销-盘对磨方式的摩擦磨损实验研究了其摩擦学

特性。摩擦过程中，h-BN 的润滑作用使得材料的摩擦平稳性得到明显提高。与粉末冶金摩擦材料相比，陶瓷摩擦材料具有较低的磨损率以及良好的摩擦系数稳定性。

由于耐热性良好，且与其他物质之间化学稳定性良好，h-BN 粉末经常用于高温材料烧结时防止材料黏结模具的涂料中。日本川崎制铁公司[23]通过粉末合成法和结晶成长抑制法制成了高纯度、粒径均匀的 h-BN 微粉，再将其均匀分散于溶剂中，制成白色喷雾型润滑脱模剂，充分发挥了 h-BN 所具有的耐热、化学稳定的特点。使用时直接喷向脱模部分，具有润滑和易脱模的功能，且可以在高温下使用，空气中的使用温度为 900℃，惰性气氛或真空中的使用温度高达 2000℃。该涂料对于金属、玻璃、塑料、橡胶等的熔融成型制品易于脱模，对于石墨具有防止氧化的功能，对于金属、玻璃、化学工业等高温制造设备有优良的润滑性，对于陶瓷等成型品易于分离且能够提高制品精度。

王益民等[24]采用 h-BN 包覆高黏度矿物油，在乳化剂作用下掺水制成乳化油型玻璃模具润滑脱模剂，具有稳定性好、脱模性能好、油膜薄且分布均匀等特点。使用该润滑脱模剂可有效提高机制瓶的成品率，减少润滑脱模剂的消耗，起到净化生产环境的作用。

3.2.2 高分子材料的改性填料

由于 h-BN 具有良好的热和化学稳定性，且其热导率高，因此可将 h-BN 作为改性填料，加入树脂、橡胶、塑料等高分子材料中，起到提高热导率和定向导热的作用。此外，由于 h-BN 还具有较低的介电常数和介电损耗，较高的高温电阻和电击穿强度，也常作为改善绝缘特性的填料来使用[25,26]。

Tanimoto 等[27]将 5 种不同粒径、形态以及团聚程度的 h-BN 加入聚酰亚胺薄膜 (polyimide film) 中，系统研究了 h-BN 晶粒的取向程度与其热导率各向异性之间的联系，结果表明，大尺寸、薄片状的 h-BN 颗粒在聚酰亚胺薄膜中更趋向于定向排列，其沿不同方向的热导率也相差更大，而团聚程度较高的小尺寸晶粒则会导致定向排列程度变差，热导率的各向异性也有所减弱 (图 3-20)。h-BN 填料的晶粒尺寸、取向程度对聚酰亚胺复合薄膜的热导各向异性具有显著的影响。

Shen 等[28]应用生物激发多巴胺的化学方法对微平板状的 h-BN 颗粒进行表面修饰，使 h-BN 颗粒在聚乙烯醇 (PVA) 基体中的分散性得到显著改善，进而利用刮刀成型的方法，制备出 h-BN 颗粒具有良好的定向排列特征的 h-BN@PDA/PVA 复合薄膜，h-BN 在其中可构成有效的热传导通道，在相同填料含量下获得更高的热导率 (图 3-21、图 3-22)。

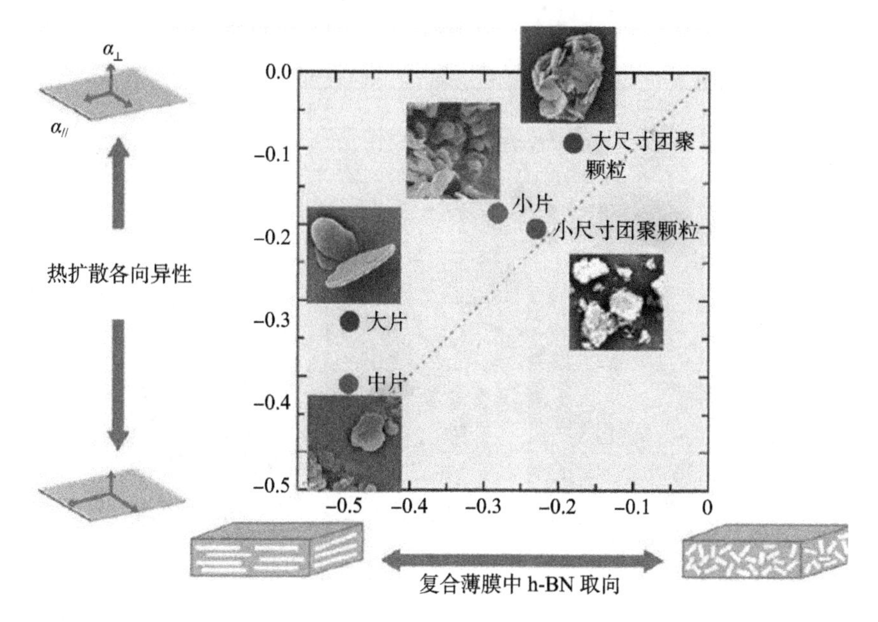

图 3-20 不同晶粒尺寸、团聚程度的 h-BN 填充到聚酰亚胺复合薄膜中 h-BN 晶粒的取向程度与热扩散各向异性的关系[27]

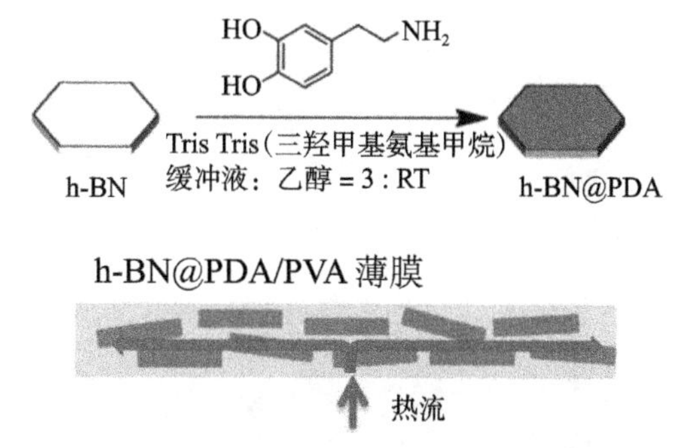

图 3-21 采用 PDA 改性的 h-BN 颗粒及其在复合薄膜中形成定向导热通道的结构示意图[28]

Yu 等[29] 以 N, N-二甲基甲酰胺 (DMF) 为溶剂，采用超声–离心技术制备了 h-BN 纳米片，然后分别用十八胺 (ODA) 和超支化芳香族聚酰胺 (HBP) 对 h-BN 纳米片进行了非共价功能化和共价功能化，得到了包含 BN 纳米片、BN-ODA 和 BN-HBP 三种不同类型的环氧复合材料 (图 3-23)。采用 BN-HBP 纳米片填充的环氧复合材料具有更高的热导率，在添加量为 50 vol% 时，热导率可以达到 9.81 W/(m·K)，较纯环氧树脂高出 4057% (图 3-24)。这主要是由于 h-BN 纳米片较大的比表面积可显著增加纳米片之间的接触面积，以及纳米薄片和环氧基间界面相互作用的增强。

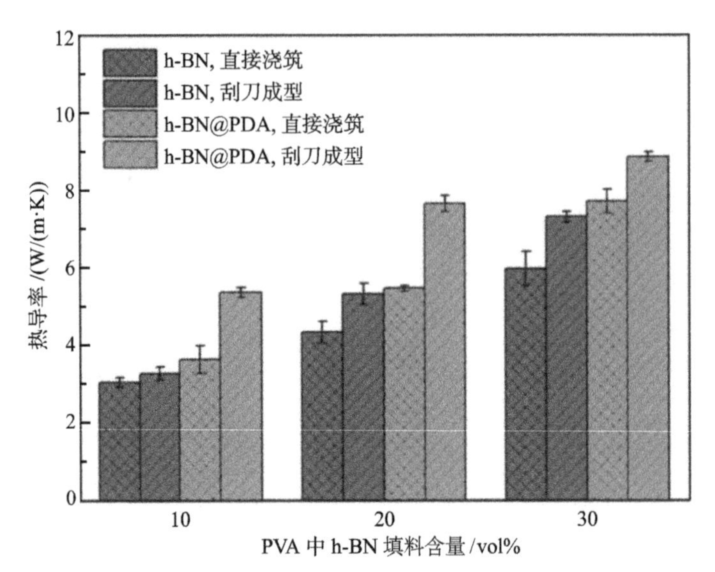

图 3-22　不同方法制备的不同 h-BN 粉体含量复合薄膜的热导率[28](后附彩图)

四种方法依次为：含 h-BN 粉体直接浇筑成型，含 h-BN 粉体刮刀成型，含 PDA 改性 h-BN 粉体直接浇筑成型，含 PDA 改性 h-BN 粉体刮刀成型

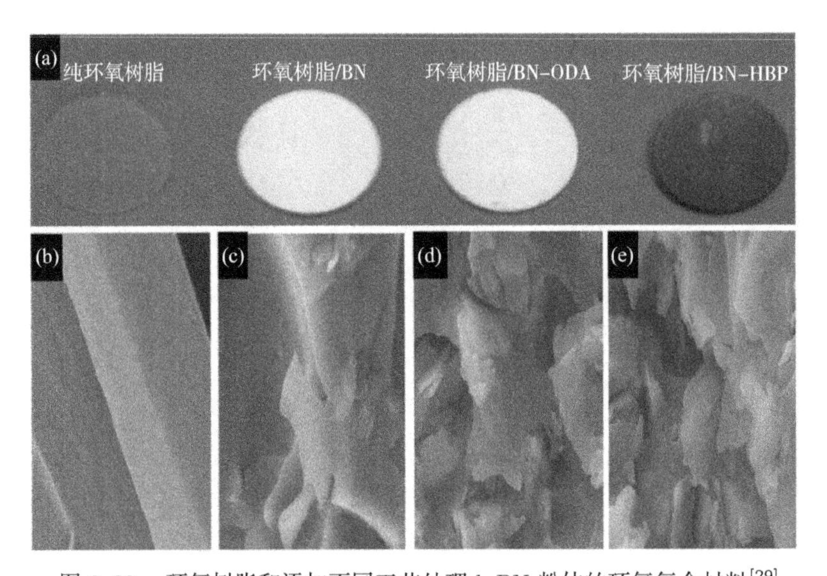

图 3-23　环氧树脂和添加不同工艺处理 h-BN 粉体的环氧复合材料[29]

(a) 制备样品的光学照片；(b) ～ (e) 纯环氧树脂、环氧树脂/BN、环氧树脂/BN-ODA、环氧树脂/BN-HBP 材料的断口扫描照片

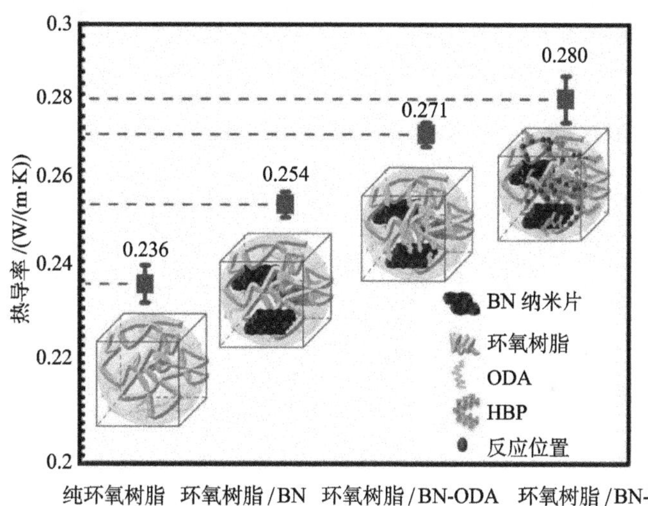

(a)

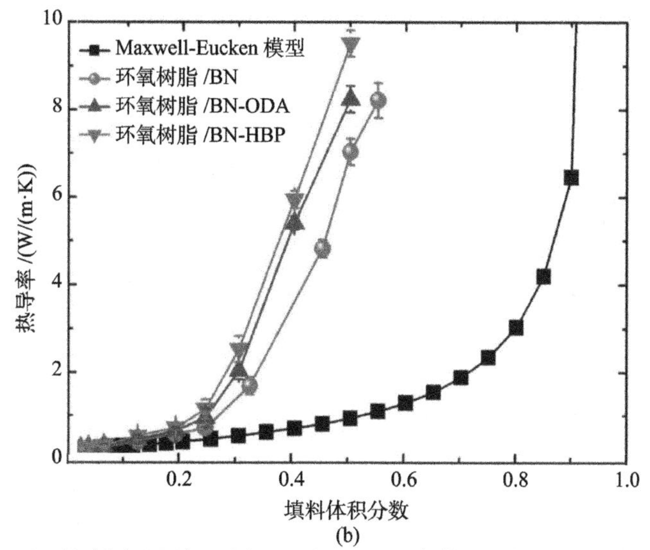

(b)

图 3-24 纯环氧树脂和添加不同工艺处理 h-BN 粉体的环氧复合材料的热导率[29]

(a) 纯环氧树脂和三种环氧复合材料 (添加量为 2.7 vol%) 的热导率及其导热机理；(b) 不同添加量的三种环氧复合材料热导率及其 Maxwell-Eucken 模型的计算结果

3.2.3 合成立方氮化硼

由 BN 的温度–压力相图 (图 2-5) 可知，c-BN 是高压稳定相，h-BN 可以在高压下转化为 c-BN，因此其可作为合成 c-BN 的原料。采用金刚石六面顶压机，在高温 (~ 1500℃)、高压 (6 万 ~ 10 万个大气压)，以及触媒剂的作用下，可以实现 h-BN 粉体到 c-BN 粉体的转变。合成过程中的温度、压力、触媒剂的种类和比例，以及原材料 h-BN 的纯度、粒度、结晶程度等都会影响 c-BN 的合成效果。该方法在制备 c-BN 的相关书籍和文献中有较为详细的论述，本书不再赘述。

3.2.4 烧结六方氮化硼基复相陶瓷

h-BN 粉体还是烧结 h-BN 基块体复相陶瓷以及作为其他复相陶瓷材料改性的主要原材料，原始粉体的纯度、粒度、结晶性等都是影响最终烧结得到陶瓷性能的重要因素。这将在本书第 4、5 章中对相关内容分别予以阐述。

3.3 本章小结

本章首先介绍了合成 h-BN 粉体的多种方法，进而对其作为高温固体润滑剂和脱模剂、高分子材料改性填料以及合成 c-BN 等方面的应用进行了阐述。

参考文献

[1] Balmain W H. Bemerkungen über die bildung von verbindungen des Bors und siliciums mit stickstoff und gewissen metallen. Journal Für Praktische Chemie, 1842, 27(1):422-430.
[2] 李端, 张长瑞, 李斌, 等. 尿素法制备氮化物陶瓷材料的研究进展. 宇航材料工艺, 2011, 41(5): 1-5.
[3] 乐红志, 田贵山, 纪娟, 等. 利用真空氮化炉制备六方氮化硼粉体工艺研究与表征. 硅酸盐通报, 2010, 29(2): 444-449.
[4] Duan J, Xue R S, Xu Y F, et al. Preparation of boron nitride flakes by a simple powder reaction. Journal of the American Ceramic Society, 2008, 91(7): 2419-2421.
[5] 段杰. 氮化硼和氮化钛纳米材料的合成与表征. 重庆: 重庆大学, 2008.
[6] 顾立德. 氮化硼陶瓷. 北京: 中国建筑工业出版社, 1982.
[7] 王吉林, 潘新叶, 谷云乐. 镁热还原法制备圆片状氮化硼多晶微粉. 高等学校化学学报, 2010, 31(2): 239-242.
[8] 高瑞, 尹龙卫. 氮化硼纳米片的宏量制备及紫外发光特性研究. 第七届全国材料科学与图像科技学术会议论文集，2009: 4.
[9] Rudolph S. Boron nitride. American Ceramic Society Bulletin, 1994, 73(6): 89, 90.
[10] 朱玲玲, 谭淼, 王康, 等. 纳米氮化硼在吡啶热条件下的物相转变规律. 化学学报，2009, 67(9): 964-968.
[11] 胡婉莹. 连续合成六方氮化硼的新工艺. 现代技术陶瓷, 2002, 23(2): 35, 36, 47.
[12] 郑盛智, 刁杰. 六方氮化硼的合成与高温精制. 辽东学院学报 (自然科学版), 2008, 15(2): 69, 70, 84.
[13] 张相法, 梁浩, 孟令强, 等. 六方氮化硼的制备方法及在合成立方氮化硼中的应用. 金刚石与磨料磨具工程, 2012, 32(4): 14-18.
[14] 钟炜, 杨君友, 段兴凯, 等. 电弧等离子体法在纳米材料制备中的应用. 材料导报, 2007, 21(S1): 14-16.

[15] 工程力学系等离子体制氮化硼科研组. 电弧等离子体制备粉状氮化硼. 清华大学学报, 1978, (4): 15-29.
[16] 李成威, 王琳, 金辉, 等. 自蔓延高温合成六方氮化硼粉体实验研究. 粉末冶金工业, 2013, 23(1): 10-12.
[17] 徐子林. 燃烧法制备纳米氮化硼及氮化物复合材料. 广州: 暨南大学, 2007.
[18] Chung S L, Hsu Y H. Combustion synthesis of boron nitride via magnesium reduction using additives. Ceramics International, 2015, 41(1): 1457-1465.
[19] 李俊生, 张长瑞, 李斌, 等. 化学气相沉积法制备六方 BN 纳米粉体. 功能材料, 2010, 3: 72-74.
[20] 松尾正. 新型润滑材料——氮化硼. 润滑与密封, 1978, (3): 90-94.
[21] 熊坤. 以氮化硼为核的复合纳米微球的合成及其摩擦性能研究. 武汉: 湖北工业大学, 2014.
[22] 陈晓虎. 固态润滑剂六方氮化硼在陶瓷摩擦材料中的应用研究. 陶瓷学报, 1999, 20(3): 127-130.
[23] 苏威. 喷雾型润滑脱模剂. 无机盐工业, 1987, (5): 43.
[24] 王益民, 刘艳娟, 毛小江, 等. 新型玻璃模具润滑脱模剂的研制. 玻璃与搪瓷, 2008, 36(3): 13-15.
[25] Chen H Y, Ginzburg V V, Yang J, et al. Thermal conductivity of polymer-based composites: fundamentals and applications. Progress in Polymer Science, 2016, 59: 41-85.
[26] 周文英, 王子君, 董丽娜, 等. 聚合物/BN 导热复合材料研究进展. 合成树脂及塑料, 2015, 32(2): 80-84.
[27] Tanimoto M, Yamagata T, Miyata K, et al. Anisotropic thermal diffusivity of hexagonal boron nitride-filled polyimide films: effects of filler particle size, aggregation, orientation, and polymer chain rigidity. ACS Applied Materials & Interfaces, 2013, 5(10): 4374-4382.
[28] Shen H, Guo J, Wang H, et al. Bioinspired modification of h-BN for high thermal conductive composite films with aligned structure. ACS Applied Materials & Interfaces, 2015, 7(10): 5701-5708.
[29] Yu J H, Mo H L, Jiang P K. Polymer/boron nitride nanosheet composite with high thermal conductivity and sufficient dielectric strength. Polymers Advanced Technologies, 2015, 26(5): 514-520.

第 4 章　六方氮化硼基复相陶瓷

h-BN 中 B 和 N 原子之间以 sp^2 共价键结合，电子结合能较强 (~ 192 eV)，使得 h-BN 陶瓷烧结过程中原子扩散速率较慢，一般在高于 1500℃ 以上时才开始有烧结的迹象出现；h-BN 晶粒呈现层片状形貌特征，易在烧结过程中相互搭接而形成卡片房式结构，也直接导致了烧结和致密化的困难；此外，由于 h-BN 抗氧化性相对较差，在氧化性气氛下 800℃ 就开始发生氧化，所以烧结 h-BN 陶瓷还需要在真空或保护气氛下进行烧结。因此，高致密度 h-BN 陶瓷及其复合材料的制备方法一直以来是人们研究的热点之一[1]。

为达到较高的致密度，一般需通过高温、加压，同时再通过添加烧结助剂改善材料的烧结特性来实现。烧结助剂的作用主要包括：①在晶界处形成连续液相，依靠液相提高颗粒间的传热、传质能力；②可填充 h-BN 晶粒形成卡片房式结构的空隙，降低孔隙率；③将 h-BN 颗粒约束在由烧结助剂形成的网络里。此外，原始 h-BN 粉体的结晶化程度、粒度、形貌等也是影响其烧结特性的重要因素，可通过对其进行预处理，促进烧结致密化。

由于纯 h-BN 陶瓷的力学性能相对较低，难以满足很多场合，尤其是苛刻服役条件下的使用要求，因此常通过加入第二相对其进行强韧化。颗粒、晶须、纤维等形态的氧化物、氮化物、碳化物、硼化物陶瓷均可以作为增强相加入 h-BN 陶瓷中，制备六方氮化硼基复相陶瓷。

本章我们首先介绍纯 h-BN 陶瓷现阶段的一些典型研究成果，再对不同类型陶瓷 (氧化物、氮化物、碳化物、硼化物) 颗粒强韧化的 h-BN 基复相陶瓷，以及具有织构结构的 h-BN 基复相陶瓷进行系统阐述。

4.1　纯六方氮化硼陶瓷

尽管纯 h-BN 陶瓷烧结致密化困难，其力学性能难以满足使用要求，但通过对原材料粉体预处理以及烧结工艺的优化，可望使其性能得到一定程度的改善。此外，针对纯 h-BN 陶瓷的研究，有助于了解和揭示 h-BN 陶瓷的烧结机理，从而为揭示复相陶瓷材料的烧结规律以及复相陶瓷的设计和优化提供参考。

4.1.1 无压烧结制备的纯六方氮化硼陶瓷

雷玉成等[2] 首先将 h-BN 粉体在 60 MPa 压力下进行冷等静压成型，再在 1850℃ 下无压烧结，所得材料的密度仅为 1.04 g/cm^3，其几乎没有强度。Wang 等[3] 通过 200 MPa 压力的冷等静压成型，进而在高达 2100℃ 下无压烧结，得到了密度为 1.31 g/cm^3、显气孔率为 30.9% 的纯 h-BN 陶瓷，其室温的杨氏模量、抗弯强度和断裂韧性分别为 31.6 GPa、30.7 MPa 和 0.69 MPa·m$^{1/2}$。从材料的断口扫描照片 (图 4-1) 可以看到生长完好的层片状晶粒，其尺寸为 1 ~ 5 μm，但是这些晶粒相互搭接并支撑在一起，形成很多孔隙，导致材料难以致密化。

图 4-1 2100℃ 无压烧结的纯 h-BN 陶瓷的断口扫描照片[3]

(a) 低倍；(b) 高倍

与 C/C、石墨、石英、C$_f$/石英等材料相似，h-BN 陶瓷的强度也呈现随测试温度提高而反常增大的特征。在 N$_2$ 气氛下，Wang 等通过无压烧结得到的纯 h-BN 陶瓷的抗弯强度随测试温度的提高呈现明显的增高趋势，在 1600℃ 时达到 57.27 MPa(图 4-2)，几乎为其室温强度的 2 倍，表明这种材料可在高温环境下使用。由于在烧结过程中没有加入烧结助剂，也就不会在晶界处形成低熔点的液相，从而可以保持在材料高温时不发生软化。此外，高达 2100℃ 的烧结温度也有助于 B_2O_3 等低熔点杂质相挥发，起到净化晶界的作用，这对提高其高温力学性能也是有益的。

无压烧结的纯 h-BN 陶瓷还具有较好的抗热冲击特性 (图 4-3)，在热震温差 $\Delta T = 800$℃ 时，其残余抗弯强度仍可保持在 22.6 MPa，是其原室温强度的 73.5%。这是由于该材料具有较高的热导率和较低的弹性模量，所以其在受到热冲击时产生的热应力相对较小，未对材料造成明显的损伤。此外，材料中较多的气孔，也可以起到分散缓和热应力的作用，从而缓冲热冲击引起的损伤。

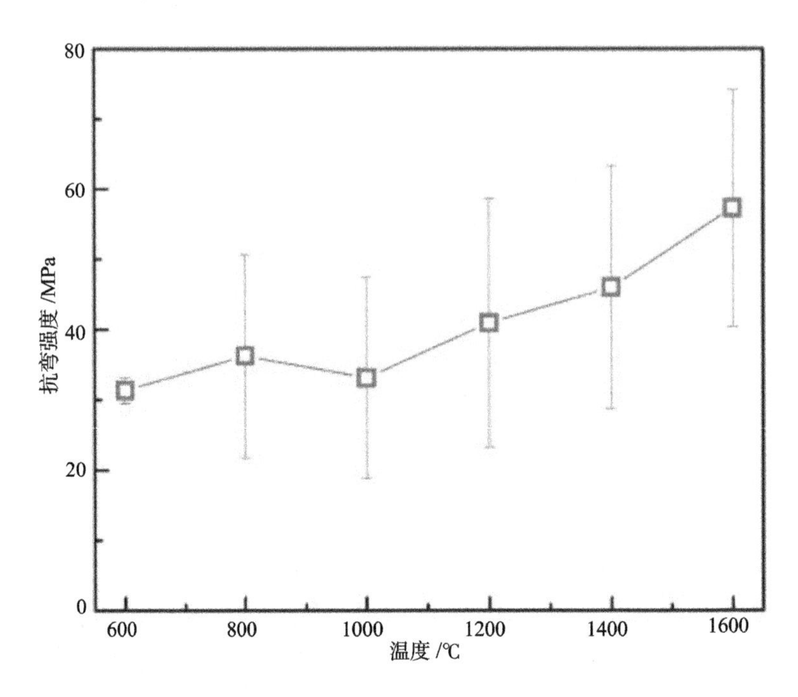

图 4-2 2100℃ 无压烧结纯 h-BN 陶瓷的抗弯强度随测试温度的变化曲线[3]

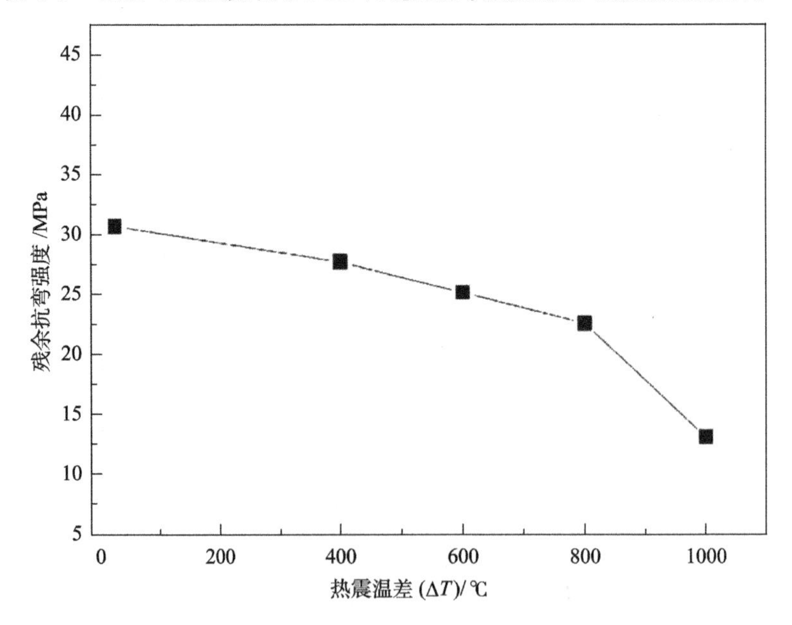

图 4-3 2100℃ 无压烧结纯 h-BN 陶瓷的残余抗弯强度随热震温差的变化曲线[3]

4.1.2 热压烧结制备的纯六方氮化硼陶瓷

热压烧结的方法可以使 h-BN 陶瓷的晶粒在烧结过程中更充分地接触，促进其原子扩散，有助于致密化，获得具有较高致密度和优异性能的 h-BN 陶瓷材料。张薇[4] 采用热压烧结的方法制备的纯 h-BN 陶瓷，致密度可达 92.5%，弹性模量、抗弯强度、断裂韧性分别为 65 GPa、127 MPa、1.52 MPa·m$^{1/2}$，较无压烧结材料, 在致密度和力学性能上均有了显著的提升。

对原始粉体进行球磨处理，获得更高的烧结活性的原料粉体，是提高烧结特性和材料性能的有效手段，也有利于获得更小晶粒尺寸的陶瓷材料。王征等[5,6] 首先对 h-BN 粉体进行球磨处理，再通过不同温度、不同保温时长的烧结，对纯 h-BN 陶瓷在烧结过程中的组织结构演化及其对性能的影响规律进行了系统研究。

为了改善 h-BN 粉体的烧结活性，首先将市售的中值粒径约为 1 μm 的 h-BN 粉体在行星式球磨机内进行球磨 (Al_2O_3 球，球料比为 10 : 1，球磨转速为 300 r/min)。随着球磨时间的增加，h-BN 的 (002) 晶面对应的尖锐峰逐渐宽化为馒头峰 (图 4-4)，球磨 18 h 后已见不到明显的衍射峰。球磨时间继续延长，粉体的衍射峰形状不再发生明显的变化，说明球磨在降低 h-BN 粉体颗粒尺寸的同时，造成了晶体内部的大量缺陷，球磨破坏了粉体原始完好的晶格结构，得到了非晶或乱层状的 h-BN 粉体。

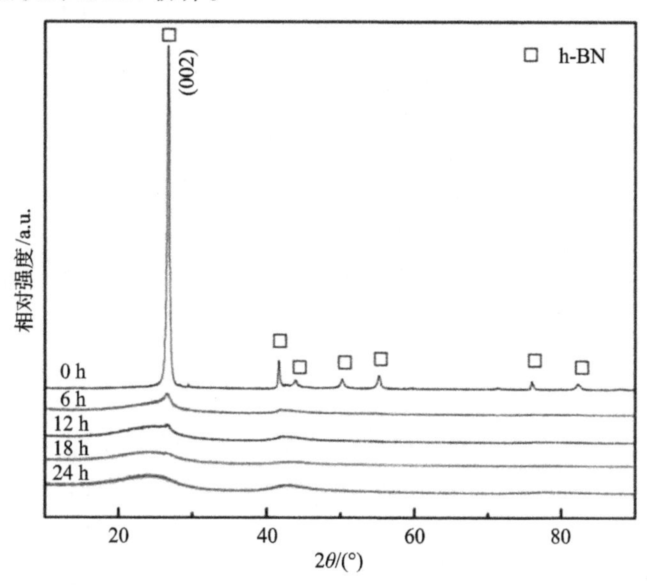

图 4-4 h-BN 粉体球磨处理不同时长后的 XRD 图谱[6]

研究发现球磨前 h-BN 粉体颗粒尺寸约为 1 μm，且存在分布不均匀的状况。球磨处理 24 h 后，粉体的一次颗粒尺寸变为 0.2 ~ 0.3 μm，但存在一定程度的

团聚 (图 4-5)。表明球磨处理可以使 h-BN 粉体的一次颗粒细化，提高了粉体的表面活性，这有利于后续的烧结。

图 4-5　原始 h-BN 粉体及球磨处理 24 h 后粉体的 SEM 形貌[6]

(a), (b) 球磨前低倍与高倍图像；(c), (d) 球磨处理 24h 后低倍与高倍图像

TEM 照片可见图 4-6(a), (b)，球磨后粉体颗粒尺寸为 0.2 ~ 0.3 μm，大部分均呈现明显的层片状形貌。高分辨电镜观察表明，球磨后的粉体中形成了非晶 (即短程有序长程无序的结构) 和纳米化转变 (图 4-6(c))，对应的选区电子衍射结果图中 (图 4-6(d)) 两个衍射环所对应的分别为 h-BN 的 (101) 和 (112) 晶面。

烧结温度是影响陶瓷材料物相组成、致密程度以及性能的重要因素。将前述球磨 24 h 后的 h-BN 粉体在 N_2 气氛、不同温度 (1600 ~ 1900℃) 下进行热压烧结，采用的热压压力为 25 MPa，保温时间为 0.5 h。

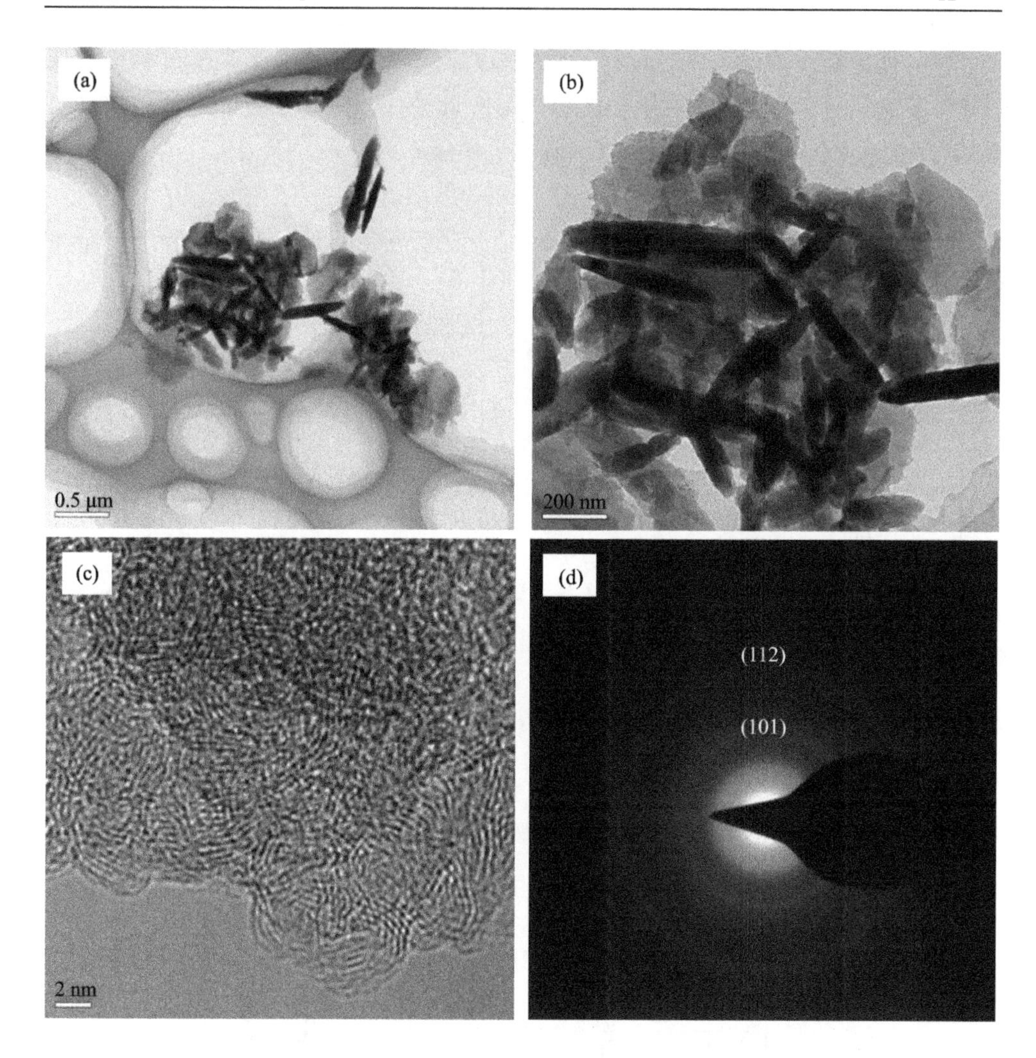

图 4-6 h-BN 粉体球磨处理 24 h 后的 TEM 形貌及衍射花样[6]

(a) ～ (c) 不同倍数的放大图样；(d) 为 (c) 的衍射花样

由于 h-BN 晶体具有层片状的形貌特征，其烧结后易于出现晶粒定向排列，即织构化的情况，这可以从平行、垂直于热压压力方向平面的 X 射线衍射 (XRD) 峰强变化中体现出来。不同温度烧结纯 h-BN 陶瓷的 XRD 图谱见图 4-7，随着烧结温度的升高，(002)、(100)、(101)、(102) 和 (004) 等晶面的衍射峰的强度均明显变高，表明其结晶程度是随着烧结温度升高而提高的。此外，随着烧结温度的升高，平行和垂直于热压平面排布方向的 XRD 图谱峰强度的差别也越来越大：平行于热压平面排布方向 (002) 晶面对应峰的高度非常突出，其他衍射峰的高度相对很低；而在垂直于热压平面的排布方向中，(002)、(100)、(101)、(102)、(110)、

(112) 晶面等对应峰的强度均较高，但最高峰对应的晶面随着烧结温度的提高从 (002) 变到了 (100)，表明热压烧结纯 h-BN 陶瓷中出现了一定的晶粒定向排布特征，即材料中存在织构现象，且其随着烧结温度的升高，织构化程度也发生了改变。

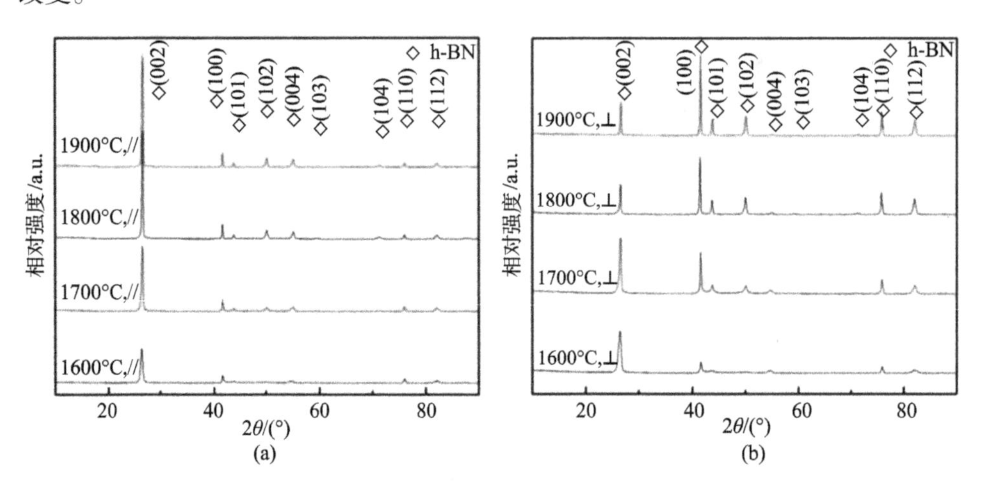

图 4-7 不同温度烧结纯 h-BN 陶瓷的 XRD 图谱 (热压压力为 25 MPa，保温时间为 0.5 h)[5]

(a) 平行于热压平面排布方向；(b) 垂直于热压平面排布方向

为了对烧结陶瓷材料中 h-BN 晶粒的定向排布程度进行定量描述，可采用公式 (4-1)，根据衍射峰的相对强度来计算 h-BN 陶瓷的晶粒取向程度[7,8]：

$$\mathrm{IOP}=\begin{cases}\dfrac{(I_{100}/I_{002})_{\mathrm{perp}}}{(I'_{100}/I'_{002})_{\mathrm{par}}}, & (I_{100}/I_{002})_{\mathrm{perp}}>(I'_{100}/I'_{002})_{\mathrm{par}}\\ -\dfrac{(I'_{100}/I'_{002})_{\mathrm{par}}}{(I_{100}/I_{002})_{\mathrm{perp}}}, & (I_{100}/I_{002})_{\mathrm{perp}}<(I'_{100}/I'_{002})_{\mathrm{par}}\end{cases} \tag{4-1}$$

IOP(index of orientation preference) 代表材料的晶粒择优取向指数，IOP 的绝对值越高，陶瓷的晶粒取向性越明显，I_{100}、I_{002} 分别代表陶瓷表面垂直于热压方向时对应晶面的衍射强度，I'_{100}、I'_{002} 分别代表陶瓷表面平行于热压方向时对应晶面的衍射强度，不同晶面衍射强度的比值反映了材料对某一取向的倾向性。当 $(I_{100}/I_{002})_{\mathrm{perp}}>(I'_{100}/I'_{002})_{\mathrm{par}}$ 时，IOP 的值为正，其值越大，代表 h-BN 晶体的 c 轴方向越倾向于在垂直于外界压力的方向排列；当 $(I_{100}/I_{002})_{\mathrm{perp}}<(I'_{100}/I'_{002})_{\mathrm{par}}$ 时，IOP 的值为负，其绝对值越大，代表 h-BN 晶粒的 c 轴更倾向于在平行于外界压力的方向排列。若 IOP 的值为 ± 1，则代表烧结的 h-BN 陶瓷不存在织构特征，得到的材料是各向同性的。

由图 4-7 中 XRD 峰强计算得到的不同温度热压烧结纯 h-BN 陶瓷的 IOP 均

为负值 (图 4-8)，说明材料中 h-BN 晶粒的 c 轴倾向于在平行热压压力方向排列。随着烧结温度的升高，h-BN 陶瓷的 IOP 值继续降低，说明较高的烧结温度有助于 h-BN 晶粒的进一步定向化排列。

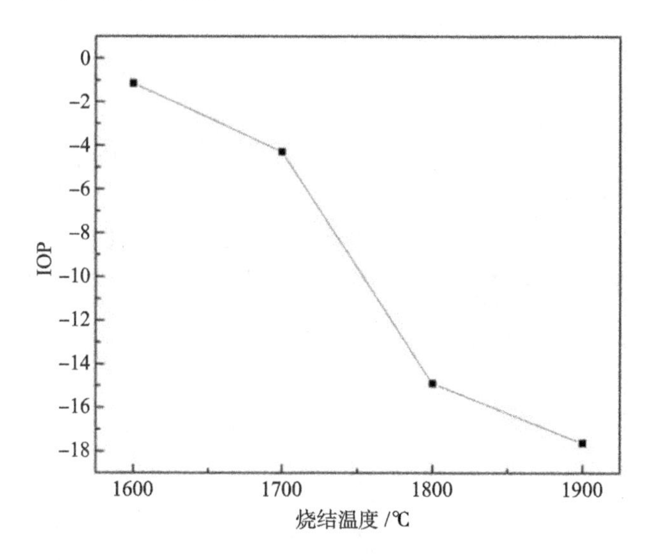

图 4-8 不同温度烧结纯 h-BN 陶瓷的 IOP 指数 (热压压力为 25 MPa，保温时间为 0.5 h)[5]

在热压压力为 25 MPa、保温时间为 0.5 h 的前提下，1600 ~ 1900℃ 热压烧结的纯 h-BN 陶瓷的致密度分布在 93.2% ~ 93.9% (图 4-9)。但与通常情况下陶瓷材料致密度随热压烧结温度增加而提高的规律不同，纯 h-BN 陶瓷的致密度随着烧结温度的增加呈现略有下降的趋势。这是由于烧结温度升高，h-BN 的晶粒

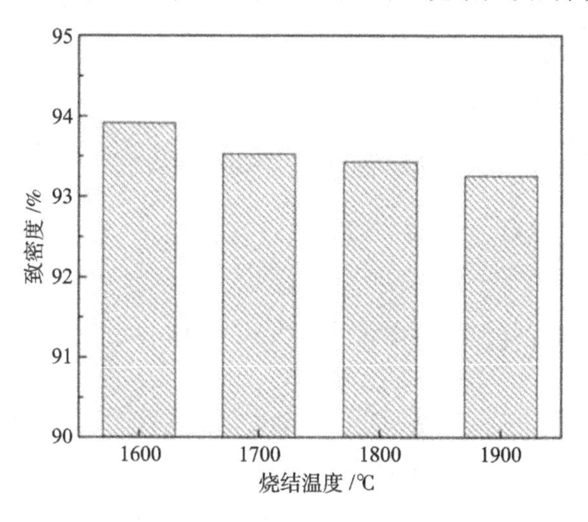

图 4-9 不同温度烧结纯 h-BN 陶瓷的致密度 (热压压力为 25 MPa，保温时间为 0.5 h)[5]

会快速长大，而层片状晶粒形成的卡片房式结构则随着晶粒发育而产生一定数量的孔隙，这会阻碍材料的进一步致密化。

从材料的断口形貌照片可以统计出烧结所得的 h-BN 陶瓷晶粒大小 (图 4-10)，经 1600℃、1700℃、1800℃、1900℃ 烧结后的晶粒尺寸分别为 0.3 ～ 0.5 μm、1 ～ 1.5 μm、2.5 ～ 3 μm、3 ～ 4 μm。表明随着烧结温度的提高，h-BN 晶粒之间原子扩散的速率增大，更容易使晶粒生长成较大尺寸的层片状结构，在烧结过程中会形成一定的卡片房式结构，形成较大尺寸的孔隙，阻碍陶瓷材料的致密化。此外，烧结过程中并未加入液相烧结助剂，材料中晶粒生长主要是通过固态扩散形式完成的，而温度是影响这种扩散和生长的最主要因素。

图 4-10 不同温度烧结纯 h-BN 陶瓷的断口形貌 (热压压力为 25 MPa，保温时间为 0.5 h)[5]

(a) 1600℃; (b) 1700℃; (c) 1800℃; (d) 1900℃

延长保温时间也是促进陶瓷材料烧结致密化的有效手段，随着纯 h-BN 陶瓷烧结保温时间从 0.5 h 延长至 5 h，(100)、(002) 和 (110) 等晶面的衍射峰高度均明显增加 (图 4-11)，表明其结晶程度是随着保温时间的增加而提高的。用前述公式 (4-1) 计算可以得到取向指数 IOP 随着烧结保温时间的变化曲线 (图 4-12)，随着烧结保温时间的延长，h-BN 陶瓷 IOP 的绝对值增加，表明其晶粒定向排列程度随着保温时间的延长而增加。

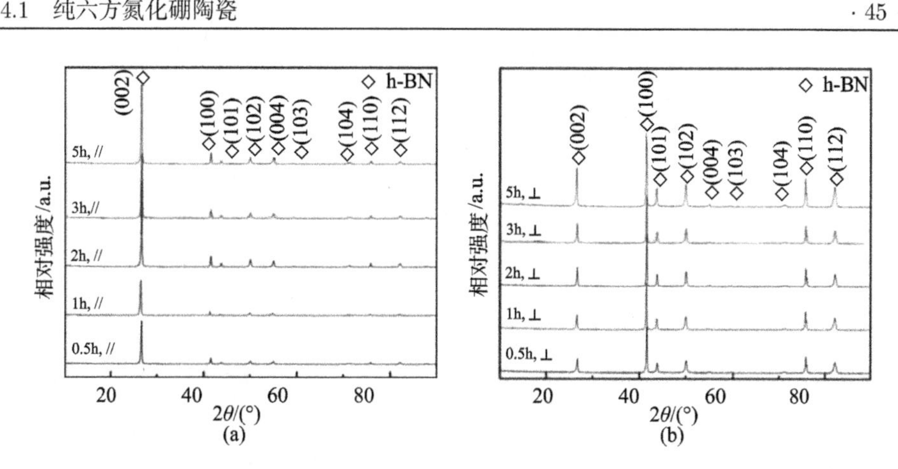

图 4-11 不同保温时间烧结纯 h-BN 陶瓷的 XRD 图谱 (热压压力为 25 MPa，烧结温度为 1800℃)[5]

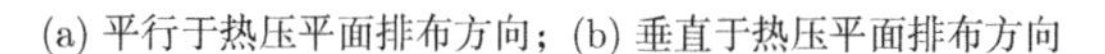
(a) 平行于热压平面排布方向；(b) 垂直于热压平面排布方向

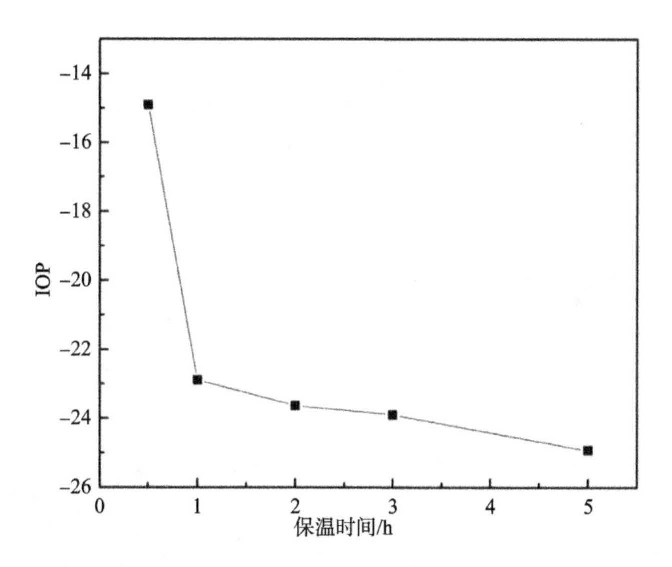

图 4-12 不同保温时间烧结纯 h-BN 陶瓷的取向指数 (热压压力为 25 MPa，烧结温度为 1800℃)[5]

纯 h-BN 陶瓷的致密度随着保温时间的增加而略有升高 (图 4-13)，这是由于随着保温时间的延长，有利于发生更为充分的原子间相互扩散，也能够使气孔逐渐从卡片房式结构中排出。

根据断口扫描照片统计，随着烧结保温时间的延长，材料中的晶粒尺寸有了不同程度的增加，保温 1 h、2 h、3 h、5 h 烧结 h-BN 陶瓷的晶粒尺寸分别为 3.5 ~ 4 μm、4.5 ~ 5 μm、5 ~ 7 μm、6 ~ 8 μm (图 4-14)。

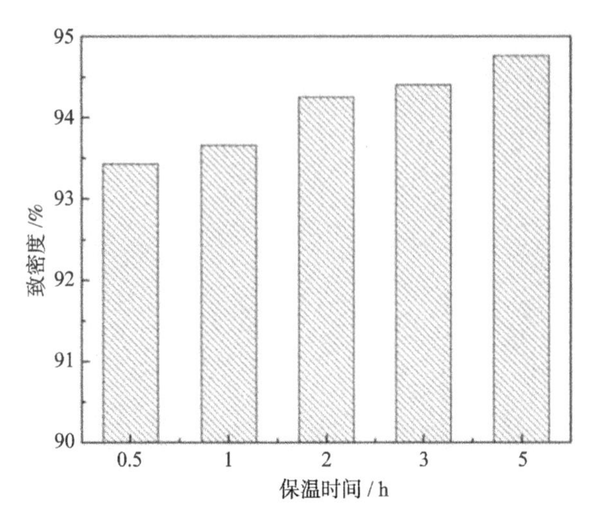

图 4-13　不同保温时间烧结纯 h-BN 陶瓷的致密度 (热压压力为 25 MPa，烧结温度为 1800°C)[5]

图 4-14　不同保温时间烧结 h-BN 陶瓷的断口形貌 (热压压力为 25 MPa，烧结温度为 1800°C)[5]

(a) 1 h; (b) 2 h; (c) 3 h; (d) 5 h

上述不同温度、保温时间烧结得到的纯 h-BN 陶瓷的力学性能如表 4-1 所示，结合断口形貌可知，材料的晶粒尺寸成为影响其力学性能的主要因素[6]。随着烧结温度的提高、保温时间的延长，材料的晶粒尺寸的增大，其弹性模量有一定提高，而抗弯强度和断裂韧性均有所下降。结合前述统计的晶粒尺寸，可以得到其抗弯强度与晶粒尺寸的关系曲线 (图 4-15)，晶粒尺寸的平方根倒数与抗弯强度大体呈线性关系，基本上符合 Hall-Petch 公式的规律。

表 4-1 不同温度、保温时间烧结得到的纯 h-BN 陶瓷的力学性能[6]

烧结温度 /°C	烧结压力 /MPa	保温时间 /h	抗弯强度 /MPa	弹性模量 /GPa	断裂韧性 /(MPa·m$^{1/2}$)
1600	25	0.5	163.5±6.1	50.1±3.7	2.85±0.32
1700			124.7±7.2	44.7±3.2	2.56±0.15
1800			106.6±5.6	40.5±1.5	2.52±0.21
1900			100.0±2.2	40.0±1.6	2.31±0.09
1800	25	1	96.6±7.4	43.9±1.8	2.49±0.12
		2	84.9±3.8	44.4±3.0	2.42±0.15
		3	77.4±3.2	50.9±2.7	2.36±0.11
		5	84.3±4.3	52.3±2.1	2.33±0.26

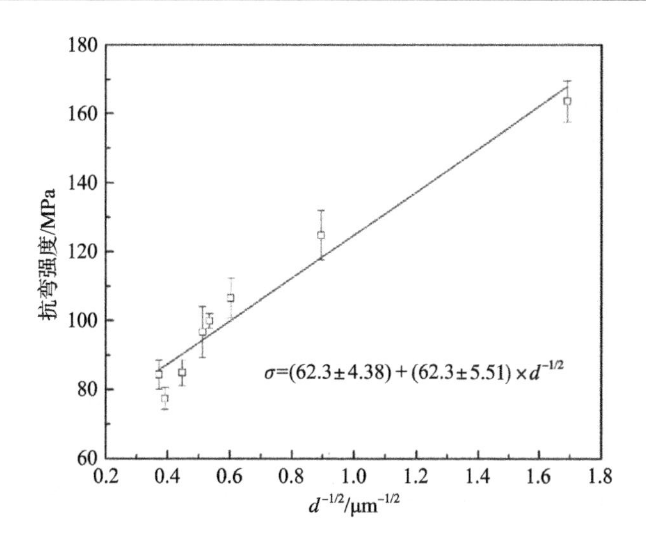

图 4-15 纯 h-BN 陶瓷抗弯强度–晶粒尺寸关系曲线[6]

4.1.3 纯六方氮化硼陶瓷的抗离子溅射特性

霍尔电推进器 (Hall thruster) 是一种典型的电推进装置 (典型样机及结构见图 4-16)，其利用电能将惰性气体推进剂电离成等离子体，并在通道内进行的放电过程中加速离子从而产生推力，其具有小推力、高比冲、服役寿命长、飞行器有效负载小等优点，现已成功应用于多种卫星和深空探测器。

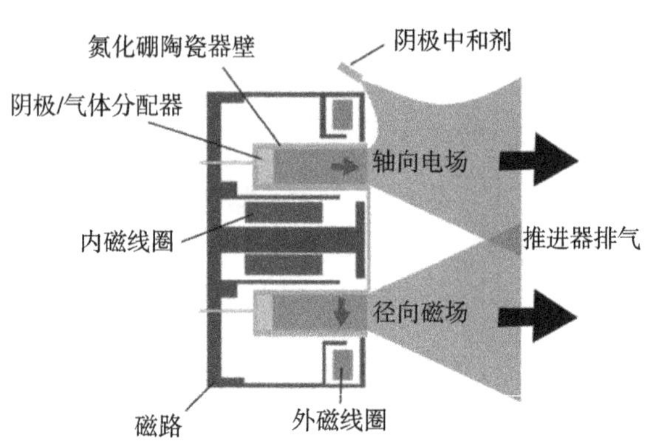

图 4-16　霍尔电推进器及其结构组成

由于霍尔电推进器主要应用于轨道保持、插入、转移以及姿态控制等飞行任务，因此其具有长时、不连续的工作特点，这就要求推进器通道材料及构件具有以下的特点[9−12]。

(1) 良好的耐热性：等离子体的温度较高，而且其与通道碰撞时也将引起温度的升高，通道材料经受的温度将达 800 ~ 1000℃。

(2) 良好的抗热震性：不会由于频繁开关机过程导致的热冲击、热循环而发生损伤。

(3) 良好的室温及高温绝缘性能：工作过程中不会在通道上产生电流的传导而影响电磁场分布。

(4) 适宜的二次电子发射特性：当用具有一定能量或速度的电子 (或离子等其他粒子) 轰击材料时，会导致电子从其表面发射出来，这种物理现象称为二次电子发射。而二次电子发射系数指的就是一个一次电子轰击材料表面时所产生的二次电子个数，一般材料随入射能量的提高其二次电子发射系数先升高后降低，在某一个范围内达到最大值。基于霍尔电推进器工作时的入射电子能量分布，一般认为氮化硼陶瓷具有最为适合的二次电子发射系数。

(5) 易于机械加工：可以将材料加工成所需复杂形状的构件。

(6) 良好的抗高速离子溅射侵蚀性能：由于霍尔电推进器中离子流呈现一定的发散特性，通道内的部分离子会同通道器壁发生碰撞，在此过程中，离子将自身的动能传递给器壁从而导致器壁材料发生溅射侵蚀。通道材料是用来保护推进器磁路的，一旦其被侵蚀掉，推进器的磁极将暴露在外，会严重影响推进器的磁场分布和性能，甚至使其完全失效，这已成为推进器寿命损耗中最重要的问题。因此，要求通道材料具有良好的抗高速离子溅射侵蚀性能，保证通道构件能够长时间有效并可靠地工作。

根据上述使用条件和性能要求，可用于霍尔电推进器通道的材料主要可以分为氧化物陶瓷和氮化物陶瓷两类，其中氧化物主要包括氧化铝 (Al_2O_3)、氧化硅 (SiO_2)、莫来石 (mullite)，氮化物则主要包括氮化硅 (Si_3N_4)、塞隆 (SiAlON)、六方氮化硼 (h-BN) 几种。而其中 h-BN 具有最为合适的二次电子发射系数，可为霍尔电推进器提供良好的工作环境，因此作为通道材料最为适宜，也是本领域研究最多的一种材料[13,14]。现阶段，对于推进器通道材料成分、制备工艺、性能和抗离子溅射侵蚀机理的研究已逐渐成为热点。

1. h-BN 晶粒尺寸对抗离子溅射性能的影响规律

对前述通过调节温度和保温时间热压烧结得到的不同晶粒尺寸的纯 h-BN 陶瓷进行氙离子溅射实验，得到其平均溅射侵蚀速率 (图 4-17)。随着 h-BN 晶粒尺寸的增加，溅射侵蚀速率逐渐增加。在离子溅射过程中，h-BN 晶粒间结合力比较弱，易于发生整个 h-BN 层片或晶粒被溅射掉的情况，尤其是对于尺寸较大的晶粒，单位时间内被溅射掉的质量更多，溅射侵蚀速率也就更大。

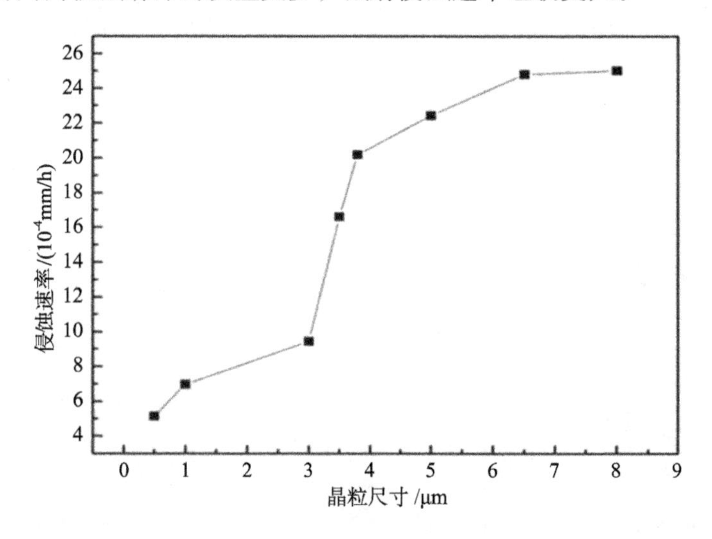

图 4-17 纯 h-BN 陶瓷的氙离子溅射侵蚀速率随晶粒尺寸变化曲线[5]

对比晶粒尺寸为 0.3 ~ 1 μm 的 h-BN 陶瓷经氙离子溅射前后的 SEM 表面形貌 (图 4-18)。在晶粒尺寸为 0.3 μm 时，溅射后的表面虽然较溅射前更为光滑，但仍可以明显看到溅射前划痕的残留，这是由于溅射实验时间较短，尚未将试样制备时的表面抛光划痕完全溅射掉。随着晶粒尺寸增加到 0.5 μm，低倍下可以看到溅射后的表面与溅射前相比更光滑，划痕变浅，高倍下可以看到溅射后的表面出现了较多的层片状突起；晶粒尺寸达到 1 μm 时，观察到平行于表面的整个 h-BN 晶粒从陶瓷表面剥落后留下的片状凹坑，还有垂直表面的 h-BN 片状晶粒被溅射掉后陶瓷表面留下的形貌特征，这也是其抗溅射性能与较小尺寸晶粒 h-BN 陶瓷相比有所下降的原因。

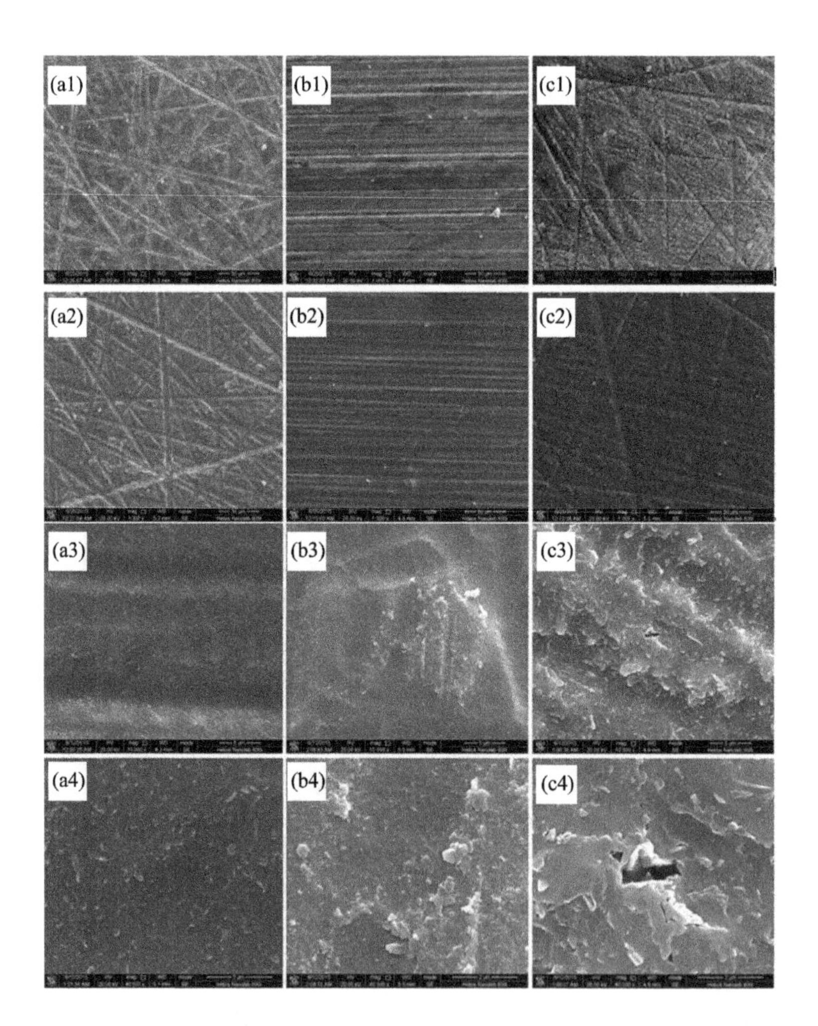

图 4-18　晶粒尺寸为 0.3 ~ 1 μm 的 h-BN 陶瓷经氙离子溅射前后 SEM 表面形貌[5]

(a1) ~ (a4) 分别为晶粒尺寸 0.3 μm 的陶瓷溅射前低倍，溅射后低倍、中倍和高倍形貌；

(b1) ~ (b4) 分别为晶粒尺寸 0.5 μm 的陶瓷溅射前低倍，溅射后低倍、中倍和高倍形貌；

(c1) ~ (c4) 分别为晶粒尺寸 1 μm 的陶瓷溅射前低倍，溅射后低倍、中倍和高倍形貌从晶粒尺寸在 1.5 ~ 4 μm 的 h-BN 陶瓷经氙离子溅射前后的 SEM 表面形貌 (图 4-19) 中可见，晶粒尺寸在 1.5 ~ 2.5 μm 范围内，溅射后陶瓷表面低倍下仍可以看到试样制备抛光的部分痕迹，高倍下可以看到层片状的 h-BN 片状晶粒和晶粒从表面伸出的棱角；当晶粒尺寸达到 4 μm 后，溅射后表面有被溅射掉的晶粒留下的孔道，大部分溅射后的表面晶粒形状不再是层片状了，而是表面光滑的颗粒，说明溅射过程中尖锐的 h-BN 颗粒的边缘会被溅射掉，层片状的 h-BN 变得更加光滑。

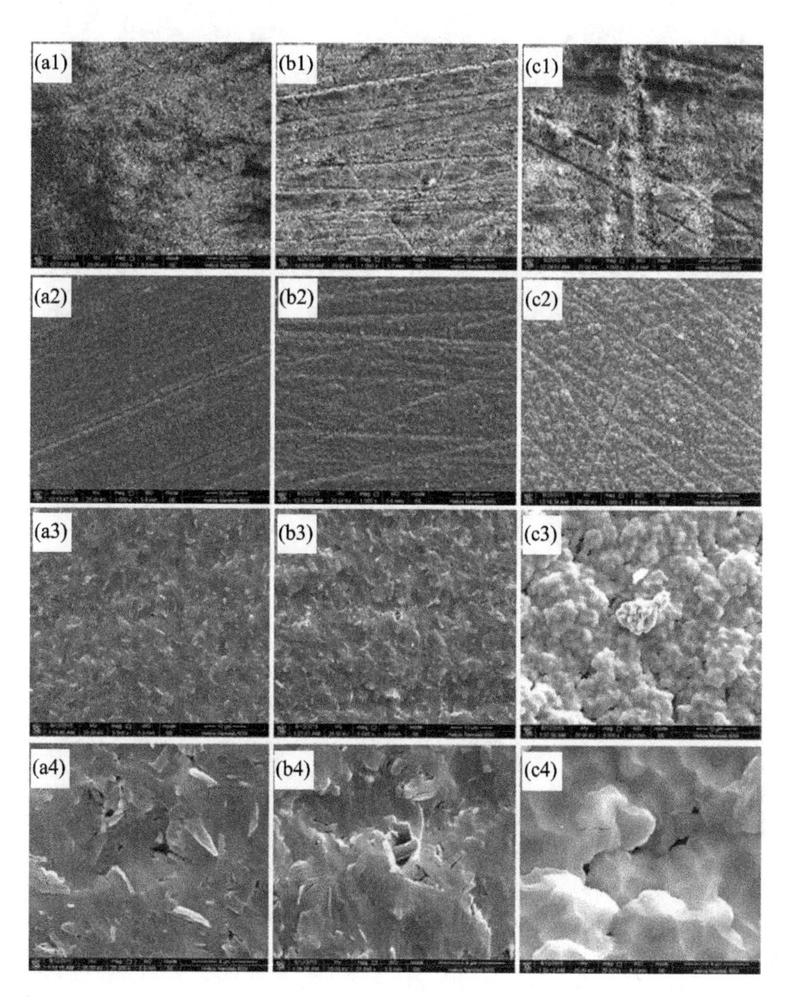

图 4-19 晶粒尺寸在 1.5 ~ 4 μm 的 h-BN 陶瓷经氙离子溅射前后 SEM 表面形貌[5]

(a1) ~ (a4) 分别为晶粒尺寸为 1.5 μm 的陶瓷溅射前低倍，溅射后低倍、中倍和高倍形貌；

(b1) ~ (b4) 分别为晶粒尺寸为 2.5 μm 的陶瓷溅射前低倍，溅射后低倍、中倍和高倍形貌；

(c1) ~ (c4) 分别为晶粒尺寸为 4 μm 的陶瓷溅射前低倍，溅射后低倍、中倍和高倍形貌当晶粒尺寸进一步增加到 5 ~ 8 μm 范围内时，从 h-BN 陶瓷在氩离子溅射前后的 SEM 表面形貌 (图 4-20) 中可见，低倍下仍然可以看到溅射后陶瓷表面存在部分划痕，当晶粒尺寸大于 7 μm 时，可以看到 h-BN 颗粒边缘出现了层片状的形貌；当晶粒尺寸达到 8 μm 后，溅射后的表面可以观察到离子轰击后晶粒脱黏留下的凹坑和层片状 h-BN 晶粒，说明较大尺寸的 h-BN 晶粒是被整体溅射掉的。

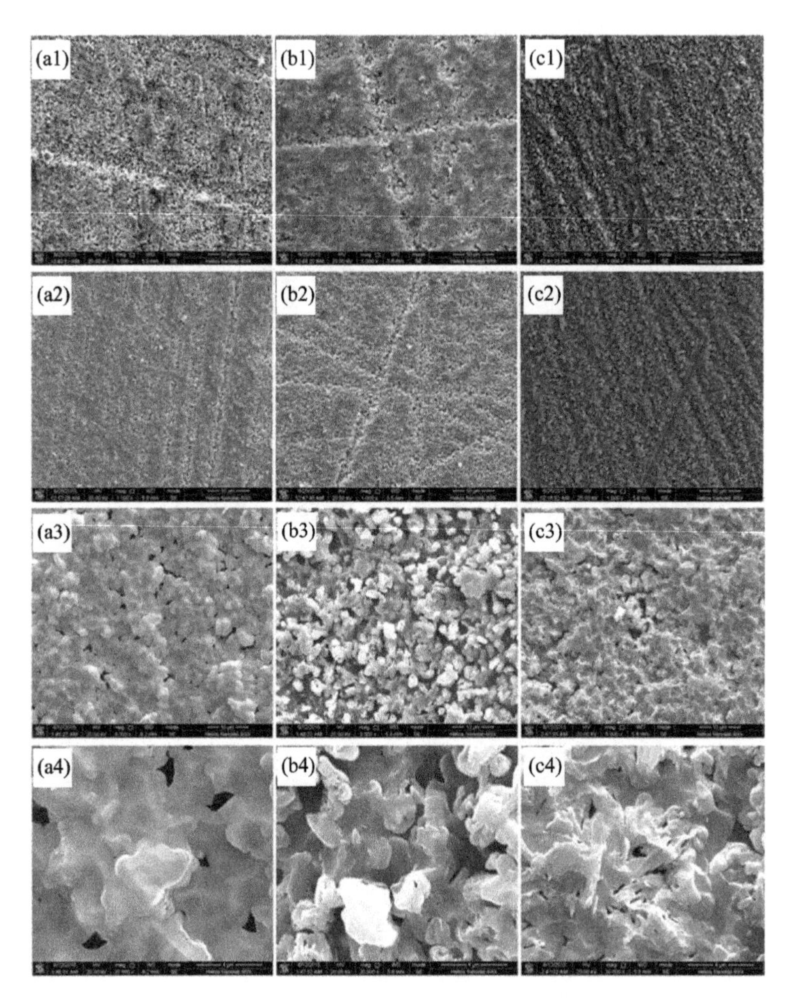

图 4-20　晶粒尺寸在 5 ~ 8 μm 的 h-BN 陶瓷经氩离子溅射前后 SEM 表面形貌[5]

(a1)~ (a4) 分别为晶粒尺寸为 5 μm 的陶瓷溅射前低倍，溅射后低倍、中倍和高倍形貌；
(b1) ~ (b4) 分别为晶粒尺寸为 7 μm 的陶瓷溅射前低倍，溅射后低倍、中倍和高倍形貌；
(c1) ~ (c4) 分别为晶粒尺寸为 8 μm 的陶瓷溅射前低倍，溅射后低倍、中倍和高倍形貌

2. h-BN 陶瓷的溅射性能随溅射时间的演化规律

为了阐明晶粒尺寸对抗溅射性能的影响规律及溅射损伤演化机制，采用 0.5 μm 和 8 μm 两种晶粒尺寸的纯 h-BN 陶瓷，在 300 eV 离子能量下分别溅射 1 h、2 h 和 4 h。

通过不同晶粒尺寸的 h-BN 陶瓷经氙离子溅射的侵蚀速率随溅射时间的变化 (图 4-21) 可见，随着溅射时间的增加，大晶粒尺寸和小晶粒尺寸的 h-BN 陶瓷平均溅射侵蚀速率都逐渐降低，最后趋于平稳。这是由于在溅射开始阶段，有一部分制样时遗留在表面的颗粒，很容易被溅射掉，导致初期的溅射侵蚀速率偏大。此外，试样原始表面上平行于溅射表面排列的 h-BN 晶粒含量较多，容易被氙离子溅射掉，随着时间的推移，平行于溅射表面排列的 h-BN 晶粒含量降低，溅射侵蚀速率随之降低。另外，大晶粒尺寸的 h-BN 陶瓷溅射侵蚀速率一直高于小晶粒尺寸的 h-BN 陶瓷，原因在于晶粒尺寸越大，越容易发生整个晶粒的溅射侵蚀，单位时间内溅射的质量变化也越大。

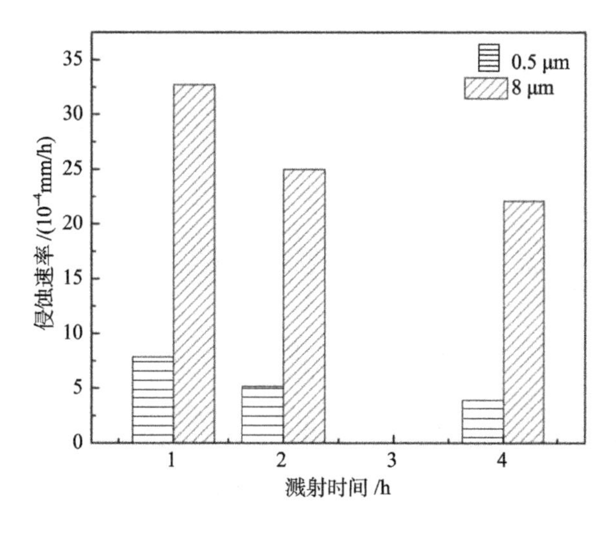

图 4-21 不同晶粒尺寸的 h-BN 陶瓷经氙离子溅射的侵蚀速率随溅射时间的变化[5]

对比不同晶粒尺寸的 h-BN 在 300 eV 离子溅射 4 h 前后的 X 射线光电子能谱 (XPS) 图谱 (图 4-22)，溅射前 h-BN 陶瓷表面只含有 C、B、N、O 四种原子，但是溅射后的 h-BN 表面存在着 C、B、N、O 和 Xe 这五种元素。Xe 的增加表明在溅射过程中有少量离子嵌入材料表面，即发生了氙离子表面注入的情况。溅射前的 C 是由测试样品表面吸附而产生的，但溅射后 C 的含量有所增加，是由于溅射实验结束后，在样品真空室内，陶瓷表面还吸附了油扩散泵的油分子，此外，溅射后表面相对活性较高，更容易吸附 C。

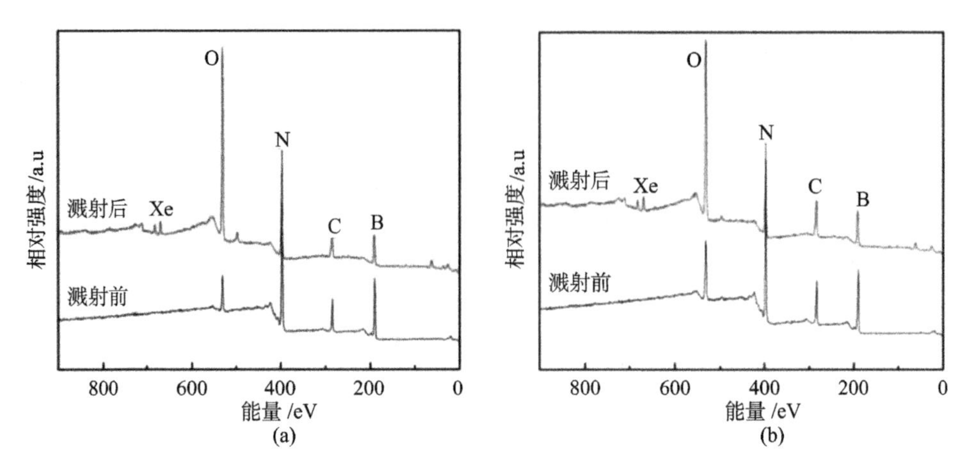

图 4-22　不同晶粒尺寸的 h-BN 溅射 4 h 前后表面 XPS 图谱[5]

(a) 晶粒尺寸 0.5 μm 样品; (b) 晶粒尺寸 8 μm 样品

从晶粒尺寸为 0.5 μm 和 8 μm 的 h-BN 陶瓷表面溅射后表面 XPS 图谱 B 元素的分峰图谱 (图 4-23) 中可见，溅射前材料表面的 B 并没有被氧化，但是溅射后材料表面的 B 主要有两种键合，一种是 B—N 键，一种是 B—O 键。B—O 键的存在原因可能是溅射时材料表面的 B—N 键打开，结束溅射后吸附并结合了

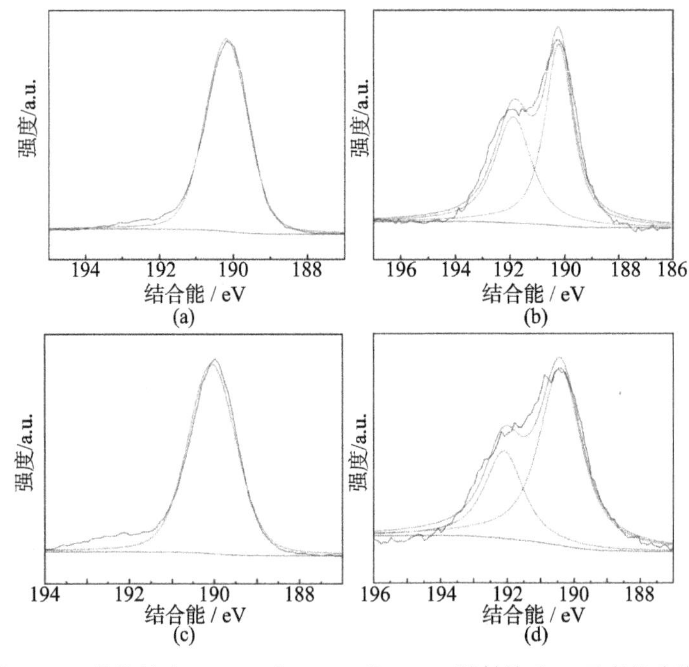

图 4-23　晶粒尺寸 0.5 μm 和 8 μm 的 h-BN 溅射前后 B 元素的分峰[5]

(a), (b) 分别为晶粒尺寸为 0.5 μm 的 h-BN 溅射前、后 B 元素的分峰；(c), (d) 分别为晶粒尺寸为 8 μm 的 h-BN 溅射前、后 B 元素的分峰

空气中的 O_2。

对比晶粒尺寸为 0.5 μm 的 h-BN 陶瓷溅射前和在 300 eV 的氙离子下分别溅射 1 h、2 h 和 4 h 的表面形貌 (图 4-24)，随着溅射时间的增加，材料表面的划痕逐渐变得不明显，但是当溅射时间达到 4 h 时，材料表面开始出现大量小晶粒尺寸的 h-BN 晶粒。综合分析，晶粒尺寸为 0.5 μm 的 h-BN 陶瓷表面溅射的过程主要包括：①较大的 h-BN 晶粒被溅射后变得光滑，陶瓷表面的宏观特性 (比如划痕) 变得不明显，此时溅射侵蚀速率较高；②随着溅射的继续进行，凸起处更容易被溅射掉，材料表面区域平缓，导致划痕逐渐变浅；③溅射进行到更深层，由于 h-BN 晶粒的结合形式以及取向等不同，所以其具有一定的差异，最终观察

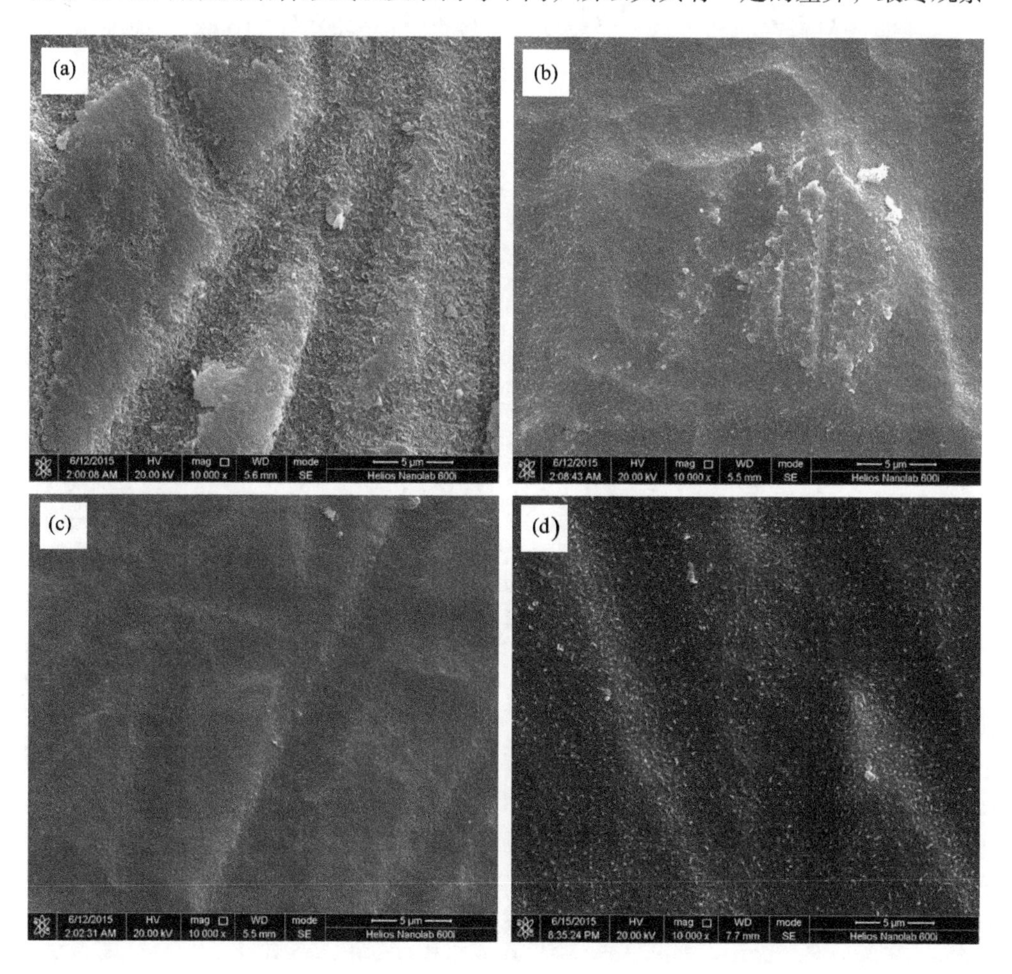

图 4-24 晶粒尺寸为 0.5 μm 的 h-BN 陶瓷经氙离子溅射不同时间的表面形貌[5]

(a) 溅射前的表面形貌；(b) ~ (d) 分别为溅射 1 h、2 h、4 h 后的表面形貌

到细小的 h-BN 层片存在于表面，此时材料的溅射侵蚀速率已经趋于平稳。

对比晶粒尺寸为 8 μm 的 h-BN 陶瓷溅射前和在 300 eV 的氙离子下溅射 1 h、2 h 和 4 h 的表面形貌 (图 4-25)。溅射时间达到 1 h 时，材料表面由于制样时残余的颗粒都已被溅射掉，部分 h-BN 层片边缘开始变得圆润；随着溅射时间的延长，可以看到整个 h-BN 晶粒从材料表面溅射出来留下的孔洞，这种孔洞分为两种，一种是层片垂直于溅射平面，留下的细长坑洞，数量相对较少，另一种是平行于溅射平面的 h-BN 晶粒层片整个掉下去留下的痕迹，数量较多，说明平行于表面的 h-BN 晶粒层片比垂直于表面的 h-BN 晶粒层片更容易被氙离子溅射掉。未溅射前较多的 h-BN 晶粒层片平行于材料表面，但是溅射时间达到 4 h 以后，垂直于材料表面的 h-BN 晶粒层片比较多，也说明平行于材料表面的 h-BN 晶粒层片更容易被溅射掉。

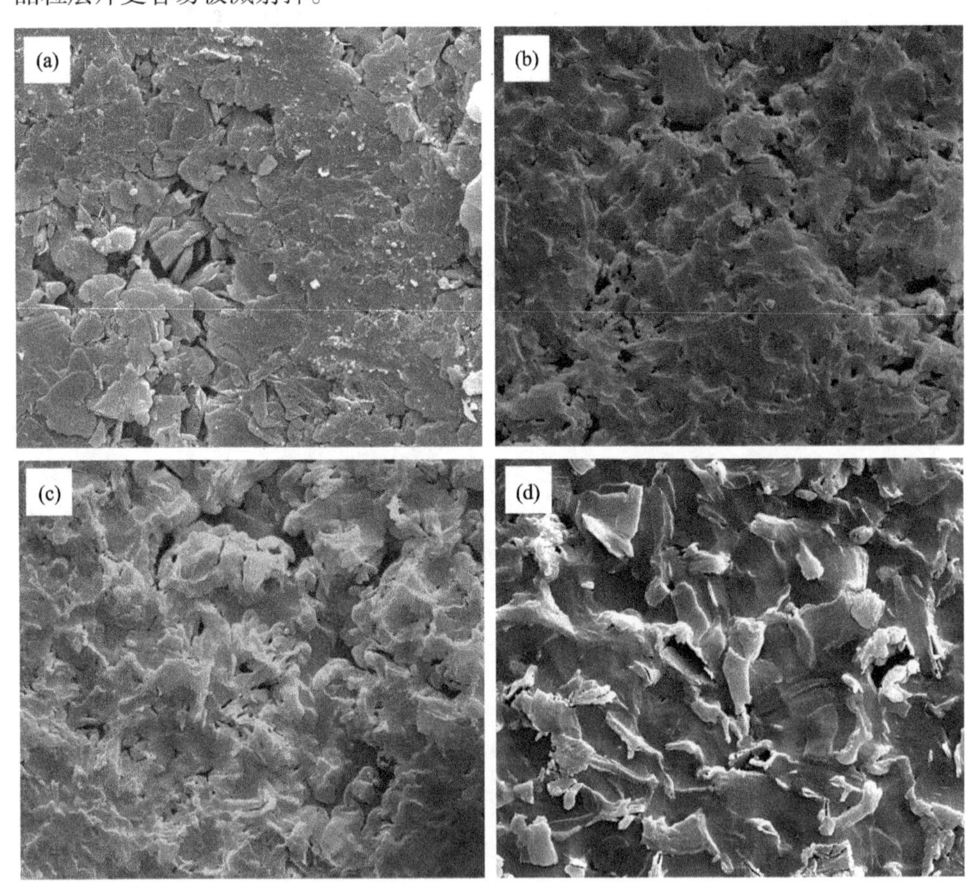

图 4-25　晶粒尺寸为 8 μm 的 h-BN 陶瓷经氙离子溅射不同时间的表面形貌[5]

(a) 溅射前的表面形貌；(b) ∼ (d) 分别为溅射 1 h、2 h、4 h 后的表面形貌

3. h-BN 陶瓷的溅射性能随溅射离子能量的变化规律

溅射离子能量是决定材料溅射损伤机制的重要因素，会使材料的溅射侵蚀速率发生显著变化。仍选择前述有代表性的两种晶粒尺寸 (0.5 μm 和 8 μm) 的纯 h-BN 陶瓷，采用不同能量 (250 eV、300 eV、350 eV 和 400 eV) 的氙离子对其进行 2 h 时长的溅射，分析溅射侵蚀速率、表面形貌等与溅射能量之间的关系。

从晶粒尺寸为 0.5 μm 和 8 μm 的 h-BN 陶瓷在不同氙离子能量下溅射 2 h 的溅射侵蚀速率变化 (图 4-26) 可见，随着离子能量的增加，h-BN 陶瓷的溅射侵蚀速率显著上升，说明更高能量的离子对 h-BN 陶瓷的溅射损伤更为剧烈。

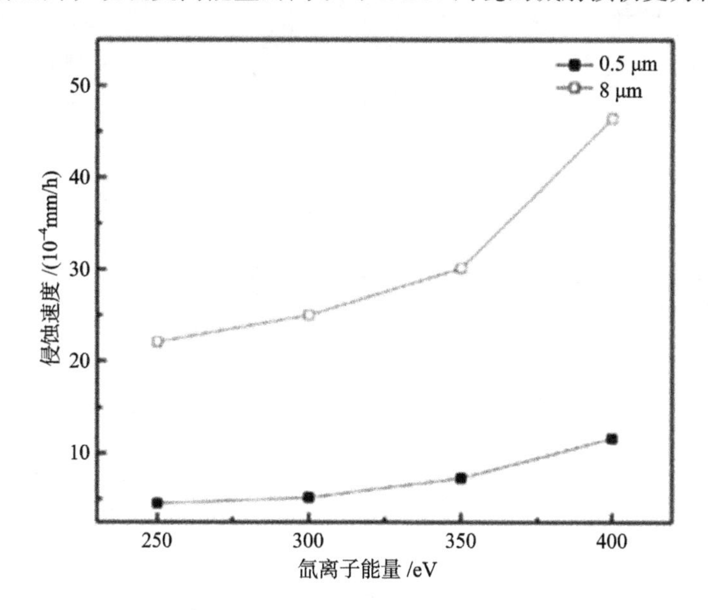

图 4-26 不同晶粒尺寸的 h-BN 陶瓷在不同氙离子能量下的溅射侵蚀速率[5]

从晶粒尺寸为 0.5 μm 的 h-BN 陶瓷经不同能量氙离子溅射前后的表面形貌 (图 4-27) 中可见，350 eV 能量以下的离子溅射 2 h 后 h-BN 陶瓷材料表面仍可以明显观察到原来制样时的划痕，而经 400 eV 能量的离子溅射 2 h 后材料表面划痕已经变得不明显。

从晶粒尺寸为 8 μm 的 h-BN 陶瓷经不同能量氙离子溅射前后的表面形貌 (图 4-28) 中可见，大晶粒尺寸的 h-BN 陶瓷在较低离子能量溅射的情况下层片比较完整，陶瓷表面没有出现大量孔洞。随着离子能量增加，材料表面坑洞逐渐增多，这种孔洞的出现进一步加快了 h-BN 晶粒从基体剥落的速率，造成溅射侵蚀速率迅速增加。

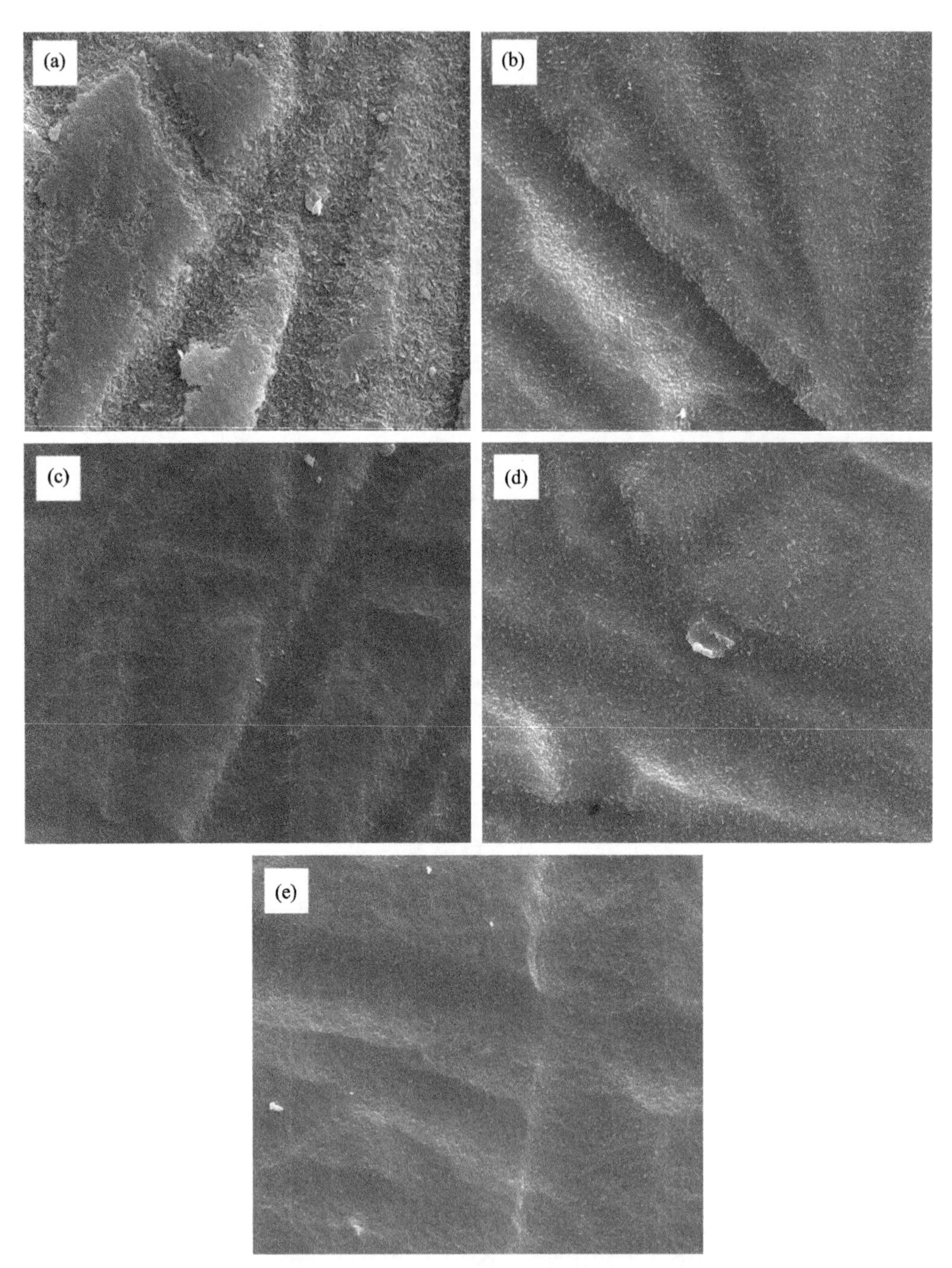

图 4-27　晶粒尺寸为 0.5 μm 的 h-BN 陶瓷经不同能量氙离子溅射前后的表面形貌[5]

(a) 为溅射前形貌; (b) ~ (e) 分别为 250 eV、300 eV、350 eV、400 eV 溅射后形貌

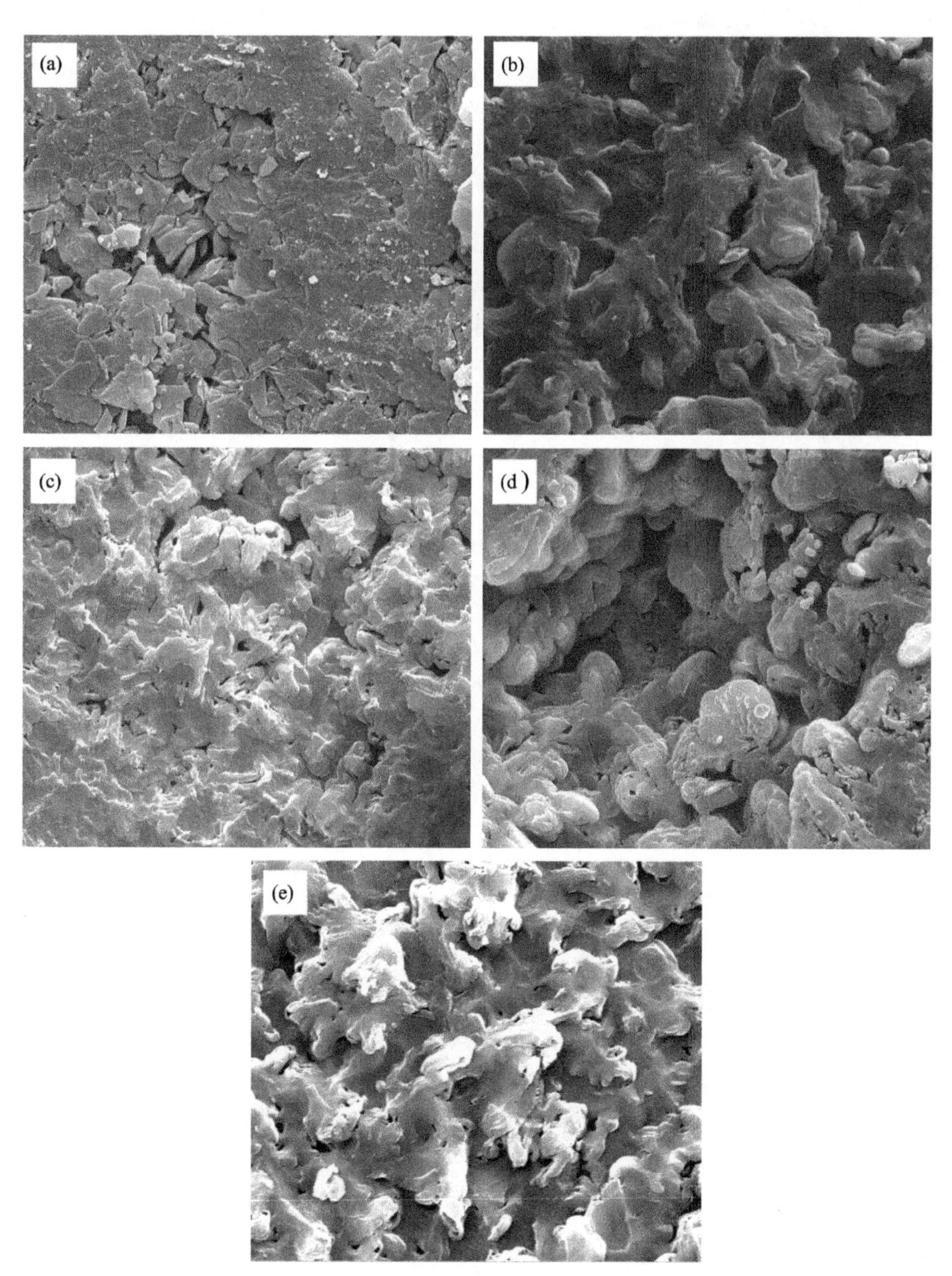

图 4-28 晶粒尺寸为 8 μm 的 h-BN 陶瓷经不同能量氩离子溅射前后的表面形貌[5]

(a) 为溅射前形貌；(b) ∼ (e) 分别为 250 eV、300 eV、350 eV、400 eV 溅射后形貌

4.1.4 纯六方氮化硼陶瓷的介电特性

由于 h-BN 陶瓷具有优良的热稳定性以及较低的介电常数、介电损耗，可作为航天飞行器的天线罩和天线窗等高温透波部件，但在实际应用前，需对其介电性能有透彻了解。

陈小林[15] 针对 h-BN 的晶体结构，从电介质物理基本理论出发，在研究 h-BN 陶瓷极化机制和电导特性的基础上，还充分考虑了有效电场和高温电导损耗的影响，建立了适用于 h-BN 陶瓷的复介电性能模型，研究了 h-BN 陶瓷混合相介电特性及其随温度频率的变化规律。通过高精度阻抗分析仪测量得到了 h-BN 陶瓷在低频电场下的介电常数 (图 4-29)，其在 0.01 ~ 1.0 Hz 频率范围内介电常数基本不随频率变化，约为 4.87。

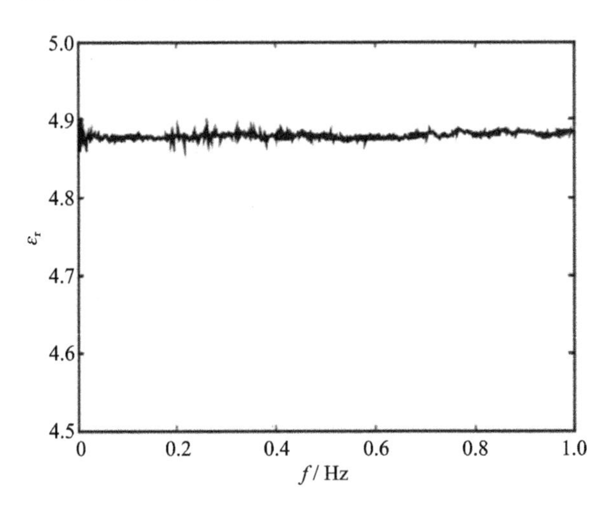

图 4-29　h-BN 陶瓷介电常数在室温、低频下的测量结果[15]

通过高频介电谱测量系统，得到了 −130℃、0℃、100℃、200℃ 四个典型温度下 1 MHz ~ 3 GHz 频率范围内 h-BN 陶瓷的复介电常数实部、虚部随频率的关系谱图 (图 4-30)。复介电常数实部 ε_r' 的测量值随着温度升高而升高，随着频率的升高而下降，特别是在 200℃ 时，ε_r' 随着频率升高而显著下降，直到大于 10^8 Hz 后趋于稳定，对于 −130℃、0℃、100℃ 三个温度点，ε_r' 随着频率的变化相对稳定，但在 10^8 Hz 附近出现明显下降并迅速稳定。在频率低于约 500 MHz 以下，复介电常数虚部 ε_r'' 随频率的升高而迅速下降，在 500 MHz ~ 3.0 GHz 范围内测量值趋于稳定。

从 1 MHz、10 MHz、114 MHz、410 MHz、850 MHz、1.02 GHz、2.54 GHz、3.0 GHz 八个频率点复介电常数实部、虚部随温度变化的关系谱图 (图 4-31、

图 4-32) 中可见，在频率较低时，复介电常数实部随着温度的升高而明显增加，在 1 MHz 时这种趋势尤为明显。在 1 GHz 附近 (850 MHz、1.02 GHz 两个频率点)，复介电常数实部随温度变化不大，但当频率进一步增加，温度低于 150℃ 时，ε_r' 的测量值随着频率的升高而下降。在低频下介电损耗随着温度升高而迅速增加，当频率增加时，介电损耗随温度基本不变。当温度较低时 (<-50℃)，介电损耗随频率增加而减小，但当温度高于约 0℃ 后，随着频率的增大介电损耗反而增大。复介电常数与温度关系表明：在频率较低时，电导损耗对介质损耗的影响较大，电导损耗随着温度的升高而呈指数增加，随着频率的增加而迅速减小。

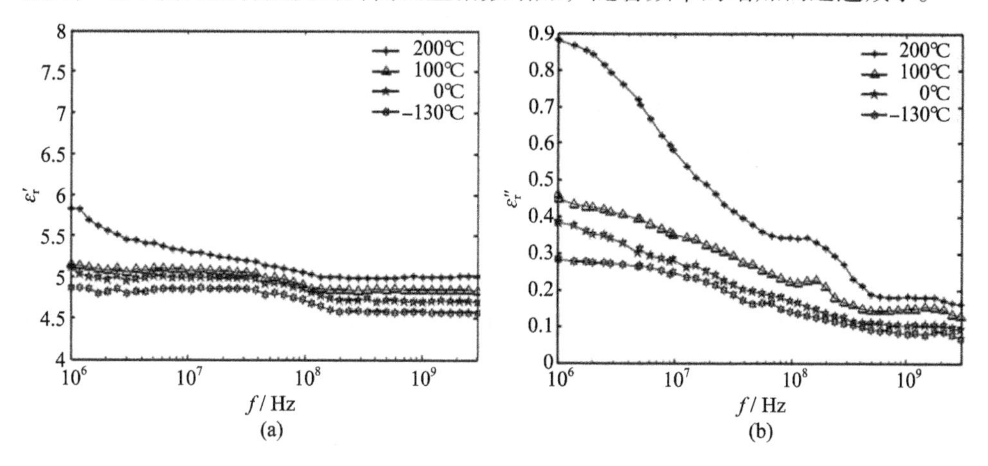

图 4-30　h-BN 陶瓷在不同温度下的复介电常数与频率关系谱图[15]

(a) 实部；(b) 虚部

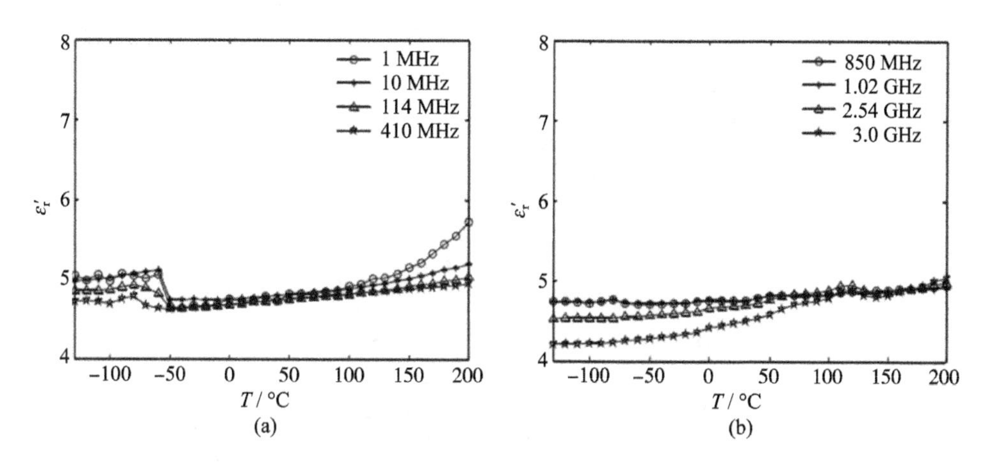

图 4-31　h-BN 陶瓷在不同频率下的复介电常数实部与温度的关系谱图[15]

(a) 1 MHz ~ 410 MHz; (b) 850 MHz ~ 3.0 GHz

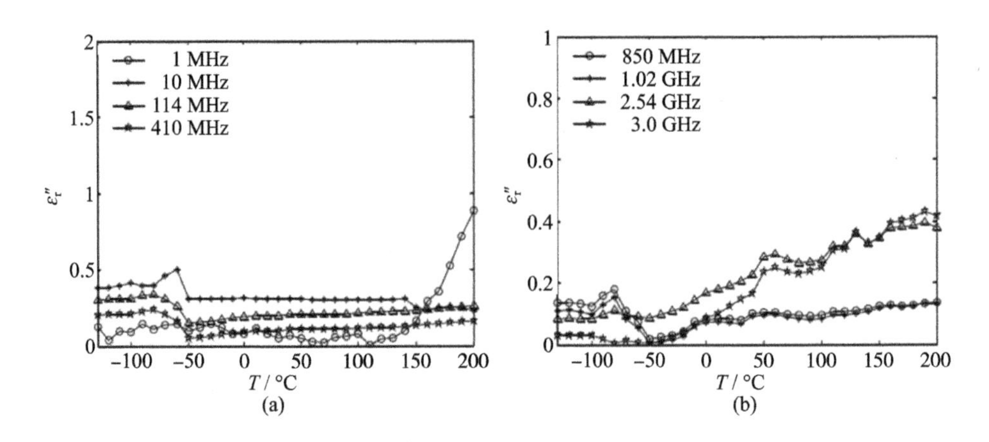

图 4-32　h-BN 陶瓷在不同频率下的复介电常数虚部与温度的关系谱图[15]

(a) 1 MHz ~ 410 MHz; (b) 850 MHz ~ 3.0 GHz

进一步采用包含高温炉、高温防护系统、温度控制系统等组成的高温介电谱测试装置，得到了在 100 Hz、1 kHz、10 kHz、100 kHz、1 MHz 五个频率点下 h-BN 陶瓷从室温至 1000℃ 温度范围内的复介电常数与温度关系 (图 4-33、图 4-34)。在相同温度下，频率越低，复介电常数实部 ε_r' 的值越高，当温度高于 600℃ 以后，五个测量频率点下 ε_r' 的测量结果均随着温度升高而增加，而且频率越低 ε_r' 增加得越快，在 1 MHz 频率下测量的 ε_r' 随温度增加的幅度非常小。此外，从室温至 400℃ 范围内，100 Hz、1 kHz、10 kHz 三个频率点测量得到的 ε_r'

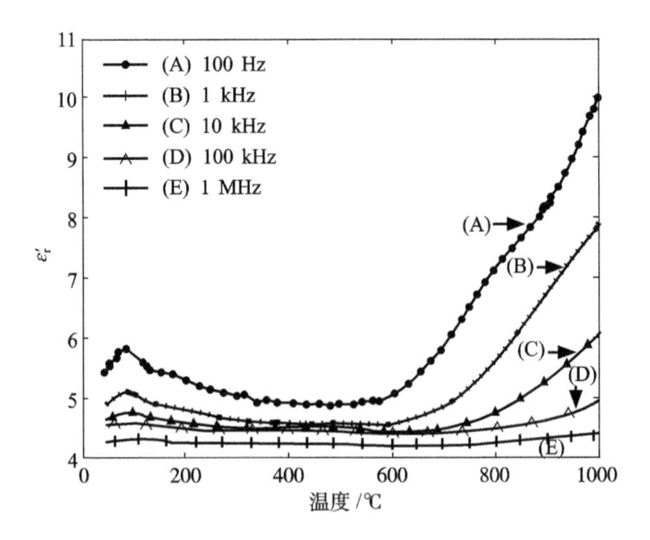

图 4-33　h-BN 陶瓷高温复介电常数实部温度谱[15]

值先增加后减小，但变化幅度要比 600℃ 以后的变化幅度小得多。h-BN 陶瓷复介电常数虚部 (介电损耗)$\varepsilon_{\mathrm{r}}''$ 在室温至 1000℃ 的变化幅度较大，特别是 100 Hz、1 kHz 等低频情况下。五个频率点下测量得到的 $\varepsilon_{\mathrm{r}}''$ 均随温度的上升而增加，频率越低，$\varepsilon_{\mathrm{r}}''$ 值增加得越快。这是由于实际测量的 $\varepsilon_{\mathrm{r}}''$ 不仅包含 h-BN 试样的极化损耗，还包含试样的电导损耗。材料的电导率随温度呈指数上升，相应的电导损耗也随温度呈指数上升，而且电导损耗随着频率的增加而迅速下降。在高温区域，试样的电导损耗要比极化损耗大得多，使弛豫损耗峰变得不明显，甚至完全掩盖了试样在该温度范围内可能存在的弛豫损耗峰，所以它反映的主要是电导损耗的变化规律。

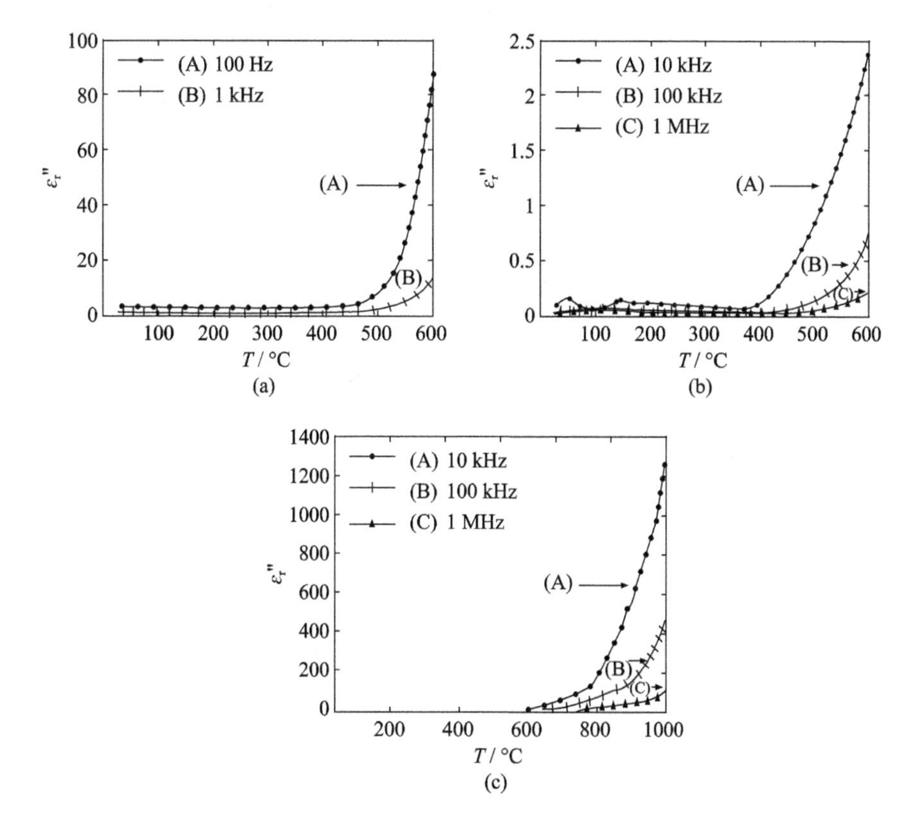

图 4-34 h-BN 陶瓷高温复介电常数虚部温度谱[15]

4.1.5 纯六方氮化硼陶瓷的烧蚀机理

当 h-BN 陶瓷作为高温透波的天线罩或天线窗盖板使用时，不仅要求其具有良好的透波性能，而且与外界气流的高速相对运动导致气动加热，会使构件表面快速升温至 2000 ~ 3000℃，导致材料发生烧蚀，因此 h-N 陶瓷的烧蚀性能也是其作为天线罩、天线窗盖板等高温结构部件使用时需要重点关注的。

俞继军等[16] 系统分析了高温烧蚀环境下 h-BN 表面可能发生的化学反应：表面可能的空气组元主要有 N_2、N、O_2、O、NO，氮化硼可能产生的气体组元为 B、B_2、BN、BO、B_2O、BO_2、B_2O_2、B_2O_3、B^+、BO_2^- 等，根据各种组元可能的化学反应的平衡常数分析，得到高温下空气中最可能的产物为 N_2、N、O_2、O、B、BN、BO、B_2O、BO_2、B_2O_2、B_2O_3 等，选取如下在空气中进行的化学反应，其中前三个为气体反应，后六个为空气与固体之间的反应。

$$N_2 \longrightarrow 2\,N \tag{4-2}$$

$$O_2 \longrightarrow 2\,O \tag{4-3}$$

$$2\,BO(g) \longrightarrow 2\,B(g) + O_2 \tag{4-4}$$

$$2\,BN(s) + O_2 \longrightarrow 2\,BO(g) + N_2 \tag{4-5}$$

$$2\,BN(s) + 2\,O_2 \longrightarrow 2\,BO_2(g) + N_2 \tag{4-6}$$

$$2\,BN(s) + \frac{1}{2}\,O_2 \longrightarrow B_2O(g) + N_2 \tag{4-7}$$

$$2\,BN(s) + O_2 \longrightarrow B_2O_2(g) + N_2 \tag{4-8}$$

$$2\,BN(s) + \frac{3}{2}\,O_2 \longrightarrow B_2O_3(g) + N_2 \tag{4-9}$$

$$BN(s) \longrightarrow BN(g) \tag{4-10}$$

基于质量守恒定律，结合材料表面的热化学平衡原理和相容性分析，得到了 h-BN 材料烧蚀过程中各组分在烧蚀表面的组元浓度分布随表面温度的变化 (图 4-35 ～ 图 4-37)。在烧蚀的过程中，h-BN 材料表面的 O 元素已基本被消耗

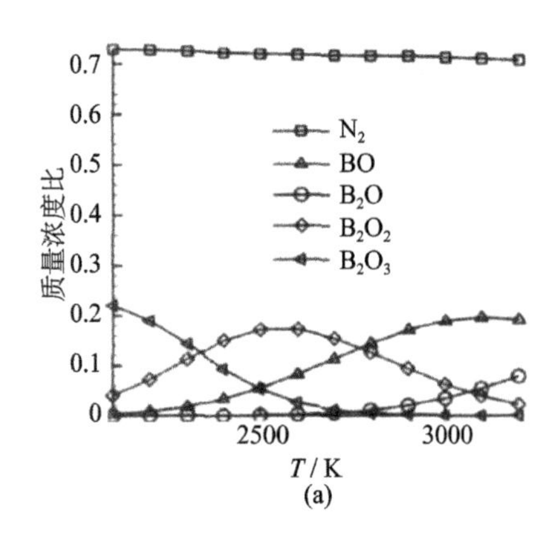

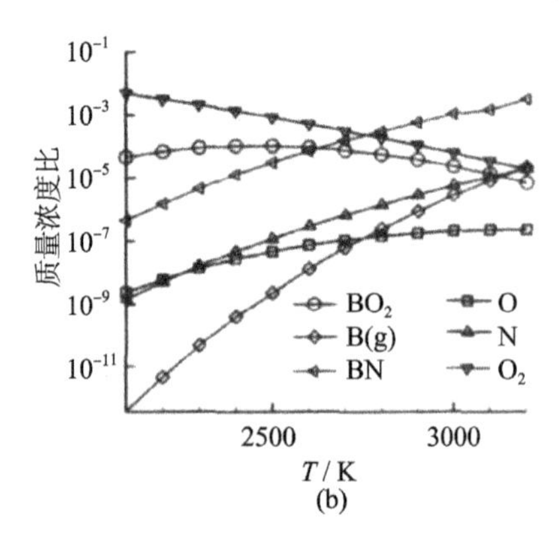

图 4-35 h-BN 陶瓷在 p =101 kPa 条件下的烧蚀产物随温度变化趋势[16]

(a) 主要产物；(b) 次要产物

掉，形成的主要产物为 BO、B_2O、B_2O_2 及 B_2O_3，而生成的 BO_2 和 BN 的含量则较少。B_2O_3 的含量随着温度的升高逐渐降低，BO、B_2O 的含量随着温度的升高逐渐升高，而 B_2O_2 的含量则随着温度的升高，呈现先升高后降低的趋势。压力的升高有利于 B_2O_2 及 B_2O_3 的产生，但不利于 BO、B_2O 的产生。

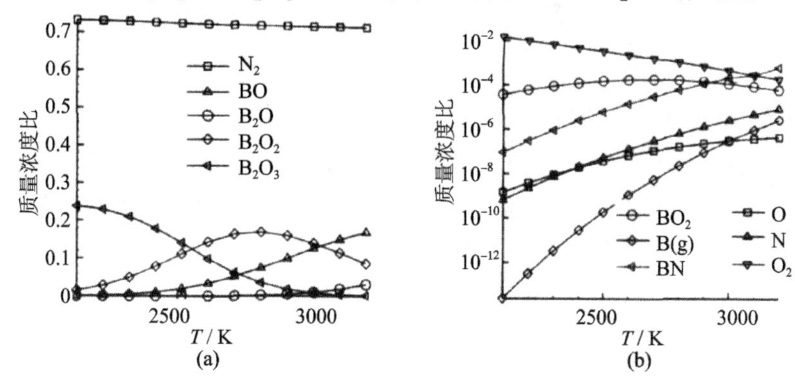

图 4-36 h-BN 陶瓷在 p =505 kPa 条件下的烧蚀产物随温度变化趋势[16]

(a) 主要产物；(b) 次要产物

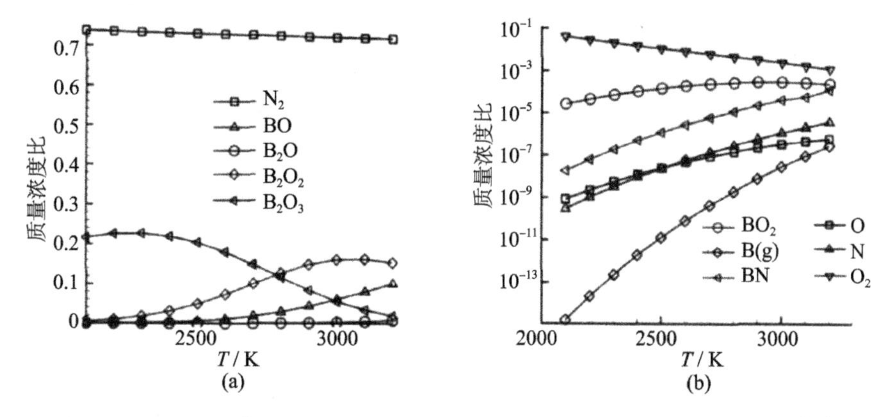

图 4-37 h-BN 陶瓷在 p =525 MPa 条件下的烧蚀产物随温度变化趋势[16]

(a) 主要产物；(b) 次要产物

4.2 氧化物/六方氮化硼复相陶瓷

4.2.1 BN-SiO_2 系复相陶瓷

1. BN-SiO_2 复相陶瓷

SiO_2 晶体中，Si 原子的 4 个价电子与 4 个 O 原子结合形成 4 个共价键，[Si] 位于正四面体的中心。非晶态的 SiO_2 材料 (即熔石英) 密度低、热膨胀系数小，具有良好的抗热冲击性、优良的介电性能，且在高温熔化后的熔融态黏度极大，很难被气流冲刷流失，这使其成为一种在诸多领域均被广泛应用的高温结构材料。此外，由于 SiO_2 较其他大多数种类的结构陶瓷的熔点要低，因此也常被用来作为陶瓷材料的烧结助剂。

Wen 等[17] 采用热压烧结的方法制备了不同比例的 SiO_2 和 BN 系复相陶瓷，研究了其力学性能、抗烧蚀性能的变化规律。不同含量 BN-SiO_2 复相陶瓷的致密度可达 93% ~ 99%，其随着 h-BN 含量的增加而降低。复相陶瓷的力学性能随着 h-BN 含量的增加呈现先升高再降低的趋势 (图 4-38)，在 h-BN 含量为 60 vol% 时，复相陶瓷的抗弯强度和断裂韧性达到最大值，分别为 246 MPa 和 2.87 MPa·m$^{1/2}$，明显高于纯 SiO_2 和 h-BN 陶瓷，表明二者复合后起到了显著的协同强韧化效果。从烧结后材料的 XRD 分析结果 (图 4-39) 可见，SiO_2 仍保持非晶

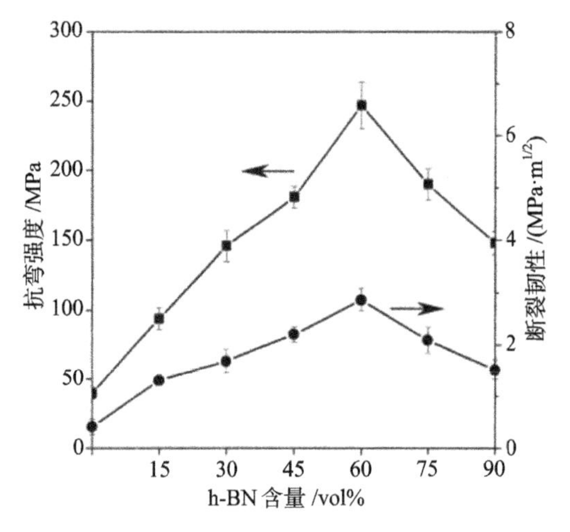

图 4-38　热压烧结 BN-SiO_2 复相陶瓷的抗弯强度和断裂韧性随 h-BN 含量的变化[17]

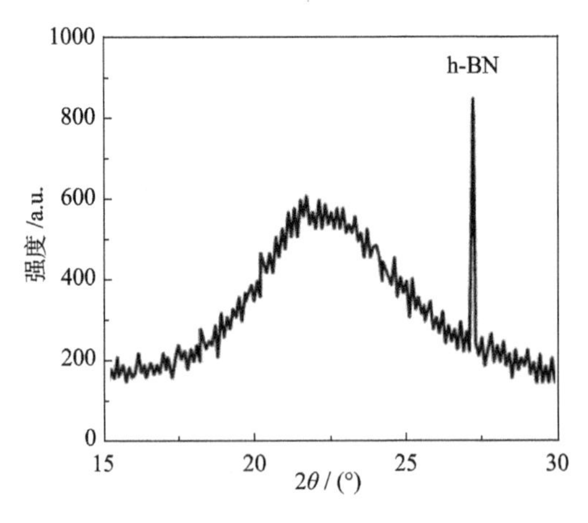

图 4-39　热压烧结 BN-SiO_2 复相陶瓷的 XRD 图谱 (h-BN 含量为 30 vol%)[17]

态，h-BN 也未发生改变，表明二者在烧结过程中未发生反应。从复相陶瓷显微组织结构可以看出 (图 4-40)，SiO_2 形成了连续的相，这是由于其在热压烧结过程中发生了黏性流动，填充到材料的空隙中，可以起到促进材料致密化的作用，而 h-BN 则保持原来的层片状结构形态，弥散分布在复相陶瓷中，两相的界面结合良好，没有发现裂纹等缺陷。

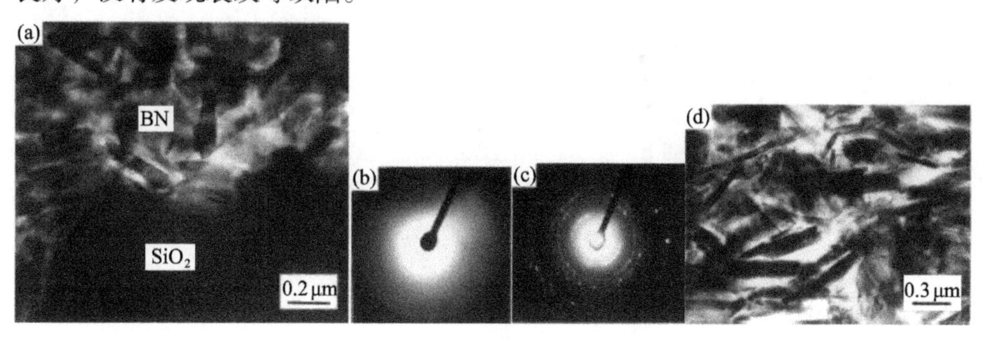

图 4-40 热压烧结 BN-SiO_2 复相陶瓷的 TEM 照片 (h-BN 含量为 30 vol%)[17]

(a) h-BN 和SiO_2 界面处的显微结构；(b), (c) 分别为熔石英和 h-BN 的电子衍射图谱；(d) h-BN 的晶粒形貌

采用液氧–煤油发动机对 BN-SiO_2 复相陶瓷进行烧蚀实验考核，其线烧蚀速率随着 h-BN 含量的增加而降低，即高 h-BN 含量的复相陶瓷具有更好的抗烧蚀性能，这主要是由于 h-BN 的分解温度远高于 SiO_2 的熔化温度，在同等的热流作用条件下，SiO_2 将率先发生熔化、流动和烧蚀，所以其发生更严重的质量损失和形状变化 (图 4-41)。然而，SiO_2 含量较高的材料，其烧蚀过程中材料表面的温度则相对较低，这也是由于 SiO_2 熔化相变可以吸收大量的热量，进而随着液态流动被带走，从而抑制了表面温度的进一步升高 (图 4-42)。

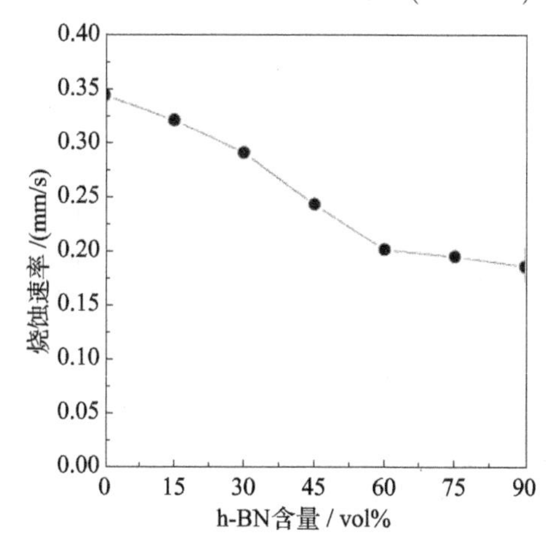

图 4-41 热压烧结 BN-SiO_2 复相陶瓷的线烧蚀速率随 h-BN 含量的变化[17]

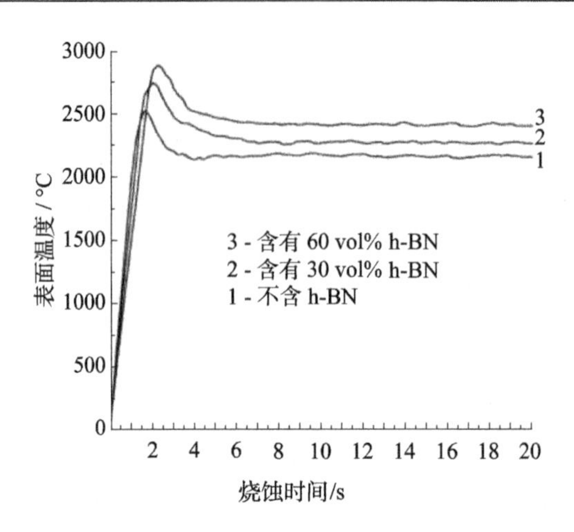

图 4-42　不同 h-BN 含量热压烧结 BN-SiO_2 复相陶瓷的烧蚀过程表面温度变化[17]

综上可见，BN-SiO_2 复相陶瓷具有较大的可调控性，在材料使用的选择上，应根据具体的使用环境来进行材料的设计，得到满足服役条件的最优材料组成。

在 BN-SiO_2 复相陶瓷中，SiO_2 作为烧结助剂，其初始粒径对烧结后材料的性能也有一定程度的影响。张薇[4] 采用平均粒径为 9.93 μm(微米级) 和 100 nm(纳米级) 的两种 SiO_2 粉作为烧结助剂，BN:SiO_2 为 9 : 1，通过热压烧结制备了两种 BN-SiO_2 复相陶瓷，其致密度和力学性能具有一定的差别 (表 4-2)。添加微米级 SiO_2 作为烧结助剂的复相陶瓷，其致密度和弹性模量相对较高，但抗弯强度和断裂韧性则低于添加纳米级 SiO_2 的材料，这主要是因为弹性模量与材料的致密度密切相关，而材料的抗弯强度和断裂韧性还受到晶粒尺寸等因素的影响，加入纳米级的 SiO_2，既有利于其分散得更加均匀，还可以起到明显的细晶强化作用。

表 4-2　添加不同粒径尺寸 SiO_2 的 BN-SiO_2 复相陶瓷的致密度和力学性能[4]

材料	致密度/%	弹性模量/GPa	抗弯强度/MPa	断裂韧性/($MPa{\cdot}m^{1/2}$)
添加微米级 SiO_2	85.6	60.0	108.0	1.48
添加纳米级 SiO_2	84.3	57.5	136.9	1.68

2. BN-SiO_2-AlN 系复相陶瓷

为了进一步提升 BN-SiO_2 系复相陶瓷的性能，可以通过向其中加入氮化铝 (AlN)、氮化硅 (Si_3N_4)、氧化锆 (ZrO_2) 等陶瓷颗粒，进行强韧化和改性。

田卓等[18] 采用热压烧结制备了添加不同含量 AlN 的 BN-SiO_2-AlN 系复相陶瓷。按照 AlN 添加量，烧结后制备得到的 h-BN 基复相陶瓷分别标记为 A0、A5、A10、A15。通过烧结前后复合粉体及复相陶瓷的 XRD 图谱 (图 4-43) 可见，烧结前复合粉体的主要组成相分别为 h-BN、AlN 和非晶的 SiO_2，其中 AlN 衍射峰相对强度的差异是由添加 AlN 相对含量不同造成的。经热压烧结后的复相陶瓷其主要物相为 h-BN, 且当未加入 AlN 时，烧结后复相陶瓷基体中依旧可以发现非晶态 SiO_2 的衍射峰，说明在烧结过程中非晶态 SiO_2 并未发生明显的晶化，在烧结冷却后依旧保留大量的非晶态物质。当 AlN 的添加量为 5 vol% 时，仍可以发现非晶态 SiO_2 的衍射峰，但非晶衍射峰相对强度有所降低，这是由于随着 AlN 的加入，SiO_2 与 AlN 在高温烧结过程中发生化学反应，生成新的物相，消耗掉部分的 SiO_2，所以 SiO_2 在基体中的相对含量降低，表现为其非晶衍射峰的相对强度降低。当 AlN 的添加量进一步增加时，在高温条件下参与反应的 SiO_2 的量也随之增加，进一步降低了基体中 SiO_2 的相对含量，使得其非晶 SiO_2 衍射峰在图谱中进一步降低乃至消失。此外，随着 AlN 的加入，发现有新的物相生成，经分析发现在烧结过程中，SiO_2 与 AlN 首先发生化学反应生成低温稳定相 α-Si_3N_4 和 Al_2O_3，随着温度的升高，在局部区域会出现少量的液相，在此条件下会发生 Si_3N_4 的 $\alpha \rightarrow \beta$ 相转变。与此同时，Al_2O_3 和 Si_3N_4 发生固溶反应，生成 Si-Al-O-N 的多元体系：X-SiAlON 和 β-SiAlON，相应的反应方程式可以表述为

$$SiO_2 + AlN \longrightarrow Al_2O_3 + Si_3N_4 \longrightarrow SiAlON \tag{4-11}$$

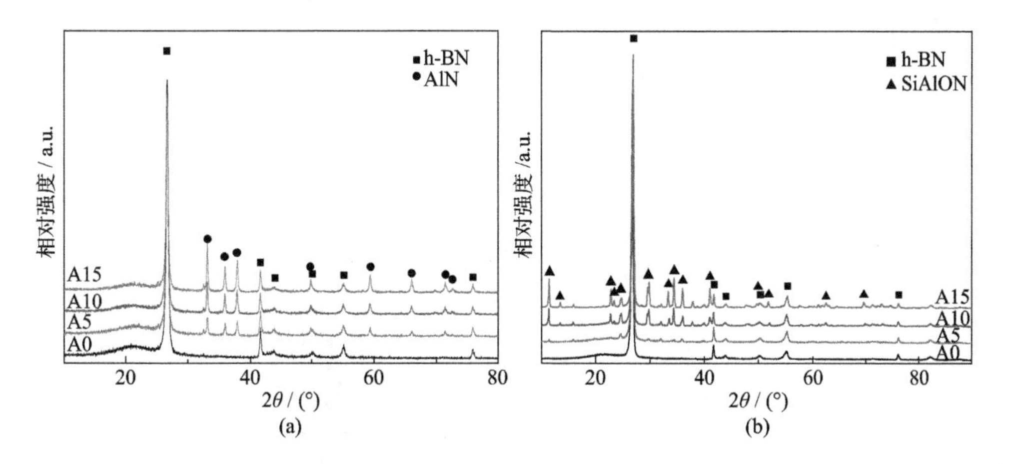

图 4-43 BN-SiO_2-AlN 系复相陶瓷烧结前后 XRD 图谱[18]

(a) 烧结前复合粉体；(b) 烧结后复相陶瓷

随着 AlN 相对含量的增加，复相陶瓷的密度呈现增加的趋势，当 AlN 添加量从 0 vol% 增长到 15 vol% 时，复相陶瓷的密度由 2.06 g/cm^3 增加到 2.23 g/cm^3。AlN 的理论密度为 3.26 g/cm^3，高于 h-BN 的 2.26 g/cm^3 和 SiO_2 的 2.26 g/cm^3。

虽然在高温条件下 SiO_2 和 AlN 发生化学反应生成新的物相，但由于在发生化学反应的温度条件下并没有挥发性气体放出，不会发生失重现象，因此随着 AlN 相对含量的增加，复相陶瓷的密度也随之增加。

未添加 AlN 的 BN-SiO_2 复相陶瓷 TEM 明场像见图 4-44(a)，B 区域的电子衍射图谱显示出非晶态物质的衍射斑 (图 4-44(b)) 对应的是非晶态的 SiO_2；A 区域则存在一些板条状的物质，其对应的电子衍射图表明其为 h-BN(图 4-44(c))。

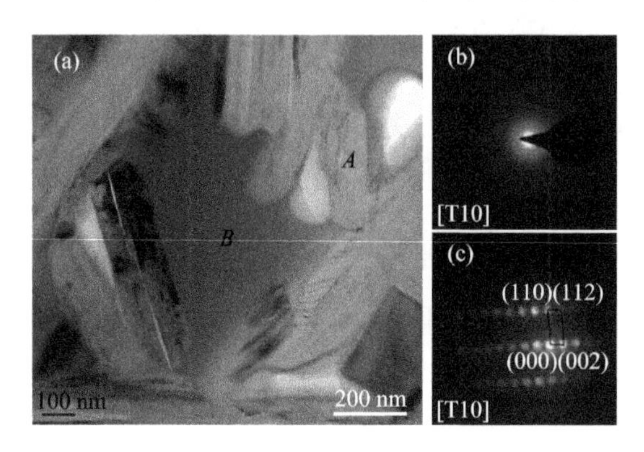

图 4-44　未添加 AlN 的 BN-SiO_2 复相陶瓷 TEM 明场像 (a) 以及电子衍射斑点 (b) 和 (c)

从更宏观的显微组织结构暗场像 (图 4-45) 可见，h-BN 是无序分布的，虽然复相陶瓷是通过热压烧结的方式制备的，在烧结过程中受到来自轴向的压力作用，使部分的 h-BN 在压力的作用下会产生一定的取向 (图 4-45 中 A 区域)，但 h-BN 本身的层片状结构使得其易堆积成为卡片房式结构，阻碍了 h-BN 层片的进一步滑移，降低了 h-BN 层片的取向度，使得其各向异性表现得不明显，同样也使得

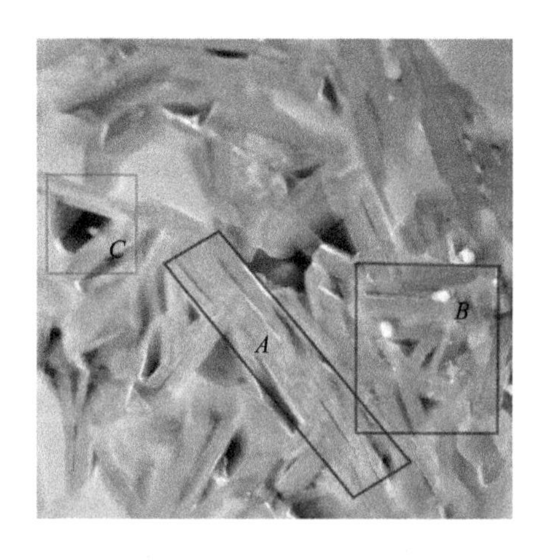

图 4-45　未添加 AlN 的 BN-SiO_2 复相陶瓷高角环形暗场像

材料的致密化变得困难，其卡片房式结构的堆积同样使得液相向其内部的流动变得困难，致使内部有时会出现孔隙 (图 4-45 中 B、C 区域)。

BN-SiO_2 复相陶瓷中晶粒界面的高分辨率透射电镜 (HRTEM) 及其衍射照片和部分区域的 FFT 及逆变换照片 (图 4-46) 显示，BN 和 SiO_2 之间的界面处结合紧密，没有界面相的存在。左上部分规则的条纹状面间距为 0.3228 nm (图 4-46(c))，对应的是 h-BN 的 (002) 晶面，衍射斑点 (图 4-46(b)) 也证实了该晶体为 h-BN。局部区域存在多个颜色较深且具有小尺寸 ($4 \sim 12$ nm) 条纹的区域，如图 4-46(a) 中 A 区域所示，经 FFT 的逆变换 (图 4-46(d))，得到其面间距值为 0.2015 nm，衍射花样中发现有环状斑点出现，可知小尺寸条纹状区域的晶粒为熔石英的高温相方石英 (cristobalite)。在图 4-46(d) 中的左上侧发现有层错的存在，说明方石英的结晶化程度并不完全，晶体内部原子排列存在面缺陷。C 区域通过 FFT 及逆变换图像显示 (图 4-46(e))，原子的排列呈无序结构，其对应的物相为非晶 SiO_2。综上分析可知，在 h-BN 晶粒界面附近的熔石英基体中，熔石英已经初步开始形核、析晶，晶核呈弥散分布。

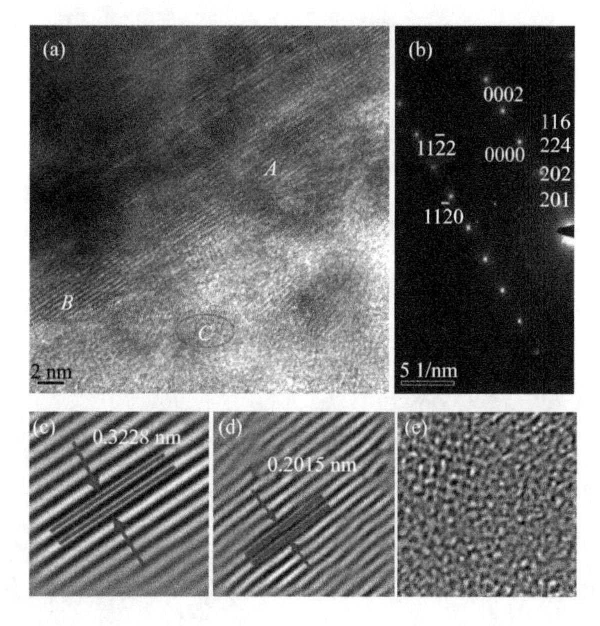

图 4-46 未添加 AlN 的 BN-SiO_2 复相陶瓷界面 HRTEM 照片 (a), 衍射照片 (b) 及 A、B、C 区域的 FFT 及逆变换照片 (c) $\sim$ (e)

从添加 10 vol% AlN 的复相陶瓷的微观形貌及其局部衍射花样照片 (图 4-47、图 4-48) 可见，烧结后生成了多种 SiAlON 相。图 4-47 中 A 区域呈现黑白相间的层状结构，成分分析表明是由 Si、Al、O 和 N 元素构成，而且 Al 元素的浓度远高于 Si 元素的浓度，结合该区域的电子衍射花样，可以确定该区域生成物质为 $Si_2Al_3O_7N$，属于三斜晶系的 X-SiAlON。此外，还发现等轴状的 SiAlON 晶粒，以及少量棒状 β 相的 Si_5AlON_7 晶粒 (图 4-48)。添加 15 vol% AlN 的 BN-SiO_2-AlN 系复相陶瓷中还发现存在一些团聚在一起的等轴晶，分布在基体 h-BN 层片之间 (图 4-49)，经分析其为六方晶系的 β-$Si_3Al_3O_3N_5$。

图 4-47　添加 10 vol%AlN 的 BN-SiO_2-AlN 系复相陶瓷 TEM 照片及衍射斑点 ($Si_2Al_3O_7N$)

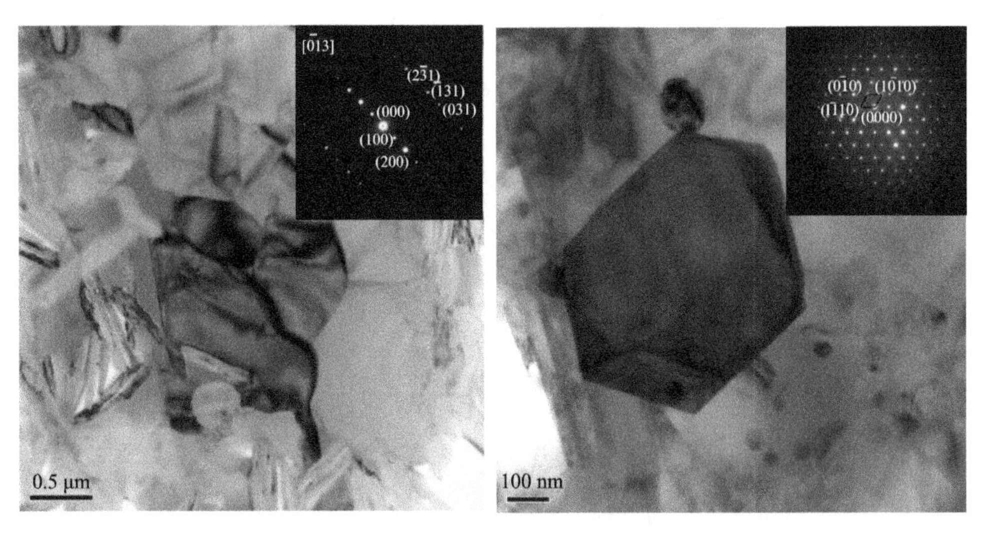

图 4-48　添加 10 vol% AlN 的 BN-SiO_2-AlN 系复相陶瓷 TEM 照片及衍射斑点 (Si_5AlON_7)[18]

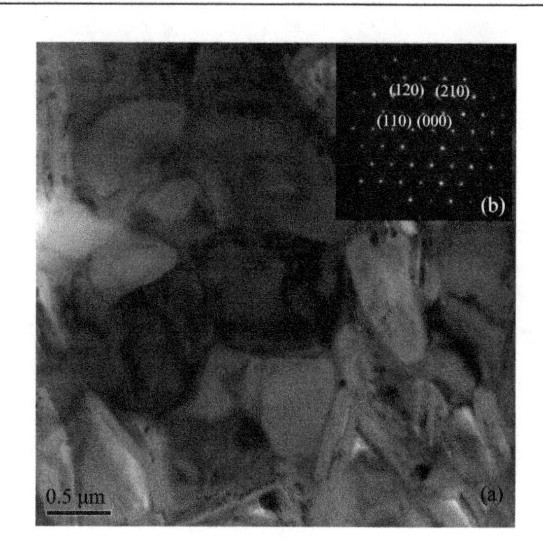

图 4-49 添加 15 vol% AlN 的 BN-SiO_2-AlN 系复相陶瓷 TEM 照片 (a) 及衍射斑点 (b) (β-$Si_3Al_3O_3N_5$)

Si-Al-O-N 四元体系相关的研究结果表明，Al—O 键可以同时取代相同数目的 Si—N 键，在此置换的过程中未发生元素价态变化，同时没有缺陷的形成，这样的固溶体被称为 β-SiAlON，其通式为 $Si_{6-Z}Al_ZO_ZN_{8-Z}$ (Z 值对应 Al—O 键融入 β-Si_3N_4 的量)，即本质上 β-SiAlON 是以 β-Si_3N_4 为基础由 Al—O 键取代 Si—N 键而形成的置换式固溶体。

$Si_2Al_3O_7N$ 相在 AlN 的 BN-SiO_2-AlN 系复相陶瓷中均可以发现，而随着 AlN 的引入，除了有 X 相的 $Si_2Al_3O_7N$ 生成外，还有 β 相 Si_5AlON_7 和 $Si_3Al_3O_3N_5$ 生成，与 X 相相同，β 相可在添加 AlN 的复相陶瓷中发现，且其主要为等轴状晶粒，只发现少量的棒状晶粒。在 β-SiAlON 的析出过程中，同时存在晶粒长大和液相减少两个过程。在晶体长大的过程中，晶体的生长速度受表面形核率的控制，由于六方 β 相在 c 轴方向的界面能比其他方向低，在能量上更容易生长，即在 c 轴上生长较快，成为棒晶；但作为多晶材料，晶体的生长还受到空间的限制，当遇到大小相当的晶粒或高温下稳定的 h-BN 晶粒时，其会停止生长。

加入 AlN 后不仅使烧结后的 BN-SiO_2-AlN 系复相陶瓷中反应生成了新的物相，AlN 的含量对材料的力学性能也产生了显著的影响。BN-SiO_2-AlN 系复相陶瓷的弹性模量随 AlN 含量增加先升高后降低，相较未添加 AlN 的 BN-SiO_2 复相陶瓷，加入 5 vol% 的 AlN 可对材料的弹性模量产生有效的提升，但是随着 AlN 含量的进一步增加并无明显的变化 (图 4-50)，这是由于基体本身的弹性模量较低，当引入由反应生成的高模量 Si_3N_4 或 SiAlON 后，可使复相陶瓷的弹性模量升高。此外，复相陶瓷的致密度在加入 AlN 后也有所提高，同样有利于弹性模量的提升。

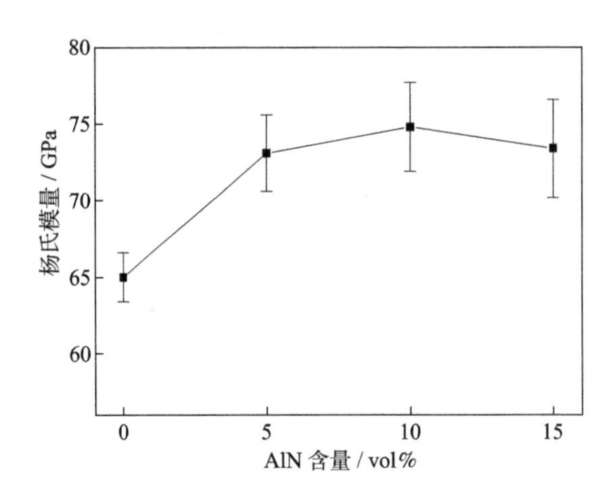

图 4-50　AlN 含量对 BN-SiO_2-AlN 系复相陶瓷弹性模量的影响[18]

随着 AlN 含量的增加，复相陶瓷的抗弯强度呈现先增加后降低的趋势，当 AlN 添加量为 5 vol% 时，复相陶瓷的抗弯强度为 247.0 MPa，达到最大值，与未添加 AlN 样品的抗弯强度 156.8 MPa 相比具有较大幅度的提高 (图 4-51)。AlN 加入后在高温下与熔石英发生化学反应生成新相，无论生成的是 Si_3N_4 还是 SiAlON，与 h-BN 或 SiO_2 相比均具有较高的抗弯强度和硬度，可起到很好的强韧化效果。但是当 AlN 相对含量进一步增加后，基体中与之发生反应的熔石英的量也随之增加，反而使得 h-BN 颗粒之间起黏结作用的熔石英的相对含量减少，降低了 h-BN 层片颗粒之间的结合强度，导致材料的抗弯强度有所降低。

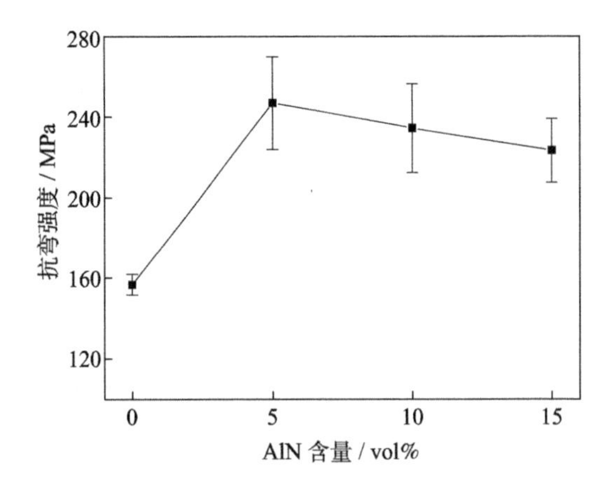

图 4-51　AlN 含量对 BN-SiO_2-AlN 系复相陶瓷抗弯强度的影响[18]

随着 AlN 的加入，$BN-SiO_2-AlN$ 系复相陶瓷的断裂韧性有所增加，当 AlN 含量为 5 vol% 时，材料的断裂韧性达到最大值 4.02 $MPa·m^{1/2}$，但是当 AlN 含量进一步增加时，复相陶瓷的断裂韧性有所下降，但依旧高于未添加 AlN 的 $BN-SiO_2$ 复相陶瓷 (图 4-52)。

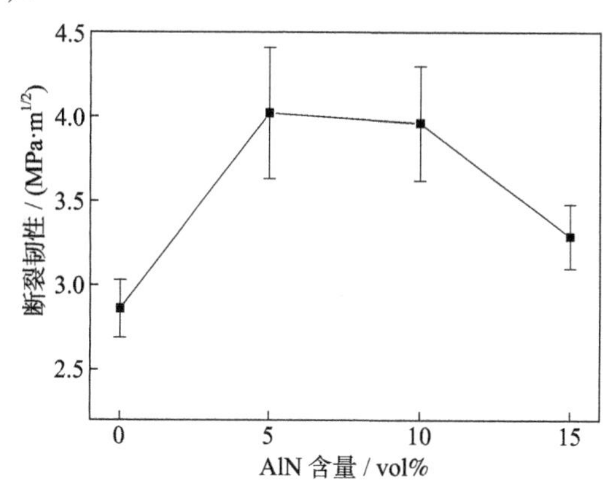

图 4-52 AlN 含量对 $BN-SiO_2-AlN$ 系复相陶瓷断裂韧性的影响[18]

$BN-SiO_2-AlN$ 系复相陶瓷还具有优异的高温抗弯强度 (图 4-53)[19]，在室温至 1500℃ 的测试温度区间内，随着测试温度的升高，各组分复相陶瓷材料的高温抗弯强度先升高后降低，在 1300℃ 达到最大值。对于未添加 AlN 的 $BN-SiO_2$ 复相陶瓷材料，当测试温度为 1300℃ 时，其高温抗弯强度达到 263.8 MPa，与室温相比提高了 68.2%；添加 5 vol% AlN 的复相陶瓷材料在 1300℃ 时其高温抗弯强度达到 376.7 MPa，与该组分室温条件下的抗弯强度相比提高了 52.5%，同时，当该组分材料在测试温度为 1500℃ 时，其抗弯强度可达 272.0 MPa，仍高于室温条件下的抗弯强度。

$BN-SiO_2-AlN$ 系复相陶瓷在温度低于 1300℃ 时，其抗弯强度随着温度的增加而升高，这主要是由于：①复相陶瓷在热压烧结后降温的过程中，由于体积的收缩会在试样内部产生一定的内应力，并且在试样内部保留下来。在高温性能测试的过程中，随着温度的升高，试样内部的内应力逐渐得到缓解，降低了由于内应力的存在而对材料力学性能的影响；②在测试温度升高的过程中，试样由于膨胀而使其内部缺陷愈合以及裂纹弥合，可以改善材料的高温抗弯强度；③烧结后复相陶瓷中仍存在一定含量的熔石英，在升温的过程中局部区域的熔石英发生软化，降低了材料内部的脆性，改善了材料对裂纹的容忍性，进而提高了材料的强度。

当测试温度达到 1300℃ 时，由于已达到熔石英的转变点，熔石英进入黏滞态，削弱了局部区域基体颗粒之间的结合强度，在受到外加载荷时会在黏滞处发生变

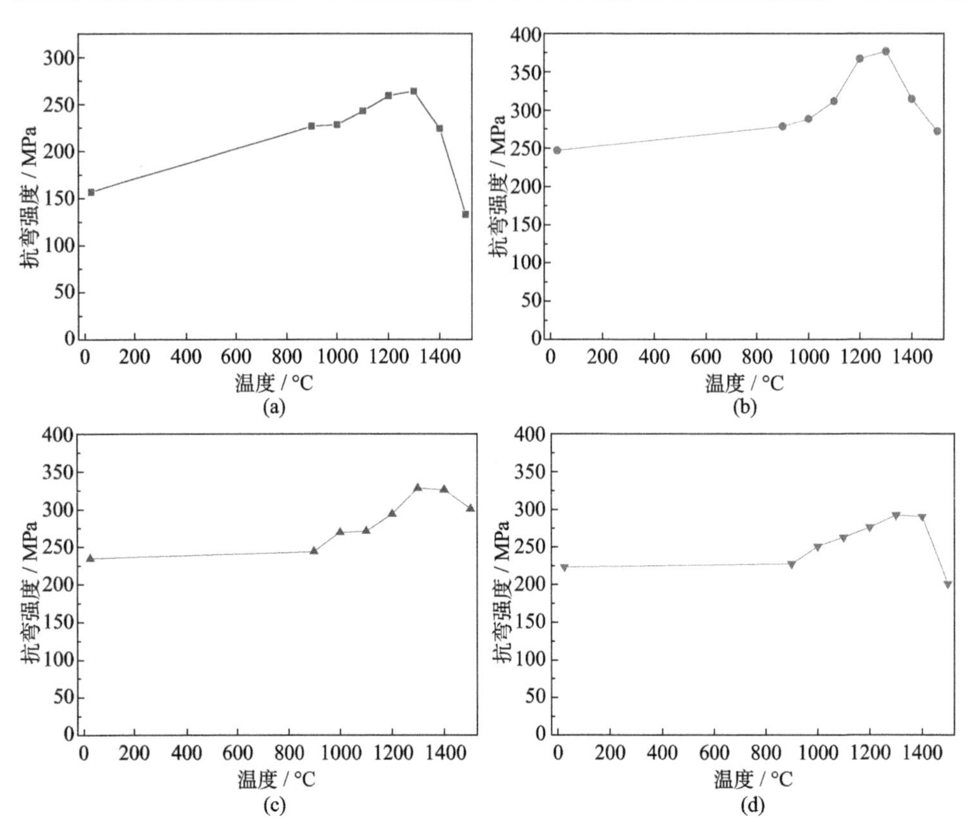

图 4-53 BN-SiO_2-AlN 系复相陶瓷的高温抗弯强度[19]

(a) A0; (b) A5; (c) A10; (d) A15

形，进而对材料的高温力学性能产生不利的影响。随着温度继续升高达到 1500℃ 时，基体中越来越多的熔石英进入黏滞态，且其黏度也有所降低，进一步削弱了基体之间的结合强度，同时温度的升高也逐渐接近于熔石英的软化点，使基体之中熔石英相对含量较多的复相陶瓷会在高温抗弯强度测试时出现塑性变形的迹象，这也体现在复相陶瓷的高温载荷–位移曲线中 (图 4-54)。对于未添加 AlN 的 BN-SiO_2 复相陶瓷：当测试温度低于 1400℃ 时，在载荷–位移曲线上只能观察到脆性断裂的特征；当温度达到 1400℃ 时，在测试末端试样的斜率开始降低，表现为伪塑性断裂特征；当温度达到 1500℃ 时，在受到外加载荷的作用下，试样已开始发生明显的塑性变形，这是由于当测试温度升高至 1500℃ 时，熔石英开始发生软化，在受到外加载荷时，试样内部软化区域的颗粒发生相互滑移，从而在载荷–位移曲线上表现为塑性断裂。而在加入 AlN 后，熔石英由于在烧结过程中参与反应被消耗，降低了材料中熔石英的相对含量，所以在高温条件下能够发生软化的物相含量减少。从添加 5 vol% AlN 的复相陶瓷载荷–位移曲线可见，当测试温度为

1500℃ 时，只在曲线末端其斜率发生了微弱的减小，表现为伪塑性变形，且随着 AlN 添加量的进一步增加很难再观察到明显的塑性变形的迹象，此时均表现为脆性的断裂模式。综合分析材料的断裂模式以及强度变化规律，塑性断裂的出现可以有效地避免复相陶瓷在高温条件下受力时出现突发的灾难性破坏，但同时也削弱了材料在高温条件下受到外加载荷时保持原有状态的能力。

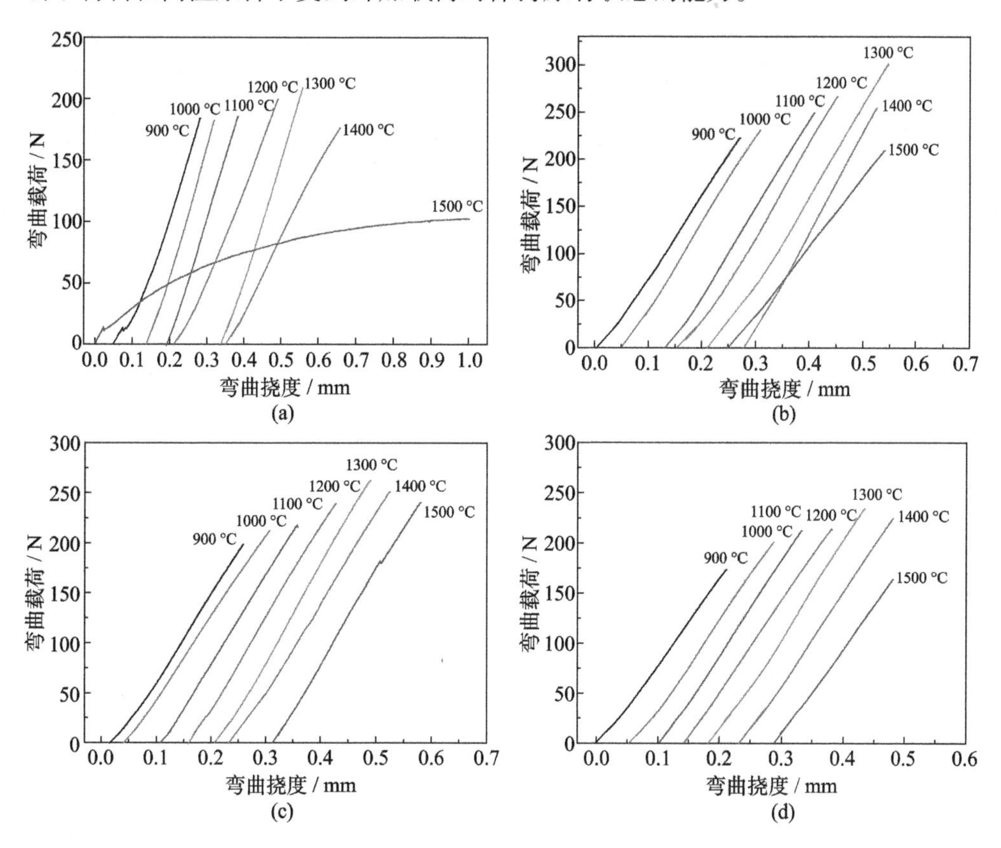

图 4-54 BN-SiO_2-AlN 系复相陶瓷在高温条件下抗弯强度测试样品的载荷-位移曲线[19]

(a) A0; (b) A5; (c) A10; (d) A15

抗热震性 (thermal shock resistance)，是指材料承受温度骤变而不至于被破坏的能力，又称抗热冲击性或热稳定性，是材料的热学和力学性质的综合表现，同时还受构件几何特征和环境介质等因素的影响。抗热震性是很多工程应用 (如耐火和保温材料、高温结构件和航天防热构件等) 需要首先考虑的因素，因此对其进行研究具有重要的工程应用价值和学术意义。

h-BN 基复相陶瓷由于具有较低的热膨胀系数、适宜的弹性模量以及较高的强度，使其具有良好的抗热震性。田卓等[20] 对前述的 BN-SiO_2-AlN 系复相陶瓷在不同气氛下的抗热震性也进行了系统研究。空气气氛下，经 900℃、1000℃、1100℃ 和 1200℃ 的温差进行热震后，得到了添加不同含量 AlN 的 BN-SiO_2-AlN 系复相陶瓷的残余抗弯强度变化规律 (图 4-55)。未添加 AlN 的 BN-SiO_2 复相陶瓷具有最为优异的抗热震性能，其热震残余抗弯强度不降反升，且随着热震温差的增加而提高，经过 1200℃ 温差热震后复相陶瓷的残余抗弯强度为 216.8 MPa，与热震前的抗弯强度相比提高了 38.3%。该材料热震后残余抗弯强度的升高主要是以下几方面原因造成的：①高温保温阶段，试样表面的 h-BN 会发生氧化生成 B_2O_3 的氧化物薄膜，其熔点为 445℃，且润湿角较小，使其在高温条件下具有一定的流动性，能够在试样表面铺展开来，在一定程度上弥合了试样表面的微裂纹等缺陷；②h-BN 和 SiO_2 两者均具有较低的热膨胀系数，使得其热匹配性较好，在急速降温过程中不会在材料内部产生较大的残余应力，同样有助于提高材料抵抗热冲击的性能；③基体中的熔石英会在升温的过程中逐渐发生局部软化，

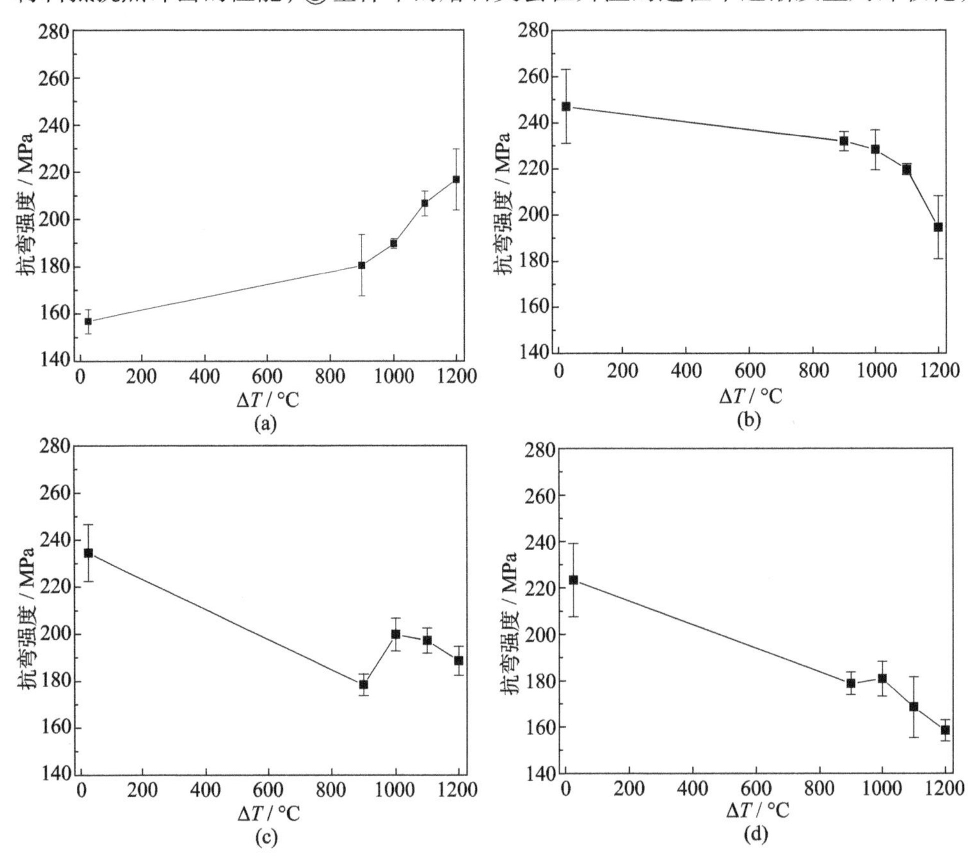

图 4-55　添加不同含量 AlN 的 BN-SiO_2-AlN 系复相陶瓷热震后残余抗弯强度 (空气气氛)[20]

(a) A0；(b) A5；(c) A10；(d) A15

也可在一定程度上降低基体的脆性。上述多种因素的综合作用，导致 BN-SiO_2 复相陶瓷经空气中高温热震后抗弯强度不降反升，在高温环境下使用具有良好的可靠性和稳定性。

而对于添加了一定含量 AlN 的 BN-SiO_2-AlN 系复相陶瓷,其经高温热震后则呈现了残余抗弯强度下降的情况，这主要是由于 AlN 的加入导致材料中 SiO_2 的含量降低，削弱了其在高温下软化和缓解应力冲击的作用。此外，生成的 SiAlON 相热膨胀系数与 h-BN 有一定的差别，兼之材料的弹性模量升高，导致进行热震实验时材料内部的热应力显著增大，从而使其抗热震性下降，残余抗弯强度降低。

为了区分由于表面氧化产物对材料抗热震性的影响，采用氮气作为保护气氛，热震温差仍采用 900℃、1000℃、1100℃ 和 1200℃ 的温差，对添加不同含量 AlN 的 BN-SiO_2-AlN 系复相陶瓷进行抗热震性能测试 (图 4-56)。对于未添加 AlN 的

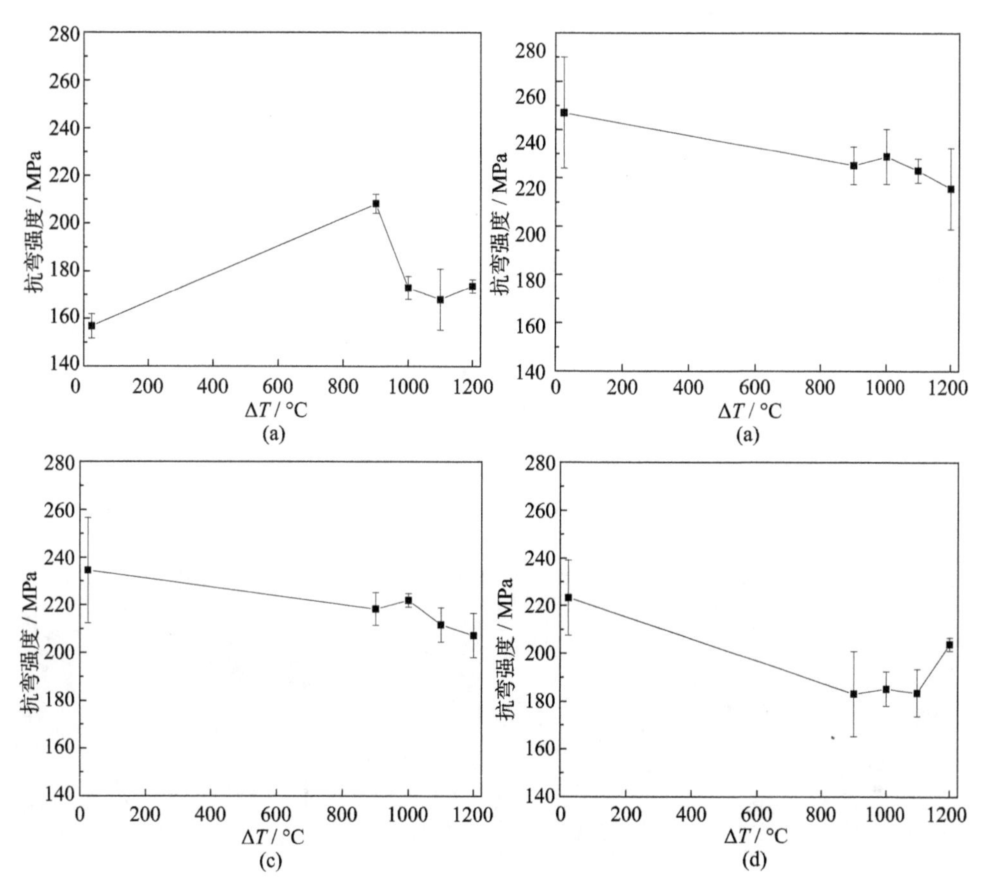

图 4-56　添加不同含量 AlN 的 BN-SiO_2-AlN 系复相陶瓷经热震后残余抗弯强度 (氮气气氛)

(a) A0；(b) A5；(c) A10；(d) A15

$BN-SiO_2$ 复相陶瓷，随着热震温差的增加，残余抗弯强度呈现先升高后降低的趋势，热震温差为 900℃ 时达到最大值 208.2 MPa，之后随着热震温差的升高其残余抗弯强度降低并在某一范围之间波动，但从整体上看，热震后残余抗弯强度均高于材料的原始抗弯强度。对于添加不同含量 AlN 的 $BN-SiO_2$-AlN 系复相陶瓷，热震后残余抗弯强度与室温相比先降低，而后在热震温差为 1000℃ 时出现小幅提高，之后随着热震温差的进一步升高，残余抗弯强度呈降低的趋势。但对于 AlN 添加量为 15 vol% 的试样，经 1200℃ 热震后，材料的残余抗弯强度有所提高。

对于 $BN-SiO_2$ 材料，试样在保护气氛下的热震过程相当于对试样进行一次缓慢升温急速降温的“热处理”，尽管会通过材料内部应力的重新分配而在一定程度上提高材料的性能，但也会在冷热循环的过程中导致其内部产生更多的缺陷，且无法通过表面氧化等来进行弥补，从而导致材料的残余抗弯强度并未出现明显提高，而且随着热震温差的增加发生了显著的下降。而对于添加了 AlN 的试样，其中的 SiO_2 相含量相对较少，且反应生成的 SiAlON 相在热震温度下受气氛的影响较小，因此其在空气、氮气下的热震残余抗弯强度变化规律基本相同。

当陶瓷材料作为防热、透波的天线罩、天线窗盖板等使用时，由于飞行器的高速飞行，剧烈的摩擦导致材料的温度急剧上升，最高可以达到 3000 K 以上。在这种极端的环境下，材料会在短时间内发生物理升华、熔化、氧化烧蚀以及剥蚀和机械冲刷等复杂的物理、化学变化。因此，材料的抗烧蚀性能也是一个重要的评价指标。

采用 GJB323A-96 的规定对前述的 $BN-SiO_2$-AlN 系复相陶瓷的抗烧蚀性能进行考核，随着烧蚀时间的延长，烧蚀试样表面形貌发生了显著变化 (图 4-57)[21]。当烧蚀时间为 10 s 时，火焰只在试样表面留下白色的烧蚀痕迹；而随着烧蚀时间

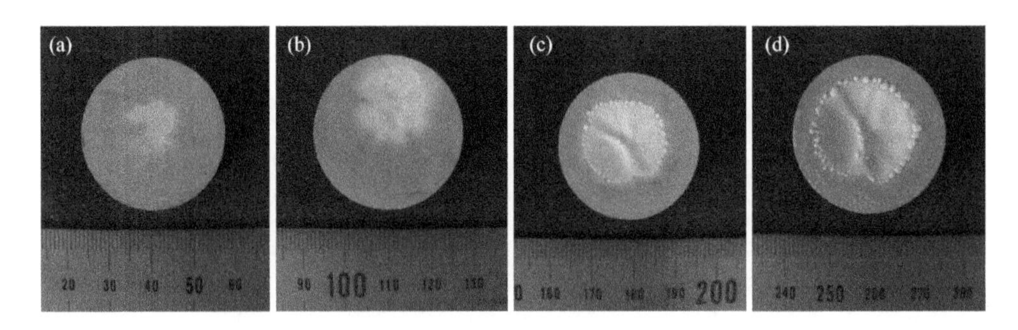

图 4-57 $BN-SiO_2$-AlN 复相陶瓷 (5 vol% AlN) 烧蚀不同时长后试样表面宏观形貌[21]

(a) 10 s；(b) 20 s；(c) 30 s；(d) 60 s

增加到 20 s 后，在火焰的烧蚀中心区逐渐有烧蚀坑的出现，而这种烧蚀坑则是氧–乙炔焰的高温和燃气流高速冲刷所导致的。当烧蚀时间较短时，火焰虽然垂直作用在试样的表面，但由于试样本身温度较低，且在烧蚀升温的过程中，熔石英的软化会吸收一部分热量，所以试样表面的温度远未达到设定的烧蚀温度，从而试样的烧蚀迹象不是很明显，但是当时间增加到 20 s 后，烧蚀时间的延长使试样表面有充足的时间加热，并达到设定的烧蚀温度，从而在试样表面留下明显的烧蚀痕迹；当烧蚀时间继续延长增加到 30 s 乃至 60 s 后，试样的烧蚀中心区逐渐变大，并且在烧蚀的边缘区域逐渐有白色的固体颗粒出现，经过 60 s 烧蚀的试样边缘还发现一层透明的玻璃相存在。

采用质量损失率评价材料在氧–乙炔烧蚀条件下的耐烧蚀性能 (表 4-3)。随着烧蚀时间的增加，材料的质量损失率也在逐渐增加。当烧蚀时间较短时，烧蚀过程中的热量来不及向基体内部传递，基体中只有烧蚀表层附近的熔石英发生软化，进而由烧蚀而产生的氧化或剥蚀现象并不明显；随着烧蚀时间的增加，试样表面的热量有充足的时间向试样内部传递，导致内部的熔石英发生软化，削弱了其对基体中 h-BN 颗粒的保护作用，增强了由火焰烧蚀而产生的氧化、升华及燃气冲刷对材料的作用，综合表现为其质量烧蚀率逐渐升高。

表 4-3 BN-SiO_2-AlN 复相陶瓷不同烧蚀时长的质量损失率 [21]

烧蚀时间/s	10	20	30	60
质量损失率 /($\times10^{-3}$g/s)	0.20	1.25	3.81	6.24

随着烧蚀时间的增加，材料表面的物相组成发生了明显的变化 (图 4-58)。当烧蚀时间增加到 30 s 后，能够在烧蚀后的试样表面发现有莫来石 (mullite)、刚玉 (corundum) 以及氧化硼 (B_2O_3) 的衍射峰，这是由于当烧蚀时间为 10 s 或 20 s 时，试样表面虽然发生了基体材料的氧化、升华以及其他物理化学变化，但烧蚀时间较短，所以氧化产物的量相对较少，其对应的衍射峰也不明显。随着烧蚀时间的延长，冷却后试样表面 SiO_2 的非晶峰逐渐增强，这是由于复相陶瓷在烧蚀过程中基体中的 h-BN 颗粒被氧化生成 B_2O_3，在高温条件下直接挥发，而基体中的 SiO_2 具有较高的挥发温度使得其在烧蚀的过程中残留下来，在快速空冷的过程中以非晶的形式残留在试样的表面。

通过复相陶瓷烧蚀中心区的表面微观形貌观察 (图 4-59)，不同时长烧蚀后材料表面均生成了不规则的颗粒状物质，能谱分析结果表明 (图 4-60、图 4-61)，颗粒状物质主要含有 Si、Al、O 与 B 元素。考虑到基体中 SiAlON 为 Si_3N_4 的固溶体，同样会在 1900℃ 以上发生分解，而烧蚀温度可达 2000℃ 以上，因此在烧蚀的过程中会伴随有 SiAlON 的氧化以及分解行为。此外，由于烧蚀过程中还伴随

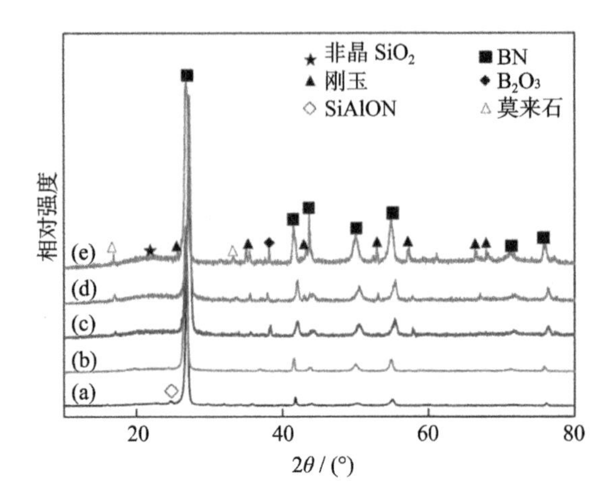

图 4-58　BN-SiO_2-AlN 复相陶瓷 (5 vol% AlN) 烧蚀后试样表面 XRD 图谱[21]

(a) 原始试样；(b) 10s；(c) 20s；(d) 30s；(e) 60s

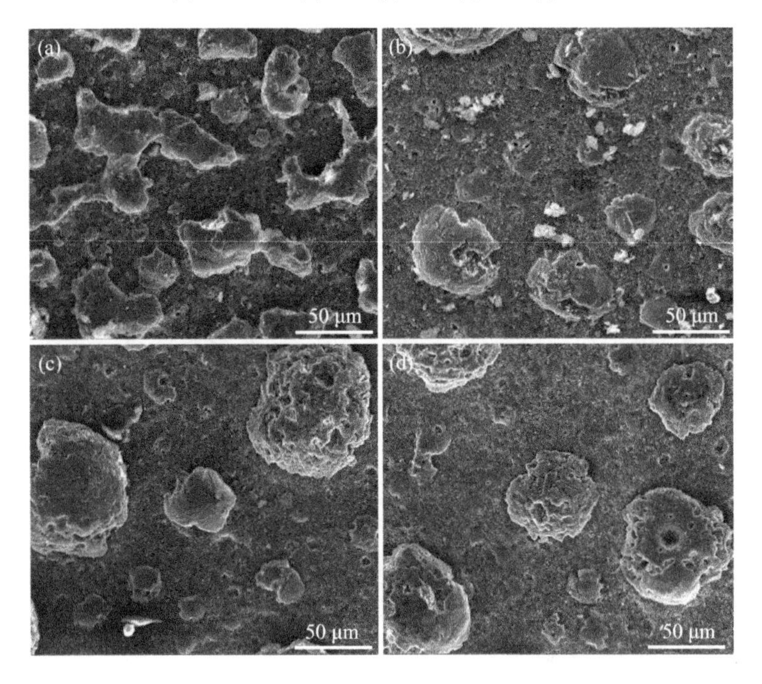

图 4-59　BN-SiO_2-AlN 复相陶瓷 (5 vol%AlN) 烧蚀中心区 SEM 照片[21]

(a)10s; (b)20s; (c)30s; (d)60s

有强烈的气流冲刷作用，致使黏度较低的 SiO_2 被吹离烧蚀中心区，从而降低了烧蚀中心区域熔石英的相对含量，在降温过程中形成的固体颗粒中 Si 的含量较低；而氧化产物 Al_2O_3 的熔点较高，在烧蚀温度下具有较大的黏度，从而使其在烧蚀中心区内的相对含量较高，使得冷却后形成的固体颗粒中 Al 元素的含量较高。

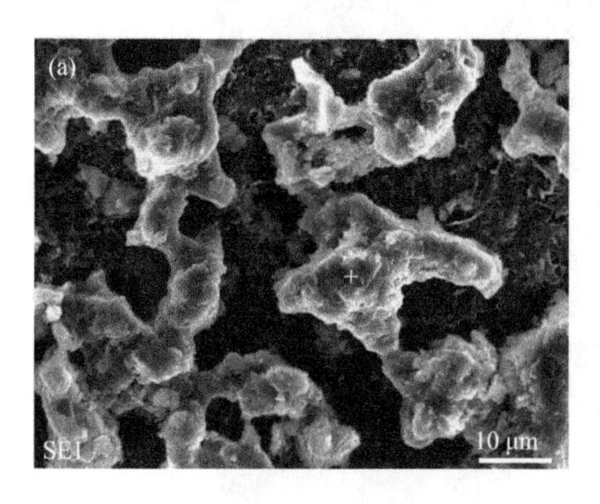

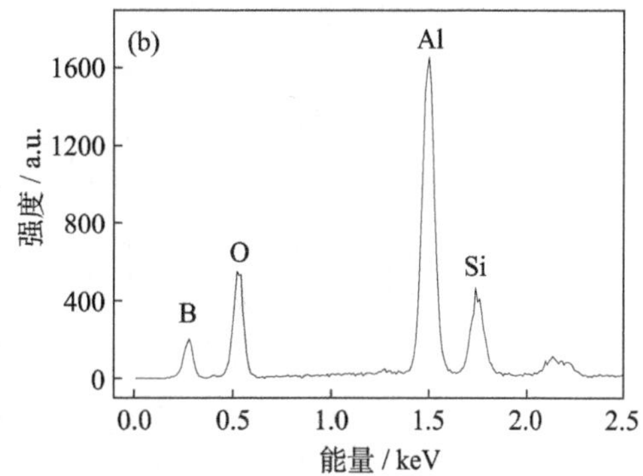

图 4-60 BN-SiO_2-AlN 复相陶瓷 (5 vol% AlN) 烧蚀 10s 后中心区显微形貌及能谱分析结果[21]

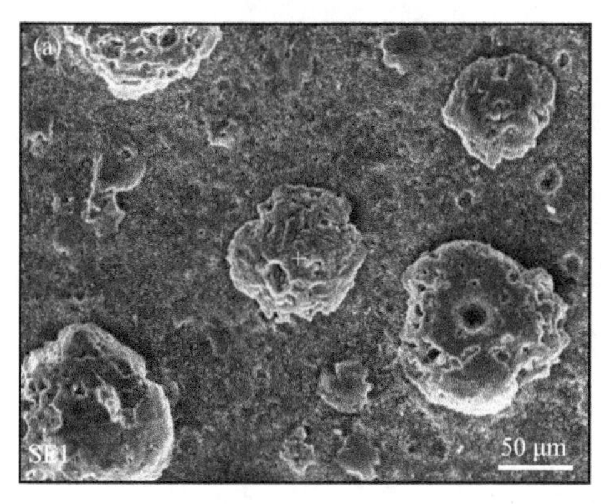

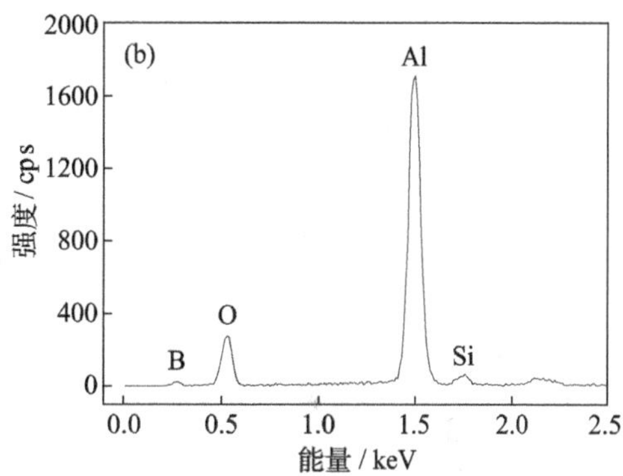

图 4-61 BN-SiO_2-AlN 复相陶瓷 (5 vol% AlN) 烧蚀 60s 后中心区显微形貌及能谱分析结果[21]

试样烧蚀边缘区的微观形貌 (图 4-62) 可以看出，当烧蚀时间较短时，冷却后的试样边缘区表面较为致密，而随着烧蚀时间的增加，试样边缘区逐渐有挥发所产生的孔洞出现，同时在表面还伴随有非晶态玻璃状物质的出现，其主要成分为 Si 和 O 元素。虽然烧蚀的边缘区远离火焰中心，但其温度依旧很高，导致基体中 h-BN 氧化生成的 B_2O_3 会在烧蚀过程中直接挥发，而此时烧蚀边缘区的试样表面会由于气流的冲刷以及熔石英的软化而在表面聚集有液态的氧化硅，B_2O_3 在高温条件下挥发的过程中只能穿过表层的液相向外部扩散，进而在液相中留下气体挥发的通道，冷却之后在试样表面残留下来。

天线罩、天线窗盖板等构件除了需要具有良好的抗热震、耐烧蚀特性外，还要求其在高温条件下对电磁波的传播干扰尽量小，即具有优异的透波性能，而这与材料的介电性能是直接相关的。

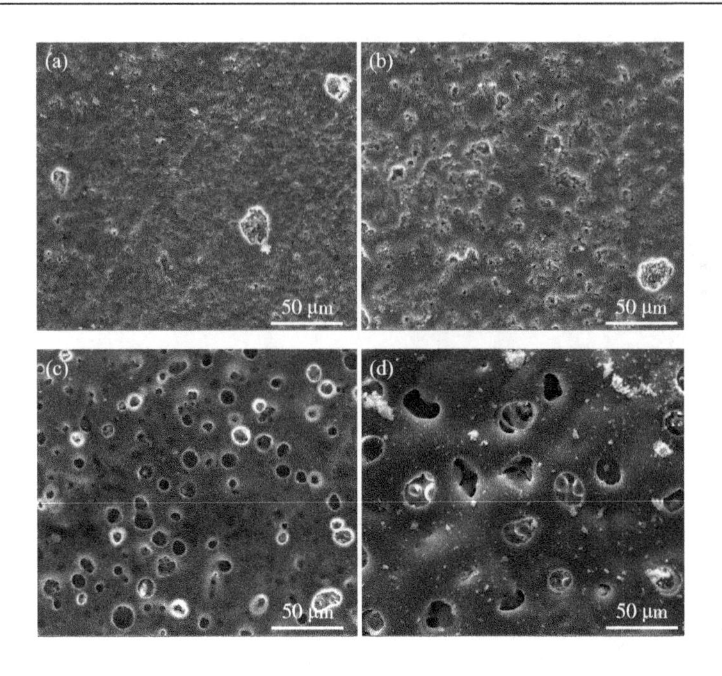

图 4-62　BN-SiO_2-AlN 复相陶瓷 (5 vol% AlN) 烧蚀边缘区 SEM 照片

(a)10s; (b)20s; (c)30s; (d)60s

田卓等采用圆柱谐振腔法 (高 Q 腔法) 对前述 BN-SiO_2-AlN 复相陶瓷的室温、高温介电性能进行了测试，系统研究了温度、频率和 AlN 含量对复相陶瓷介电性能的影响，并分析了其影响机制。

复相陶瓷的室温介电常数随着 AlN 含量的增加而增大 (图 4-63)。h-BN 基复相陶瓷是由 h-BN 主晶相以及晶界相、玻璃相、大小和形状不同的气孔相等多种结构、缺陷组成的，因此其介电常数取决于物相组成，AlN 的引入使得各相所占的百分比不同，且各相混合状态也有区别，其对 h-BN 基复相陶瓷的介电常数也有较大的影响。

一般情况下，为了计算材料的介电常数，可假设各项呈均匀混合状态，因此材料的介电常数可按照 Lichtenecker 对数混合法则，根据下式进行计算：

$$\ln\varepsilon = \sum_i V_{fi}\ln\varepsilon_i \tag{4-12}$$

式中，V_{fi} 为第 i 组分的体积分数 (vol%)；ε_i 为第 i 组分的介电常数。

对于基体的 h-BN 和熔石英材料来讲，两者均具有相对较低的介电常数。在室温条件下 h-BN 的介电常数介于 $4\sim5$，石英的介电常数介于 $3.5\sim3.8$，而随着 AlN 的引入，高温条件下反应生成的 SiAlON 相，其介电常数介于 $7\sim8$，因

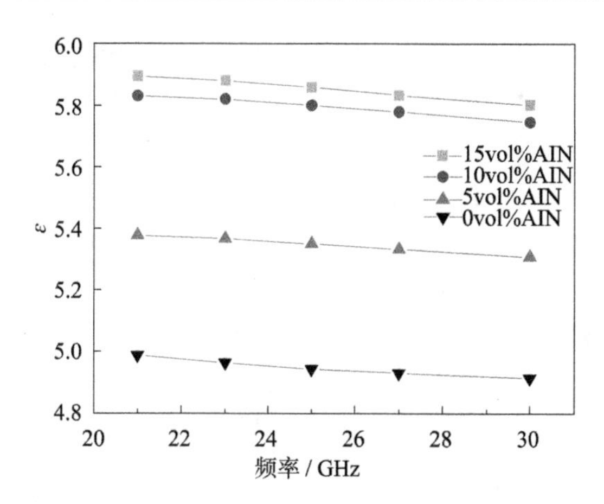

图 4-63 BN-SiO_2-AlN 系复相陶瓷的介电常数

此由公式 (4-12) 可知，随着高介电常数 SiAlON 相的出现，复相陶瓷的介电常数也将变大，并且其随着 AlN 的含量的增加而升高。同时，未添加 AlN 的复相陶瓷其致密度较低，而且材料中的气孔也会导致介电常数降低。以上两个方面共同作用，使得添加 AlN 的复相陶瓷介电常数更高。

材料的介电损耗是指电介质在电场作用下，在单位时间内由发热而消耗的能量。对于透波材料来说，要求低介电损耗以使功率耗散降低，以期充分发挥制导系统的功能。而对于 BN-SiO_2-AlN 系复相陶瓷，介电损耗与介电常数变化规律相反，随着 AlN 含量的增加，复相陶瓷的介电损耗逐渐降低 (图 4-64)。

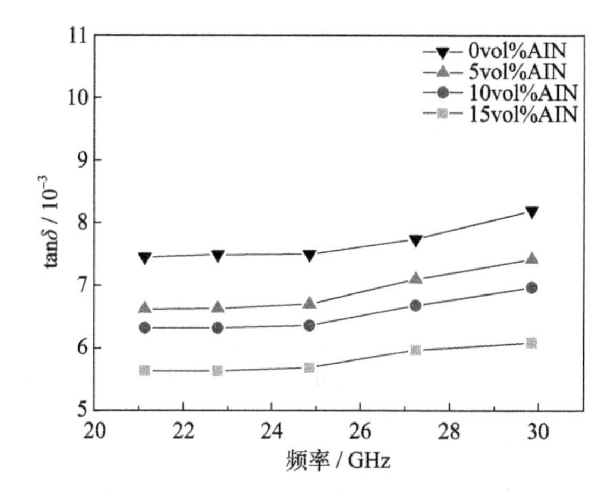

图 4-64 BN-SiO_2-AlN 系复相陶瓷的介电损耗

在 10.6 GHz 和 13.9 GHz 频率下，测试了 BN-SiO_2-AlN 系复相陶瓷的介电常数 (ε) 和介电损耗 ($\tan\delta$) 随着温度的变化规律，其均是随着温度升高而增加的 (图 4-65)。由室温升至 1100℃ 时，各组分材料的介电常数变化范围介于 4.3% ~ 5.9 %，表明其对于温度变化时是相对稳定的，但介电损耗值则随着温度的升高急剧增加，当测试温度达到 1100℃ 时，较室温提高大约一个数量级。对比同组分复相陶瓷材料在不同测试频率下的结果，在相同温度点，10.6 GHz 下的介电常数和介电损耗值都是高于 13.9 GHz 的。

对比不同 AlN 含量对 BN-SiO_2-AlN 系复相陶瓷不同温度下介电性能的影响规律 (图 4-66、图 4-67)，在 10.6 GHz 和 13.9 GHz 频率下，与复相陶瓷介电常数随温度的增加而升高的变化规律不同，添加 AlN 的复相陶瓷，其高温介电常数在同一温度下随着 AlN 的含量的增加呈先升高后降低的趋势，当 AlN 的含量为 10 vol% 时达到最大值。

严妍[22] 采用冷等静压后无压烧结的方法制备了 BN-SiO_2-AlN 系复相陶瓷，除了改变加入 AlN 含量外，还对比了采用非晶熔石英粉体、硅溶胶以及两者复合作为 SiO_2 来源时对材料性能的影响规律。SiO_2 以纯粉末形式引入 BN-SiO_2-AlN 系复相陶瓷，其抗弯强度明显高于纯溶胶形式引入的复相陶瓷抗弯强度，且随着 AlN 含量增多，复相陶瓷的抗弯强度先升高后下降。AlN 含量为 10 vol%、SiO_2 以纯粉末形式引入的复相陶瓷高温抗弯强度在 1000℃ 以前基本保持不变，但当温度升高到 1100℃ 时，抗弯强度不下降反而升高，温度继续升至 1200℃ 时，复相陶瓷的抗弯强度可达 98.5 MPa，较室温的 71.3 MPa，升幅达 38.1%。此外，材料的介电性能也与 SiO_2 的加入方式有关，SiO_2 以硅溶胶方式引入的复相陶瓷介电常数较小。

叶书群[23] 则采用无压烧结、气压烧结和热压烧结三种工艺制备出 BN-SiO_2-AlN 系和 BN-SiO_2-Si_3N_4 系复相陶瓷。热压烧结得到的复相陶瓷致密度明显高于气压和无压烧结得到的复相陶瓷，而气压烧结的致密度又略大于无压烧结的。添加 AlN 的复相陶瓷中，有 β-SiAlON(Si_5AlON_7) 和 X-SiAlON($Si_3Al_6O_{12}N_2$) 生成。而在添加 Si_3N_4 的 BN-SiO_2 基复相陶瓷中，h-BN 稳定存在，SiO_2 和 Si_3N_4 反应生成 Si_2N_2O 后，仍残余一部分非晶 SiO_2 在复相陶瓷内。复相陶瓷的力学性能也随着 Si_3N_4 或 AlN 的加入而提高，抗弯强度最大值分别为 (22.8±0.7) MPa(加 Si_3N_4，无压烧结)、(31.6±0.8) MPa(加 Si_3N_4，气压烧结)、(242.9±20) MPa(加 Si_3N_4，热压烧结) 和 (240.5±21.0)MPa(加 AlN，热压烧结)。无压烧结制备的复相陶瓷的力学性能较差，气压烧结制备的复相陶瓷的力学性能略有提高，热压烧结制备的复相陶瓷的力学性能最佳，与材料致密度的变化规律一致。

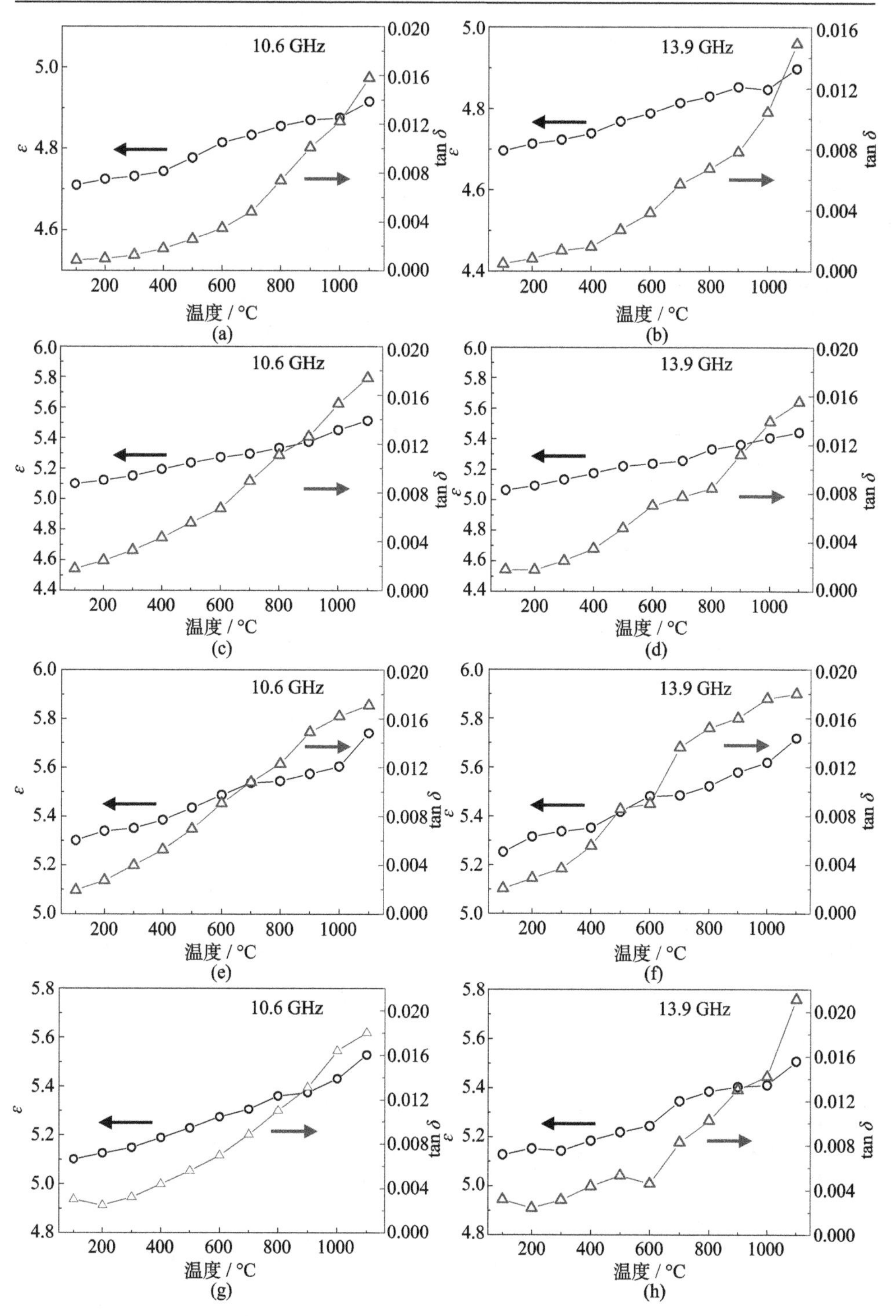

图 4-65 BN-SiO_2-AlN 系复相陶瓷的高温介电性能

(a), (b) A0; (c), (d) A5; (e), (f) A10; (g), (h) A15

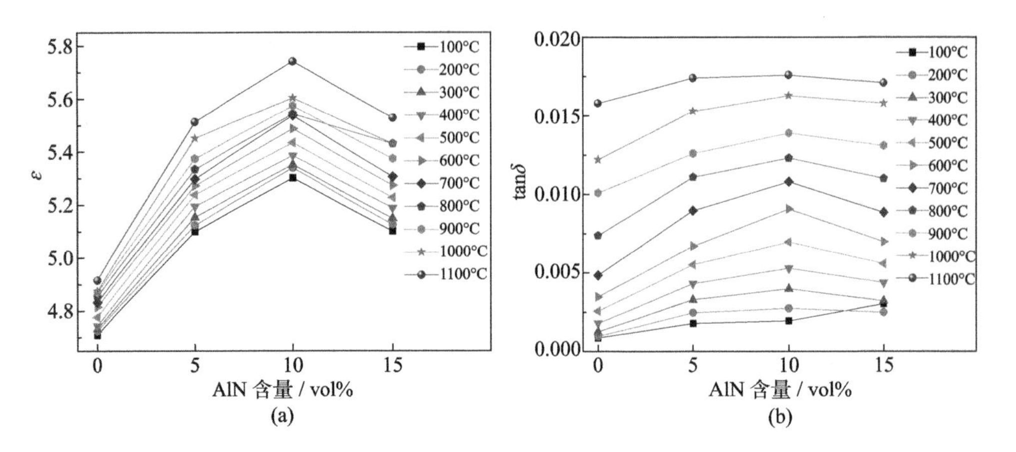

图 4-66　AlN 含量对 BN-SiO_2-AlN 系复相陶瓷在 X 波段 (10.6 GHz) 介电性能的影响 (后附彩图)

(a) 介电常数; (b) 介电损耗

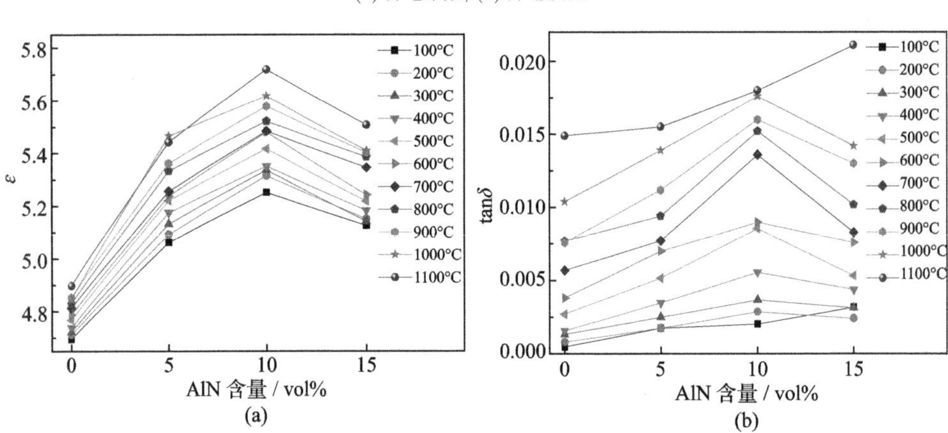

图 4-67　AlN 含量对 BN-SiO_2-AlN 系复相陶瓷在 Ku 波段 (13.9 GHz) 介电性能的影响 (后附彩图)

(a) 介电常数; (b) 介电损耗

3. ZrO_2(3Y)/BN-SiO_2 系复相陶瓷

ZrO_2 也是一种常用的氧化物陶瓷，其韧性和综合机械性能较好，化学稳定性高，因此也常被用来作为改性的陶瓷相，将其加入到 BN-SiO_2 体系中，能够起到强韧化改性的作用。

于洋等[24−26] 采用热压烧结法制备了 ZrO_2(3Y)/BN-SiO_2 系复相陶瓷，研究了烧结工艺及 ZrO_2 含量对 ZrO_2(3Y)/BN-SiO_2 复相陶瓷致密度、相组成、显微组织结构及性能的影响。

将 ZrO_2(3Y)、SiO_2、BN 体积含量比为 15:17:68 的复合粉体分别在 1500 ~ 1800℃ 进行热压烧结，所得的 ZrO_2(3Y)/BN-SiO_2 复相陶瓷 XRD 图谱中可以看出 (图 4-68)[24]，只有 h-BN、m-ZrO_2 和 t-ZrO_2 的衍射峰，未发现 SiO_2 衍射峰，表明经过烧结后的 SiO_2 依然为非晶态，在图中也没有出现 $ZrSiO_4$ 的衍射峰，表明 SiO_2 和 ZrO_2 在烧结过程中相互之间并未发生反应。

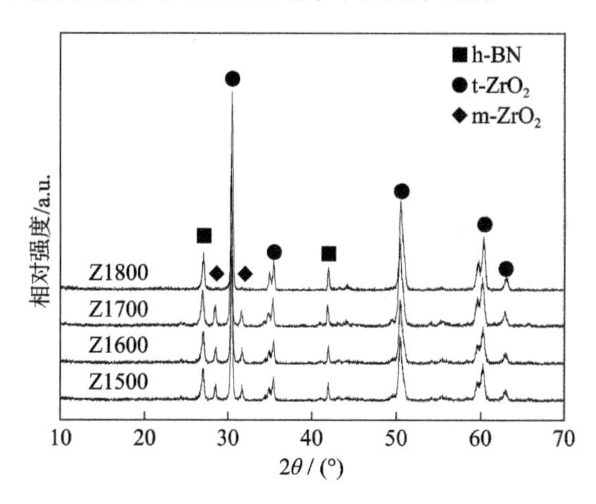

图 4-68 不同温度烧结的 ZrO_2(3Y)/BN-SiO_2 系复相陶瓷的 XRD 图谱[24]

根据下式可定量地分析复相陶瓷中 m-ZrO_2 的相对含量[27]：

$$V_{\mathrm{m}}=\frac{1.311X_{\mathrm{m}}}{1+0.311X_{\mathrm{m}}} \tag{4-13}$$

$$X_{\mathrm{m}}=\frac{I_{\mathrm{m}}(111)+I_{\mathrm{m}}(11\bar{1})}{I_{\mathrm{m}}(111)+I_{\mathrm{m}}(11\bar{1})+I_{\mathrm{t}}(111)} \tag{4-14}$$

式中，$I_{\mathrm{m}}(111)$、$I_{\mathrm{m}}(11\bar{1})$ 分别为 m 相 ZrO_2 在 (111)、$(11\bar{1})$ 晶面的衍射峰强度；$I_{\mathrm{t}}(111)$ 为 t 相 ZrO_2 在 (111) 晶面的衍射峰强度。

计算结果显示 (表 4-4)，与 ZrO_2 原始粉末对比可知，经过烧结的材料中 m 相则有所减少，表明 t 相 ZrO_2 的相对含量明显增加。当采用 1800℃ 进行烧结后，ZrO_2 中 m-ZrO_2 绝大多数转化为 t-ZrO_2。

表 4-4 ZrO_2(3Y)/BN-SiO_2 系复相陶瓷的 ZrO_2 中 m-ZrO_2 相对含量[24]

材料	原始粉末	Z1500	Z1600	Z1700	Z1800
m 相含量/%	34.86	5.95	13.81	12.90	0.21

不同温度烧结 ZrO_2(3Y)/BN-SiO_2 系复相陶瓷的致密度 (图 4-69)，随着烧结温度的提高，呈现几乎线性增长的趋势，可见烧结温度会显著地促进材料的致密度。

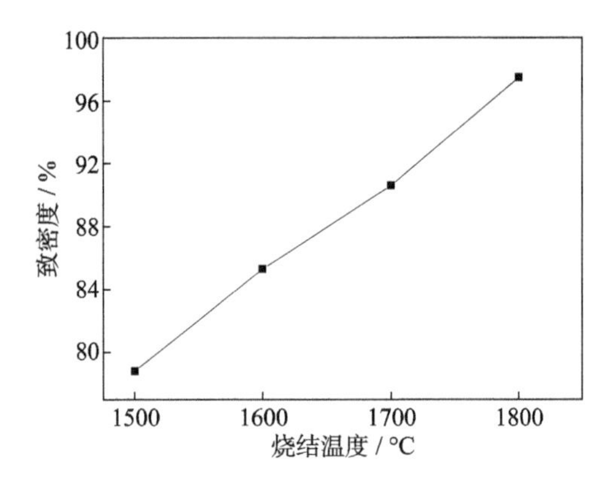

图 4-69 不同温度烧结的 ZrO_2(3Y)/BN-SiO_2 系复相陶瓷的致密度[24]

不同温度烧结 ZrO_2(3Y)/BN-SiO_2 系复相陶瓷的力学性能 (图 4-70 ~ 图 4-72)，包括抗弯强度、弹性模量和断裂韧性等也是随着烧结温度的提高而逐渐升高的，与材料致密度的变化趋势一致。

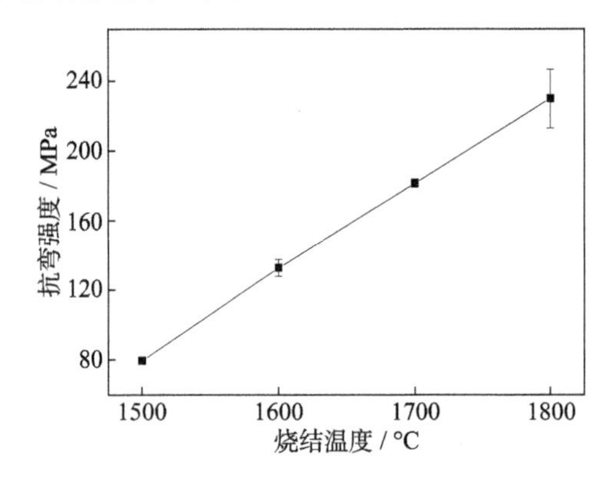

图 4-70 不同温度烧结的 ZrO_2(3Y)/BN-SiO_2 系复相陶瓷的抗弯强度[24]

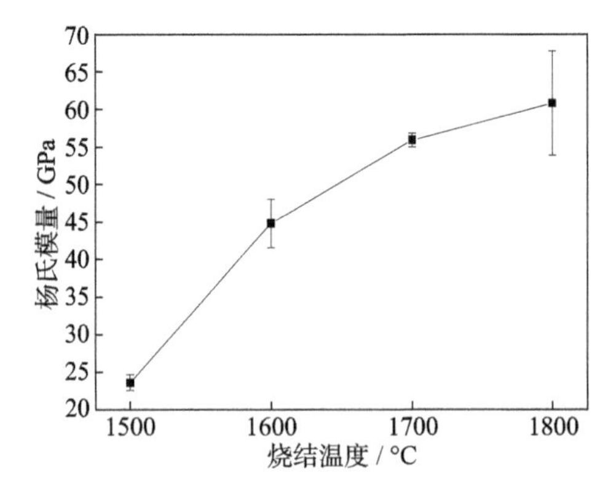

图 4-71 不同温度烧结的 ZrO_2(3Y)/BN-SiO_2 系复相陶瓷的弹性模量[24]

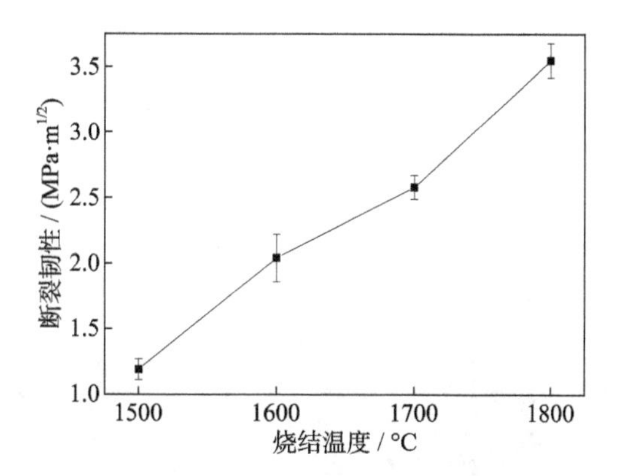

图 4-72　不同温度烧结的 $ZrO_2(3Y)/BN\text{-}SiO_2$ 系复相陶瓷的断裂韧性[24]

不同温度烧结的 $ZrO_2(3Y)/BN\text{-}SiO_2$ 系复相陶瓷低倍断口照片见图 4-73，复相陶瓷中存在着一定数量的气孔，随着烧结温度的提高气孔的数量明显减少，这与材料致密度的变化规律是一致的。从复相陶瓷的高倍断口照片(图 4-74) 可见，材料的断裂方式为沿晶断裂，这表明复相陶瓷中界面之间的结合相对较弱，这主要是由于 h-BN 呈片状结构，容易在材料中形成搭接的结构，阻

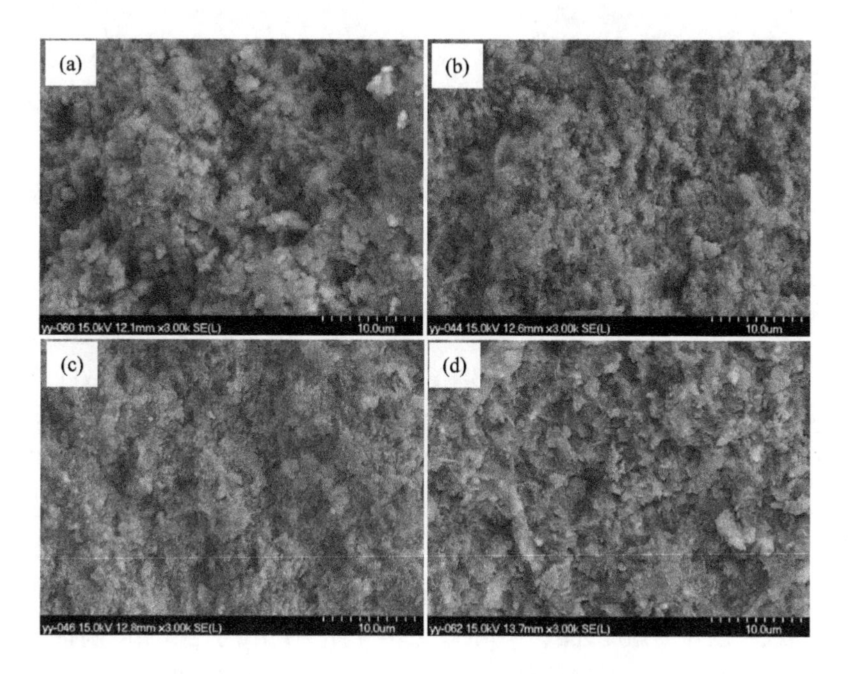

图 4-73　不同温度烧结的 $ZrO_2(3Y)/BN\text{-}SiO_2$ 系复相陶瓷的断口形貌 (低倍)[24]

(a) 1500°C; (b) 1600°C; (c) 1700°C; (d) 1800°C

碍了不同颗粒之间的界面结合。从 1500℃、1600℃ 烧结样品的断口照片 (图 4-74(a)，(b)) 可见，烧结后的材料致密度不高，h-BN 形成卡片房式结构，而 ZrO_2 则黏附在 h-BN 晶粒表面。当经过 1700℃、1800℃ 的较高温度进行烧结后 (图 4-74(c)，(d))，材料已经比较致密，层片状 h-BN 之间的孔隙明显减少, ZrO_2 主要分布在 h-BN 的边角和间隙处，断口处可观察到明显的层片状结构特征。

图 4-74　不同温度烧结的 ZrO_2(3Y)/BN-SiO_2 系复相陶瓷的断口形貌 (高倍)[24]

(a) 1500℃; (b) 1600℃; (c) 1700℃; (d) 1800℃

从不同温度烧结的 ZrO_2(3Y)/BN-SiO_2 系复相陶瓷的热扩散系数随测试温度的变化曲线可见 (图 4-75)，随烧结温度的提高，复相陶瓷的热扩散系数逐渐升高。这是因为随着烧结温度的提高，材料的致密度逐渐增大，孔隙率下降，提供了更多的热传导途径。而对于同一复相陶瓷，随着测试温度的升高，材料的热扩散系数呈现单调递减的趋势。这是因为在测试温度范围内，材料中的热量主要以声子传导为主，声子的平均自由程随着温度升高而降低，热扩散系数也随之降低，故热扩散曲线出现在高温度区域下降的现象。计算得到不同烧结温度制备复相陶瓷的热导率 (图 4-76)，也是随烧结温度的提高，其热导率显著增加，这与热扩散系数的变化趋势是一致的，都是材料的致密度增加而引起的。

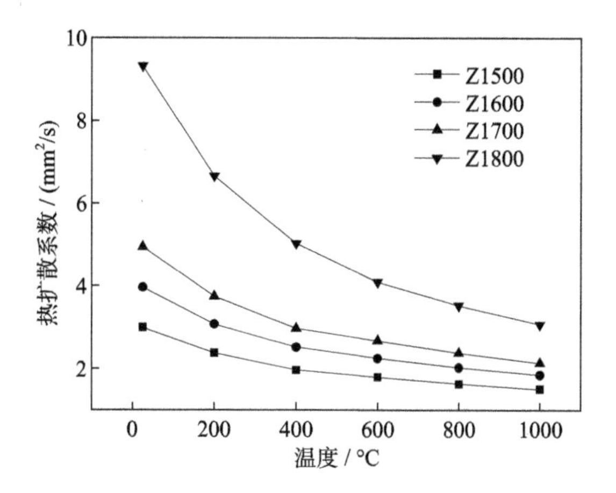

图 4-75 不同温度烧结的 ZrO_2(3Y)/BN-SiO_2 系复相陶瓷的热扩散系数随测试温度的变化[24]

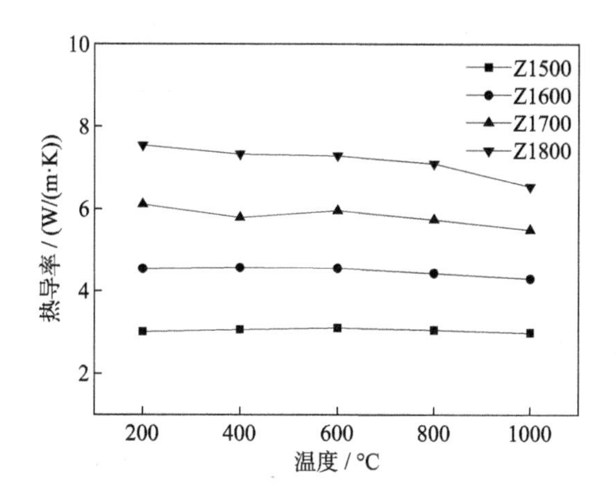

图 4-76 不同温度烧结的 ZrO_2(3Y)/BN-SiO_2 系复相陶瓷的热导率随测试温度的变化[24]

采用热震温差分别为 700℃、900℃ 和 1100℃，对不同温度烧结的 ZrO_2(3Y)/BN-SiO_2 系复相陶瓷的抗热震性进行测试，得到其热震残余抗弯强度变化曲线 (图 4-77) 和残余抗弯强度率 (表 4-5)。复相陶瓷的抗热震性能随着材料的致密度的提高而逐步改善，1500℃ 烧结样品经过温差为 1100℃ 的热震后，其残余抗弯强度仅为 27.3 MPa，残余抗弯强度率下降到 35% 以下，而 1800℃ 烧结样品经温差为 1100℃ 的热震后，残余抗弯强度为 182.3 MPa，残余抗弯强度率可保持在 79.3%。这是因为随着致密度的提高，孔隙率减小，材料室温强度逐渐增加，从而残余抗弯强度随之提高，另外随着烧结温度的提高，复相陶瓷的热导率逐渐提高，使热震时材料不会出现较大的温度梯度，减小了瞬时的热应力。

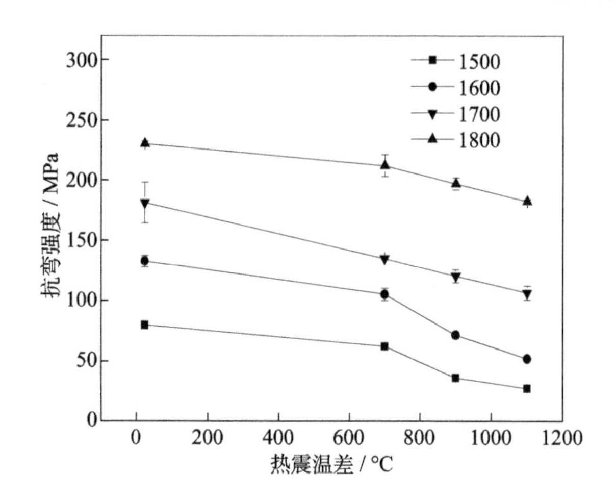

图 4-77　不同温度烧结的 ZrO_2(3Y)/BN-SiO_2 系复相陶瓷的热震残余抗弯强度[24]

表 4-5　ZrO_2(3Y)/BN-SiO_2 系复相陶瓷热震实验后的残余抗弯强度率[24]

烧结温度/°C	残余抗弯强度率/%		
	$\Delta T = 700$°C	$\Delta T = 900$°C	$\Delta T = 1100$°C
1500	78.0	45.4	34.2
1600	79.3	53.9	39.2
1700	74.6	66.4	58.6
1800	92.2	85.7	79.3

对 ZrO_2(3Y)/BN-SiO_2 系复相陶瓷进行离子溅射侵蚀实验，对比不同温度烧结复相陶瓷的离子溅射侵蚀速率 (图 4-78)，随着烧结温度的升高，复相陶瓷受离子侵蚀的速率显著下降，这主要是致密度的变化而引起的。1800°C 烧结的复相陶瓷致密度最高，其侵蚀速率仅为 8.03×10^{-3} mm/h，而 1600°C 烧结复相陶瓷的侵蚀速率则高达 4.67×10^{-2} mm/h。对于霍尔电推进器的通道材料来说，抗离子溅射侵蚀能力越高，越有利于其长寿命服役。因此，通过较高的烧结温度使 ZrO_2(3Y)/BN-SiO_2 系复相陶瓷的致密度提高，是提高材料抗溅射侵蚀性能和通道构件服役寿命的有效手段。

从不同烧结温度的 ZrO_2(3Y)/BN-SiO_2 系复相陶瓷经离子溅射侵蚀后的表面形貌 (图 4-79) 可见，随着烧结温度的升高，表面被侵蚀出来的坑洞呈现出从大到小、从多到少、从深到浅的变化趋势，这主要是复相陶瓷致密度变化引起的。材料的致密度越高，各晶粒之间的结合也越紧密，其抗离子溅射侵蚀的能力也越强。从高倍的侵蚀表面形貌 (图 4-80) 可以明显观察到层片状的 h-BN 晶粒，但与断口形貌不同，其棱角和翘起等突出的区域较少，这是因为突出的部分会受到更多的离子溅射侵蚀，从而导致 h-BN 晶粒的突出部分更容易被溅射侵蚀掉，留下边缘相对平滑的 h-BN 晶粒，这也表明溅射过程中会发生晶体结构的损伤。

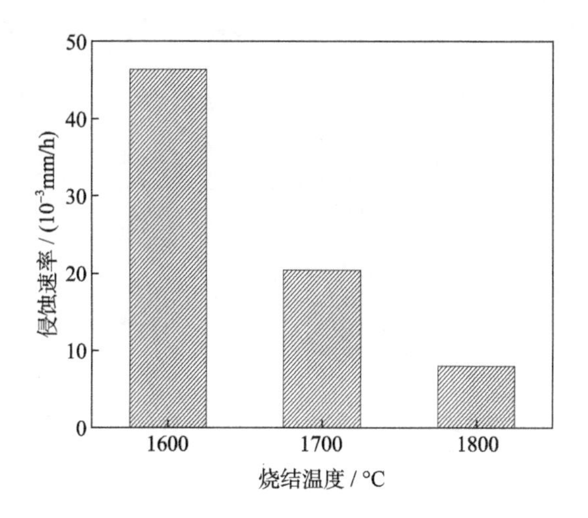

图 4-78 不同温度烧结的 ZrO_2(3Y)/BN-SiO_2 系复相陶瓷离子溅射侵蚀速率[24]

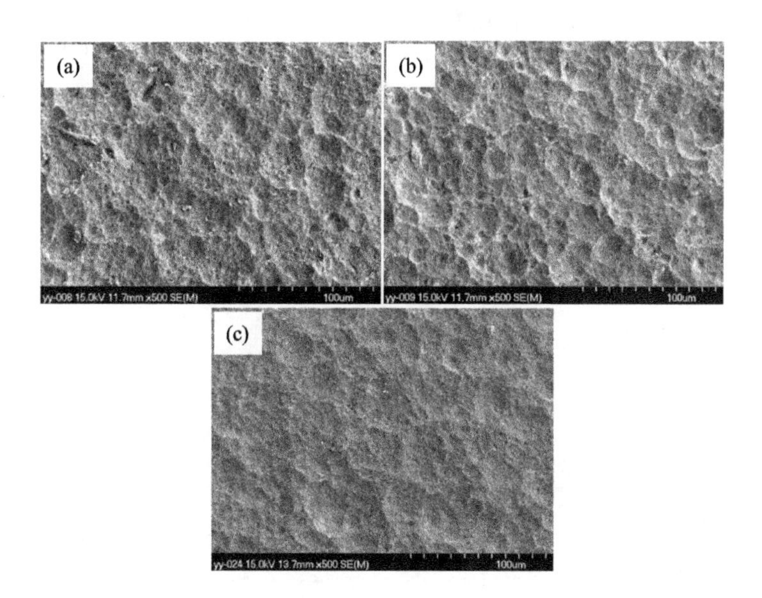

图 4-79 不同烧结温度的 ZrO_2(3Y)/BN-SiO_2 系复相陶瓷经离子溅射侵蚀后的表面形貌(低倍)[24]

(a) 1600℃; (b) 1700℃; (c) 1800℃

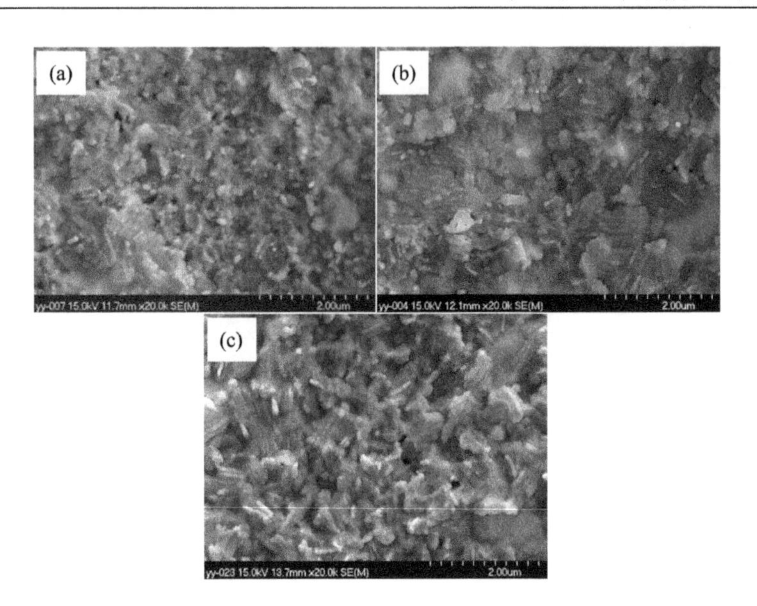

图 4-80　不同烧结温度的 ZrO_2(3Y)/BN-SiO_2 系复相陶瓷经离子溅射侵蚀后的表面形貌(高倍)[24]

(a) 1600°C; (b) 1700°C; (c) 1800°C

对不同温度烧结的 ZrO_2(3Y)/BN-SiO_2 系复相陶瓷经离子溅射侵蚀后的物相进行分析 (图 4-81)，经高温、高速离子溅射侵蚀后，复相陶瓷中仍只存在 h-BN、m-ZrO_2 和 t-ZrO_2 的衍射峰，且 m 相的相对含量并无太大变化，表明复相陶瓷在离子溅射的服役环境下，物相是保持稳定的。

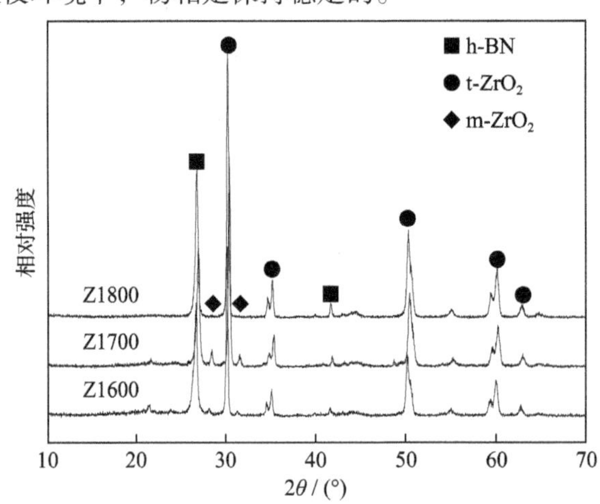

图 4-81　不同温度烧结的 ZrO_2(3Y)/BN-SiO_2 系复相陶瓷经离子溅射侵蚀后的 XRD 图谱[24]

在不同烧结温度对 ZrO_2(3Y)/BN-SiO_2 系复相陶瓷物相、显微组织结构以及性能影响规律的研究基础上，于洋[24] 还研究了 ZrO_2 加入量 (0 ~ 20 vol%) 对复相陶瓷组织结构和性能的影响规律。

经 1800℃ 热压烧结，得到不同 ZrO_2 含量的 ZrO_2(3Y)/BN-SiO_2 系复相陶瓷，其 XRD 图谱只含有 h-BN 和 ZrO_2 的衍射峰 (图 4-82)。当材料中不含 ZrO_2 时，在约 20° 可以看到一个很低的非晶 SiO_2 对应的馒头峰，随着 ZrO_2 含量的增加，非晶 SiO_2 的馒头峰变得不明显，而 ZrO_2 的相对峰强则逐渐增高。

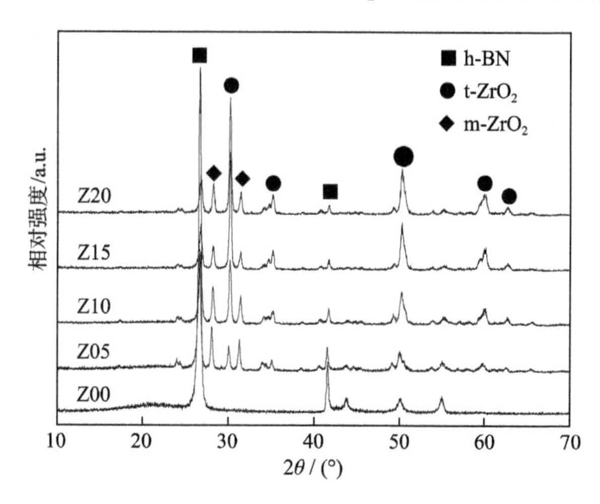

图 4-82 不同 ZrO_2 含量的 ZrO_2(3Y)/BN-SiO_2 系复相陶瓷的 XRD 图谱[24]

通过前述公式 (4-13)、(4-14) 计算 ZrO_2 中 m 相的相对含量 (表 4-6)，随着 ZrO_2 含量的增加，ZrO_2 中 m-ZrO_2 的相对含量逐渐减少，t-ZrO_2 相对含量逐渐增加。这主要是由于烧结保温阶段是处于高温区的，此时ZrO_2 均为 t 相，烧结冷却阶段随着样品温度的降低开始发生 t→m 的相变，而这种转变会引起大约 4% 的体积膨胀，也就是说当 ZrO_2 的体积受到限制时会阻碍 t→m 的转变。在所制得的复相陶瓷中，随着 ZrO_2 含量的增加，可能发生转变的晶粒也大幅度增多，需要产生更大的体积膨胀才能完成其相变，而对于相同条件下制备的试样，由于有其他如 h-BN、SiO_2 颗粒的限制，体积膨胀量相差不大，因此会阻碍更多的 ZrO_2 晶粒发生转变，产生了随着 ZrO_2 含量的逐渐增加其相对转变量逐渐减少的现象。

表 4-6 ZrO_2(3Y)/BN-SiO_2 系复相陶瓷的 ZrO_2 中 m-ZrO_2 的相对含量[24]

材料	原始粉末	Z05	Z10	Z15	Z20
m 相含量/%	34.86	63.90	49.22	26.92	22.38

不同 ZrO_2 含量的 ZrO_2(3Y)/BN-SiO_2 系复相陶瓷的致密度见图 4-83，随着 ZrO_2 含量的增加，复相陶瓷的致密度呈现不断上升的趋势，当 ZrO_2 体积含量为 20 vol% 时，ZrO_2(3Y)/BN-SiO_2 系复相陶瓷的致密度最大。这是因为 h-BN 烧

结后是片状的，结合不够紧密，ZrO_2 含量的不断增加，会使得越来越多的 ZrO_2 颗粒填充在层片状 h-BN 的间隙中。此外，ZrO_2 烧结温度也是低于 h-BN 的，随着 ZrO_2 含量的增加，h-BN 含量则相对减少，也有利于致密度的提高。

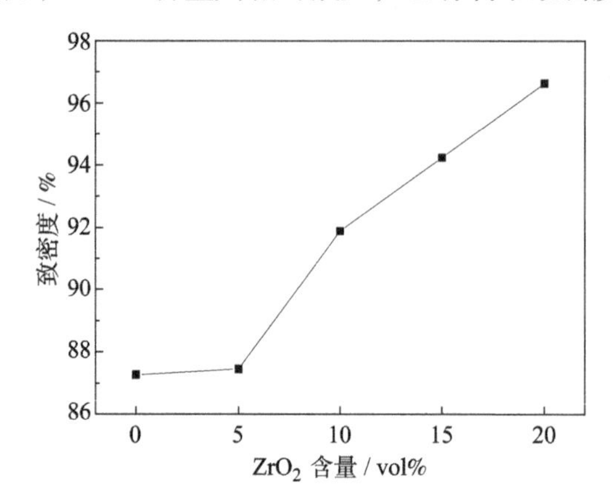

图 4-83　不同 ZrO_2 含量的 ZrO_2(3Y)/BN-SiO_2 系复相陶瓷的致密度[24]

不同 ZrO_2 含量的 ZrO_2(3Y)/BN-SiO_2 系复相陶瓷的表面背散射图见图 4-84，较亮部分为 ZrO_2，可见其在复相陶瓷中分布的比较均匀，并没有明显的团聚现象。

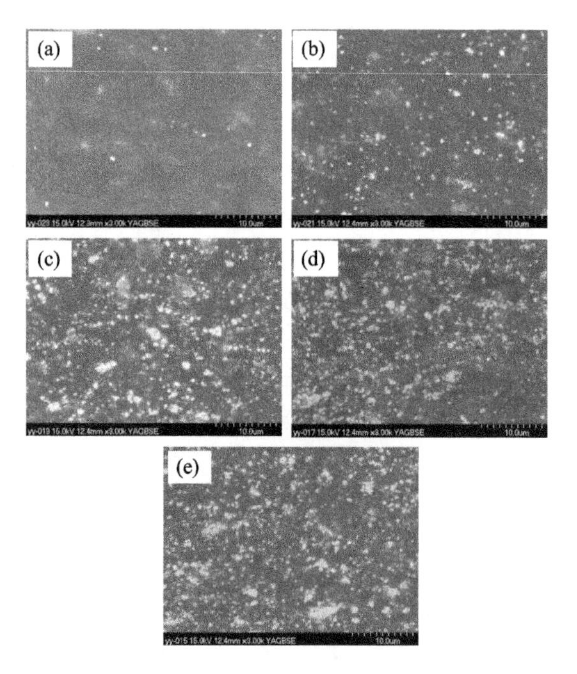

图 4-84　不同 ZrO_2 含量的 ZrO_2(3Y)/BN-SiO_2 系复相陶瓷的表面背散射图[24]

(a) 0 vol%; (b) 5 vol%; (c) 10 vol%; (d) 15 vol%; (e) 20 vol%

从 ZrO_2(3Y)/BN-SiO_2 系复相陶瓷的力学性能随 ZrO_2 含量变化的关系曲线(图 4-85 ~ 图 4-87) 可见，其弹性模量和抗弯强度都是随 ZrO_2 含量的增加而单调上升的，这主要是由于 ZrO_2 是一种具有较高弹性模量和强度的陶瓷材料，将其引入后可以起到对 BN-SiO_2 材料强韧化的作用，此外加入 ZrO_2 后复相陶瓷的致密度也有了提高，也是材料力学性能上升的原因之一。但 ZrO_2(3Y)/BN-SiO_2 系复相陶瓷的断裂韧性变化规律稍有不同。当ZrO_2 含量较少时，随其含量的增加，复相陶瓷的断裂韧性逐渐增大，这是因为 ZrO_2 的断裂韧性高，添加到材料中，能提高材料的断裂韧性，同时材料致密度的上升也导致其断裂韧性提高。当 ZrO_2 含量大于 15 vol% 时，材料的断裂韧性出现下降，这是由于添加 ZrO_2 虽然能提高材料的断裂韧性，但在烧结的过程中 ZrO_2 会发生相变，产生了大量的微裂纹，导致材料的断裂韧性逐渐下降。另外，ZrO_2 和 h-BN 的弹性模量及热膨胀系数差

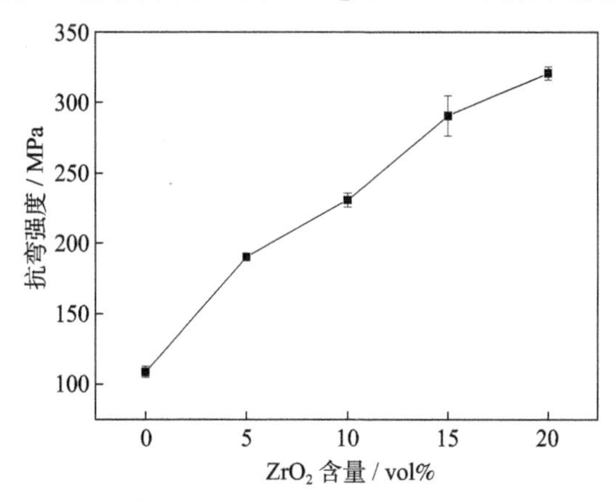

图 4-85 不同 ZrO_2 含量的 ZrO_2(3Y)/BN-SiO_2 系复相陶瓷的抗弯强度[24]

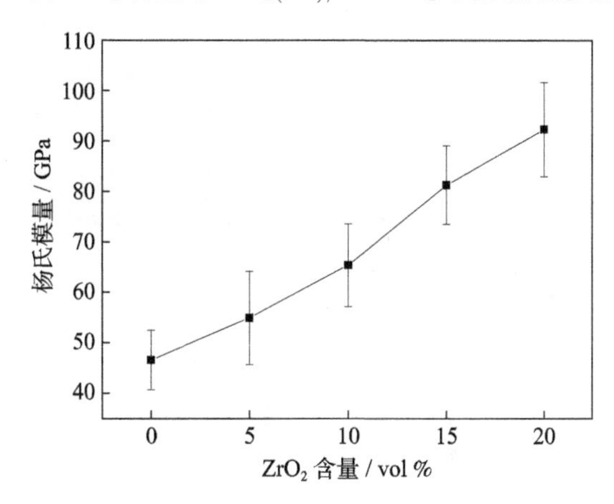

图 4-86 不同 ZrO_2 含量的 ZrO_2(3Y)/BN-SiO_2 系复相陶瓷的弹性模量[24]

异较大，在烧结冷却阶段，热膨胀不匹配会在两相晶界上造成较大的张应力，在应力集中区域易产生裂纹，也会导致断裂韧性下降。

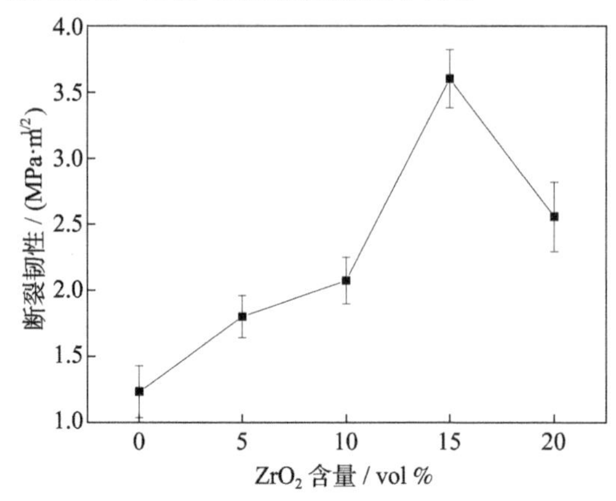

图 4-87　不同 ZrO_2 含量的 ZrO_2(3Y)/BN-SiO_2 系复相陶瓷的断裂韧性[24]

不同 ZrO_2 含量的 ZrO_2(3Y)/BN-SiO_2 系复相陶瓷断口形貌显示 (图 4-88)，复相陶瓷中存在着一定数量的气孔，随着 ZrO_2 含量的增加，材料中气孔的数量减少，其趋势与致密度的变化规律一致。材料的断裂方式为沿晶断裂，大量层片状 h-BN 的周围填充着非晶 SiO_2，同时还能观察到少量 ZrO_2 颗粒。断口所呈现

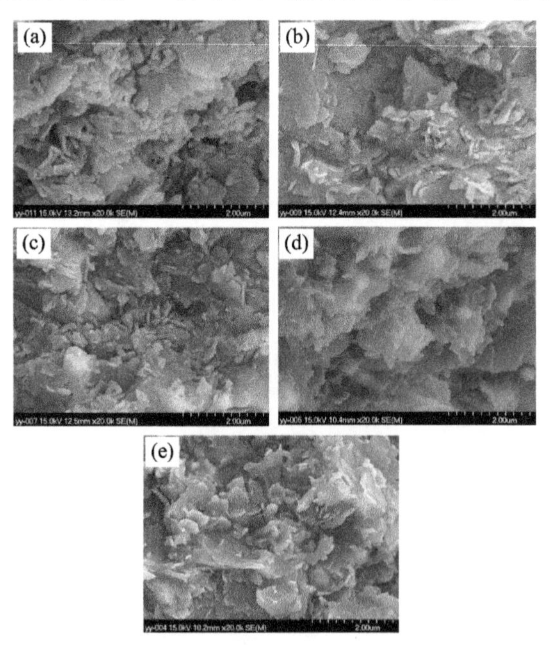

图 4-88　不同 ZrO_2 含量的 ZrO_2(3Y)/BN-SiO_2 系复相陶瓷的断口形貌[24]

(a) 0 vol%; (b) 5 vol%; (c) 10 vol%; (d) 15 vol%; (e) 20 vol%

的粗糙结构是由裂纹遇到层片状 h-BN 颗粒频繁转向所引起的，层片状 h-BN 颗粒的拔出以及裂纹沿晶界转向可有效消耗断裂过程的能量，可起到强韧化的作用。

从 $ZrO_2(3Y)/BN\text{-}SiO_2$ 系复相陶瓷热扩散系数与 ZrO_2 含量的关系可知(图 4-89)，对于同一材料，随着温度的升高，材料的热扩散系数单调递减。随着 ZrO_2 含量的增加，$ZrO_2(3Y)/BN\text{-}SiO_2$ 系复相陶瓷的热扩散系数逐渐减小，这是因为在 $ZrO_2(3Y)/BN\text{-}SiO_2$ 系复相陶瓷中，ZrO_2 的热扩散系数较小，而 h-BN 的热扩散系数较高。根据复合效应，随着 ZrO_2 含量的增加，复相陶瓷的热扩散系数逐渐降低。

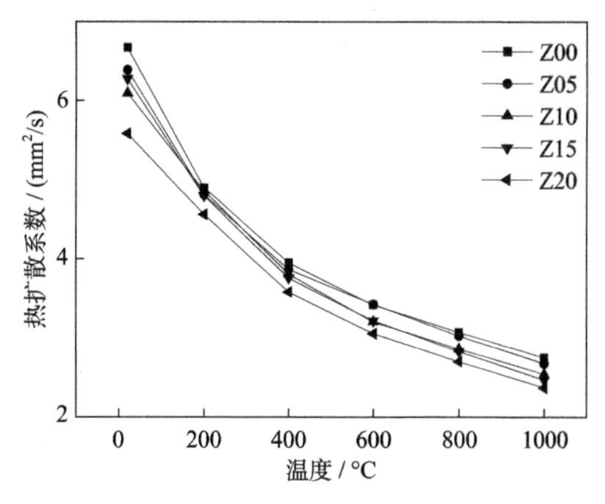

图 4-89 不同 ZrO_2 含量的 $ZrO_2(3Y)/BN\text{-}SiO_2$ 系复相陶瓷的热扩散系数[24]

计算得到不同 ZrO_2 含量的 $ZrO_2(3Y)/BN\ SiO_2$ 系复相陶瓷的热导率(图 4-90)，其均呈现随测试温度升高而下降的趋势，而随着 ZrO_2 含量的增加，复相陶瓷的热导率也是逐渐下降的，这与材料热扩散系数变化的规律一致。

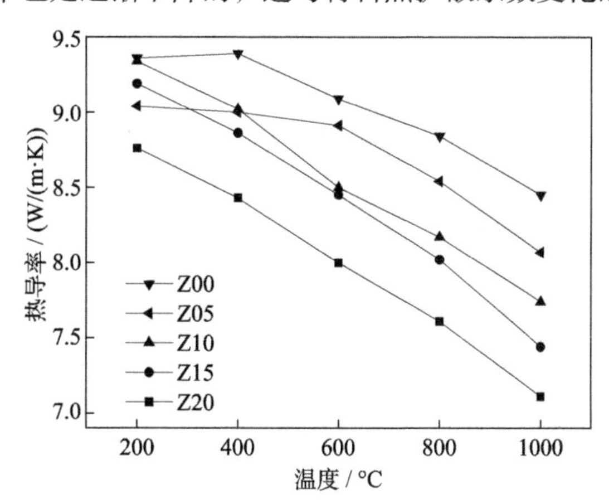

图 4-90 不同 ZrO_2 含量的 $ZrO_2(3Y)/BN\text{-}SiO_2$ 系复相陶瓷的热导率[24]

由不同 ZrO_2 含量的 ZrO_2(3Y)/BN-SiO_2 系复相陶瓷的热震后残余抗弯强度与热震温差之间的关系 (图 4-91) 可见，随 ZrO_2 含量的增加，复相陶瓷的热震残余抗弯强度逐渐升高。这是因为随着 ZrO_2 含量的增加，材料本身的强度是逐渐升高的。而对于同一材料，随着热震温差的升高，其残余抗弯强度呈单调递减的趋势。

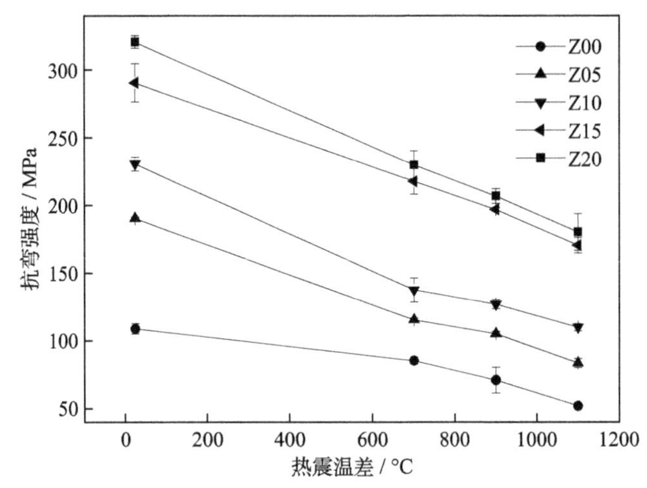

图 4-91　不同 ZrO_2 含量的 ZrO_2(3Y)/BN-SiO_2 系复相陶瓷热震后的残余抗弯强度[24]

计算得到了 ZrO_2(3Y)/ BN-SiO_2 系复相陶瓷热震后的残余抗弯强度率 (表 4-7)，从总体看该系列材料的抗热震性比较好，当热震温差为 1100℃ 时，复相陶瓷热震后的强度可保持在室温抗弯强度的 43% 以上。

表 4-7　ZrO_2(3Y)/BN-SiO_2 系复相陶瓷的热震残余抗弯强度率[24]

ZrO_2 含量	残余抗弯强度率/%		
	$\Delta T=700$℃	$\Delta T=900$℃	$\Delta T=1100$℃
Z00	78.2	65.1	47.7
Z05	60.6	55.3	43.8
Z10	59.6	55.1	47.6
Z15	74.9	67.7	58.7
Z20	71.6	64.5	56.2

从不同 ZrO_2 含量的 ZrO_2(3Y)/BN-SiO_2 系复相陶瓷被离子溅射侵蚀后的侵蚀速率可见 (图 4-92)，随着 ZrO_2 含量的增加，侵蚀速率呈现先增加后减小的规律。通过与图 4-78 对比可知，ZrO_2 含量变化对复相陶瓷抗离子侵蚀性能的影响远小于烧结温度的影响。

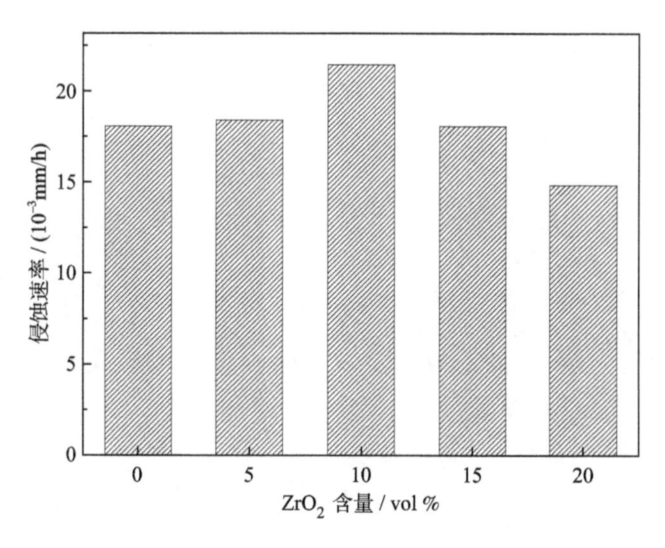

图 4-92 不同 ZrO_2 含量的 ZrO_2(3Y)/BN-SiO_2 系复相陶瓷的离子溅射侵蚀速率[24]

从不同 ZrO_2 含量的 ZrO_2(3Y)/BN-SiO_2 系复相陶瓷经离子溅射侵蚀后的表面形貌 (图 4-93) 可见，侵蚀后材料表面坑洞的大小、深浅、多少的变化趋势不是很明显，这是因为烧结后复相陶瓷的致密度相对较高，气孔等缺陷比较少，在

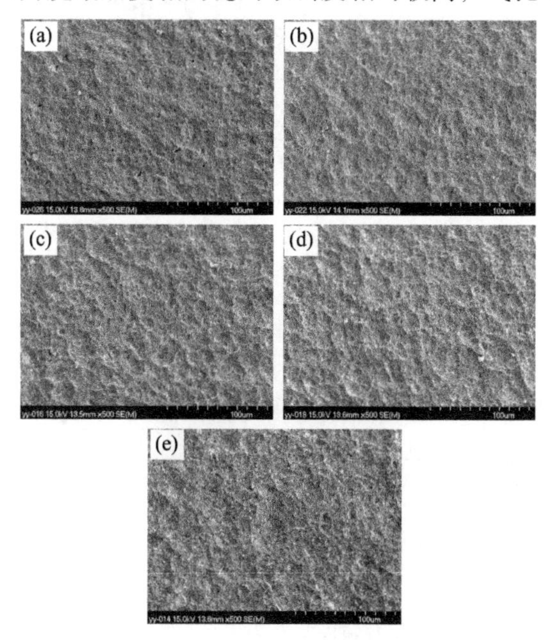

图 4-93 不同 ZrO_2 含量的 ZrO_2 (3Y)/BN-SiO_2 系复相陶瓷离子溅射侵蚀后的表面形貌 (低倍)[24]

(a) 0 vol%; (b) 5 vol%; (c) 10 vol%; (d) 15 vol%; (e) 20 vol%

侵蚀的过程中，沿缺陷周围侵蚀的情况比较少，从而不能形成较深、较大的坑洞。通过高倍的溅射后表面形貌照片 (图 4-94) 可以明显看到层片状的 h-BN 晶粒。

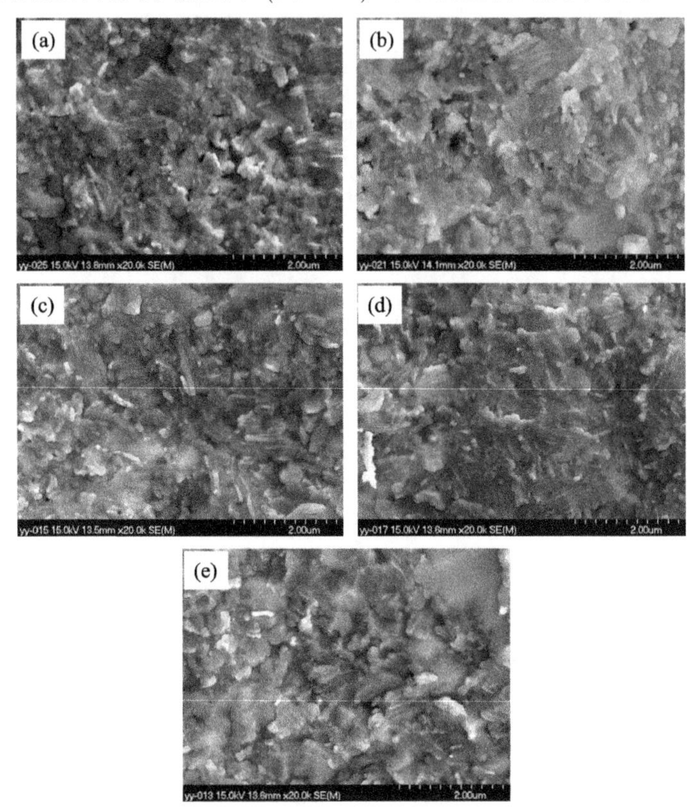

图 4-94　不同 ZrO_2 含量的 ZrO_2 (3Y)/BN-SiO_2 系复相陶瓷离子溅射侵蚀后的表面形貌 (高倍)[24]

(a) 0 vol%; (b) 5 vol%; (c) 10 vol%; (d) 15 vol%; (e) 20 vol%

在某些情况下，当复合粉体中同时含有 ZrO_2 和 SiO_2 时，其在烧结过程中可能会反应生成 $ZrSiO_4$，这将导致复相陶瓷性能的显著降低。宁伟[28] 为了避免 ZrO_2 与 SiO_2 发生反应，以 H_3BO_3、$CO(NH_2)_2$ 和纳米 ZrO_2 粉末为原料，通过固相反应合成了 BN 纳米层包覆 ZrO_2 的复合纳米粉末，工艺路线如图 4-95 所示。首先按一定比例取 H_3BO_3、$CO(NH_2)_2$ 及 ZrO_2 纳米粉末三种原料置于烧杯中，加入无水乙醇后用磁力搅拌器高速搅拌 30 min。将混合溶液烘干，使 H_3BO_3 和 $CO(NH_2)_2$ 颗粒包覆在 ZrO_2 颗粒上；再将所得混合粉末放入坩埚中，置于刚玉管内，密封后重复抽真空和通入 N_2 的操作，排出残余空气；然后按 10 ~ 20℃/min 的升温速率加热。在加热过程中，$CO(NH_2)_2$ 分解生成 NH_3，H_3BO_3 分解生成 B_2O_3，随着温度的升高，B_2O_3 成为一个包覆层，包覆在 ZrO_2 颗粒上，并逐渐反应生成非晶 h-BN；到达预定温度时，保温一段时间，然后随炉冷却，冷却过程中通入 N_2 以防止产物氧化；当温度降到 450 ~ 500℃ 时，停止通入 N_2，改为通入空气，通过煅烧除去残余反应物。

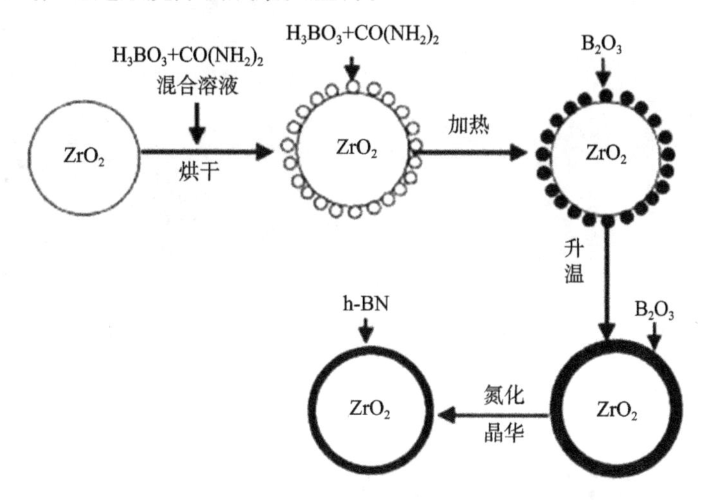

图 4-95 H_3BO_3、$CO(NH_2)_2$ 合成 h-BN 包覆 ZrO_2 复合粉末工艺路线及机理示意图[28]

通过系统研究不同反应物比例所得产物发现，h-BN 与 ZrO_2 体积比为 1 : 1 时反应产物中 h-BN 的含量较少，这会导致 h-BN 包覆层过薄，包覆颗粒作增强相时包覆层容易损失，无法阻止 ZrO_2 同 SiO_2 的反应。而 h-BN 与 ZrO_2 体积比为 5 : 1 时，反应产物中 h-BN 的含量过多，包覆层太厚，ZrO_2 颗粒作增强相的优势无法得到发挥。h-BN 与 ZrO_2 体积比为 3 : 1 时，h-BN 与 ZrO_2 的含量相近，能够得到较为理想的包覆效果。

通过对制得粉体进行氮化和晶化处理后，再进行显微形貌观察 (图 4-96)，颗粒中心较暗区域为原始 ZrO_2 纳米粉末，周围较亮的为非晶 h-BN 包覆层。可以看出 ZrO_2 颗粒完全被 h-BN 包覆着，包覆层厚度为 10 ~ 50 nm，整个包覆颗粒的尺寸在 300 nm 左右。从包覆颗粒的衍射斑点可以看出，斑点中心及附近有透射非晶斑，这是非晶 h-BN 包覆层引起的，其中多晶衍射斑对应 m-ZrO_2 的 $[20\bar{1}]$ 晶带。

将制备的 h-BN 包覆 ZrO_2 纳米复合粉体，添加到原始的 h-BN 粉末及 SiO_2 粉末中，采用 1800℃ 热压烧结制备得到复相陶瓷，其显微结构如图 4-97 所示。基体材料为 h-BN，熔石英填充在层片 h-BN 间隙中，而 ZrO_2 包覆颗粒处于熔石英中间。从材料局部的放大图可以看到完整的包覆颗粒，颗粒尺寸为 300 nm 左右，颗粒周围存在很薄的 h-BN 包覆层。ZrO_2 颗粒没有同 SiO_2 反应生成 $ZrSiO_4$，这表明 h-BN 包覆层起到了阻止 ZrO_2 同 SiO_2 反应的作用。

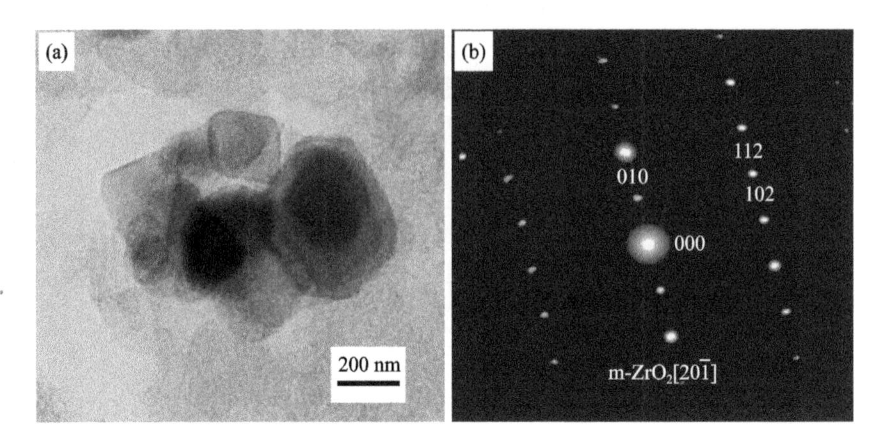

图 4-96 h-BN 包覆 ZrO_2 复合粉体的 TEM 照片 (a) 及衍射斑点 (b)[28]

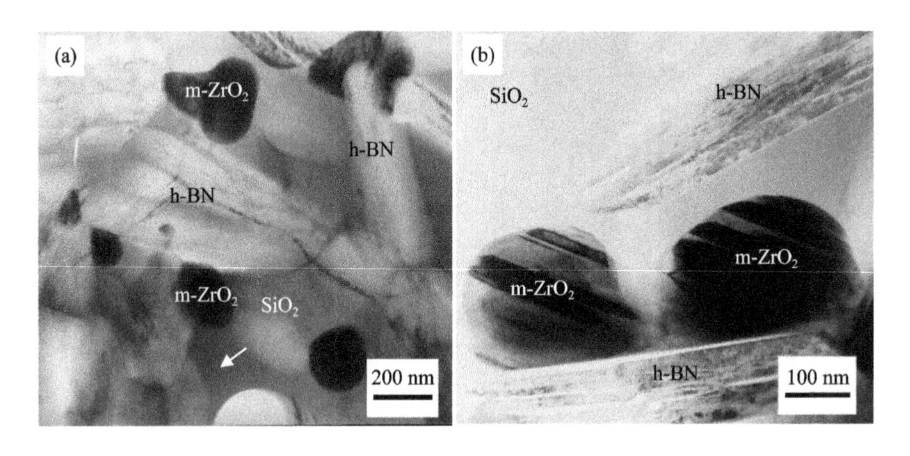

图 4-97 热压烧结 ZrO_2/BN-SiO_2 复相陶瓷 TEM 组织照片[28]

通过加入不同含量的 h-BN 包覆 ZrO_2 颗粒，热压烧结制备了 ZrO_2/BN-SiO_2 系复相陶瓷，XRD 衍射结果显示 (图 4-98)，烧结后的材料中只含有 h-BN 和 ZrO_2，没有 $ZrSiO_4$ 相的生成。热压过程中，升温时 m-ZrO_2 发生相变，转变为 t-ZrO_2，而降温时则发生 t-m 相变，t-ZrO_2 转变为 m-ZrO_2。可以看出，复相陶瓷 Z02、Z06 和 Z08 中，有部分 t-ZrO_2 保留到室温，Z04 中 t-ZrO_2 全部保留到室温，这是由于在降温时基体抑制了 t-m 相变的发生，t-m 相变未能完全进行。而降温时复相陶瓷 Z10 中 t-ZrO_2 全部转变为 m-ZrO_2，这是由于材料中 ZrO_2 含量较多，基体的约束不足以抑制 t-m 相变的发生，导致 t-ZrO_2 又全部转变为 m-ZrO_2。

ZrO_2/BN-SiO_2 系复相陶瓷的致密度 (图 4-99)，随着 h-BN 包覆 ZrO_2 颗粒含量的增加而逐渐下降，这是由于 SiO_2 在烧结过程中可变成熔融状态，出现黏

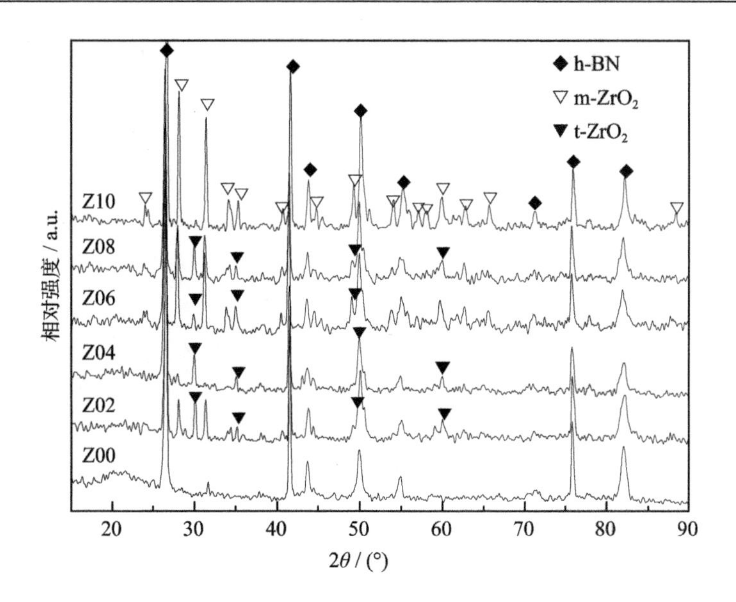

图 4-98 不同 h-BN 包覆 ZrO_2 颗粒含量的 ZrO_2/BN-SiO_2 系复相陶瓷的 XRD 图谱[28]

滞流动，有利于烧结过程的致密化，SiO_2 的含量越高越容易致密。但是 h-BN 本身烧结相对困难，因此 h-BN 包覆 ZrO_2 复合颗粒的加入，将使烧结致密化过程变得困难。随着包覆颗粒逐渐增多，材料体系中 SiO_2 的含量也相应减少，导致材料的致密度逐渐下降。

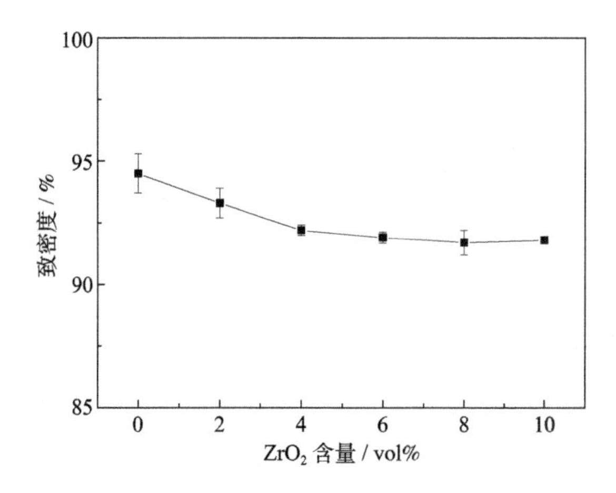

图 4-99 不同 h-BN 包覆 ZrO_2 颗粒含量的 ZrO_2/BN-SiO_2 系复相陶瓷的致密度[28]

从 ZrO_2/BN-SiO_2 系复相陶瓷的硬度随 ZrO_2 含量变化的曲线 (图 4-100) 可见，ZrO_2 包覆颗粒含量的增加会使材料的硬度逐渐增大，这是因为相比于 h-BN

和 SiO_2，ZrO_2 属于高硬度相，根据复合法则，其含量增加会使复相陶瓷的硬度也增大。

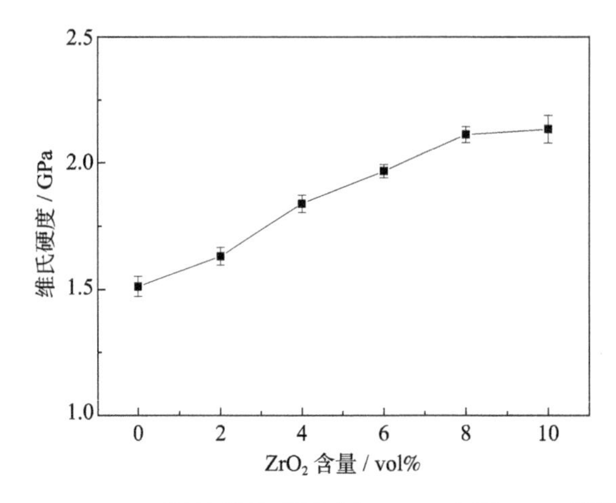

图 4-100　ZrO_2/BN-SiO_2 系复相陶瓷的硬度与 h-BN 包覆 ZrO_2 颗粒含量的关系[28]

ZrO_2/BN-SiO_2 复相陶瓷的抗弯强度与 ZrO_2 包覆颗粒含量的关系 (图 4-101) 表明，加入 h-BN 包覆 ZrO_2 颗粒后，在 ZrO_2 含量较低的时候，材料的抗弯强度随着 ZrO_2 含量的增加而增大。这是因为 ZrO_2 包覆颗粒能起到弥散强化的作用，提高了材料的抗弯强度。但由于纳米包覆 ZrO_2 颗粒的含量不高，抗弯强度增加不明显。当 ZrO_2 含量较高时，材料的抗弯强度随 ZrO_2 含量的增加而减小。随着 ZrO_2 含量的增加，纳米颗粒的弥散强化作用虽然可使抗弯强度提高，但材料的致密度下降明显，从而导致材料的强度下降。另外，m-ZrO_2 在降温过程中，发生体积膨胀，从而产生大量的微裂纹，也是强度下降的一个原因。

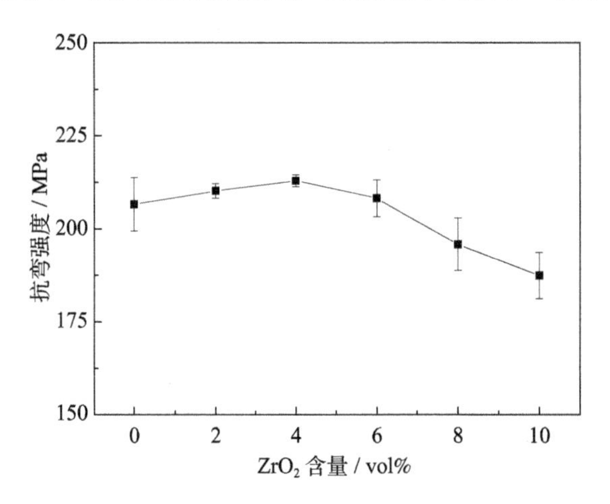

图 4-101　ZrO_2/BN-SiO_2 系复相陶瓷的抗弯强度与 h-BN 包覆 ZrO_2 颗粒含量的关系[28]

从 $ZrO_2/BN\text{-}SiO_2$ 系复相陶瓷弹性模量与 ZrO_2 含量的关系曲线 (图 4-102) 可见，随着 ZrO_2 含量的增加，材料的弹性模量逐渐增大。当 ZrO_2 含量为 10 vol% 时，弹性模量比不添加 ZrO_2 时增加了 23%。这是因为 ZrO_2 具有较高的弹性模量，添加到 $BN\text{-}SiO_2$ 中后，使整体材料的弹性模量提高。

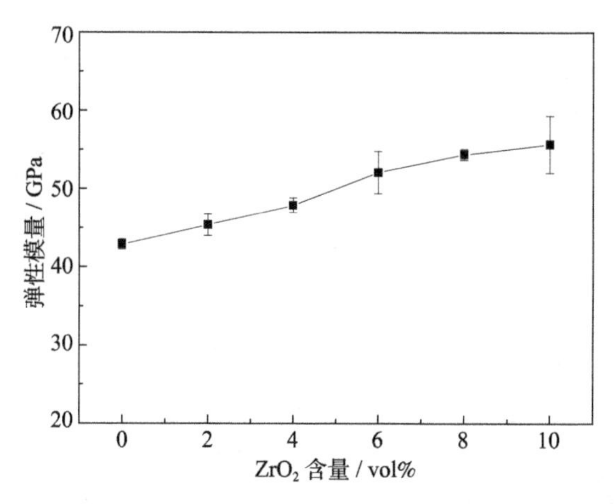

图 4-102 $ZrO_2/BN\text{-}SiO_2$ 系复相陶瓷的弹性模量与 h-BN 包覆 ZrO_2 颗粒含量的关系[28]

从 $ZrO_2/BN\text{-}SiO_2$ 系复相陶瓷断裂韧性与 ZrO_2 含量的关系曲线 (图 4-103) 可见，ZrO_2 含量较少时，材料的断裂韧性逐渐增大，这是因为 ZrO_2 的力学性能好，添加后能提高材料的断裂韧性。当 ZrO_2 含量大于 6 vol% 时，材料的断裂韧性逐渐下降，甚至低于不添加 ZrO_2 的材料，这是由于 ZrO_2 在烧结及冷却过程中发生相变，产生了大量的微裂纹，导致其断裂韧性逐渐下降。另外，ZrO_2 和 h-BN 的弹性模量及热膨胀系数差异较大，在冷却阶段，热膨胀不匹配会在两相晶界上造成大的张应力，在应力集中区域易产生裂纹，导致材料的断裂韧性逐渐下降。

观察不同 ZrO_2 包覆颗粒含量的 $ZrO_2/BN\text{-}SiO_2$ 系复相陶瓷断口形貌 (图 4-104)，大量层片状 h-BN 的周围填充着非晶 SiO_2，同时还能看到少量白色的 ZrO_2 包覆颗粒。由于 ZrO_2 包覆颗粒位于 h-BN 相的晶界，从断口能看到白色 ZrO_2 包覆颗粒，表明材料的断裂方式为沿晶断裂。断口所呈现的粗糙结构是裂纹遇到片状 h-BN 颗粒频繁转向所引起的，片状 h-BN 颗粒的拔出消耗了断裂能量，改善了复相陶瓷的韧性。从图中可以看出，随着 ZrO_2 包覆颗粒含量的增加，断口形貌上表现出孔隙增大，这是致密度降低而导致抗弯强度和断裂韧性下降的主要原因。

针对 700℃、900℃ 和 1100℃ 下的热震温差，对 $ZrO_2/BN\text{-}SiO_2$ 系复相陶瓷的抗热震性进行测试，得到其经过不同的热震温差后残余抗弯强度变化曲线以及热震残余抗弯强度率 (图 4-105，表4-8)。不添加 ZrO_2 包覆颗粒的 BN/SiO_2 系

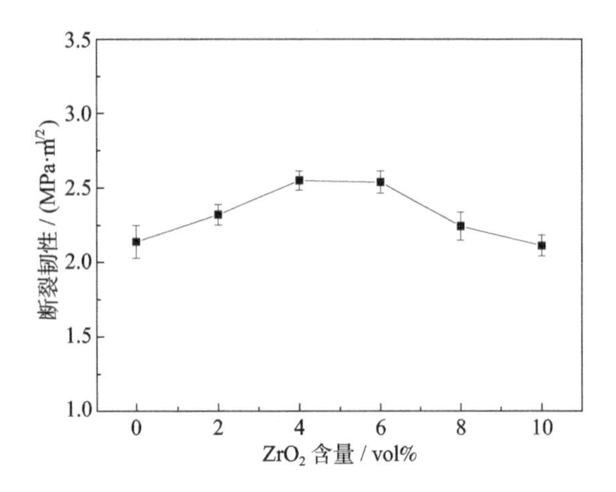

图 4-103 ZrO_2/BN-SiO_2 系复相陶瓷的断裂韧性与 h-BN 包覆 ZrO_2 颗粒含量的关系[28]

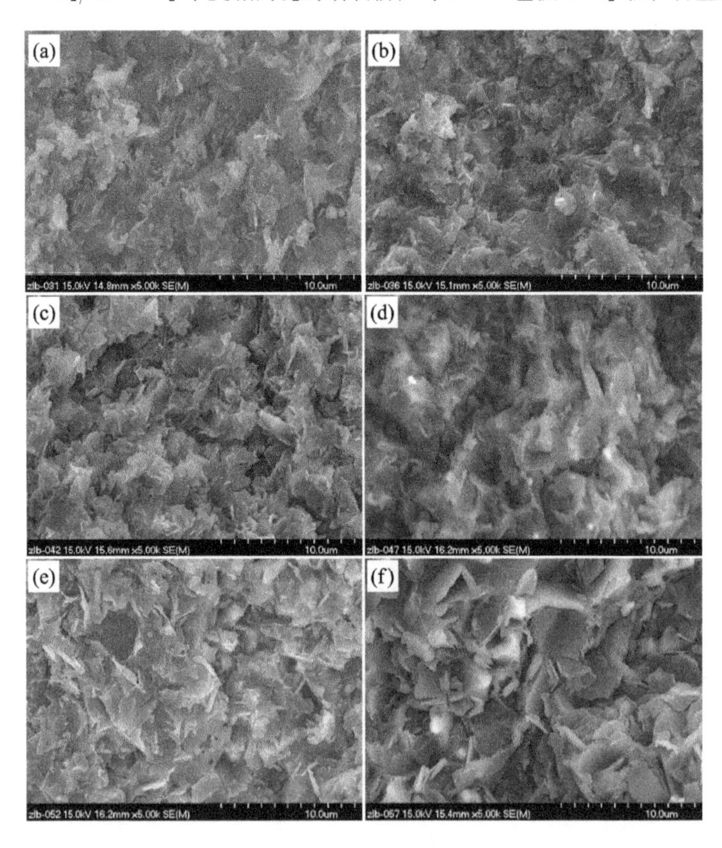

图 4-104 不同 h-BN 包覆 ZrO_2 颗粒含量的 ZrO_2/BN-SiO_2 系复相陶瓷的断口形貌[28]

(a) Z00; (b) Z02; (c) Z04; (d) Z06; (e) Z08; (f) Z10

复相陶瓷 Z00，具有良好的抗热震性能，经过 700℃、900℃ 和 1100℃ 热震后，残余抗弯强度率仍保持在 94.8%、94.1% 和 93.5%。而添加 ZrO_2 包覆颗粒的试样 Z02、Z04、Z06、Z08 和 Z10 在经过 700℃ 热震后，抗弯强度下降明显。在添加 ZrO_2 包覆颗粒时，在低温条件下热震性能变差，这是因为添加 ZrO_2 包覆颗粒后，材料的弹性模量大，而且 h-BN 和 ZrO_2 的弹性模量及热膨胀系数相差较大，在经受热冲击时在两相晶界上造成大的张应力，在应力集中区域易产生裂纹，导致材料的强度下降较多。但经过 900℃ 热震后，添加 ZrO_2 包覆颗粒的材料 Z02、Z04、Z06、Z08 和 Z10 强度大幅上升。其中 Z04、Z06 经过 900℃ 热震后的强度甚至超过试样的原始强度，而经过 1100℃ 热震后材料的残余抗弯强度均有所下降，但降幅不大，都表现出良好的抗热震性能。

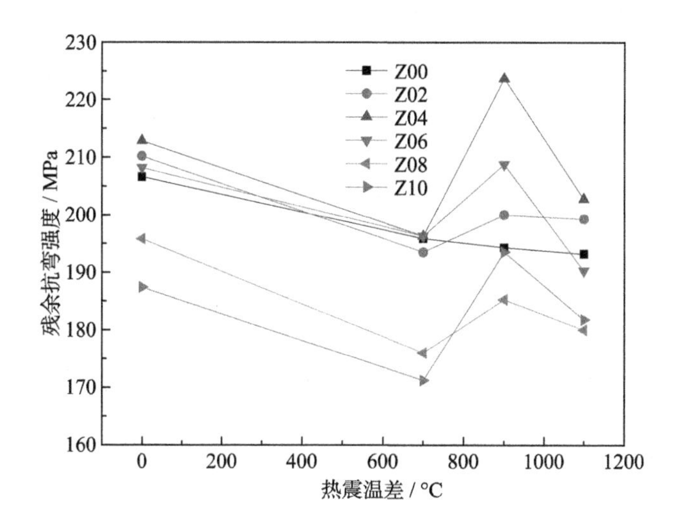

图 4-105 不同 h-BN 包覆 ZrO_2 颗粒含量的 ZrO_2/BN-SiO_2 系复相陶瓷的热震残余抗弯强度[28]

试样在高温保温阶段，表面会生成 B_2O_3 的氧化物薄膜，其在高温时能够在试样表面铺展开，在一定程度上可以弥合材料表面的微裂纹，所以材料经过热震后强度下降得很少。复相陶瓷中的 h-BN 颗粒由于同 ZrO_2 颗粒在热膨胀系数上的差异，所以材料中含有很多的微裂纹。热震中的升温过程是材料制备工艺冷却过程中残余应力发展变化的逆过程，可以抵消残余应力，并使微裂纹逐渐弥合并得到应力松弛，有利于避免材料热震裂纹的快速扩展及灾难性破坏，提高材料的抗热震性。同时，该系列材料的致密度较低，也是材料抗热震性提高的因素之一。热震裂纹形核往往受到气孔的抑制，气孔的存在起着钝化裂纹、减小应力集中的作用。试样在 700℃ 热震时，由于温度较低，而且保温时间短，所以表面形成的氧

表 4-8　不同 h-BN 包覆 ZrO_2 颗粒含量的 ZrO_2/BN-SiO_2 系复相陶瓷的热震残余抗弯强度率[28]

样品号	残余抗弯强度率/%		
	$\Delta T = 700$℃	$\Delta T = 900$℃	$\Delta T = 1100$℃
Z00	94.8	94.1	93.5
Z02	92.1	95.1	92.1
Z04	92.2	105.1	95.3
Z06	94.3	100.3	91.4
Z08	89.9	94.6	91.9
Z10	91.4	103.3	97.0

化物很少，因此对材料表面缺陷的弥合并不明显。但是当温度继续升高到 900℃以上时，试样表面就可以形成连续的氧化物薄膜。热震温度升高到 1100℃ 后，尽管试样表面有氧化物薄膜形成，但是热震造成的损伤对材料强度的降低起了主要作用，因此残余抗弯强度下降。

4.2.2　BN-MAS 系复相陶瓷

$Mg_2Al_4Si_5O_{18}$(MAS) 微晶玻璃具有介电性能优良、致密度高、高强度和熔点较低等特点，因此能够在保证复相陶瓷介电性能不受严重影响的前提下，有效地提高 h-BN 的抗雨蚀及抗粒子侵蚀性能，并通过熔融及蒸发带走热量，降低烧蚀表面温度。在烧结过程中，还可通过液相烧结促进 h-BN 系列陶瓷材料的致密化，提高力学性能。与熔石英相比，MAS 微晶玻璃的网络结构要更为复杂，适量的非晶相将会对复相陶瓷烧结性能、力学性能及抗热震性能有很大的帮助。蔡德龙等系统研究了 MAS 在烧结过程中与 h-BN 的相互作用关系、MAS 在烧结过程中的物相演化规律以及其对力、热、电等性能的影响规律。

1. 烧结温度对 BN-MAS 复相陶瓷性能的影响

选取 h-BN、MAS 的质量比为 1 : 1 的粉体组合，在不同温度 (1300 ~ 1800℃)、10 MPa 压力下烧结制备了 BN-MA 系列复相陶瓷，通过 XRD 测试其物相组成 (图 4-106，表 4-9)。当烧结温度为 1300℃ 时，复相陶瓷的物相组成为 h-BN 和 α-堇青石相，表明该温度条件下 h-BN 对 MAS 的晶化抑制作用较弱，加入的非晶态 MAS 粉转化成了晶态的 α-堇青石。当烧结温度提高至 1400℃ 时，h-BN 衍射峰仍明显可见，但 α-堇青石相衍射峰完全消失，出现了明显的非晶“馒头峰”及莫来石相的特征峰，表明在此烧结温度下，h-BN 可以对 α-堇青石相的析出产生明显抑制作用，复相陶瓷主要由 h-BN、莫来石和非晶 MAS 相组成。当烧结温度进一步提高至 1500℃ 时，莫来石相消失，此时 MAS 完全以非晶态的形式存在，更高的 1600℃、1700℃ 烧结的样品也显示相同的结果。随着复相陶瓷的烧结温度的进一步提高，到 1800℃ 时，复相陶瓷中又有 α-堇青石和镁铝尖晶石相析出。另外，从 XRD 衍射图谱中还可以看出，随着烧结温度的提高，h-BN 主衍射峰的相对强度显著增加，半高宽明显减小、衍射峰变得更加尖锐，表明随着烧结温度的提高，h-BN 的结晶度显著增大。这主要是由于 MAS 在高温下产生大量液相，起到促进 h-BN 物质传输的作用。综上可见，烧结温度对 BN-MAS 复相陶瓷中的物相转变具有十分显著的影响。

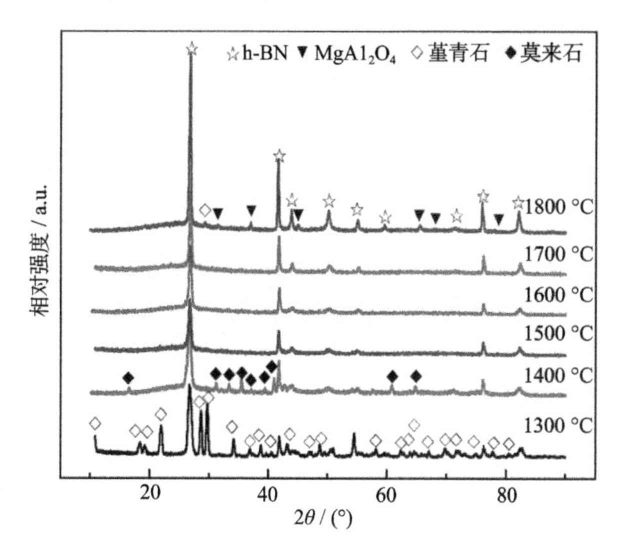

图 4-106 不同温度热压烧结 BN-MAS 系复相陶瓷 (h-BN、MAS 质量比 1 : 1) 的 XRD 衍射图谱

表 4-9 不同温度热压烧结 BN-MAS 系复相陶瓷 (BN、MAS 质量比 1 : 1) 的物相组成

烧结温度/℃	h-BN	堇青石	莫来石	$MgAl_2O_4$	非晶 MAS
1300	√	√	×	×	×
1400	√	×	√	×	√
1500	√	×	×	×	√
1600	√	×	×	×	√
1700	√	×	×	×	√
1800	√	√	×	√	√

采用 XPS 对 1300℃ 烧结制备复相陶瓷试样中各元素的化学成键状态进行研究 (图 4-107、图 4-108)，其中含有 B、N、O、Mg、Al 和 Si 六种元素。在 N

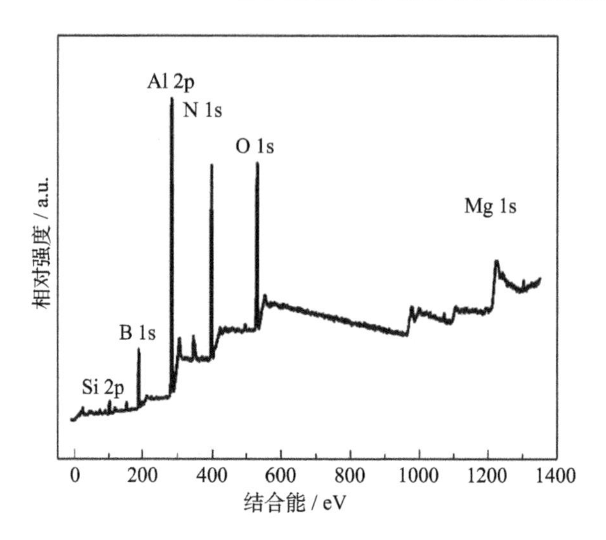

图 4-107　1300℃烧结 BN-MAS 复相陶瓷 (h-BN、MAS 质量比 1 : 1) 表面的 XPS 全谱图

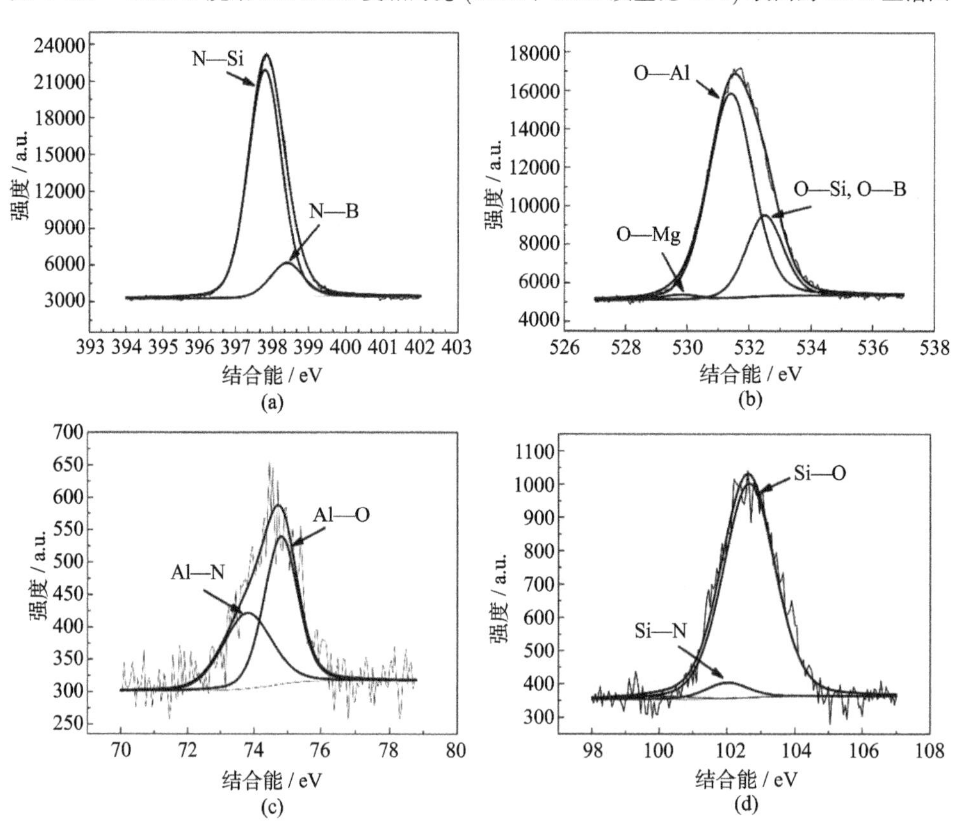

图 4-108　1300℃烧结 BN-MAS 复相陶瓷 (h-BN、MAS 质量比 1 : 1) 表面的精细谱图

(a) N 1s; (b) O 1s; (c) Al 2p; (d) Si 2 p

1s 谱峰中，存在着 N—Si 键 (397.6 eV) 和 N—B 键 (398.4 eV)，根据各峰的积分面积计算，N—Si 键含量占 87%，而 N—B 键含量仅占 13%，其中的 N—B 键是由 h-BN 所提供的，而 N—Si 键的存在表明复相陶瓷中产生了新的结合，这是烧结过程中 h-BN 与 MAS 产生了反应所形成的。在 O 1s 的谱峰中，分别存在着 O—Al、O—Mg、O—Si 和 O—B 这四种键，其所占比例分别为 74%、1.8% 和 24.2%(O—Si 和 O—B 总和)，其中 O—B 为新形成的键合，应为复相陶瓷在烧结过程中 h-BN 与残余的 O_2 或与 MAS 中的 O 反应所形成的。对 Al 2p 的谱峰分析可知，其中存在着原有的 Al—O 键和新形成的 Al—N 键，表明 MAS 中的 Al^{3+} 也与 h-BN 中的 N 原子形成了键合，并且占总含量的 42%。Si 2p 峰中，除了 Si—O 键外，还存在明显的 Si—N 键，但其相对含量仅为 5.8%，表面复相陶瓷烧结过程中 h-BN 会与 MAS 反应形成新的 Si—N 键合。

从 1700℃ 烧结 BN-MAS 复相陶瓷的 XPS 谱图 (图 4-109、图 4-110)，同原始粉料和 1300℃ 烧结复相陶瓷一样，表面含有 B、N、O、Mg、Al 和 Si 六种元素。各元素所含的价键与经 1300℃ 烧结复相陶瓷的也较为近似，但是其相对含量有所不同。在 N 1s 谱峰中，N—Si 键的含量为 87%，N—B 键为 13%，与经 1300℃ 烧结复相陶瓷的相对含量接近，未见明显变化。而 O—Mg 键为 1.8%，O—Al 键为 49.4%，O—Si 和 O—B 的总含量升高至 48.8%。Si—N 键为 15.8%，Si—O 键为 84.2%。Al—O 键含量升至 92%，Al—N 键含量降为 8%。以上结果表明，随着烧结温度的提高，作为玻璃网络形成体的 O—Si 和 O—B 键含量提高，继而对 MAS 的晶化行为产生影响，生成了大量的非晶 MAS。

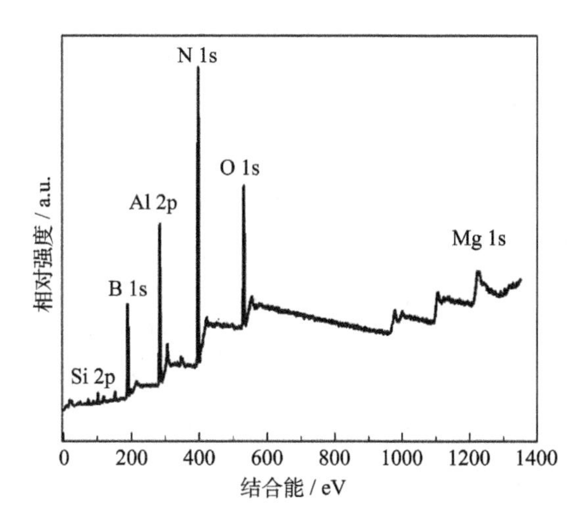

图 4-109 1700℃ 烧结 BN-MAS 复相陶瓷 (h-BN、MAS 质量比 1 : 1) 组分试样表面 XPS 全谱图

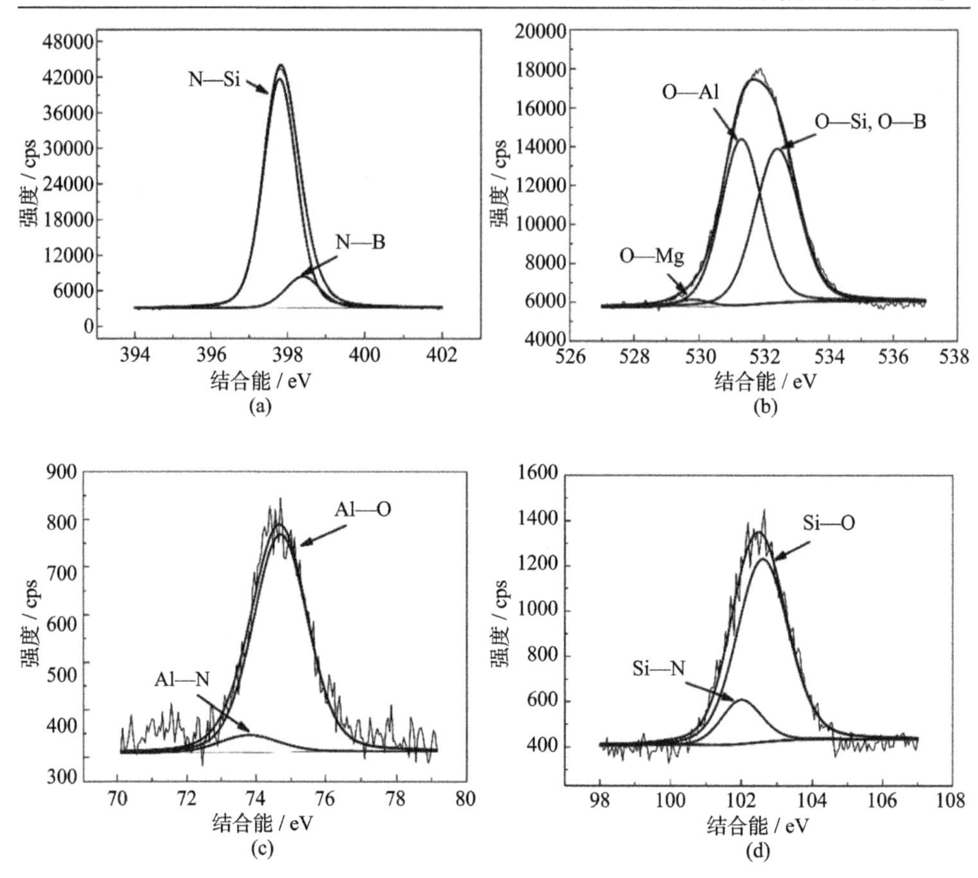

图 4-110　1700℃烧结 BN-MAS 复相陶瓷 (h-BN、MAS 质量比 1:1) 组分试样表面 XPS 谱图

(a) N 1s; (b) O 1s; (c) Al 2p; (d) Si 2 p

对经不同烧结温度制备的 BN-MAS 复相陶瓷的微观组织结构进行分析，从 1300℃ 制备试样的 TEM 明场像 (图 4-111) 可见，除了典型的 h-BN 板片状晶粒外，在 MAS 连续相的部分区域中还析出了大量纳米级的圆形颗粒晶体，其物相组成为 α-堇青石，这与前文的 XRD 衍射结果一致，表明 1300℃ 烧结试样中存在大量的 α-堇青石相。此外，还观察到 MAS 中存在着少量的非晶相，这是制备 MAS 的原始粉体中存在大量熔石英引起的。

对试样中的 h-BN 与 MAS 的界面处进行 TEM 元素面扫描分析 (图 4-112)，可观察到 h-BN 与 MAS 界面结合较为紧密，无明显的裂纹或缝隙。在连续相 MAS 中存在着大量球状低衬度颗粒，对其进行 EDS 分析可知其为 MAS 中析出的 α-堇青石相。从 MAS 基体中的 Mg、Al 和 Si 元素的相对含量对比可知，基体中 Si 的相对含量要比堇青石中的低，而 Si—O 键是一种重要的玻璃网络形成体，可促进 MAS 形成非晶态。对图中方框区域内的元素分析可以看出，h-BN 相与 MAS 之间的分界较为明显。MAS 中存在着富集 Mg 和 Al 元素的圆状晶粒，

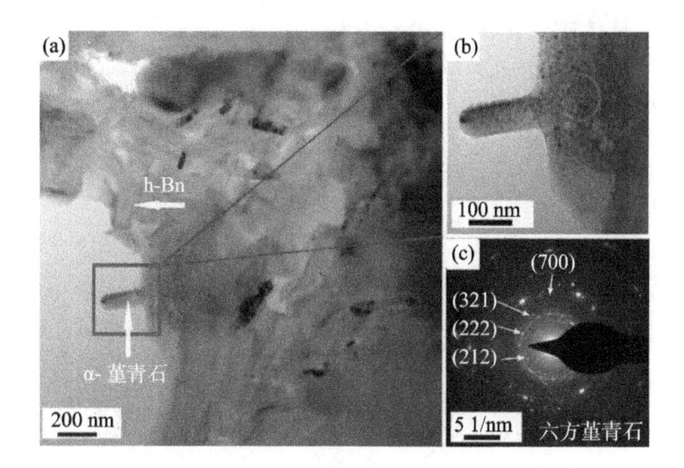

图 4-111 1300℃ 烧结 BN-MAS 复相陶瓷的 TEM 明场像

(a) TEM 明场像; (b) α-堇青石 TEM 明场像; (c) α-堇青石的选区电子衍射图

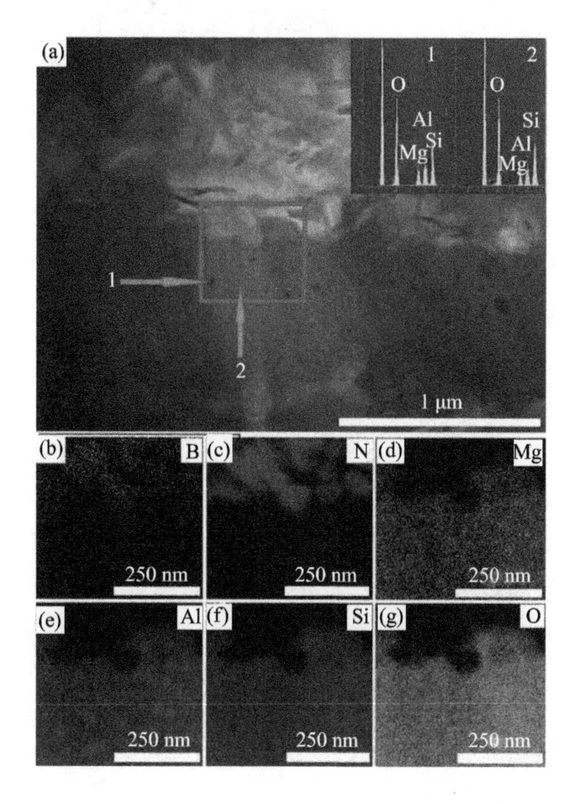

图 4-112 1300 ℃ 烧结 BN-MAS 复相陶瓷的 TEM 元素面扫描图

(a) TEM 图; (b) ～ (g) B, N, Mg, Al, Si 及 O 元素面扫描图

对应为从 MAS 基体中析出的 α-堇青石相。

由 1300℃ 烧结试样 h-BN 与 MAS 界面处的 HRTEM 图像及部分区域的 FFT 逆变换 (图 4-113) 可见，图中右上角呈现出规则排列的条纹结构，对应典型的 h-BN 晶体结构。对 1 号区域图像进行傅里叶逆变换，并测量其晶面间距为 0.217 nm，对应 h-BN 的 (100) 晶面，而面间距为 0.329 nm 的晶面则对应 h-BN 的 (002) 晶面。3 号区域晶面间距为 0.213 nm，对应的是 α-堇青石的 (800) 晶面。通过 2 号区域 h-BN 与 α-堇青石相的界面形貌可知，两相在界面处为直接结合，无明显的过渡层和晶格畸变，表明在此温度条件下，MAS 与 h-BN 未发生明显的界面反应。

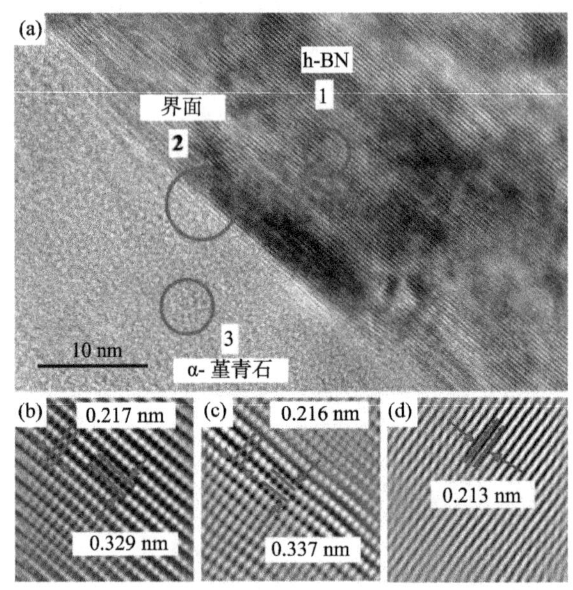

图 4-113　1300℃ 烧结 BN-MAS 复相陶瓷的 HRTEM 图像

(a) HRTEM 图; (b) 1 号区域 FFT 逆变换; (c) 2 号区域 FFT 逆变换; (d) 3 号区域 FFT 逆变换

通过 1500℃ 烧结复相陶瓷的 TEM 明场像 (图 4-114)，h-BN 与 MAS 结合紧密，界面清晰，也无明显界面缺陷，表明两者化学相容性良好。1500℃ 烧结试样中 MAS 以非晶形式存在，Si 元素相对含量远高于引入堇青石的化学计量比，这也是 α-堇青石相的析出受到抑制的原因之一。同时，对 h-BN 颗粒上的元素分析表明，其周边也富集了 Mg、Al、Si 和 O 元素，但是 Mg 和 Al 元素的相对比例要远高于化学计量比 α-堇青石中的比例和非晶 MAS 中的比例，Mg 和 Al 元素表现出了明显的向 h-BN 颗粒周边富集倾向，导致非晶 MAS 中 Si 元素相对含量的提高。

通过 STEM-EDS 对 1500℃ 烧结复相陶瓷中各元素在 h-BN 与 MAS 的界面扩散行为进行分析表征 (图 4-115)，试样中的 MAS 各元素分布均匀，无明显

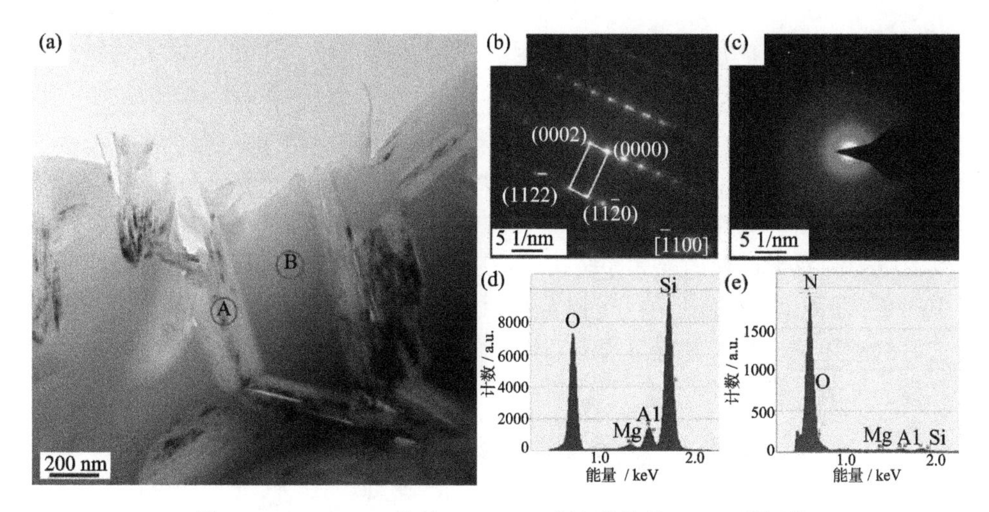

图 4-114 1500℃ 烧结 BN-MAS 复相陶瓷的 TEM 明场像

(a) TEM 图像; (b) h-BN 处选区电子衍射图; (c) MAS 处选区电子衍射图; (d) B 区域 EDS 能谱图; (e) A 区域 EDS 能谱图

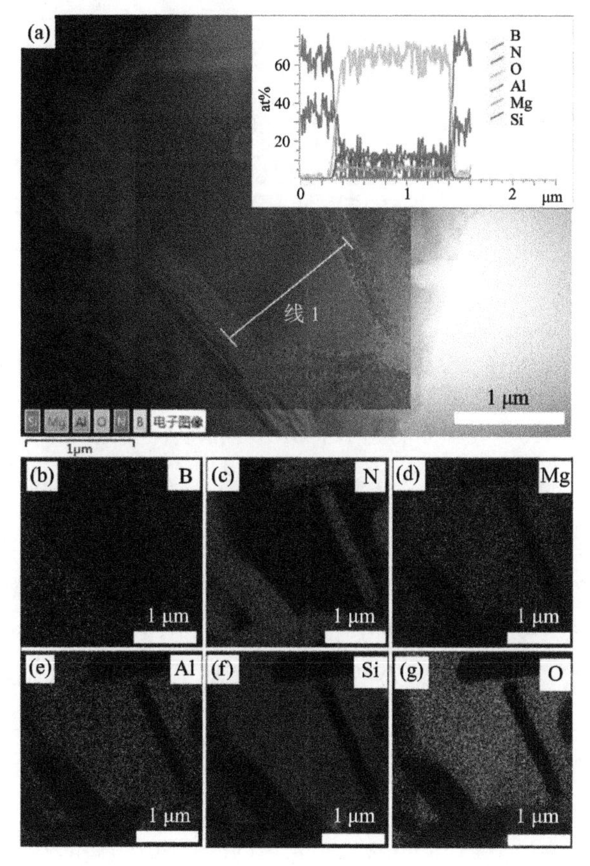

图 4-115 1500℃ 烧结 BN-MAS 复相陶瓷的 STEM 元素面扫描图 (后附彩图)

(a) STEM 图; (b) ~ (g) B, N, Mg, Al, Si 及 O 元素面扫描图

的局部富集，除了 Mg、Al 和 O 元素向 h-BN 区域扩散，B 和 N 元素同时也向 MAS 区域产生了扩散。

对试样中 h-BN 与 MAS 的界面进行高分辨电镜观察 (图 4-116)，其中图 4-116(a) 中区域 1 为典型的 h-BN 高分辨下晶体结构特征，晶面间距为 0.340 nm，对应为其 (002) 晶面，h-BN 晶粒发育完好，未观察到明显的晶体缺陷存在。3 号区域中的原子排列呈现无序结构，对应的是非晶 MAS 相。在非晶 MAS 与 h-BN 的界面处 (图 4-116(c))，可以观察到两相为直接结合，且界面处的 h-BN 保持良好的晶体结构，未发现位错等晶体缺陷存在，在非晶 MAS 区域中也未观察到晶核的形成。

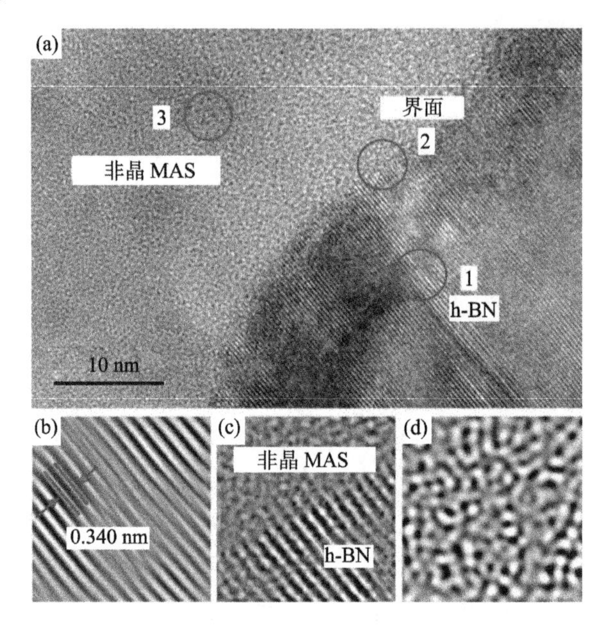

图 4-116 1500℃ 烧结 BN-MAS 复相陶瓷的 HRTEM 图像

(a) h-BN 与 MAS 界面处 HRTEM 图; (b) 1 号区域 FFT 逆变换; (c) 2 号区域 FFT 逆变换; (d) 3 号区域 FFT 逆变换

通过 1700℃ 的更高烧结温度得到 BN-MAS 试样的 STEM-EDS 图像 (图 4-117)，从 (a) 图方框中的元素面分布可以看出，MAS 中的 Mg、Al 和 Si 元素存在着明显的偏聚，左侧的 h-BN 颗粒周边富集了 Al 元素，而右侧的 h-BN 颗粒周边则存在较多含量的 Mg 和 Si 元素。通过图中线 1 处的线扫描也可证实 Al 元素明显靠近左侧 h-BN 颗粒，而 Si 元素则明显向右侧 h-BN 颗粒周边富集，表明在 1700℃ 的烧结温度下，MAS 的各元素在 h-BN 颗粒周围发生了偏聚，由于铝离子和镁离子均有助于非晶网络断裂，因此该元素偏聚发生在非均匀形核的初始阶段。进一步提高烧结温度，非晶的 MAS 中就析出了镁铝尖晶石和 α-堇青石。此外，随着烧结温度的提高，B 和 N 元素向 MAS 中扩散现象明显加剧 (图 4-117(b)，(c))，且在 MAS 中的分布较为均匀，无明显的偏聚现象。

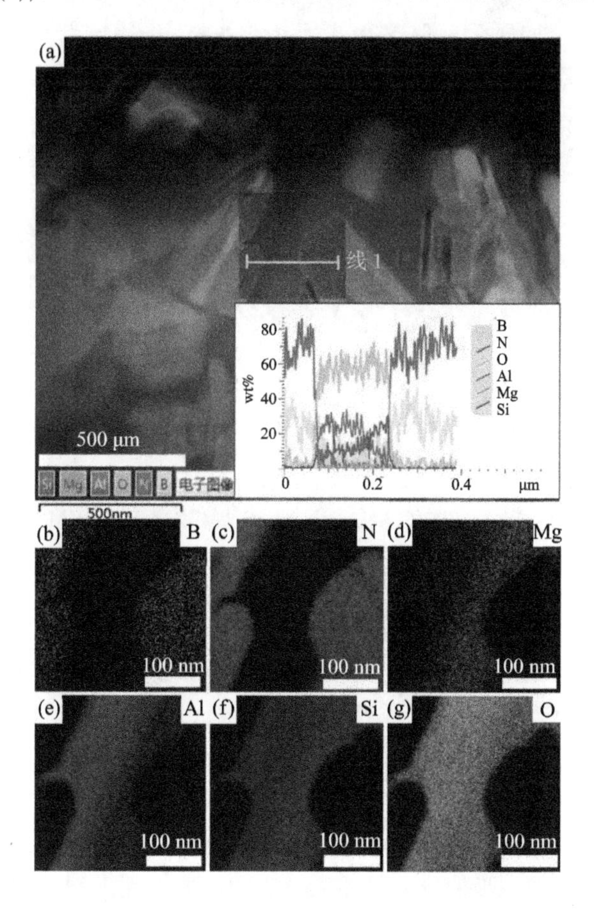

图 4-117 1700℃烧结 BN-MAS 复相陶瓷 STEM 元素面扫描图 (后附彩图)

(a) STEM 图; (b) ～ (g) B, N, Mg, Al, Si 及 O 元素面扫描图

对试样中 h-BN 晶粒与 MAS 的界面进行高分辨电镜观察 (图 4-118)，图 4-118(a) 中的 1 号区域为 h-BN，2 号区域为 h-BN 与 MAS 的交界处，3 号区域为 MAS 区域。虽然在 1 号区域中 h-BN 保持着典型的晶体条纹，但是可以观察到 (002) 晶面出现扭折现象。而在两相交界处，存在着明显的层错，表明此处 h-BN 的晶化程度不完全，晶体内部原子排列存在大量缺陷。而 3 号区域原子呈无序排列，MAS 相仍保持着非晶的状态。

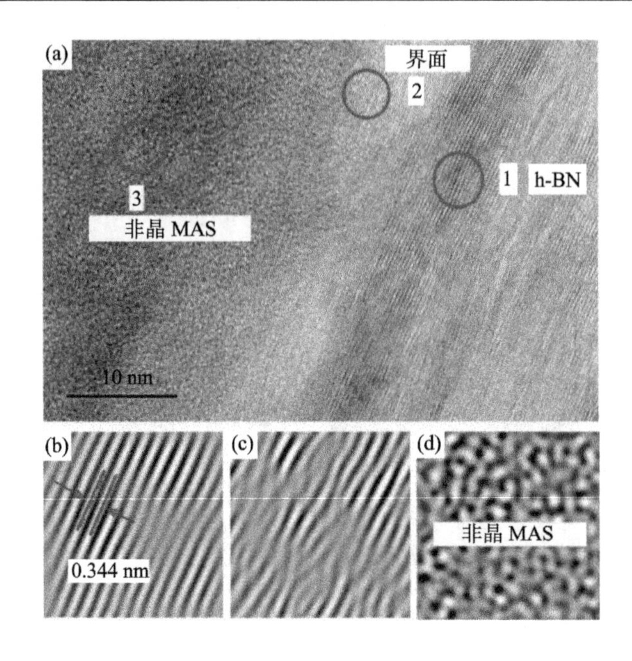

图 4-118 1700℃ 烧结 BN-MAS 复相陶瓷 HRTEM 图像

(a) h-BN 与 MAS 界面处 HRTEM 图; (b) 1 号区域 FFT 逆变换; (c) 2 号区域 FFT 逆变换; (d) 3 号区域 FFT 逆变换

对试样另一区域的 h-BN 与 MAS 界面进行观察，也可发现层错等晶体缺陷 (图 4-119)。在 h-BN 晶粒中距离界面较远处的区域 1 中，h-BN 结晶完好，保持良好的条纹结构。而在区域 2 的界面处 (图 4-119(c) 左下方)，可观察到层错的存在，说明在此温度条件下 h-BN 与 MAS 交界处的晶体缺陷具有普遍性。这主要是由于高温烧结条件下的热激发作用，使得 h-BN 晶体中产生缺陷，B 和 N 分别向 MAS 中扩散，进一步促进非晶态 MAS 的形成。而区域 3 处的 MAS 仍然保持着完全的非晶状态。

随着烧结温度的升高，BN-MAS 复相陶瓷的密度先增加后降低 (图 4-120)，显气孔率先降低后增大 (图 4-121)。由于 h-BN 为强共价键化合物，在烧结过程中的自扩散系数很低，并且 h-BN 的板片状构造导致其在烧结过程中容易交叉堆积，形成卡片房式的结构，阻碍其烧结致密化。虽然添加了 MAS 作为烧结助剂，但是在温度较低的条件下 (如 1300℃)，并未产生大量的液相使得 h-BN 的颗粒重排，无法打破其卡片房式结构起到促进其烧结致密化的作用，并且由于第二相将 h-BN 阻隔开，阻碍了其致密化过程，因此复相陶瓷的致密度较低、显气孔率较高。随着烧结温度的提高，MAS 所产生的液相含量增加，流动性亦有所提高，因此复相陶瓷的致密化程度明显提升。但是，由于 MAS 的熔点较低 (1450℃)，温度过高会出现部分 MAS 在高温下挥发以及液相被挤出等现象，所以此时的复相陶瓷显气孔率有所回升，也导致其体积密度降低。尤其是当烧结温度达到 1800℃时，复相陶瓷的密度仅为 1.69 g/cm^3。

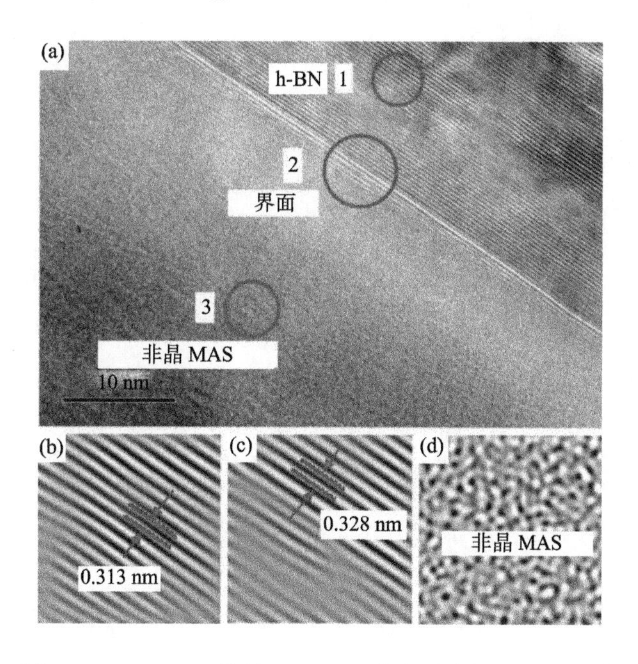

图 4-119 1700℃ 烧结 BN-MAS 复相陶瓷 HRTEM 图像

(a) h-BN 与 MAS 界面处 HRTEM 图; (b) 1 号区域 FFT 逆变换; (c) 2 号区域 FFT 逆变换; (d) 3 号区域 FFT 逆变换

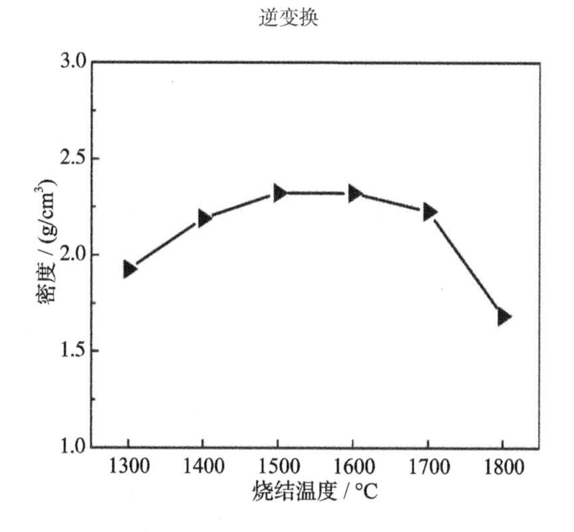

图 4-120 不同温度热压烧结 BN-MAS 复相陶瓷的密度

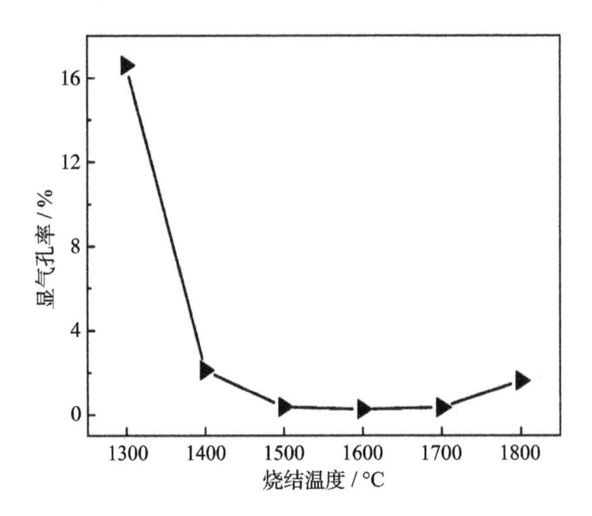

图 4-121　不同温度热压烧结 BN-MAS 复相陶瓷的显气孔率

从不同烧结温度得到复相陶瓷的弹性模量 (图 4-122)，当烧结温度为 1300℃ 时其数值较低，而达到 1400℃ 时复相陶瓷的弹性模量迅速提高，但随着烧结温度的进一步提升，其变化幅度较小。复相陶瓷的抗弯强度在 84 ~ 218 MPa 较宽范围内，呈现先增大后减小的趋势 (图 4-123)，这与复相陶瓷的致密度变化相一致。当烧结温度为 1300℃ 时抗弯强度最低，这是由于此时 MAS 产生较少的液相并且倾向于形成堇青石晶体，其本身虽然也具有一定强度，但是它分布在 h-BN 中，难以扩散，阻碍了材料的致密化进程，而且没有形成强的连续结构。因此，此温度条件下，第二相的加入未能起到液相烧结和黏结的作用，反倒阻碍了其力学

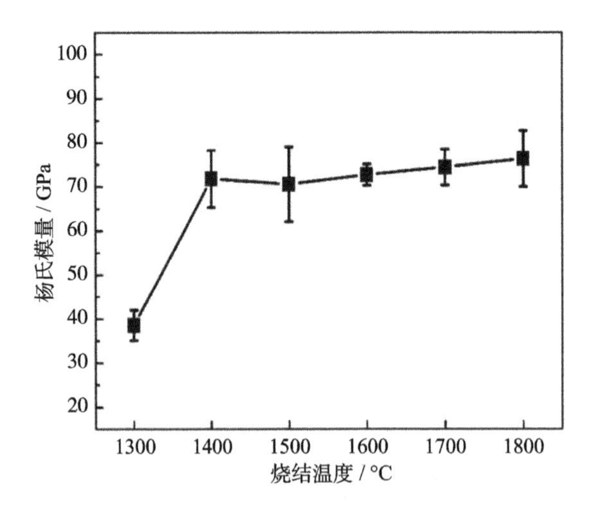

图 4-122　不同温度热压烧结 BN-MAS 复相陶瓷的弹性模量

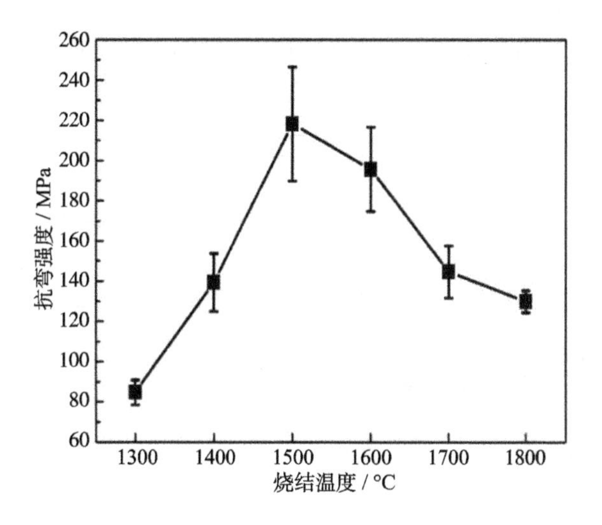

图 4-123 不同温度热压烧结 BN-MAS 复相陶瓷的抗弯强度

性能的提升。而当烧结温度为 1500℃ 时，刚好超过了堇青石的熔点 (1475℃)，MAS 所生成的液相能够充分润湿 h-BN 颗粒，并且促进颗粒重排，在压力的共同作用下提升复相陶瓷的致密化程度，使抗弯强度达到最大值。随着烧结温度的进一步提高，将有部分 MAS 挥发，导致复相陶瓷的致密度降低，相应的复相陶瓷的抗弯强度也有所降低。从烧结温度对复相陶瓷断裂韧性的影响 (图 4-124) 可见，当烧结温度由 1300℃ 升高至 1400℃ 时，断裂韧性具有明显的提升，由 1.2 MPa·m$^{1/2}$ 提高至 2.2 MPa·m$^{1/2}$。但是随着烧结温度的进一步提高，复相陶

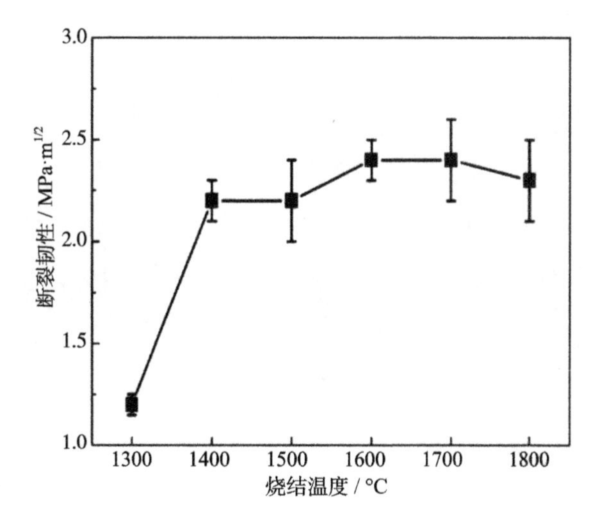

图 4-124 不同温度热压烧结 BN-MAS 复相陶瓷的断裂韧性

瓷的断裂韧性变化较为平稳。随着烧结温度的提高，MAS 的流动性相应提高，此时液相传质作用明显，h-BN 颗粒具有明显的长大现象，而大颗粒层片状的 h-BN 具有显著的增韧效果，因此复相陶瓷的断裂韧性不仅没有随着孔隙率的提高下降，反而有所提升。

通过对不同烧结温度制备 BN-MAS 复相陶瓷断口形貌观察 (图 4-125) 可知，h-BN 颗粒随着烧结温度的提高，具有明显的长大现象，这说明在高温下 MAS 对 h-BN 的液相传质作用增强，液相烧结效果显著。复相陶瓷的断裂模式以沿晶断裂为主，表现为从两相界面开脱和颗粒拔出。当烧结温度为 1300℃ 时，h-BN 晶粒发育不完全，其断口呈现出圆形颗粒而未观察到 h-BN 的板片状结构，其对应

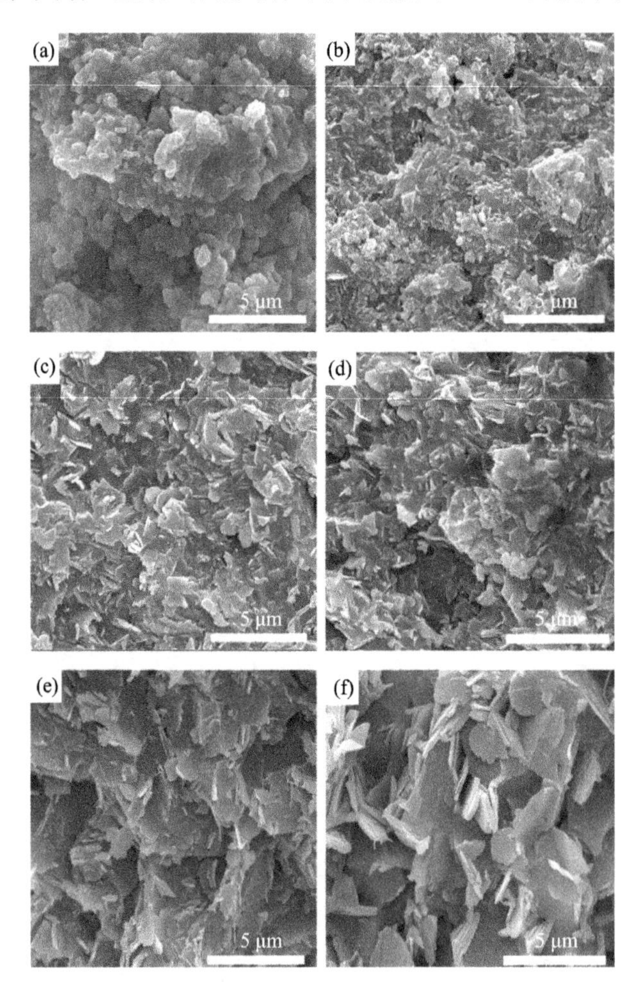

图 4-125　不同温度热压烧结 BN-MAS 复相陶瓷的断口形貌

(a) 1300℃; (b) 1400℃; (c) 1500℃; (d) 1600℃; (e) 1700℃; (f) 1800℃

的是表面包裹有非晶 MAS 玻璃相的 h-BN 晶粒；当烧结温度高于 1400℃，试样断口形貌变得凹凸不平，可以观察到 h-BN 板片状结构的存在。断口所表现出来的凹凸不平结构是复相陶瓷在断裂过程中裂纹遇到了板片状 h-BN 颗粒而多次偏转所致的，板片状 h-BN 颗粒的拔出和桥接效应消耗了断裂能量，提升了复相陶瓷的力学性能；进一步提高烧结温度，MAS 的液相扩散传质作用明显，h-BN 颗粒表现出了明显的大尺寸板片状结构，这使得在断裂的裂纹扩展过程中遇到板片状 h-BN 颗粒时发生偏转的程度也加大，因此在断口上也表现出更为粗糙的形貌，复相陶瓷的断裂韧性也有所提高。

从不同温度烧结 BN-MAS 复相陶瓷的介电性能 (图 4-126、图 4-127) 可见，介电常数和损耗随测试频率的变化较小，表明其具有较好的频率稳定性。但介电性能随烧结温度变化的规律并不是单调的。当烧结温度为 1300℃ 时，MAS 以 α-堇青石的形式存在于复相陶瓷中，α-堇青石具有较低的介电常数和损耗，且由于在此烧结温度下 MAS 未形成大量液相，BN-MAS 复相陶瓷烧结致密化程度较低、孔隙率较高，因此复相陶瓷的介电常数较低；随着烧结温度的提高，复相陶瓷的致密化程度提高，因此 1400 ~ 1600℃ 烧结复相陶瓷的介电常数相应提高；当烧结温度达到 1700℃ 时，由于远高于 MAS 的熔点，因此在烧结过程中会有 MAS 的挥发，所以复相陶瓷的致密度开始下降，根据混合法则，其介电常数也相应下降；当烧结温度进一步升高至 1800℃ 时，其介电常数甚至低于 1300℃ 制备的复相陶瓷，这是 MAS 挥发导致致密度下降以及此时 MAS 以非晶相结构存在的共同作用导致的。

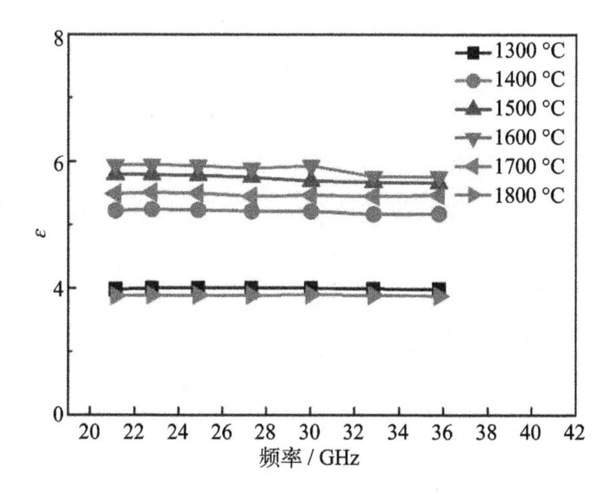

图 4-126 不同温度热压烧结 BN-MAS 复相陶瓷的介电常数

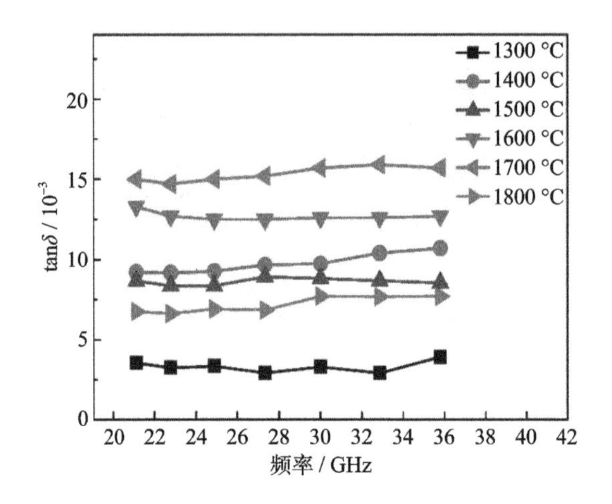

图 4-127 不同温度热压烧结 BN-MAS 复相陶瓷的介电损耗

在 BN-MAS 复相陶瓷中，晶界、晶面以及晶格畸变等缺陷位置存在着因弱束缚电子和弱联系离子所引发的电导以及松弛极化现象，以及 MAS 非晶结构的变化等，导致复相陶瓷的介电性能恶化。BN-MAS 复相陶瓷在经 1300℃ 热压烧结后的介电损耗最低，这是因为此烧结温度下复相陶瓷的致密化程度较低；并且 h-BN 对 MAS 的晶化抑制作用不明显，因此 MAS 以 α-堇青石晶体的形式存在，以上两个方面的共同作用使得复相陶瓷的介电损耗较低。当烧结温度高于 1600℃ 时，复相陶瓷的介电常数和介电损耗随着温度的升高而降低，一方面是 MAS 挥发导致的复相陶瓷致密度降低所引起的介电性能变化，另一方面是在较高的烧结温度下 h-BN 晶粒发育完善，其晶体结构的完善、界面结合形式的改善以及晶界相的净化等作用，使得复相陶瓷的介电性能得以优化。

不同温度烧结制备的 BN-MAS 复相陶瓷在 200 ~ 1400℃ 的工程热膨胀系数随着温度的升高总体也呈增加的趋势 (图 4-128)。当温度低于 800℃ 时，复相陶瓷热膨胀系数的增长比较平缓。当温度高于 800℃ 时，复相陶瓷的热膨胀系数均出现一个明显的峰值，表明在此温度条件下复相陶瓷内部也发生了一定量的物相或玻璃网络结构的转变。对于非晶体，热膨胀系数的大小主要取决于该体系玻璃网络结构的性质，并且会有一个体积收缩的温度拐点。而 1300℃ 烧结试样的拐点温度要低于其他组分，这主要是由于复相陶瓷中非晶 MAS 的含量很少，主晶相为 α-堇青石和 h-BN 相，其少量晶间相更易在较低的温度下产生拐点。在高于拐点的温度，各组分复相陶瓷的热膨胀系数均呈现快速升高的趋势。

不同温度烧结复相陶瓷在室温至 1400℃ 温度范围内的平均热膨胀系数呈现先增大后减小的趋势 (图 4-129)。1300℃ 烧结的复相陶瓷，由于致密度低、孔隙率高，其原子间距随着原子振幅的增大而增加，会被其结构内部的空隙所容纳，因此其热膨胀系数较小，为 $2.73 \times 10^{-6}K^{-1}$；当烧结温度达到 1400℃ 时，复相陶瓷的致密度有极大提升，并且 h-BN 的抑制晶化作用，使得 MAS 由 α-堇青石相转变为莫来石相及非晶 MAS 相，且莫来石相具有更高的热膨胀系数，导致复相陶瓷的热膨胀系数显著提高；随着烧结温度进一步提高，h-BN 的抑制晶化作用更加明显，复相陶瓷中 MAS 主要以非晶形式存在，相对于结构紧密的晶体来讲，处于无定形结构的非晶体通常具有较低的热膨胀系数，因此 1400℃ 以后烧结复相陶瓷的热膨胀系数出现明显的下降；而进一步提高烧结温度至 1700℃，复相陶瓷的致密度下降、孔隙率有所提高，复相陶瓷产生的热膨胀会被其结构内部的空隙所抵消，导致其热膨胀系数进一步降低。

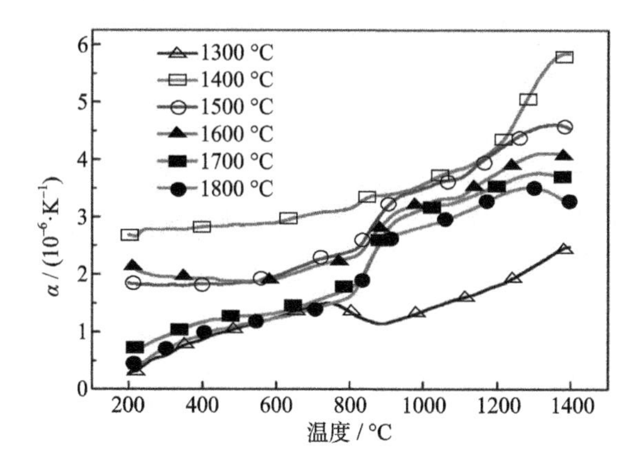

图 4-128 不同温度热压烧结 BN-MAS 复相陶瓷的热膨胀系数随测试温度变化曲线 (参考温度为室温)

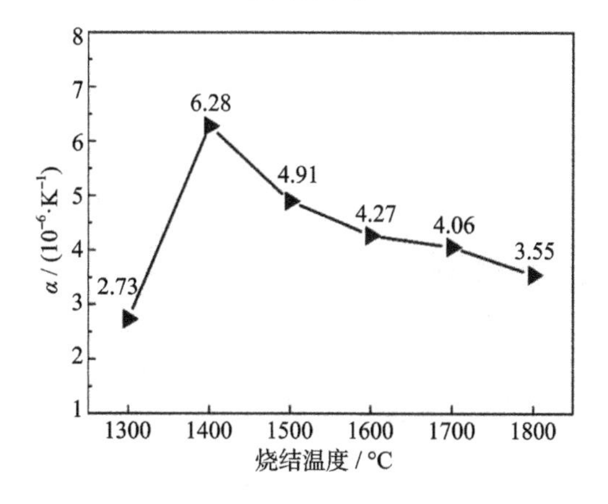

图 4-129 不同温度热压烧结 BN-MAS 复相陶瓷的平均热膨胀系数 (室温至 1400℃)

2. MAS 含量对 BN-MAS 复相陶瓷组织结构及性能的影响

除烧结温度外，第二相 MAS 的含量对于 BN-MAS 复相陶瓷的组织结构和性能也具有显著的影响。依靠 MAS 较低的熔点、较好的流动性以及与 h-BN 的相容性，可以在相对较低的烧结温度和压力下 (1450℃、10 MPa) 获得性能优异的 BN-MAS 系复相陶瓷。

从烧结后不同 MAS 含量 (20 wt% ～ 70 wt%) 的 BN-MAS 系复相陶瓷的密度变化 (图 4-130) 可见，随 MAS 含量的提高，复相陶瓷的密度呈增加的趋势，由 1.42 g/cm^3 提高至 2.51 g/cm^3。随着 MAS 含量的增加，在烧结过程中形成的液相和晶界相增多，能够充分地润湿原始粉料，降低晶界能，进而减小了复相陶瓷中的孔洞，并且由于 MAS 玻璃陶瓷的密度略高于 h-BN，因此有利于提高复相陶瓷的体积密度。随着 MAS 含量的提高，复相陶瓷的显气孔率逐渐降低 (图 4-131)，当 MAS 含量达到 50 wt% 时，显气孔率已低于 1%。根据液相烧结机理，MAS 熔体的存在有利于物质的传输，促进材料的烧结致密化。而 MAS 玻璃在此温度下将产生大量的液相，因此复相陶瓷致密度有所提高，表明 MAS 起到了很好的烧结助剂的作用。

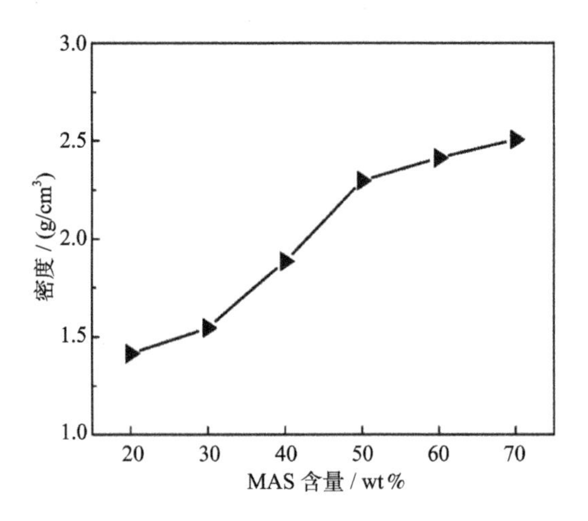

图 4-130　1450℃ 热压烧结制备 BN-MAS 系复相陶瓷的密度[29]

为了探讨在 1450℃ 烧结温度下 h-BN 对 MAS 物相形成及转变的影响，只采用 MgO、Al_2O_3 及非晶态 SiO_2 粉体为原料，按照前述形成 MAS 的化学计量比在 1450℃、10 MPa 压力的相同条件下进行烧结。XRD 图谱中没有 MgO、Al_2O_3 和非晶 SiO_2 的衍射峰存在，证明固相反应进行得较为完全 (图 4-132)。生成物相为 α-堇青石 (堇青石的高温相)。

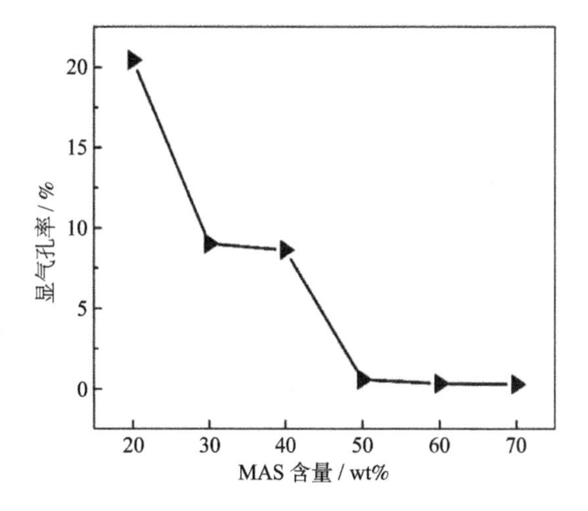

图 4-131 1450℃ 热压烧结制备 BN-MAS 系复相陶瓷显气孔率[29]

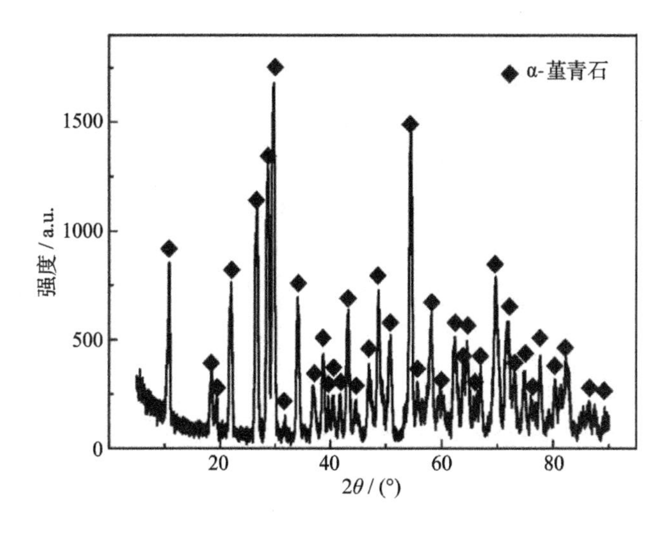

图 4-132 1450℃ 热压烧结制备的 MAS 材料的 XRD 图谱[29]

1450℃ 热压烧结制备的 BN-MAS 系复相陶瓷的 XRD 图谱中 (图 4-133)，没有发现 MgO、Al_2O_3 及非晶 SiO_2 的衍射峰，证明三种物质进行了充分的固相反应。全部试样中 h-BN 的衍射峰都保持得较为完好，没有峰位偏移现象，证明此烧结温度下，h-BN 与 MAS 未发生明显的反应，两者具有良好的化学相容性；随着 MAS 含量的增加，h-BN 衍射峰的相对强度减弱，这是 h-BN 在复相陶瓷中的相对含量降低所导致的。

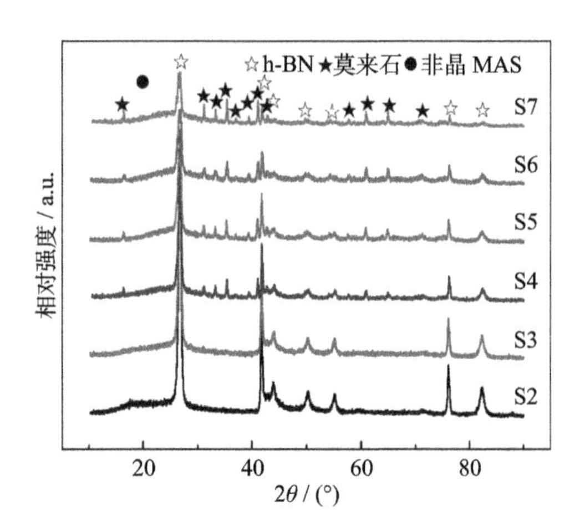

图 4-133　1450°C 热压烧结制备不同 MAS 含量 BN-MAS 系复相陶瓷的 XRD 图谱[29]

与在相同条件下制备的纯 MAS 陶瓷不同，加入 h-BN 的试样中皆未发现 α-堇青石相的存在。在 S2(20 wt% MAS) 和 S3(30 wt% MAS) 组分的 XRD 图谱中，除了 h-BN 的特征峰以外，只有非晶的“馒头峰”存在，对应的是非晶态 MAS；而随着 MAS 添加量的提高，在 S4 ~ S7(40 wt% ~ 70 wt% MAS) 试样中出现了莫来石的衍射峰，表明 h-BN 对 MAS 体系的晶化行为具有明显的影响，抑制了 α-堇青石相的析出，而对莫来石的析出抑制作用不明显，导致生成物中含有较多的莫来石相。由于莫来石也是一种具有较好高温力学及透波性能的材料，因此并不会对复相陶瓷的性能产生不利影响。此外，残留一定量的非晶 MAS 也有助于提高复相陶瓷的力学性能。

由于 MAS 在烧结过程中是以液相形式存在的，根据液相烧结理论，其对于 h-BN 在烧结过程中的晶体发育是有利的。h-BN 的晶化程度可使用石墨化指数 (graphite index，GI) 来表示：

$$\mathrm{GI} = \frac{\mathrm{Area}[(100)+(101)]}{\mathrm{Area}(102)} \tag{4-15}$$

式中，Area(100)、Area(101)、Area(102) 分别代表 h-BN 相应晶面 (hkl) 衍射强度的积分面积。石墨化指数的数值越大，证明其晶体结晶度越差、存在的缺陷越多。对于完全结晶的 h-BN 晶体，其石墨化指数为 1.6。

通过计算，本实验所用原始 h-BN 粉体的石墨化指数为 4.01，经过热压烧结后 20 wt% MAS 试样中的 h-BN 的石墨化指数由原始的 4.01 变为 3.10，且随着 MAS 含量的增加呈单调下降，最小值在 70 wt% MAS 的试样中，达到 2.53 (图 4-134)，这说明 MAS 具有一定促进 h-BN 结晶并发育的作用。

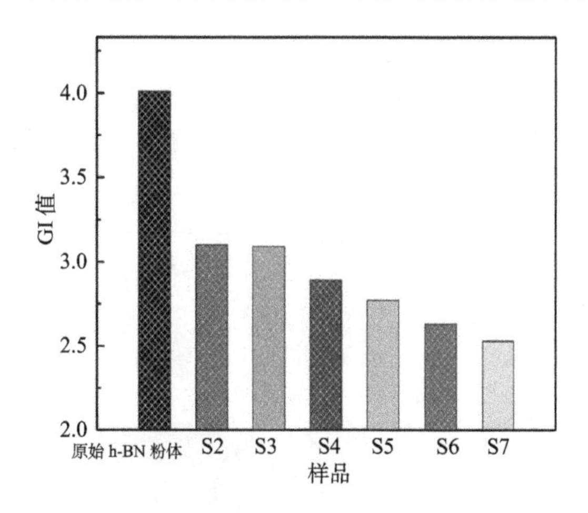

图 4-134 1450℃ 热压烧结制备不同 MAS 含量的 BN-MAS 系复相陶瓷的石墨化指数[29]

从 1450℃ 热压烧结制备 BN-50wt%MAS 复相陶瓷的微观组织形貌 (图 4-135) 可见，存在着大量的层片状颗粒，随机分散在连续相中，通过衍射斑点的标定确认其为 h-BN。通过对图 4-135(a) 中 B 区域连续相的电子衍射，显示为典型的非晶衍射环，结合能谱分析可知其为非晶态的 MAS 相。对 A 区域 h-BN

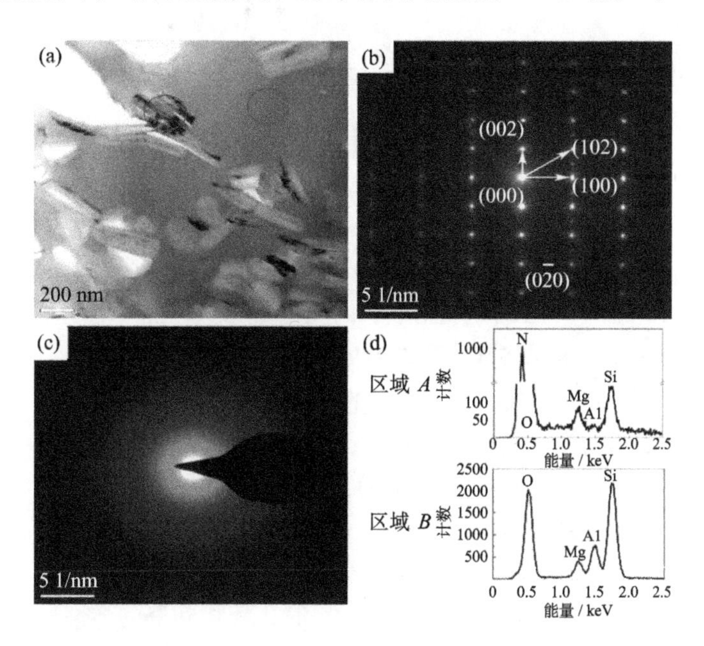

图 4-135 1450℃、10MPa 热压烧结制备 BN-50 wt% MAS 复相陶瓷的 TEM 照片[29]

(a) TEM 图像; (b) A 区域 h-BN 选区电子衍射图; (c) B 区域 MAS 选区电子衍射图; (d) A 及 B 区域 EDS 能谱图

颗粒的元素分析，也存在着 Mg、Al、Si 和 O 等元素，表明 MAS 在烧结过程中可渗入 h-BN 层片间。在这一区域内 Mg 元素的相对浓度要高于 MAS 的化学计量比及 B 区域的相对含量比例，这意味着复相陶瓷烧结过程中 Mg 元素优先富集在 h-BN 颗粒周围。从 Mg、Al 和 Si 元素在 h-BN 与 MAS 界面处的面分布 (图 4-136) 可知，Mg 和 Si 元素明显富集在 h-BN 一侧，而 Al 元素的浓度则相对较低，这是由于，h-BN 与 MAS 的界面反应导致各元素在复相陶瓷中的分布不一致，打破了 Mg-Al-Si-O 体系的相平衡，从而导致莫来石的析出和非晶 MAS 的形成。

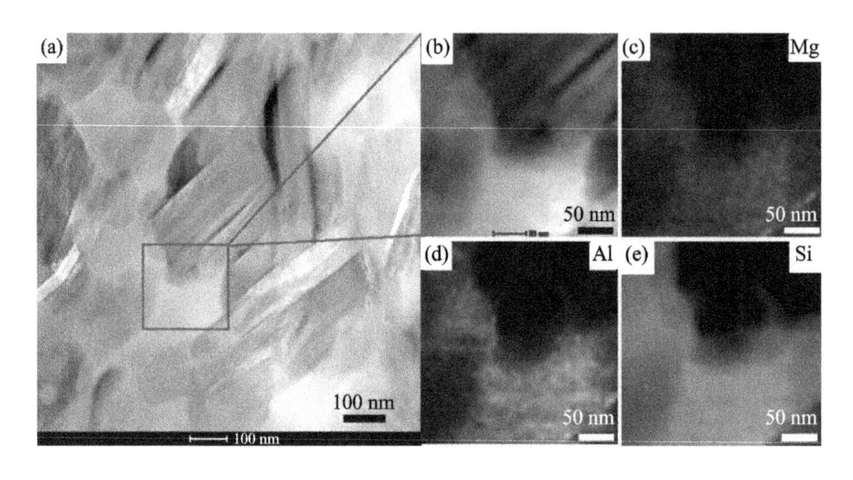

图 4-136　1450℃、10 MPa 热压烧结制备 BN-50 wt% MAS 复相陶瓷的元素面分布图[29]

(a) TEM 图像; (b) h-BN 与 MAS 界面; (c) ～ (e) Mg、Al、Si 元素面扫面图

从 BN-50 wt% MAS 复相陶瓷中莫来石相的 TEM 明场像形貌图及选区电子衍射花样 (图 4-137) 可见，不规则形状的莫来石相从非晶 MAS 基体中析出，且与 h-BN 结合良好，未观察到明显的界面反应层。

随着 MAS 含量的增加，复相陶瓷的弹性模量显著提升 (图 4-138)。当 MAS 含量较低时，复相陶瓷烧结致密化程度低，孔隙率很高，因此复相陶瓷的弹性模量只有 10 GPa；随着 MAS 含量的增加，液相烧结效果明显，复相陶瓷中孔隙率迅速降低，因此其弹性模量迅速提升，变化规律与孔隙率的变化一致。当 MAS 含量达到 50 wt% 以上时，弹性模量随着 MAS 含量的进一步提高虽然有所增加，但是增幅放缓。当 MAS 含量达到 70 wt% 时，复相陶瓷的弹性模量达到最大值 91 GPa。

从 1450℃ 热压烧结不同组分 BN-MAS 复相陶瓷的抗弯强度 (图 4-139) 可见，MAS 含量的提高对复相陶瓷的抗弯强度具有显著的提升，当 MAS 含量达

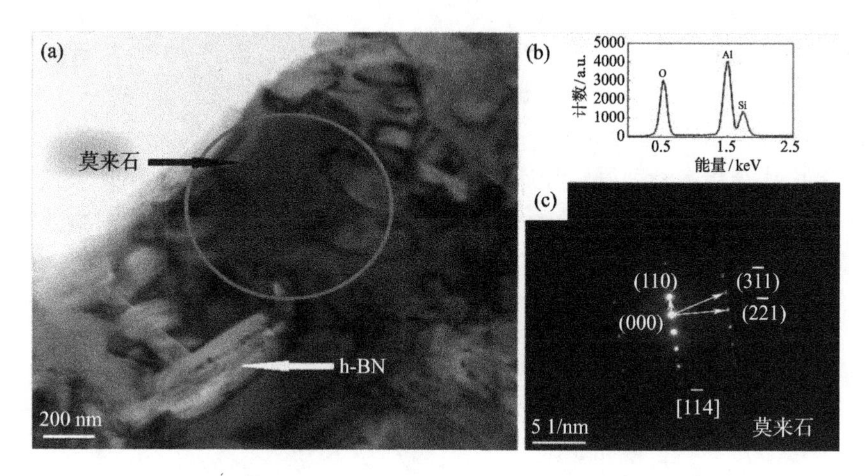

图 4-137 1450℃、10 MPa 热压烧结制备 BN-50 wt% MAS 复相陶瓷的 TEM 明场相及选区电子衍射[30]

(a) TEM 图像; (b) 莫来石的 EDS 能谱; (c) 莫来石的选区电子衍射图

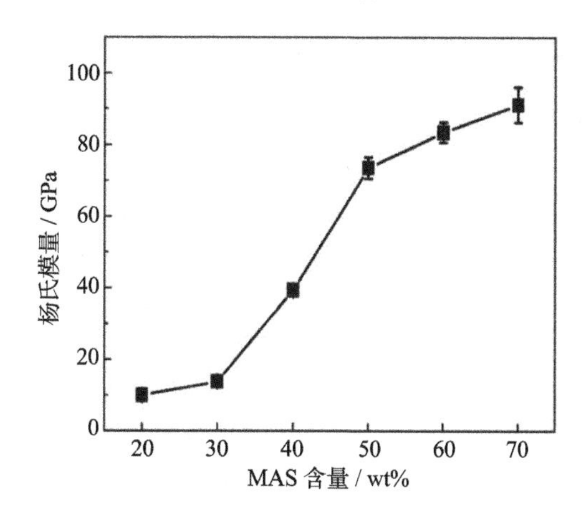

图 4-138 1450℃ 热压烧结制备 BN-MAS 复相陶瓷的弹性模量[29]

到 50 wt% 时抗弯强度达到最大值 213 MPa，较 MAS 含量为 20 wt% 试样的 30 MPa 高出约 7 倍。进一步提高 MAS 含量，复相陶瓷的抗弯强度呈下降趋势。在 BN-MAS 复相陶瓷体系中，虽然原始 h-BN 粉体的粒度较小，但是因为 MAS 含量较少时助烧效果不明显导致致密化程度较低，孔隙率较高，因此其力学性能较差。随着 MAS 含量的逐渐提高，在烧结过程中起到了很有效的液相烧结助剂的作用，材料的孔隙率逐渐降低，烧结致密化程度增加，因此其抗弯强度也逐渐提高。此外，MAS 与 h-BN 之间良好的界面结合，使得载荷能够在 MAS 相和 h-BN 之间进行有效的传递，从而使 BN-MAS 复相陶瓷获得较高的抗弯强度。随着 MAS 添加量的继续提高，致密度继续提高的幅度不大，而 MAS 的促进烧结作用则表现得更为明显，通过断口形貌也可以看出 MAS 含量为 20 wt% ~ 40 wt% 的试样中 h-BN 呈未完全烧结状态，而 MAS 含量为 50 wt% ~ 70 wt% 试样中 h-BN 层片状发育逐渐完好，较原始状态有所长大。根据 Hall-Petch 公式，晶粒越大材料的强度越低，这就导致 MAS 含量超过 50 wt% 后，虽然材料的致密度略有提高，但其抗弯强度有所下降。

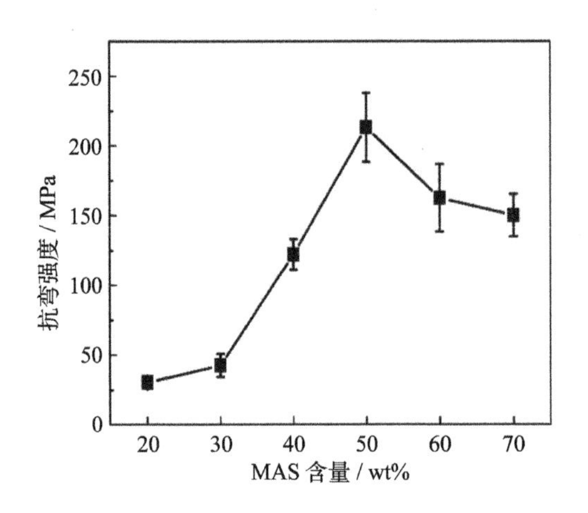

图 4-139　1450°C 热压烧结制备 BN-MAS 复相陶瓷的抗弯强度[29]

复相陶瓷的断裂韧性随着 MAS 含量的升高而增大 (图 4-140)，当 MAS 含量达到 50 wt% 时断裂韧性可以达到 2.4 $MPa·m^{1/2}$，约为 MAS 含量 20 wt% 时复相陶瓷断裂韧性的 8 倍。随着 MAS 含量的增加，复相陶瓷断裂韧性有着进一步的提高，但是提高幅度不明显。

不同 MAS 含量复相陶瓷的断口形貌呈现出明显的差别，但断裂模式均以沿晶断裂为主 (图 4-141)。当 MAS 含量为 20 wt% ~ 40 wt% 时，复相陶瓷的致密度较低，其断口未观察到层片状的 h-BN，而是呈现圆球状的颗粒。这是烧结过程中 h-BN 晶粒表面包裹熔融态 MAS 非晶相玻璃，而且两者浸润性良好，在冷却过程中非晶的 MAS 直接凝固在 h-BN 晶粒表面而造成的，这也是 MAS 含量较低时材料致密度不高的原因之一。复相陶瓷中 MAS 含量增加到 50 wt% 以上，试样断口形貌变得凹凸不平，并且可以观察到 h-BN 层片状结构的存在。断口所表现出来的粗糙结构是断裂过程中裂纹遇到了层片状 h-BN 颗粒而多次偏转所致，可以有效消耗断裂能量，提高复相陶瓷的力学性能。

对于 MAS 含量为 50 wt% 的 BN-MAS 复相陶瓷试样，当外力加载时，初始裂纹将萌生在 h-BN 与 MAS 界面处 (图 4-142)。裂纹的进一步扩展将沿着 h-BN

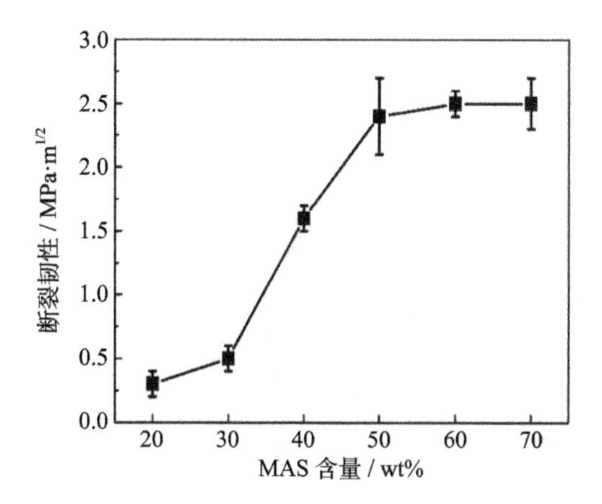

图 4-140 1450℃ 热压烧结制备 BN-MAS 复相陶瓷的断裂韧性[29]

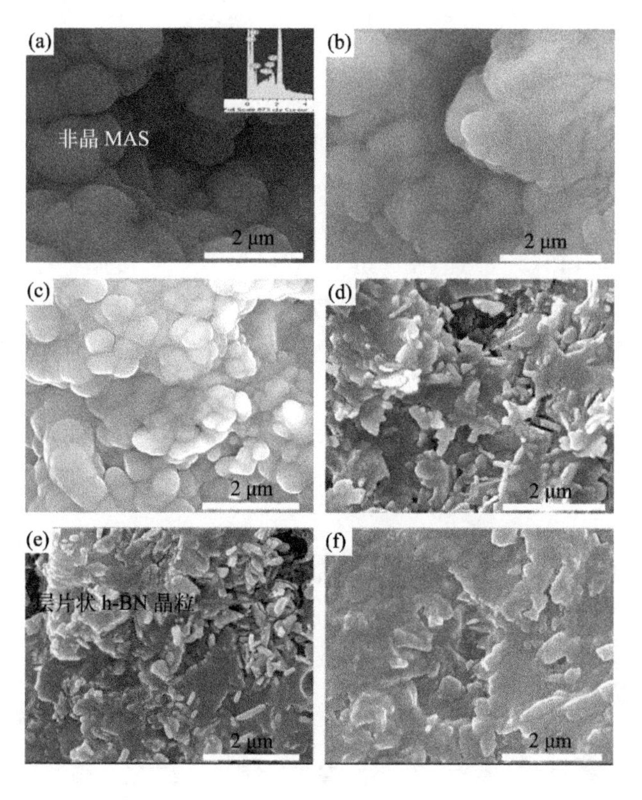

图 4-141 不同 MAS 含量 BN-MAS 复相陶瓷的断口形貌[29]

(a) 20 wt%; (b) 30 wt%; (c) 40 wt%; (d) 50 wt%; (e) 60 wt%; (f) 70 wt%

晶粒周边偏转，使裂纹形貌呈现出“之”字型，裂纹扩展路径也较为曲折，发生了明显偏转现象，还可以观察到 h-BN 晶粒拔出的情况。由于该试样中 h-BN 颗粒与 MAS 结合较为紧密，在断裂过程中 h-BN 颗粒的拔出和裂纹沿 h-BN 颗粒的偏转，增加了裂纹扩展路径的长度并且有效地消耗了断裂能，起到了很好的强化和增韧效果，使复相陶瓷的力学性能得以大幅度提高。

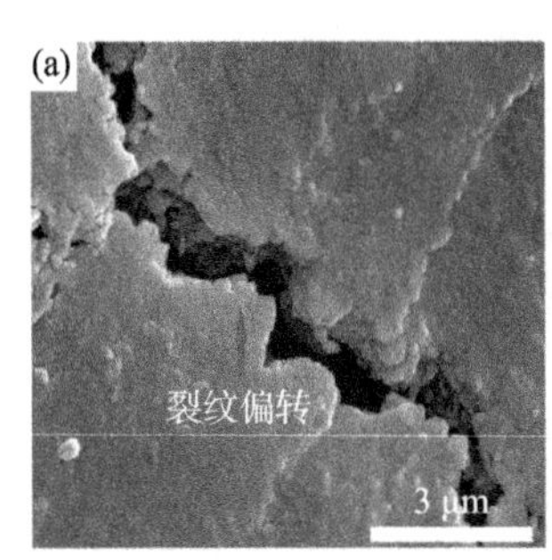

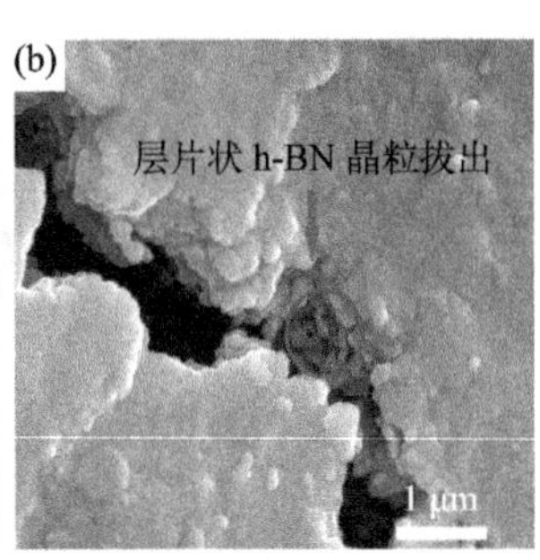

图 4-142　MAS 含量为 50 wt% 的 BN-MAS 复相陶瓷裂纹扩展路径[30]

(a) 裂纹沿 h-BN 晶粒偏转；(b) h-BN 晶粒拔出

根据物相分析、断口形貌等结果，总结得到 BN-MAS 系复相陶瓷裂纹扩展路径示意图 (图 4-143)。当 MAS 含量为 20 wt% 时，裂纹萌生在非晶 MAS 所包裹的 h-BN 颗粒结合处，裂纹扩展路径较为平直，吸收的断裂能较少，导致复相陶瓷的力学性能较差；当 MAS 添加量达到 50 wt% 时，裂纹在扩展过程中会遇到莫来石晶粒以及板片状的 h-BN 颗粒，发生裂纹偏转和 h-BN 层片的拔出，在裂纹偏转路径上还存在桥连现象，这使得裂纹扩展路径变得曲折，增大了裂纹扩展阻力和断裂功，使 BN-MAS 复相陶瓷的强度和韧性都得到明显的提高；进一

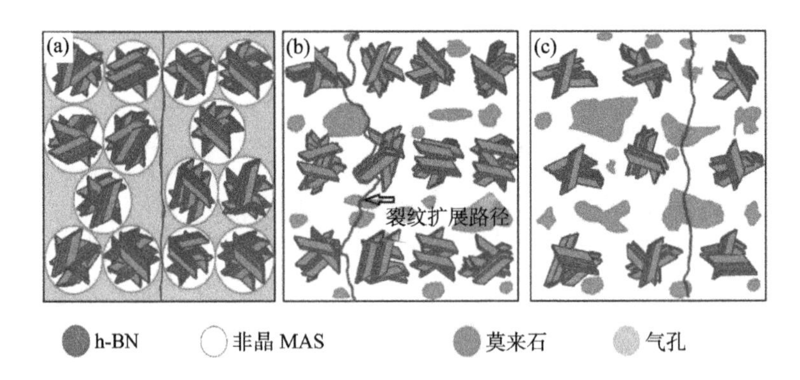

图 4-143　不同 MAS 含量 BN-MAS 系复相陶瓷裂纹扩展路径示意图[29](后附彩图)

(a) 20 wt%; (b) 50 wt%; (c) 70 wt%

步提高 MAS 含量后，复相陶瓷中 h-BN 颗粒相对含量减少，裂纹扩展过程中遇到层片状 h-BN 颗粒的概率降低，断口表面呈现较为平整致密的形貌，裂纹扩展路径变得平直，使颗粒强化效果有所削弱，虽然复相陶瓷致密度有所提升，但是抗弯强度下降。

综上分析，均匀分布的层片状 h-BN 晶粒以及 h-BN 与 MAS 之间良好的界面结合，可以使裂纹沿 h-BN 晶粒偏转、h-BN 晶粒拔出和桥连，从而有效地提高复相陶瓷的力学性能。

1450℃ 热压烧结制备不同 MAS 含量的 BN-MAS 复相陶瓷的室温介电常数在 20 ~ 40 GHz 频率下比较稳定 (图 4-144(a))。在同一频率范围内，随着 MAS 含量的增加，复相陶瓷的介电常数呈增大趋势，随着 MAS 含量增加，具

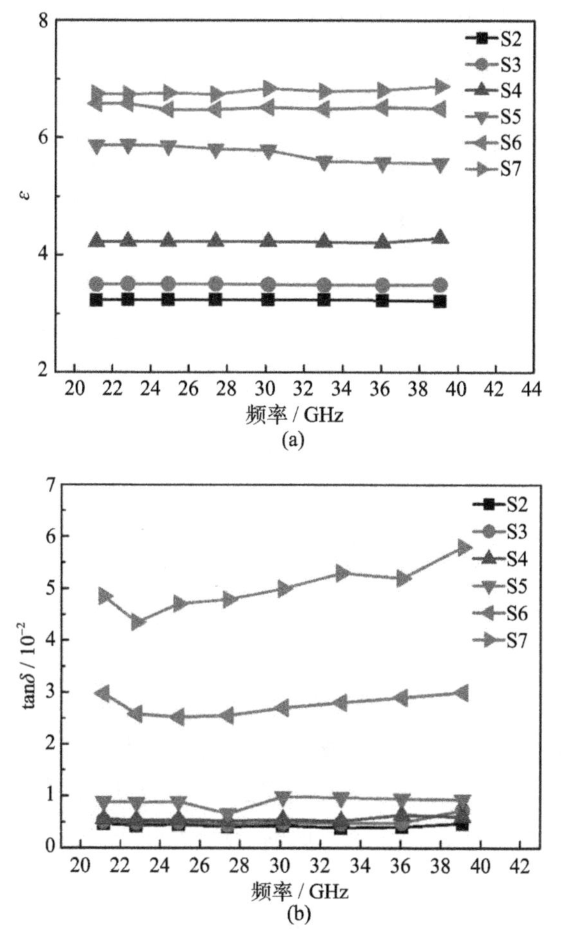

图 4-144　1450℃ 热压烧结 BN-MAS 复相陶瓷的介电性能

(a) 介电常数；(b) 介电损耗角正切值

有高介电常数的莫来石相的体积分数也相应增加，这是复相陶瓷介电常数增大的原因之一。此外，MAS 具有烧结助剂的作用，能够有效地促进 h-BN 基陶瓷材料的致密化程度，当 MAS 添加量提高时，复相陶瓷的致密度也相应提高，也会使其介电常数增大。在二者的协同作用下，使得其介电常数在 MAS 含量较高时有明显的增大。复相陶瓷的介电损耗与介电常数具有相同的变化趋势，即在相同频率下随着 MAS 含量的增加，复相陶瓷的介电损耗角正切值也相应增加 (图 4-144(b))。但当 MAS 含量低于 50 wt% 时，介电损耗的变化幅度较小，而当 MAS 含量大于 50 wt% 时复相陶瓷的介电损耗有显著的提高。

各组分 BN-MAS 复相陶瓷在 200 ~ 1400℃ 的热膨胀系数随着温度的升高总体呈增加的趋势 (图 4-145)。在测试温度低于 800℃ 时，复相陶瓷热膨胀系数的增长比较平缓。当温度高于 800℃ 时，各组分复相陶瓷的热膨胀系数都有一个小的峰值，这意味着在此温度条件下，复相陶瓷内部可能发生了一定量的物相转变，这主要与非晶 MAS 的存在及其结构有关。当温度介于 800 ~ 1000℃ 温度范围时，各组分复相陶瓷的热膨胀系数呈现快速提高的趋势。

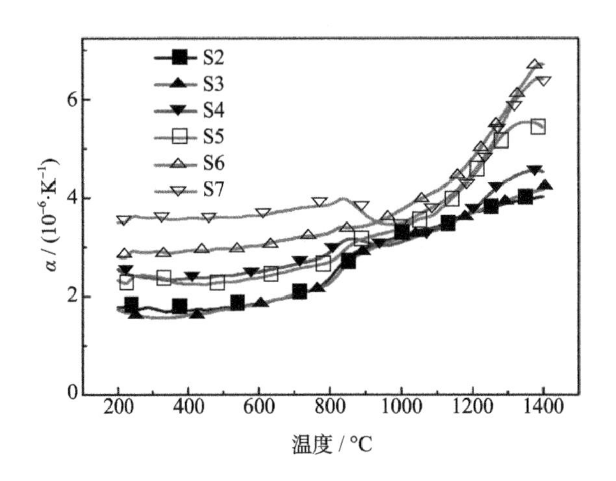

图 4-145　1450℃ 热压烧结制备 BN-MAS 复相陶瓷的热膨胀系数[31]

图 4-146 为各组分 BN-MAS 复相陶瓷在室温至 1400℃ 温度范围内的平均热膨胀系数。随着 MAS 含量的增加，复相陶瓷的平均热膨胀系数由 $4.03\times10^{-6}K^{-1}$ 增长至 $6.56\times10^{-6}K^{-1}$。如前所述，这也是材料的致密化程度、物相组成等因素共同作用引起的。

3. BN-MAS 复相陶瓷的抗热震性能

采用加热–水淬法对 1450℃ 烧结不同 MAS 含量的 BN-MAS 复相陶瓷在室温下的抗热震性能进行测试，本实验采用的热震温差分别为 600℃、800℃、

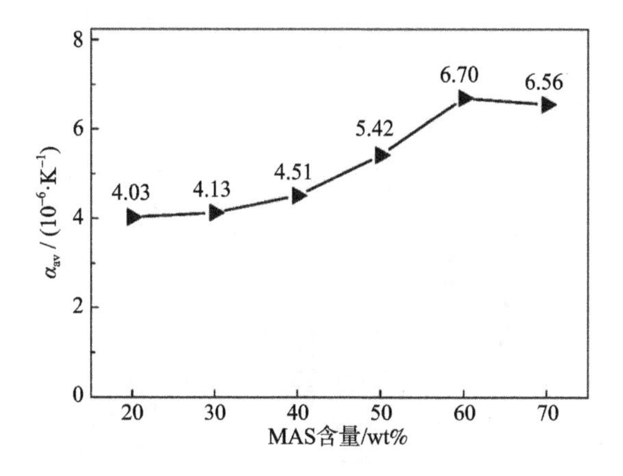

图 4-146 1450℃ 热压烧结制备 BN-MAS 复相陶瓷平均热膨胀系数 (室温 ~ 1400℃)[31]

1000℃、1200℃ 和 1400℃，各组分试样的热震残余抗弯强度随着热震温差的升高总体呈现先增高、后降低的趋势 (图 4-147)。

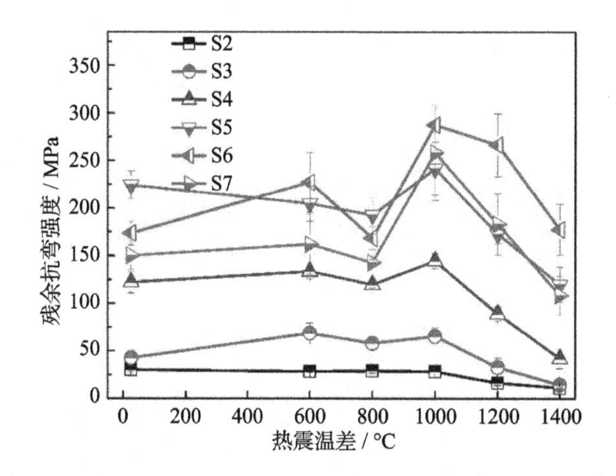

图 4-147 1450℃ 热压烧结制备 BN-MAS 复相陶瓷不同热震温差后的残余抗弯强度[31]

各组分复相陶瓷在热震温差为 800℃ 条件下，残余抗弯强度均有所下降，而在经过 1000℃ 温差热震后的残余抗弯强度均达到了最高值，其中以 S6 组分的残余抗弯强度最高，为 (288±19)MPa，高于未经热震试样的原始强度，比较计算可得到各组分 BN-MAS 复相陶瓷热震后的残余抗弯强度保持率 (图 4-148)。MAS 含量为 60 wt% 的材料在各个温度热震后的残余抗弯强度均高于原始强度，具有十分优异的抗热震性能。

观察 MAS 含量为 60 wt% 的 BN-MAS 复相陶瓷经不同温差热震后的断口形貌 (图 4-149)，经不同温差热震后的试样断口表面都可以观察到新的裂纹和孔

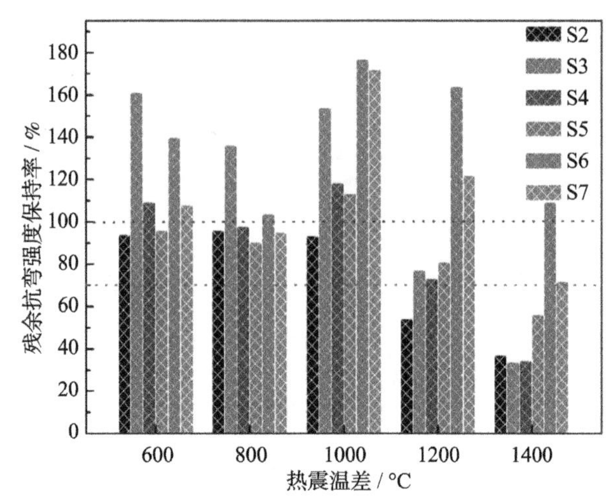

图 4-148　1450℃ 热压烧结制备 BN-MAS 复相陶瓷不同温差热震后残余抗弯强度保持率[31]
（后附彩图）

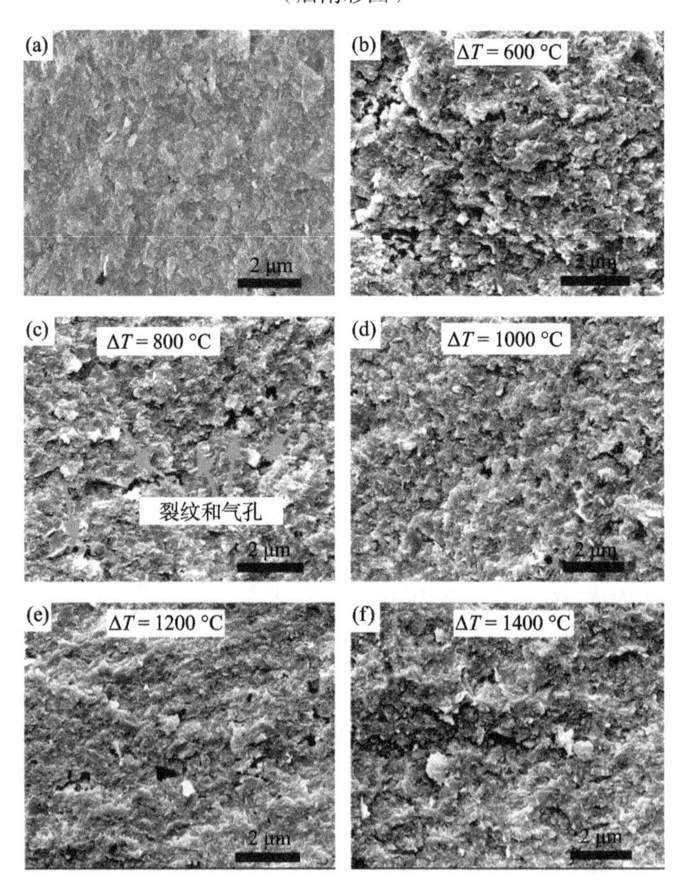

图 4-149　MAS 含量为 60 wt% 的 BN-MAS 复相陶瓷不同温差热震后的断口形貌[31]

(a) 原始试样; (b) 600℃; (c) 800℃; (d) 1000℃; (e) 1200℃; (f) 1400℃

洞等缺陷的产生，这些是材料在热震过程中产生的热应力所引起的热震损伤。

未经热震的原始试样表面物相由 h-BN、莫来石和非晶 MAS 组成 (图 4-150)。在热震过程的高温氧化氛围下，复相陶瓷表面存在着氧化、挥发等复杂的物理和化学变化。h-BN 在高于 450℃ 即可被氧化而形成液相的 B_2O_3，B_2O_3 在高于 800℃ 后将开始迅速挥发。然而在经 600℃ 温差热震后的试样表面并未发现 B_2O_3 的存在，这是由于在热震过程中的保温时间较短 (10 min)，尚未生成大量的 B_2O_3，导致热震后只有很少量的 B_2O_3 残留在试样表面，XRD 未能显示出明显的 B_2O_3 衍射峰。当热震温差达到 800℃ 时，在复相陶瓷试样表面可明显地观察到 B_2O_3 的存在，表明此温度条件下 h-BN 的氧化反应已进行得较为完全。随着温度的继续升高，当热震温差高于 1000℃ 时，复相陶瓷表面可以检测到大量的 α-堇青石。

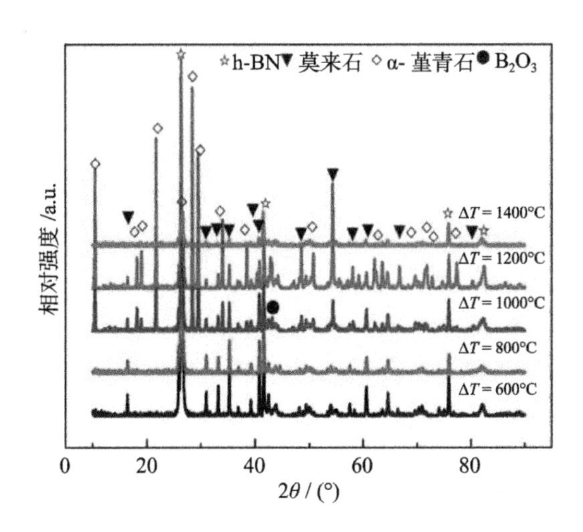

图 4-150 MAS 含量为 60 wt% 的 BN-MAS 复相陶瓷不同温差热震后的 XRD 衍射图谱[31]

图 4-151 和图 4-152 分别为 MAS 含量为 60 wt% 的 BN-MAS 复相陶瓷经 1200℃ 温差热震后表面 XPS 全谱图和各元素谱图。热震后的试样表面主要由 B、N、O、Mg、Al 和 Si 元素组成，这与原始试样的组成一致 (C 元素为测试中环境因素造成的，在此不予考虑)。在 B 1s 的 XPS 谱图中，存在着明显的 B—N 键和 B—O 键，并且两者峰强近似，这说明试样表面已有部分 h-BN 被氧化成为 B_2O_3。XRD 未检测到 B_2O_3 物相的存在，其应该是与 MAS 反应形成了具有较高黏度的 MgO-Al_2O_3-SiO_2-B_2O_3 体系玻璃陶瓷结构。N 1s 的 XPS 图谱中，检测到了 N—B 键、N—Al 键及 N—Si 键的存在，这表明 Mg-Al-Si-O 玻璃陶瓷体系中有部分的 O 被 N 元素所取代。O 1s 的 XPS 图谱中存在 O—Si 键和 O—B 键，而在 Si 2p 的 XPS 图谱中则存在 Si—N 键和 Si—O 键。

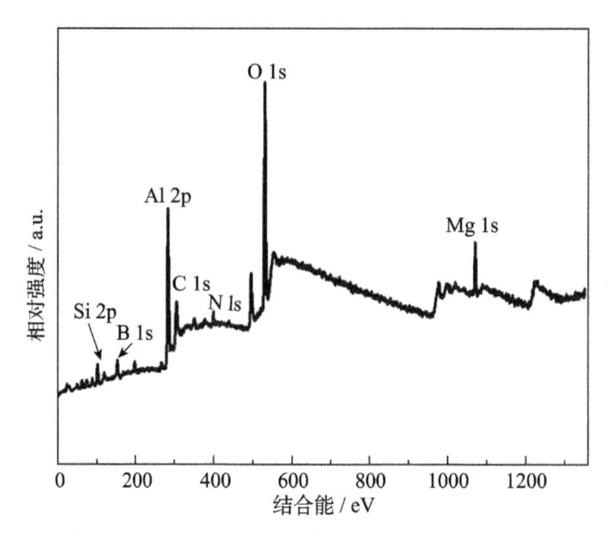

图 4-151　MAS 含量为 60 wt% 的 BN-MAS 复相陶瓷经 1200℃ 温差热震后试样表面 XPS 全谱图[31]

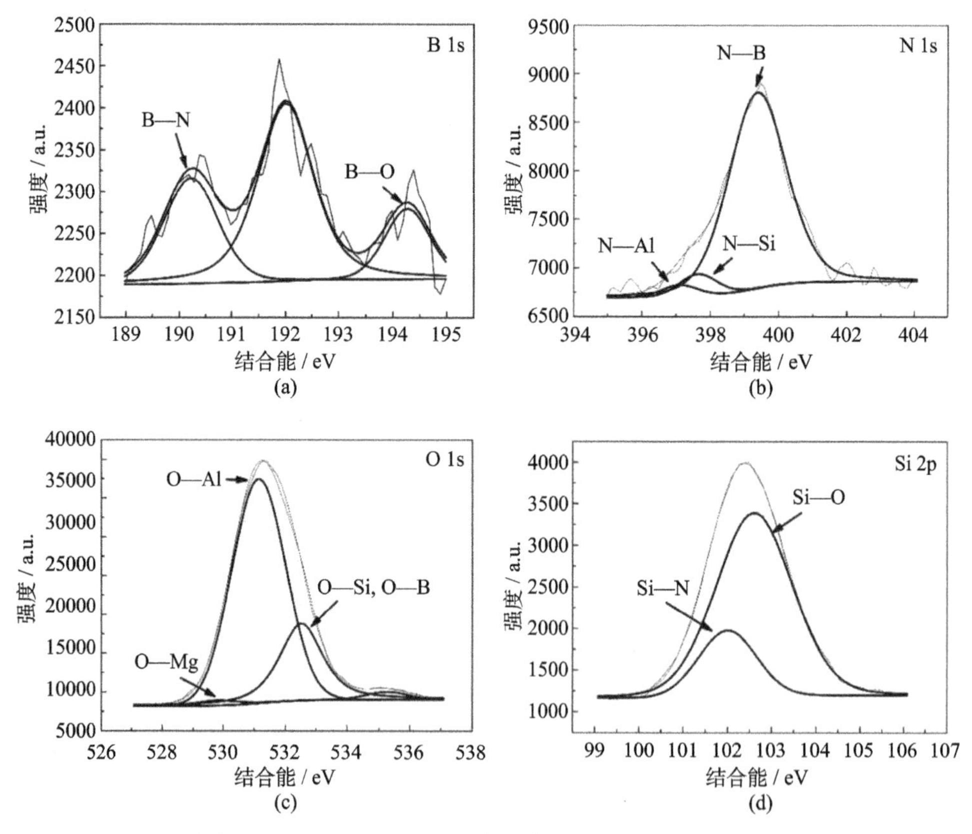

图 4-152　MAS 含量为 60 wt% 的 BN-MAS 复相陶瓷经 1200℃ 温差热震后试样表面各元素 XPS 谱图[31]

B—O 键在玻璃体系中主要以 [BO_3] 和 [BO_4] 的形式存在，具有极高的单键能和很低的熔点，其单键能为 1.36 kJ/(mol·K)，远大于玻璃网络形成体的单键能 0.42 kJ/(mol·K)，因此 B—O 键是一种极强的玻璃网络形成体，具有很强的影响玻璃陶瓷物相转变的能力。MAS 玻璃中的各阳离子与 B 元素的结合也会提高玻璃网络的连通性，同样会促进 MAS 玻璃的物相转变。此外，MAS 中的 O 元素被 N 元素置换同样也会影响其物相的转变，因为每个 N 原子可结合三个 Si，而每个 O 只可以结合两个 Si。故而，在网络中的 Si—(O, N) 键的数量增加，也会与前述因素一起共同影响 MAS 的晶化行为。

采用 3D 共聚焦显微镜对 MAS 含量为 60 wt% 的 BN-MAS 复相陶瓷不同温度热震后表面进行表征 (图 4-153)。在原始试样表面存在着大量的加工划痕等缺陷；随着热震温度的提高，复相陶瓷表面的粗糙度逐渐降低变得光滑平整，原有

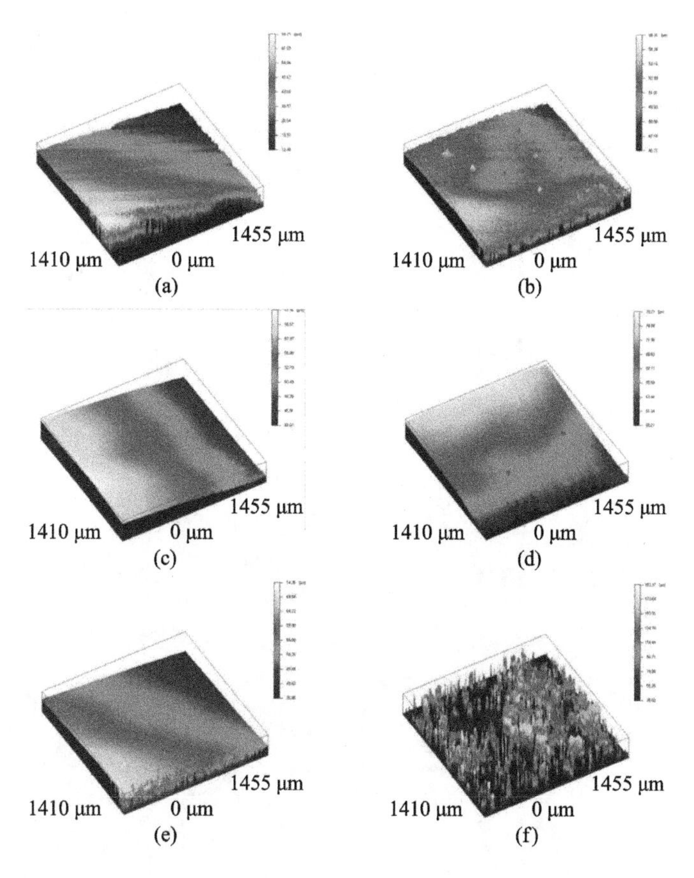

图 4-153 MAS 含量为 60 wt% 的 BN-MAS 复相陶瓷经不同温差热震后表面 3D 共聚焦显微镜图 (后附彩图)

(a) 原始试样; (b) 600℃; (c) 800℃; (d) 1000℃; (e) 1200℃ ; (f) 1400℃

的表面缺陷逐渐弥合；当热震温差达到 1400℃ 时，复相陶瓷表面又变得极为粗糙，这是在此温度下热震过程中复相陶瓷表面 h-BN 的严重氧化和挥发行为所导致的。

对热震后表面形貌进行观察 (图 4-154)，原始试样的表面存在着较为清晰的加工划痕，表面形貌较为粗糙；当试样经过温差为 600℃ 的热震考核后，表面变得致密平整，并且有针状晶体的析出。在 600℃ 热震温差下，虽然保温时间较短，但是在试样表面依然形成了一层轻微的氧化层。尽管 B_2O_3 可以与 MAS 共熔形成温度较高且较为稳定的 $MgO-Al_2O_3-SiO_2-B_2O_3$ 体系玻璃陶瓷，但是其液相点接近 1000℃，因此在较低温度下 B_2O_3 与 MAS 的反应很难进行完全。对针状晶体进行 EDS 表征，其组成元素接近于 $Mg_2Al_4Si_5O_{18}$，这可能是少量的 α-堇青石析出所致。在 1450℃ 热压烧结制备 BN-MAS 复相陶瓷条件下，虽然 h-BN 的存在会抑制 α-堇青石相的析出，但是随着 h-BN 含量的降低，其抑制晶化的行为将会减弱。在烧结过程中，会在材料内部某些远离 h-BN 的区域析出微小的 α-堇青

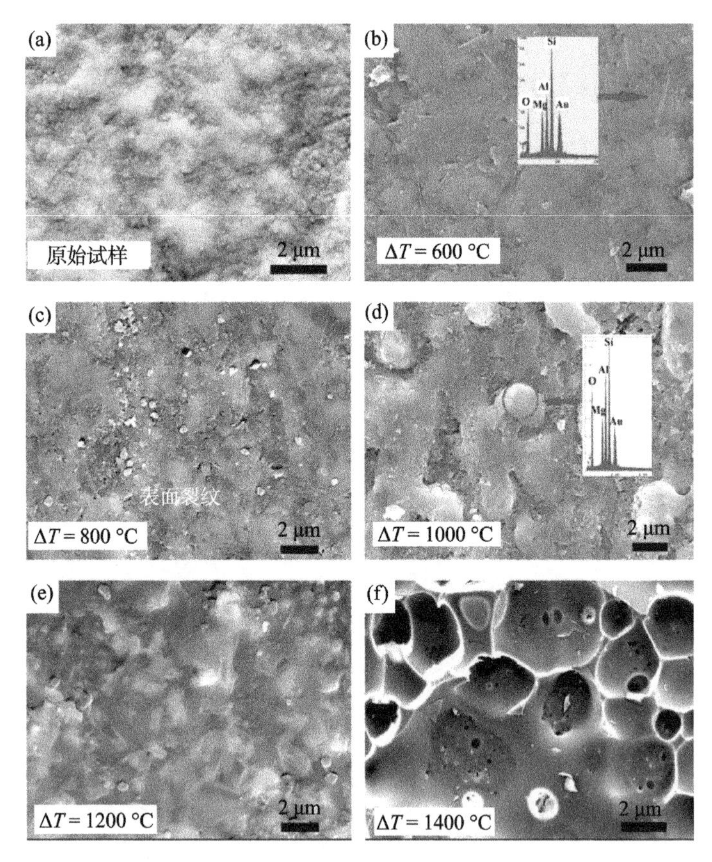

图 4-154　MAS 含量为 60 wt% 的 BN-MAS 复相陶瓷不同温差热震后试样表面的 SEM 图[31]

石晶核，由于尺寸很小并且数量较少，通过 XRD 很难观察到。而在热震保温过程中，这些晶核将会从外面获取能量并逐渐长大。在氧化气氛下 B_2O_3 的存在也会参与到 α-堇青石的晶化过程中来，降低其液相温度。由于分子之间的相互吸引力，在较低的温度下 α-堇青石液相将优先在局部区域产生偏聚，并在冷却过程中形成化学组成与 α-堇青石近似的针状晶粒；随着热震温差的提高，复相陶瓷表面 h-BN 的氧化程度加重，而 B_2O_3 和 N_2 的挥发速率同样也有所提高，此时在试样表面不能形成有效的保护层，反而留下挥发的通道。因此当热震温差为 800℃ 时试样表面开始变得疏松，有气孔等缺陷存在；随着热震温差的进一步增加，复相陶瓷表面形成了镁铝–硼硅酸盐玻璃陶瓷 (包含莫来石、α-堇青石和非晶 MAS)，这种致密的氧化物保护层弥合了原本表面的缺陷，使复相陶瓷的力学性能得以提升；当进一步提高热震温差到 1400℃ 时，试样表面变得十分粗糙，并且出现了大量破裂的气泡，这是由于 MgO-Al_2O_3-SiO_2-B_2O_3 体系玻璃陶瓷已形成了流动性较高的液相，在试样表面的 h-BN 氧化后，O 将会穿过黏度较低的 MgO-Al_2O_3-SiO_2-B_2O_3 保护层向基体内部扩散，与表面液相层以下的 h-BN 进一步反应生成 B_2O_3 和 N_2，其具有很高的挥发性，由内向外挥发过程中将会在试样的表面产生气泡。

对热震后 MAS 含量为 60 wt% 的 BN-MAS 复相陶瓷截面进行分析 (图 4-155)，经温差为 1200℃ 热震后，复相陶瓷表面形成了一层非常薄的氧化层，其厚度大约为 1 μm，主要由 MAS 和 B_2O_3 组成。在经过温差为 1400℃ 热震后，氧化层的厚度明显增加，达到 30 ~ 50 μm。但在此温差条件下复相陶瓷表面的氧化层中存在着大量的破裂气泡，这是 h-BN 的严重氧化及 B_2O_3 (g) 和 N_2 穿过低黏度氧化层的快速挥发所致。

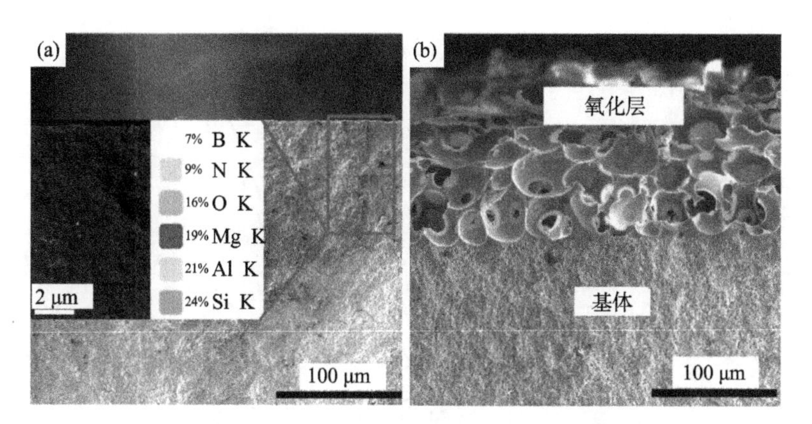

图 4-155　MAS 含量为 60 wt% 的 BN-MAS 复相陶瓷不同温差热震后试样截面的 SEM 图[31](后附彩图)

(a) 1200℃; (b) 1400℃

综上所述，BN-MAS 复相陶瓷经热震后残余抗弯强度有明显的提高，这主要是由于在空气热震气氛下，复相陶瓷表面生成的氧化层具有弥合表面缺陷的作用。

4. BN-MAS 复相陶瓷耐烧蚀性能

采用氧–乙炔焰对 BN-MAS 复相陶瓷的耐烧蚀性能进行考核。从各组分复相陶瓷烧蚀表面温度随 MAS 含量变化的曲线 (图 4-156) 可见，随 MAS 含量的增加，复相陶瓷烧蚀表面温度呈现下降的趋势。

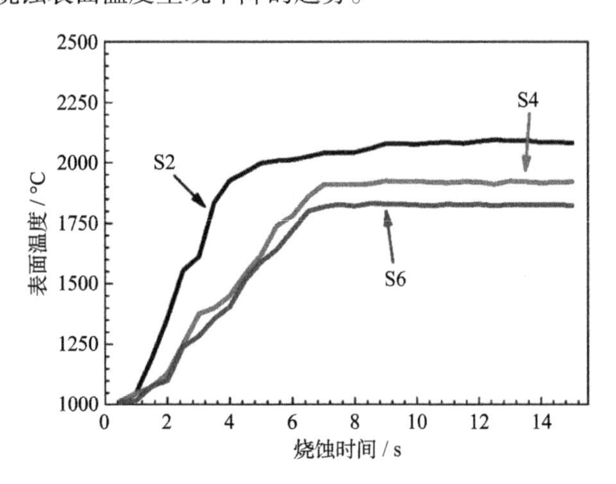

图 4-156　MAS 含量对 BN-MAS 复相陶瓷烧蚀表面温度的影响

采用复相陶瓷经 15 s 烧蚀后的线烧蚀率和质量烧蚀率来评价 MAS 含量对复相陶瓷耐烧蚀性能的影响 (图 4-157)，随着 MAS 含量的增加，复相陶瓷的质量烧蚀率和线烧蚀率都呈先降低再升高的变化趋势。MAS 含量为 40 wt% 的复相陶瓷具有最低的质量烧蚀率和线烧蚀率，分别为 0.0176 g/s 和 0.112 mm/s。

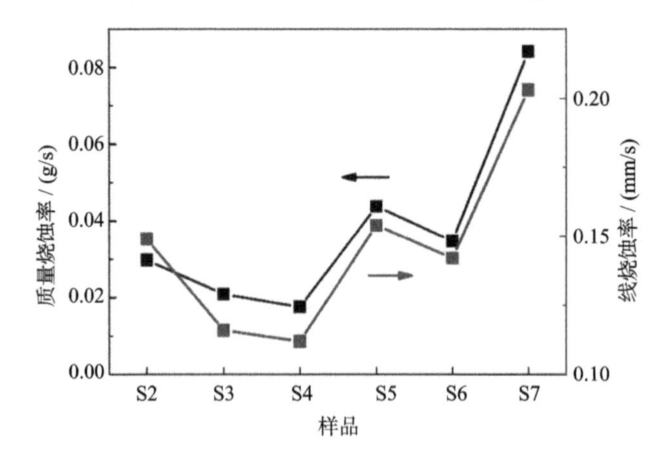

图 4-157　MAS 含量对复相陶瓷耐烧蚀性能的影响

复相陶瓷烧蚀过程中，其质量及体积的损失主要是由氧化、升华、气化和机械剥离等协同作用产生的。当 MAS 含量较低时，由于其在 h-BN 的烧结过程中所起到的液相烧结作用较弱，复相陶瓷的烧结致密化程度低、孔隙率较高，导致质量烧蚀率和线烧蚀率都较高。随着 MAS 含量的增加，复相陶瓷的致密度提高、孔隙率降低，抗燃气流冲刷能力明显提高，故其质量烧蚀率和线烧蚀率都有所下降。而当 MAS 含量进一步提高时，由于其熔点远低于 h-BN，在相对低的温度下可软化形成液相，此时 h-BN 含量较低也未能起到支撑骨架的作用，故复相陶瓷的抗燃气冲刷性能差，质量烧蚀率和线烧蚀率又迅速提高。

通过各组分复相陶瓷经 15 s 烧蚀后的宏观形貌观察 (图 4-158)，烧蚀后试样表面均有不同程度的剥离和液化现象。MAS 含量低于 60 wt% 的复相陶瓷试样烧蚀后表面无明显裂纹存在，而当 MAS 添加量达到 70 wt% 时，烧蚀后试样表面可观察到宏观裂纹。试样在高温氧–乙炔焰的冲击下将产生较大的温度差，导致变形无法协调，兼之 MAS 相的弹性模量较大，使试样内部出现较大的热应力，乃至出现宏观裂纹。

图 4-158　不同 MAS 含量 BN-MAS 复相陶瓷经 15 s 烧蚀后的表面宏观形貌

(a) 20 wt%; (b) 30 wt%; (c) 40 wt%; (d) 50 wt%; (e) 60 wt%; (f) 70 wt%

烧蚀边缘区存在着大量的半透明不规则球状烧蚀产物，这是高温下 MAS 软化、h-BN 氧化形成 B_2O_3 等产物在强烈的热应力及高速气流冲刷下所造成的。根据烧蚀后复相陶瓷表面的不同形貌特征，也可将其分为三个区域 (图 4-158(b))：烧蚀中心区 (A 区域)、烧蚀过渡区 (B 区域) 以及热影响区 (C 区域)。

对烧蚀后 MAS 含量为 60 wt% 的试样表面各区域进行物相分析 (图 4-159)，同烧蚀前的物相相比，莫来石相的含量均有所降低，并且各区域均未出现新的物相。其中，烧蚀中心区域和边缘区域的 XRD 图谱中，2θ 在 $20^\circ \sim 30^\circ$ 范围内可观察到明显的非晶衍射峰，这代表试样表面存在着大量的玻璃相。在烧蚀条件下材料所处的为富氧环境，h-BN 倾向于被氧化生成 B_2O_3。而 B_2O_3 可以与 MAS 玻璃共融形成非晶相，因此烧蚀后试样表面存在着较多的非晶相。对于烧蚀过渡区，由于在高温下 MAS 与 B_2O_3 共融形成黏度较低的液相，在高速燃气流的冲刷下液相向烧蚀边缘区流动，而经过烧蚀过渡区时由于温度减低，黏度提高，大量的非晶相留在基体表面。

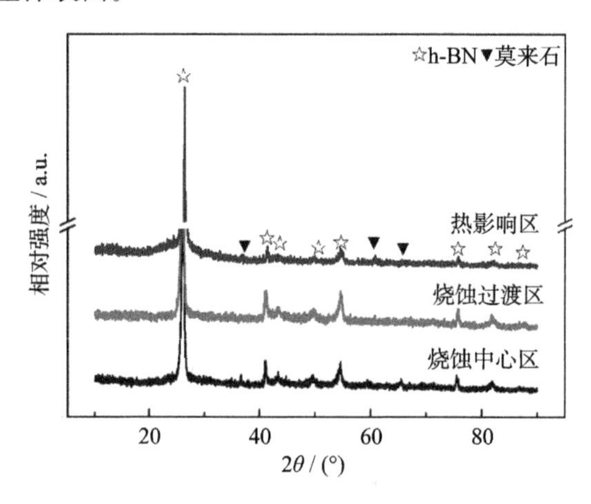

图 4-159　MAS 含量为 60 wt% 的 BN-MAS 复相陶瓷烧蚀表面各区域 XRD 图谱

对 MAS 含量为 60 wt% 的试样烧蚀各区域进行 SEM-EDS 观察 (图 4-160)，烧蚀后复相陶瓷基体表面包含多孔和致密两种形貌。

在烧蚀中心区，由于正对高温燃气流的冲刷，温度也远高于非晶 MAS 及莫来石相的熔点，h-BN 氧化及 MAS 软化和挥发作用明显，因此该区域含有较多气孔，并且可观察到明显的板片状 h-BN 颗粒的剥蚀和 MAS 的液化现象。烧蚀中心区表面的 B 和 N 元素含量较高，代表有较多的 h-BN 颗粒暴露在基体表面，而 Mg、Al 和 Si 元素的含量非常低，这主要是 MAS 在高温下的挥发以及高速燃气流的冲刷导致的。

对于烧蚀过渡区，其表面致密度有所提升但依然存在大量气孔，这是由于烧蚀中心区向过渡区的温度逐渐降低，MAS 的黏度随着温度的降低逐渐提高。但是由于此区域的温度依然较高，B_2O_3 的挥发作用明显，气体挥发后将在表面留下较

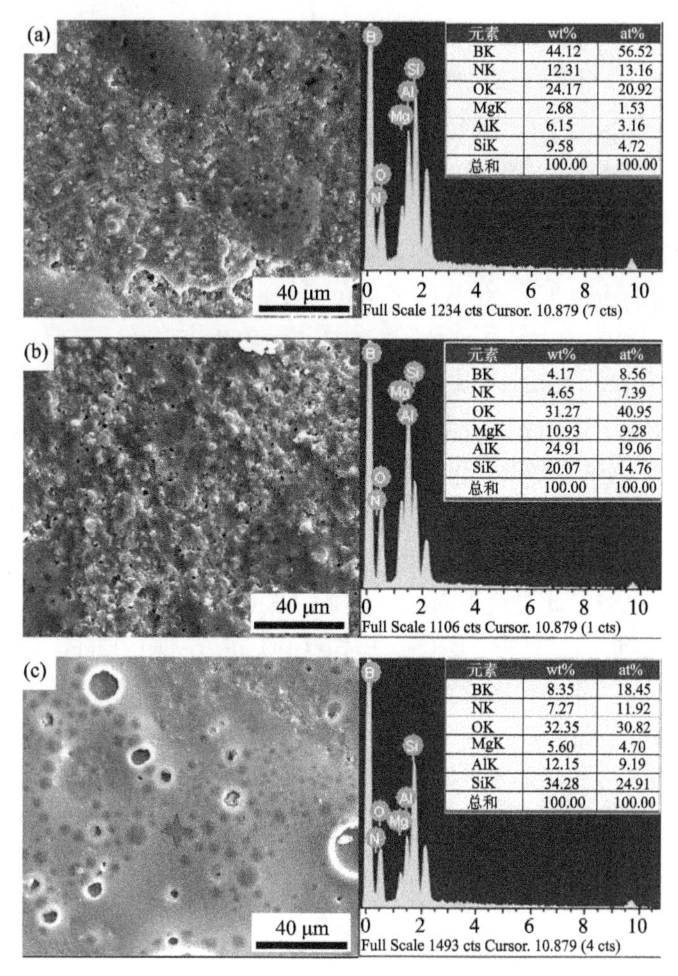

图 4-160　MAS 含量为 60 wt% 的 BN-MAS 复相陶瓷烧蚀后不同区域表面形貌

(a) 烧蚀中心区; (b) 烧蚀过渡区; (c) 热影响区

多的孔洞；此外，燃气流在此处的冲刷力依然较强，而此区域高黏度的 MAS 未能及时将剥蚀掉的坑洞填充。此区域高致密度基体主要由 Al、Si 和 Mg 等元素组成，表明此区域表面 MAS 含量较多，结合 XRD 物相可知此区域的 MAS 是以非晶态形式存在的。高致密度 MAS 基体表面可起到保护层的作用，阻止内部的 h-BN 颗粒的氧化及剥蚀，对提高复相陶瓷的耐烧蚀性能具有积极的作用。在烧蚀中心区和过渡区，BN-MAS 复相陶瓷的烧蚀机制主要是氧化、升华以及机械冲刷的协同作用。

烧蚀边缘区由于远离高温高速燃气流，基体表面受到的冲刷作用较小，因此基体中 h-BN 的氧化将起到主导作用。此时，随着高速氧–乙炔焰由中心区向过渡区及边缘区温度的降低及冲刷力的下降，MAS 的黏度逐渐提高同时 SiO_2 的挥发量也迅速降低，因此在烧蚀边缘区的 Si 含量最高，并且在基体表面形成一层高致密度的玻璃层。这将极大地帮助材料提高其抗氧化性能，进而增强其耐烧蚀性能。

综合分析可知：①在烧蚀的初始阶段，复相陶瓷表面的温度较低，h-BN 的氧化为主要的烧蚀机制，生成的主要氧化产物为 B_2O_3，而 B_2O_3 和 N_2 又将从试样烧蚀表面挥发引起质量损失，因此该阶段的复相陶瓷烧蚀表面存在着大量的小凸起；②随着烧蚀时间的延长，复相陶瓷烧蚀表面温度提高，B_2O_3 和 N_2 将加速挥发导致更高的质量损失率，MAS 也将产生熔化和蒸发，在复相陶瓷表面形成具有较高黏度的镁–铝硼硅酸玻璃，能有效地阻碍氧气向基体内部扩散，从而减少 h-BN 氧化产生的质量损失；③在烧蚀的最终阶段，热化学反应烧蚀和熔融流失将同时发生，烧蚀表面温度升高，镁–铝硼硅酸玻璃黏度降低，易被烧蚀气流冲刷走，表面液态 MAS 层所起到的阻止氧气扩散的作用也将削弱，故复相陶瓷的质量烧蚀率和线烧蚀率均明显增大。此外，由于烧蚀焰的温度高于 SiO_2 和 Al_2O_3 的沸点 (2230℃ 和 2980℃)，因此烧蚀中心区域的 SiO_2 和 Al_2O_3 有明显的挥发。同时，烧蚀焰也将在此温度下流动性较高的 SiO_2 吹向烧蚀边缘区，形成一层致密的玻璃层。在烧蚀过程中，B_2O_3(g)、SiO_2(g) 和 Al_2O_3(g) 的挥发极为有利于降低烧蚀表面温度，故复相陶瓷表面温度稳定在 2080℃ 附近。随着烧蚀时间的增加，复相陶瓷的质量烧蚀率和线烧蚀率明显增大，烧蚀中心区域表面形貌显示出较大的高低起伏，存在着大量的突起和凹坑，为典型的表面热化学烧蚀加熔融流失的特征 (图 4-161)。

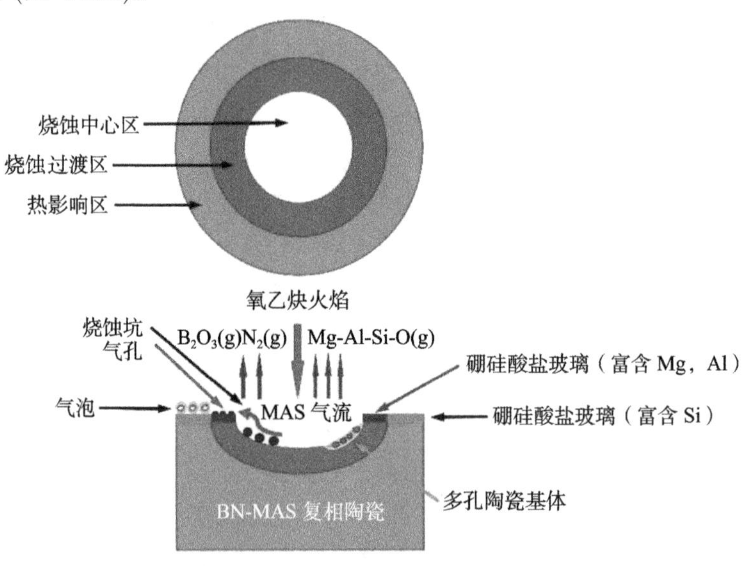

图 4-161　BN-MAS 复相陶瓷烧蚀机理示意图[32]

4.2.3　BN-ZrO_2 系复相陶瓷

二氧化锆 (ZrO_2) 具有优异的烧结活性、力学性能、耐侵蚀性能和化学稳定性，将其作为强韧化第二相添加到 h-BN 基体之中，不仅可有效地提高 h-BN 材料的烧结活性、降低烧结温度，还可进一步提高 h-BN 陶瓷材料的力学性能和耐侵蚀性能。本小节从 ZrO_2 对 h-BN 陶瓷材料力学、抗热震损伤、抗侵蚀、耐摩擦磨损性能方面的强韧化效果进行论述，并简单介绍 BN-ZrO_2 系复相陶瓷材料在实际工程中的应用。

1. BN-ZrO_2 复相陶瓷的力学性能

ZrO_2 陶瓷在烧结的高低温过程中会发生相变，而材料相变导致的体积效应往往会造成陶瓷材料力学性能下降甚至在制备过程中就发生开裂，因此陶瓷材料中往往避免有相变的组元存在。对于 ZrO_2 陶瓷材料，众多研究表明，部分稳定 ZrO_2(partially stabilized zirconia) 反而具有优越的力学性能，特别是 ZrO_2 还具有应力诱导四方相与单斜相之间的马氏体相变的特性，能够有效提高陶瓷材料的抗弯强度和断裂韧性，因此 ZrO_2 相变增韧已成为陶瓷材料广泛应用的强韧化手段。通常采用 ZrO_2 作为 h-BN 陶瓷材料强韧化第二相时，均为部分稳定的 ZrO_2 颗粒 (PSZ)，使其在断裂扩展过程中有效地起到相变增韧作用。也有一些工作采用未稳定的 m-ZrO_2 直接作为增强相，实现 h-BN 基材料的强韧化。这两种途径均可实现 ZrO_2 对 h-BN 陶瓷材料的强韧化，但强韧化机理和使用环境却有所区别和差异。

1) 部分稳定的 ZrO_2 颗粒强韧化 h-BN 复相陶瓷

液相辅助热压烧结工艺是制备 BN-ZrO_2 复相陶瓷材料的常用手段之一。常用的 BN-ZrO_2 复相陶瓷材料烧结助剂有三氧二硼 (B_2O_3)、二氧化硅 (SiO_2)、氧化钇 (Y_2O_3)、氟化钙 (CaF_2)、钇铝石榴石 (Al_2O_3-Y_2O_3) 等。

B_2O_3 与 h-BN 具有较好的化学相容性并且熔点较低，在烧结制备过程中极易形成液相从而促进烧结致密化，是 h-BN 陶瓷材料最常用的液相烧结助剂。当烧结温度超过 900℃ 时 B_2O_3 开始形成液相，对降低 h-BN 陶瓷烧结温度和改善致密性有促进作用。加入少量 B_2O_3 作为烧结助剂，可使 BN-ZrO_2(3Y) 复相陶瓷材料在 1750℃ 开始致密化，并于 1830℃ 完全致密化，其抗压强度可以达到 310 MPa，而单相 h-BN 陶瓷材料的抗压强度最高仅为 125 MPa[33]。但采用 B_2O_3 作为烧结助剂，由于其沸点低、容易吸潮等缺点，在高温烧结过程中极易出现大量挥发现象，降低了液相烧结作用。同时残余的 B_2O_3 存在吸潮现象和弱化晶界等缺点，影响 h-BN 材料的稳定性，过多残留的 B_2O_3 也会导致材料力学性能变差，B_2O_3 的质量分数控制在 5% ~ 15% 为宜。

为避免 B_2O_3 所带来的挥发和吸潮等不利影响，以 SiO_2 作为液相烧结助剂，在 1800℃、25 MPa 的烧结工艺下可获得致密度为 97.5% 的 68 vol% BN-15 vol% ZrO_2(3Y)-17 vol% SiO_2 复相陶瓷材料，其抗弯强度可达到 229.9 MPa[34]。采用 Al_2O_3 和 CaO 作为复合烧结助剂，Y_2O_3 作为相变稳定剂，在 1800℃、40 MPa 的烧结工艺下可获得致密度大于 90% 的 BN-ZrO_2 复相陶瓷材料。与 h-BN 陶瓷材料相比，添加 ZrO_2 不仅有效地提高了 BN-ZrO_2 复相陶瓷材料的致密度，还实现了 BN-ZrO_2 复相陶瓷材料的强韧化，当 ZrO_2 含量为 20 vol% 时，其抗弯和抗压强度分别达到了 72.9 MPa 和 324.5 MPa[35]。

但对比发现，采用添加 Y_2O_3 相变稳定剂的方式制备 BN-ZrO_2 复相陶瓷材料的抗弯强度明显低于直接采用部分稳定的 ZrO_2(3Y) 颗粒所制备材料的抗弯强度。由此可知，残留的低熔点脆性相降低了 ZrO_2(3Y) 颗粒对 h-BN 陶瓷材料的强韧化效果。Zhang 等在不添加任何低熔点烧结助剂的情况下，在 1600 ~ 1650℃、30 MPa 的制备工艺条件下制备了 BN-ZrO_2(3Y) 复相陶瓷材料体系，并详细研究了断裂前后 t-ZrO_2 的相变量，结果表明在断裂过程中 t-ZrO_2 向 m-ZrO_2 转变，即在裂纹扩展过程中，裂纹尖端受到ZrO_2(3Y) 颗粒的阻碍，裂纹尖端应力场诱发了 t-ZrO_2 的相变并消耗了裂纹扩展的能量，因此可大幅提高陶瓷材料的强度和韧性。但随着复相陶瓷中 h-BN 含量的提高，这种应力诱发相变增韧的作用却开始削弱，当 h-BN 含量为 40 vol% 时，BN-ZrO_2(3Y) 复相陶瓷中残余应力诱发相变增韧的 t-ZrO_2 体积仅为 3.52 vol%，并且断裂韧性也开始快速降低。这也说明，部分稳定的 ZrO_2(3Y) 颗粒对 h-BN 复相陶瓷材料的强韧化机理中，应力诱发 ZrO_2 相变增韧的效果并不明显，特别是当 h-BN 含量较高时，ZrO_2 与 h-BN 颗粒之间的润湿性较差，ZrO_2 颗粒增强相与 h-BN 基体之间较难形成有效的扩散互溶和界面结合。这样的异相颗粒之间的弱界面结合和 h-BN 基体内本征的层片结构层间弱界面，导致了裂纹更容易在这些弱界面中扩展萌生，从而削弱了应力诱导 t-ZrO_2 相变增韧的效果。ZrO_2(3Y) 颗粒对 h-BN 陶瓷的强韧化机理中依然是传统的第二相颗粒强韧化最为主要。

2) 非稳定的 m-ZrO_2 颗粒强韧化 h-BN 复相陶瓷

直接采用 m-ZrO_2 颗粒作为强韧化第二相时，可有效避免由相变稳定剂失效所导致的陶瓷材料在使用过程中发生突然失效甚至碎裂的潜在危险，此外在某些高温高压和强侵蚀条件下，稳定剂极易从 ZrO_2 颗粒中脱溶。因此，直接应用 m-ZrO_2 颗粒强韧化 h-BN 基陶瓷材料在某些特定领域将有着特殊的服役性能稳定性。但必须要注意 m-ZrO_2 在烧结制备过程中发生 t-ZrO_2 与 m-ZrO_2 两相之间的马氏体相变并由于相变所伴随的体积效应，ZrO_2 颗粒与 h-BN 基体之间存在较大的应力失配，极易造成 h-BN 基体开裂导致力学性能严重下降，或者造成两相之间的开裂，在裂纹扩展过程中，裂纹仅仅在基体中扩展而避开增韧颗粒，从而失去了颗粒强韧化 h-BN 基体材料的作用。已有研究表明，直接采用 m-ZrO_2 所制备的 BN-30 vol% ZrO_2 复相陶瓷材料，材料中存在大量明显的裂纹，导致材料力学性能明显下降，甚至在制备过程中就出现了开裂现象。当采用 Y_2O_3 作为 m-ZrO_2 的相变稳定剂，10 wt% (Al_2O_3-CaO) 作为烧结助剂时，部分 Y_2O_3 与 Al_2O_3 反应造成 ZrO_2 的相变稳定性不足，导致 BN-ZrO_2 复相陶瓷材料的抗弯强度仅为 72.9 MPa[36]。当采用 10vol% 的含 SiO_2 复合烧结助剂，在 1600℃、30 MPa 的烧结工艺下制备 55 vol% BN-ZrO_2 复相陶瓷材料时，其致密度可达到 97.7%，材料的抗弯强度可达 235 MPa[37]。

h-BN 与 ZrO_2 之间的热应力失配也是削弱 ZrO_2 颗粒强韧化 h-BN 基陶瓷材料的另一影响因素。h-BN 垂直于 c 轴方向的热膨胀系数为 2.9×10^{-6}/℃，平行于 c 轴方向的热膨胀系数为 40.5×10^{-6}/℃，而 ZrO_2 的热膨胀系数为 10.1×10^{-6}/℃，由此可知两者之间存在较大的热膨胀失配现象，寻求一种热膨胀处于两者之间的第二相，是缓解 h-BN 与 ZrO_2 之间热应力的有效途径之一。SiC 垂直于 c 轴方向的热膨胀系数为 4.46×10^{-6}/℃，平行于 c 轴方向的热膨胀系数为 4.16×10^{-6}/℃，将其作为第二相可有效缓解 h-BN 与 ZrO_2 之间的热膨胀失配，将 SiC 添加到 BN-ZrO_2 材料体系中，还有利于进一步改善 BN-ZrO_2 复相陶瓷材料的力学性能[36]。对于 70 vol% BN-ZrO_2-SiC 复相陶瓷材料体系，当 ZrO_2 含量为 25 vol% 时，复相陶瓷的抗弯强度为 254 MPa，而随着 SiC 含量的提高，复相陶瓷材料抗弯强度出现先增加后降低的变化趋势，在 SiC 体积含量为 15 vol% 时，复相陶瓷材料的抗弯强度达到最大值 306 MPa，继续增加 SiC 的含量则削弱了 ZrO_2 作为增强相的强韧化作用。断裂韧性则随着 SiC 含量的增加整体出现了缓慢下降的变化趋势，BN-SiC 复相陶瓷材料的断裂韧性最高仅为 $3.45\sim4.72$ MPa·m$^{1/2}$，小于添加 ZrO_2 相制备的 BN-ZrO_2-SiC 复相陶瓷材料体系[36,37]，可见第二相 ZrO_2 颗粒的添加有力地提高了复相陶瓷的断裂韧性。复相陶瓷在高温烧结过程时，ZrO_2 以四方相 (t) 的形式存在，而在复相陶瓷烧结致密化后的冷却过程中，t-ZrO_2 受到周围致密陶瓷基体束缚，抑制了部分四方相到单斜相之间的相变，导致复相陶瓷中存在一定量的 t-ZrO_2。在外力作用时 t-ZrO_2 颗粒解除了应力约束，发生四方相向单斜相的转变，使裂纹延伸需要更大的能量才能扩展，即 ZrO_2 相变吸收了裂纹尖端扩展能量，起到了相变增韧的作用。此外，当 ZrO_2 含量高于 20 vol% 时，ZrO_2 相变导致复相陶瓷中存在大量的微裂纹。在裂纹扩展过程中，裂纹的萌生和扩展途径由于受到微裂纹影响出现了偏转和尖端应力松弛，分散主裂纹尖端能量，提高了复相陶瓷断裂过程中裂纹扩展所需的能量，所以复相陶瓷的断裂韧性有所提升。固定 SiC 在 BN-ZrO_2 复相陶瓷材料中的含量，复相陶瓷的抗弯强

度和断裂韧性均随 ZrO_2 含量的升高而单调升高[38]。当 ZrO_2 的含量为 10 vol%时，BN-ZrO_2-SiC 复相陶瓷材料的抗弯强度和断裂韧性分别仅为 251 MPa 和 4.79 MPa·$m^{1/2}$，而当 ZrO_2 含量升高为 40 vol% 时，BN-ZrO_2-SiC 复相陶瓷材料的抗弯强度和断裂韧性分别提高到 346 MPa 和 5.79 MPa·$m^{1/2}$，其抗弯强度较前者增加了 38%。此外，当烧结压力大于 80 MPa 时，BN-ZrO_2-SiC 复相陶瓷材料在 1300℃ 的低温下即可实现材料的致密化，其致密度可达到 95% 以上，抗弯强度依然可达到 220 MPa 以上，并且由于其低温烧结致密化，BN-ZrO_2-SiC 复相陶瓷材料的晶粒细小，所制备的复相陶瓷材料的硬度得到明显的提升。BN-20 vol% ZrO_2-SiC 复相陶瓷材料的硬度可达到 2.46 GPa，高于传统高温热压烧结制备的复相陶瓷材料体系 (其硬度值为 1.86 GPa)[39]。

3) 非晶晶化法制备 ZrO_2 强韧化 h-BN 基复相陶瓷

采用化学方法合成 t-BN 代替 h-BN 作为原料能有效地避免卡片房式结构的产生，并有效提高 BN 的烧结活性，降低复相陶瓷的烧结温度。以硼酸和尿素分别作为 B、N 源，N_2 或 H_2 作为保护气体, 在相对低的温度 (650 ~ 700℃) 下制备湍层状氮化硼 (t-BN) 纳米粉末和 t-BN 纳米包覆 ZrO_2 胶囊粉体，而后经过 450℃ 空气中煅烧除去杂质, 得到纯净的 t-BN 纳米包覆粉体[38]。再将其在 1500℃ 以上进行高温煅烧或热压烧结，在烧结过程中湍层状 t-BN 纳米包覆粉体高温结晶为层片结构的 h-BN 粉体包覆 ZrO_2 胶囊粉体，从而可得 ZrO_2 颗粒增强 h-BN 复相陶瓷材料，采用此种氨化反应所制备的 BN 颗粒原位包覆 ZrO_2 颗粒的复合粉体中，BN 的体积含量最高可达到 50 vol%(图 4-162、图 4-163)[40]。采用湍流层状或非晶 BN 颗粒原位包覆 ZrO_2 颗粒的复合粉体制备的 ZrO_2-30 vol %BN 复相陶瓷，抗弯强度和断裂韧性可达到 774 MPa 和 8.5 MPa·$m^{1/2}$，是传统采用粉末混合方式制备复相陶瓷力学性能的两倍左右 (图 4-164)[40,41]。尽管无定形或非晶 BN 可以提高烧结活性，降低烧结过程中层片状 h-BN 形成卡片房式结构的概率，但制备高体积含量的复合粉体时，容易出现氮化反应不完全，氧化硼黏度调控困难，颗粒之间分散不均匀以及氧化硼挥发严重等实际工艺问题，不易制备高体积 h-BN 含量的 BN-ZrO_2 复相陶瓷材料，并且在材料组分设计中还需要考虑 ZrO_2 颗粒相变及其稳定性的问题，若直接采用 m-ZrO_2 颗粒，由于制备

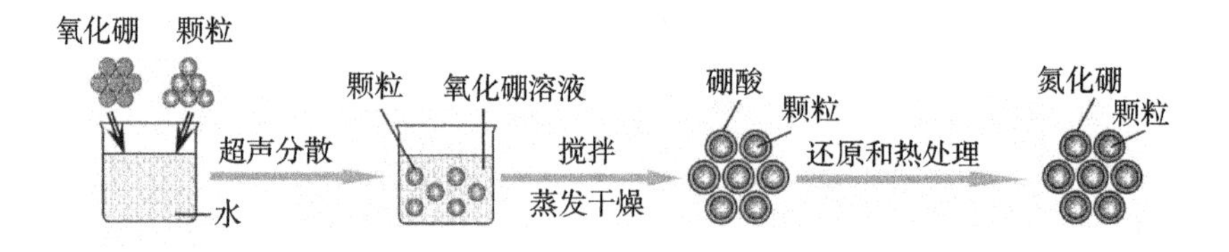

图 4-162　ZrO_2 颗粒表面包覆 BN 工艺过程示意图[40]

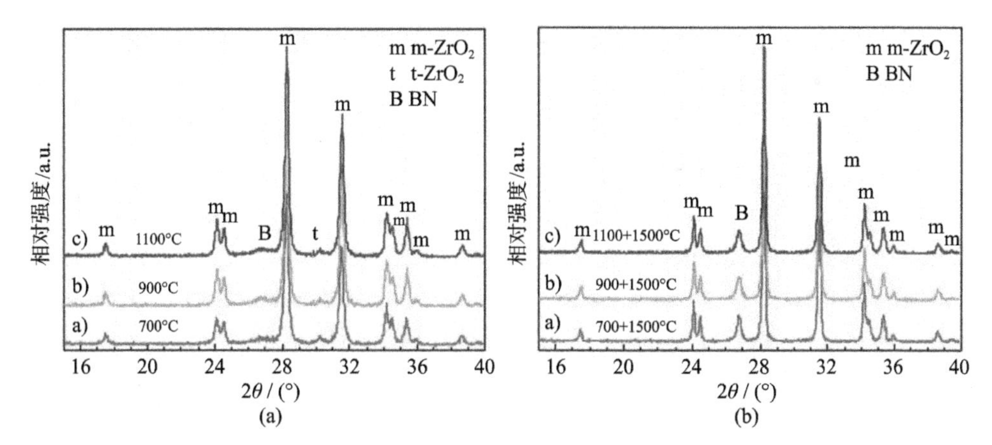

图 4-163　包覆 BN 的 ZrO_2 复合粉体在氨气中不同温度处理 (a) 及后续 1500℃ 的氮气下保温后 (b) 的 XRD 图谱[40]

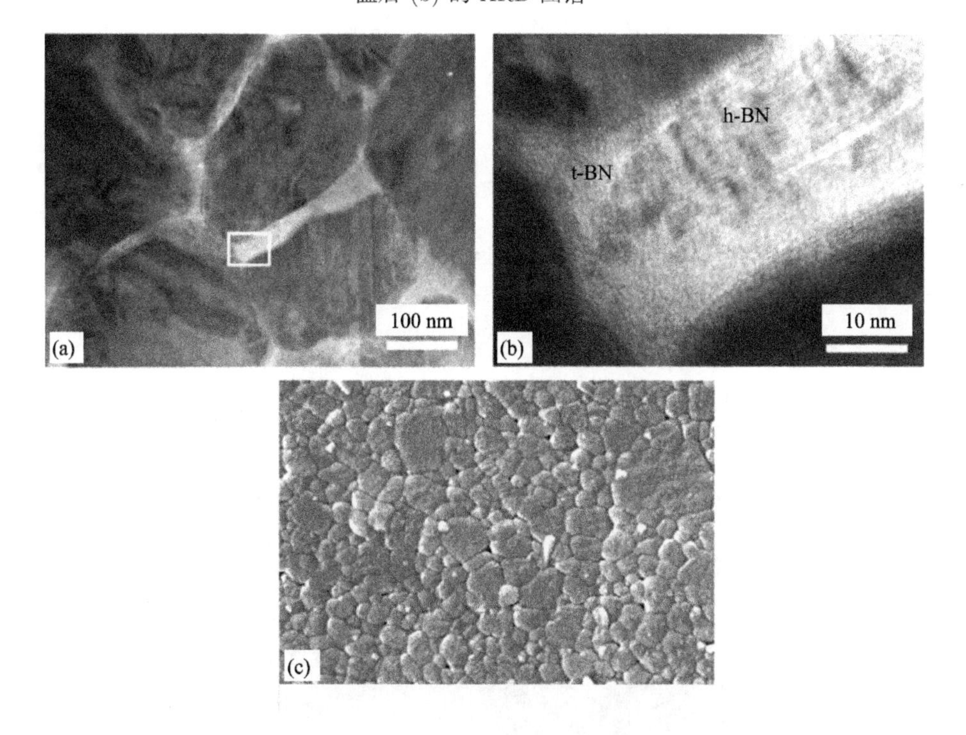

图 4-164　3Y-ZrO_2/20 vol% BN 纳米复相陶瓷 TEM 显微照片

(a) 低倍照片；(b) 图 (a) 中区域的高倍照片，显示 ZrO_2 基体与 BN 之间的界面结构；(c) 没有添加 BN 的相应热压烧结 3Y-ZrO_2 材料的 SEM 显微照片[40,41]

过程中 ZrO_2 的相变容易造成复相陶瓷材料力学性能降低甚至制备的试样发生开裂，而采用稳定或部分稳定 ZrO_2 颗粒 (FSZ 或 PSZ)，则需考虑氨化氮化过程中稳定剂的脱溶析出等问题，其粉末合成工艺控制较为复杂，也很难实现大型构件的制备和大规模的生产。

此外，还可以将 h-BN 采用球磨的方式制备出非晶或纳米晶态粉末，在烧结中可避免 h-BN 层片结构所造成的卡片房式结构，从而有力地促进烧结致密化和实现 h-BN 基陶瓷材料的强韧化 (图 4-165、图 4-166)。表 4-10 汇总了 BN-ZrO_2 系复相陶瓷材料的力学性能。

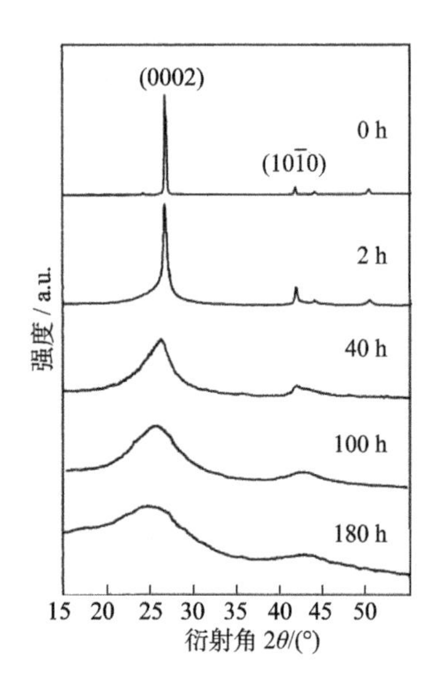

图 4-165　研磨不同时间的 h-BN 粉末 XRD 图谱

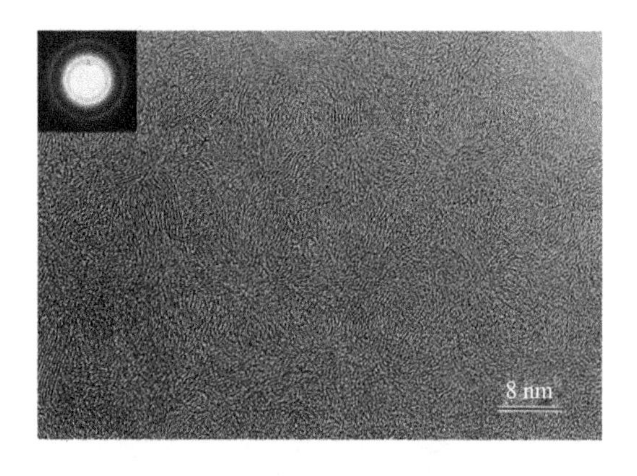

图 4-166　研磨 180h 制备的 h-BN 试样的 HRTEM 相，表明非晶和纳米晶共存

表 4-10 BN-ZrO_2 系复相陶瓷材料的力学性能

材料	抗弯强度/MPa	弹性模量/GPa	断裂韧性/(MPa·$m^{1/2}$)	硬度/GPa	参考文献
BN-4% B_2O_3	95	35	—	—	[33]
BN-B_2O_3-CaO	40	30	—	—	[33]
BN-10 wt% (Al_2O_3-CaO)	51.8	—	—	—	[34]
BN-5 wt% ZrO_2-10 wt% (Al_2O_3-CaO)	56.8	—	—	—	[34]
BN-10 wt% ZrO_2-10 wt% (Al_2O_3-CaO)	66.2	—	—	—	[34]
BN-15 wt% ZrO_2-10 wt% (Al_2O_3-CaO)	67.3	—	—	—	[34]
BN-20 wt% ZrO_2-10 wt% (Al_2O_3-CaO)	72.9	—	—	—	[34]
BN-15 vol% ZrO_2(3Y)-17 vol% SiO_2	229.9	60.8	3.55	—	[35]
BN-30 vol% ZrO_2(3Y)-10 vol% SiO_2	183	—	—	—	[37]
BN-5 vol% ZrO_2-25vol% SiC	290	79.1	3.5	1.87	[36]
BN-10 vol% ZrO_2-20 vol% SiC	290	70.9	5.92	1.89	[36]
BN-15 vol% ZrO_2-15 vol% SiC	306	4.72	—	—	[35]
BN-20 vol% ZrO_2-10 vol% SiC	292	61.5	5.40	1.86	[36]
BN-25 vol% ZrO_2-5 vol% SiC	254	58.5	5.51	1.80	[36]
BN-10 vol% ZrO_2-10 vol% SiC	251	55.3	4.79	1.51	[38]
BN-30 vol% ZrO_2-10 vol% SiC	314	71.1	5.67	2.11	[38]
BN-40 vol% ZrO_2-10 vol% SiC	346	85.3	5.79	2.69	[38]
BN-70 vol% ZrO_2(3Y)	774		~ 8.5		[41]
BN-80 vol% ZrO_2(3Y)	~ 850		~ 9.0		[41]
BN-90 vol% ZrO_2(3Y)	~ 900		~ 9.5		[41]

2. BN-ZrO_2 复相陶瓷的抗热震性能

h-BN 材料具有良好的抗热震性能，ZrO_2 的添加不仅可有效提高 h-BN 基复相陶瓷材料的力学性能，也能够较好地保留 h-BN 本征优良的抗热震性能，使得 BN-ZrO_2 复相陶瓷材料也具有较为优良的抗热震损伤性能。将体积含量为 15 vol% 的 ZrO_2(3Y) 添加到 BN-SiO_2 基体之中所制备的 BN-15 vol% ZrO_2(3Y)-17 vol% SiO_2 复相陶瓷材料，经过温差为 700℃、900℃ 和 1100℃ 的热震后，残余抗弯强度保持率可达 74.9%、67.7% 和 58.7%。进一步增加 ZrO_2(3Y) 的体积含量，所制备的 BN-30 vol% ZrO_2(3Y)-10 vol% SiO_2 复相陶瓷材料经过温差为 900℃ 的热震后，其残余抗弯强度也可保持在 78.5% 以上[37]。而采用 ZrO_2 和 SiC 作为第二相增强相时，所制备的 BN-10 vol% ZrO_2-20 vol% SiC 复相陶瓷材料，在相同的热震温差条件下，其热震残余抗弯强度较采用 SiO_2 作为烧结助剂的 BN-ZrO_2 复相陶瓷材料有所降低，但其残余抗弯强度保持率仍可达到 65% 以上。随着 ZrO_2 体积含量的提高，BN-ZrO_2 复相陶瓷材料的抗热震性能下降明显，特别是 ZrO_2 体积含量达到 40 vol% 以上时，BN-ZrO_2 复相陶瓷材料热震后表面出现明显的裂纹，并且发生热震断裂现象[38]。因此，尽管 ZrO_2 的加入提高了复相陶瓷的力学性能，但也引起了其非均匀膨胀从而造成热震过程中的热失配。从不同 ZrO_2 含量复相陶瓷热膨胀量和热膨胀系数随温度的变化曲线 (图 4-167) 可见，随 ZrO_2 含量的升高，不仅提高了复相陶瓷的热膨胀系数，还引起了其非线性热膨胀。在 600 ~ 900℃ 复相陶瓷的热膨胀量和热膨胀系数快速增大，而 900 ~ 1200℃ 由于 ZrO_2 的相变导致热膨胀系数下降。这种非线性的热膨胀变化导致热应力的不均匀变化，不利于材料抗热震性。而对于 ZrO_2 含量低的复相陶瓷，其热膨胀量随温度的变化基本呈现线性的变化趋势，并且热膨胀系数明显低于其他材料体系，热震过程中受外界温度变化而在材料内部所产生的热应力较小，有利于提高复相陶瓷的抗热震性能。

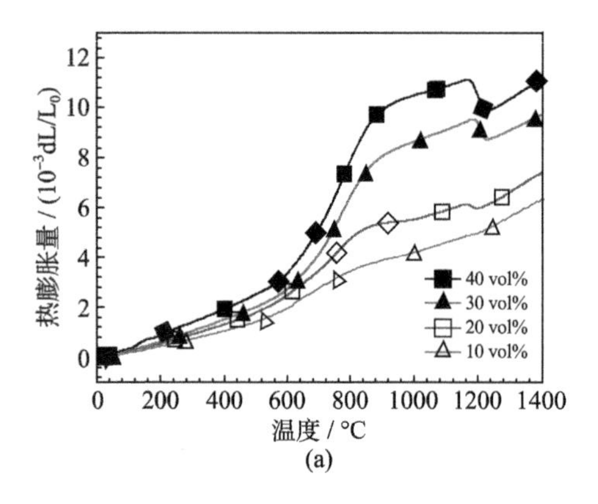

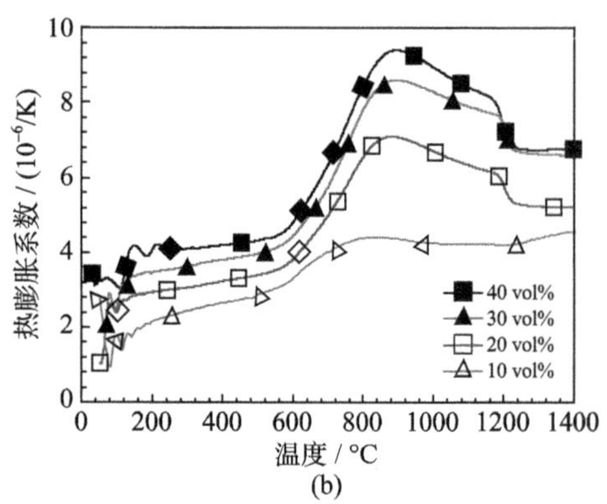

图 4-167 BN-ZrO_2-10SiC 复相陶瓷的热膨胀量 (a) 以及热膨胀系数 (b) 随温度的变化曲线[37]

当热震温差高于 1000℃ 时，BN-ZrO_2 复相陶瓷热震残余抗弯强度出现上升的趋势，甚至其残余抗弯强度高于其原始抗弯强度值。对空气和氮气不同加热环境下 BN-ZrO_2-SiC 复相陶瓷热震残余抗弯强度变化趋势的对比研究表明，当热震温差小于 800℃ 时，两种气氛下热震残余抗弯抗弯强度的大小及变化趋势基本保持一致，均随热震温差的升高而下降。但当热震温差大于 800℃ 时，残余抗弯强度变化趋势出现了明显的差异。在空气气氛中热震残余抗弯强度开始出现上升的趋势，而在氮气气氛条件下的热震残余抗弯强度则呈继续下降的趋势 (图 4-168)。造成两者差异的主要原因是在空气中热震的升温过程，试样表面受到氧化生成一层较为致密的玻璃相氧化层。BN 等非氧化物组分在温度高于 900℃ 时开始发生氧化现象，例如，新生成的 B_2O_3 与 SiO_2 可形成共熔物硼硅酸玻璃相 ($SiO_2 \cdot B_2O_3$)，SiO_2 与 ZrO_2 发生反应生成 $ZrSiO_4$ 相。对经过不同温差 ΔT 热震后 BN-ZrO_2-SiC 复相陶瓷试样的表面组织形貌观察发现 (图 4-169)，当热震温差为 900℃ 时，表面出现了类似玻璃相的氧化层。随着热震温度的进一步升高 (ΔT = 1100℃)，

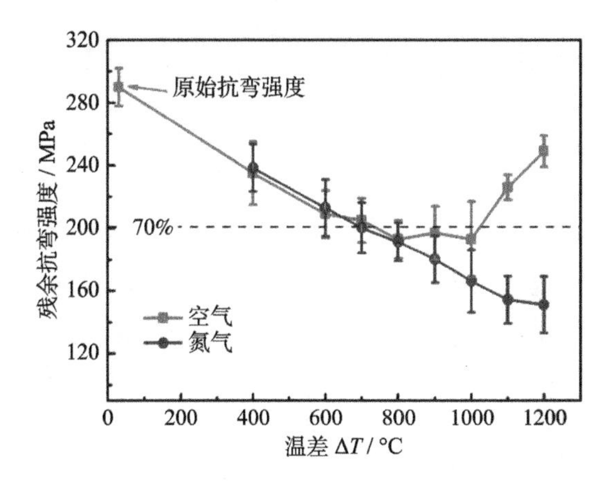

图 4-168 在空气和氮气条件下，BN-ZrO_2-SiC 复相陶瓷材料热震残余抗弯强度变化趋势[36]

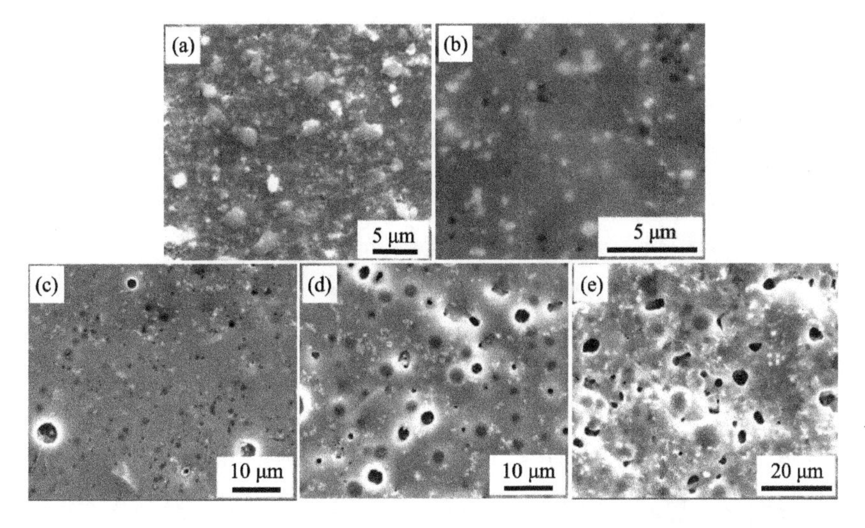

图 4-169 在空气气氛中，不同温差 ΔT 热震后 BN-ZrO_2-SiC 复相陶瓷材料表面组织形貌[36]

(a) 800°C; (b) 900°C; (c) 1000°C; (d) 1100°C; (e) 1200°C

表面氧化层中出现了大量的棱柱型的新物相 $ZrSiO_4$。同时，温度的升高也有利于氧化层厚度的增加和 $SiO_2 \cdot B_2O_3$ 玻璃相黏度的下降以及流动性提高，使氧化层在材料表面均匀铺展，这种玻璃相对表面微裂纹有着自愈合和防止裂纹大量快速萌生的作用，有利于热震残余抗弯强度的提高[36]。此外，由于试样表面的氧化层的存在，降低了材料基体与冷却介质之间的热传导，降低了温度梯度和试样的冷却速度，所以试样经过相同热震温差后的残余热震强度明显得到提升。由此可知，在氧化环境下，向 BN-ZrO_2 复相陶瓷材料中添加可氧化形成致密氧化层的物相有利于高温段抗热震性能的提升。SiC 是优良的抗氧化添加剂，在 h-BN 复相陶瓷材料氧化过程中可形成 $SiO_2 \cdot B_2O_3$ 玻璃相并可提高氧化玻璃相的流动性。添加

20 vol% SiC 的 $BN-ZrO_2-SiC$ 复相陶瓷材料经过 $\Delta T=1000$℃ 热震后其残余抗弯强度保持率仍可以达到 66.5% 以上，较添加低含量 SiC 的 $BN-ZrO_2-SiC$ 复相陶瓷材料有着明显的提升[36]。

3. $BN-ZrO_2$ 复相陶瓷的抗熔融金属侵蚀性能

h-BN 及其复相陶瓷材料具有优良的化学稳定性与熔融金属不润湿和耐侵蚀性能，被广泛应用于金属冶炼行业[33,38,42−45]。但针对 h-BN 及其复相陶瓷材料的抗熔融金属侵蚀性能的研究公开报道较少，多数为采用 h-BN 作为改性第二相的 SiAlON-BN、Al_2O_3-BN、AlN-BN、TiN-BN 等复相陶瓷材料体系，且所报道的研究结果尚未形成系统。近些年，随着短流程和高纯金属冶炼技术的快速发展，$BN-ZrO_2$ 复相陶瓷材料在金属冶炼环境中的抗熔融金属侵蚀性能逐渐受到重视[45,46]。

抗钢水侵蚀性能涉及多种侵蚀机理的共同作用，如热力学、物理化学以及力学性能等各方面指标。其影响因素也众多，包括材料的热膨胀系数、抗热震性能、抗氧化性、烧结助剂、熔融金属种类、温度、时间和材料的孔隙率等。综合来看，钢水侵蚀机理一般可分为以下几个方面[38,47−49]：①材料与钢水发生物理化学作用；②钢水在材料中扩散，腐蚀材料的晶界；③材料中一些低熔点物相析出降低了界面结合力，使材料发生剥落溶解；④材料与钢水发生冲蚀、剥落。

在高温环境下，$BN-ZrO_2$ 复相陶瓷材料与钢水直接接触，在接触面处发生典型的固液反应，即形成了钢水对材料的侵蚀。侵蚀过程不仅包含与钢水发生固液反应的化学侵蚀过程，也涉及了材料与钢水之间的相互润湿、材料向钢水中的溶解以及钢水向材料内部的渗透等复杂的物理侵蚀过程。因此，材料的服役寿命主要取决于两个方面：①材料的化学稳定性和化学相容性，即从热力学的角度上考虑材料自身的稳定性和与高温钢水接触时是否发生化学反应以及化学反应程度；②材料的组织结构，即材料的致密度和气孔存在形式，从动力学的角度上决定了材料与钢水之间的渗透速率和化学反应快慢程度。此外，在侵蚀过程中钢水还可通过侵蚀界面向材料内部渗透等因素导致材料失效变质，甚至表面脱落。

哈尔滨工业大学和密苏里科技大学的研究人员分别对 $BN-ZrO_2-SiC$ 复相陶瓷的抗钢水侵蚀性能进行了详细系统的研究[47−50]。由侵蚀后 $BN-ZrO_2-SiC$ 复相陶瓷材料与钢水之间的宏观形貌以及所形成的侵蚀残留层显微组织形貌 (图 4-170) 可见，经过侵蚀后试样的宏观形貌变化不大，但在试样与钢水之间形成明显的侵蚀残留层，并且侵蚀层中 SiC 的含量较低，存在 SiC 消耗层[47,49]。侵蚀残留层与材料基体结合良好，没有出现大面积的脱落现象，但所形成的侵蚀残留层与钢水不润湿，在降温过程中，侵蚀残留层与钢水之间明显分离，侵蚀残留层由临近钢水的多孔层和临近材料基体的较为致密的过渡层组成 (图 4-171)。结

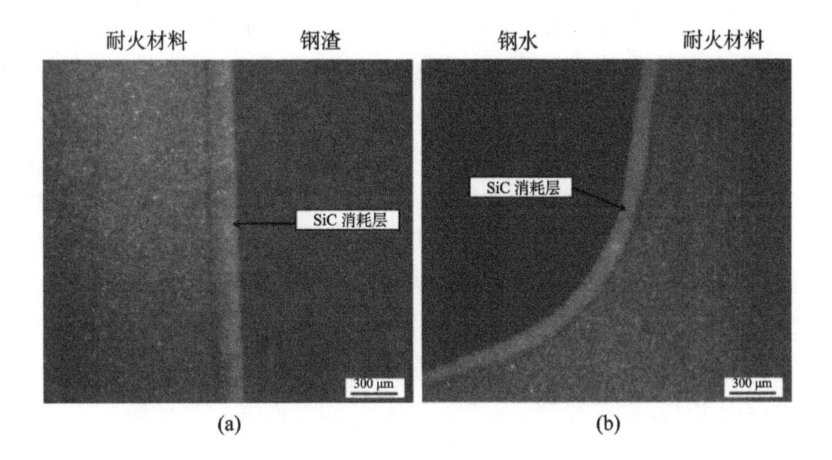

图 4-170 BN-ZrO_2-SiC 复相陶瓷与钢渣 (a) 和钢水 (b) 之间界面的阴极发光显微照片[47]

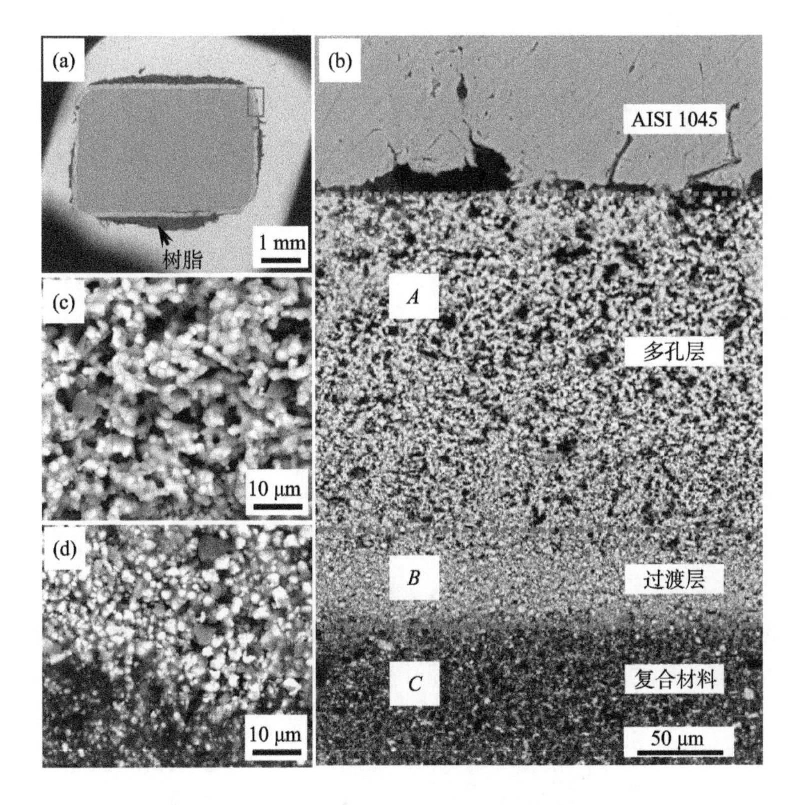

图 4-171 在 1600℃ 侵蚀 40 min 后复相陶瓷材料的截面组织以及侵蚀残留层形貌[49]

(a) 截面宏观照片; (b) 侵蚀层显微组织形貌;

(c) A 区域显微组织形貌; (d) B 区域显微组织形貌

合各区域的元素分析结果 (表 4-11)，在多孔层 (A 区) 中存在大量连通状态的孔洞并且没有明显观察到黑色相 h-BN 颗粒的存在，即材料中 h-BN 组分被钢液完全侵蚀，残留的 ZrO_2 相形成了多孔层，部分 ZrO_2 颗粒呈现圆球形，颗粒晶界清晰可见，并且颗粒之间形成明显的烧结颈。而过渡层 (B 区) 受到的钢水侵蚀较为轻微，依然可以发现 h-BN 颗粒的存在，但含量却明显低于原始复相陶瓷，并且 ZrO_2 颗粒的棱角分明，没有发现明显被侵蚀的痕迹。临近钢水的 A 区在高温侵蚀过程中直接接触钢水，钢水对材料剧烈侵蚀，并且钢水量非常充足，区域 A 处的钢水不受溶解饱和度和化学反应浓度的影响，仅考虑材料组分与钢水之间的相互作用即可，在侵蚀过程中 h-BN 颗粒被完全侵蚀，残留的 ZrO_2 颗粒直接暴露在高温钢水中，ZrO_2 颗粒受到高温钢水的化学侵蚀而形成明显的晶界。随着 B 区侵蚀深度的增加，钢水向材料中渗透的距离逐渐增加，并且受到 ZrO_2 所形成的侵蚀残留层阻挡，钢水向内部浸渗的阻力增大，侵蚀残留层内部的钢水量随之减少，这可以从不同区域中 Fe 的元素含量变化可以得到证实，即 A 区中的 Fe 含量为 7.18 at%，而 B 区中的 Fe 含量仅为 2.37 at%。此外，由于受到外层侵蚀残留层的阻挡，钢水中元素的扩散明显降低，在 B 区中的钢液极其容易受到溶解饱和度和化学反应浓度的影响，导致侵蚀残留层各部分受到钢水的侵蚀程度不同，在临近材料基体处的组织异于外层结构，即在多孔层与基体之间存在的较为致密的过渡层[47−49]。

表 4-11　如图 4-171 所示的侵蚀残留层中 A 区、B 区以及 C 区的 EDS 分析结果[49]

元素含量/at%	B	N	O	Si	Fe	Zr
A 区	7.13	18.32	43.30	0.93	7.18	23.14
B 区	8.31	24.93	36.92	0.76	2.37	26.72
C 区	21.78	49.27	13.46	0.46	0.53	14.49

由不同 ZrO_2 含量的 BN-ZrO_2-SiC 复相陶瓷侵蚀残留层的截面组织形貌 (图 4-172) 可见，随着 ZrO_2 含量的升高，侵蚀残留层中开始出现了较为明显的双层结构，即临近钢水的多孔层和临近材料基体较为致密的过渡层，并且过渡层厚度占总侵蚀残留层厚度的比例逐渐变大。特别是复相陶瓷 BN-40 vol% ZrO_2-SiC 的侵蚀残留层致密度较高，没有发现明显的孔洞存在，这表明 ZrO_2 含量的增加有利于侵蚀残留层的形成，特别是具有致密结构的侵蚀残留层的形成。侵蚀残留层可有效阻挡钢水继续向材料基体内部的渗透和扩散，也为过渡层区域的形成和发育提供了有力的保障。钢水对于复相陶瓷的侵蚀深度随 ZrO_2 含量的增加而减少，当侵蚀时间为 40 min 时，BN-10 vol% ZrO_2-SiC 复相陶瓷 (Z_4OS_{10}) 的侵蚀深度高达 669 μm，而 BN-40 vol% ZrO_2-SiC 复相陶瓷仅为 280 μm。材料侵蚀速率均

随侵蚀时间的增加而逐渐降低，当侵蚀时间小于 30 min 时，随侵蚀时间的增加侵蚀速率下降较快，而当侵蚀时间高于 30 min 时，侵蚀速率随侵蚀时间的增加而变化缓慢，可以认为此时的侵蚀速率趋于稳定 (图 4-173)。侵蚀残留层的形成及厚度的增加有利于减缓钢水对材料的侵蚀，提高了抗侵蚀性能[49]。

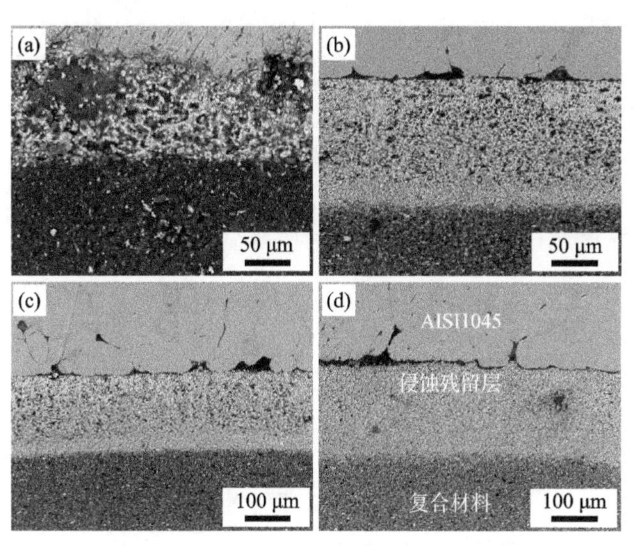

图 4-172　在 1600℃ 钢水中侵蚀 40 min 后不同 ZrO_2 含量的 BN-ZrO_2-SiC 复相陶瓷侵蚀残留层的截面组织形貌[46]

(a) 10 vol%; (b) 20 vol%; (c) 30 vol%; (d) 40 vol%

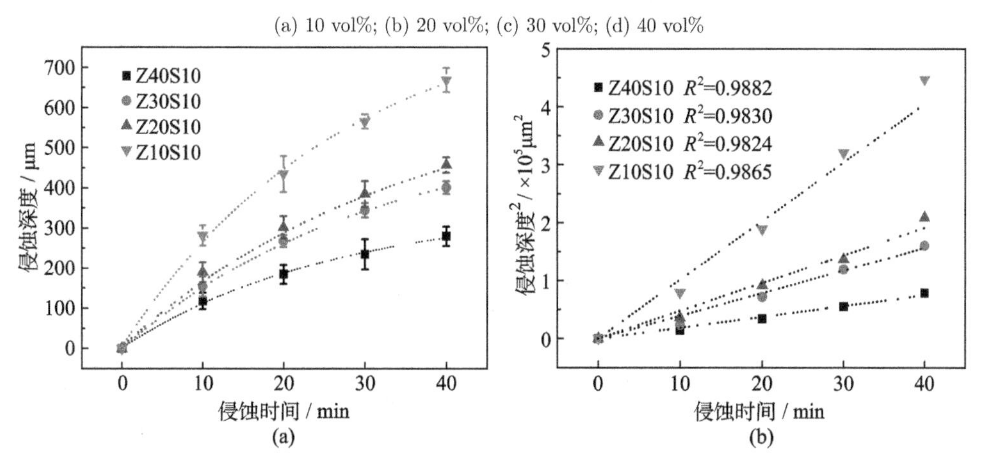

图 4-173　BN-ZrO_2-SiC 复相陶瓷侵蚀深度 (a) 及其侵蚀深度平方 (b) 随侵蚀时间的变化规律[49]

为进一步阐明 BN-ZrO_2-SiC 复相陶瓷的具体侵蚀过程和侵蚀机理，Chen 和 Kumar 分别对侵蚀过程所涉及的侵蚀热力学和侵蚀动力学过程进行详细的实验验证和理论计算 (图 4-174、图 4-175)[38,47−50]。BN-ZrO_2-SiC 复相陶瓷在受到高温钢水侵蚀时，材料中非氧化组分 h-BN 和 SiC 首先被钢水侵蚀，并且 SiC 容易溶解在高温钢水中，侵蚀残留层主要由抗侵蚀性能较高的 ZrO_2 形成。ZrO_2 在高温钢水中的溶解度非常小，对高温钢水有着良好的抗侵蚀能力，因此 BN-ZrO_2-SiC 复相陶瓷材料中 ZrO_2 的含量是影响材料抗侵蚀性能的关键影响因素[46,48]。同时，部分 B 和 N 元素在钢水和钢渣中的溶解度较高 (图 4-176)，并且可以形成相应的化合物，ZrO_2 在钢水中的溶解度仅为 0.064 wt%，但从热力学角度仍然可以与溶解的 B 和 N 元素发生反应生成 ZrB 和 ZrN 对 ZrO_2 造成侵蚀，但侵蚀速率较为缓慢。而在钢渣中 ZrO_2 的含量却可以达到 30 wt% ~ 35 wt%，钢渣对 BN-ZrO_2-SiC 复相陶瓷材料侵蚀较为严重，并伴随有 t-ZrO_2 相从钢渣中析出，这也可从复相陶瓷经过侵蚀后的宏观照片中明显地观察到[47,48]。

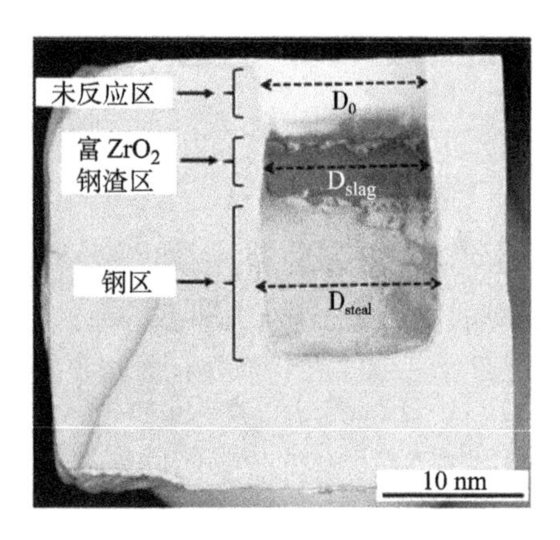

图 4-174　BN-ZrO_2-SiC 复相陶瓷受到钢水和钢渣侵蚀后的宏观照片[48]

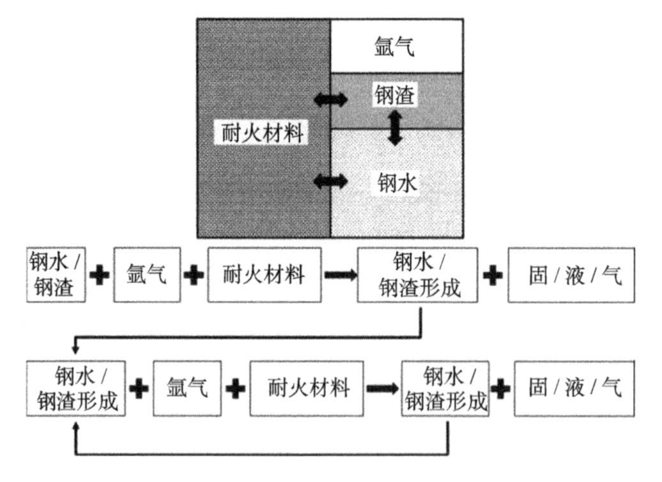

图 4-175　BN-ZrO_2-SiC 复相陶瓷与钢水、钢渣接触的热力学计算模型[47]

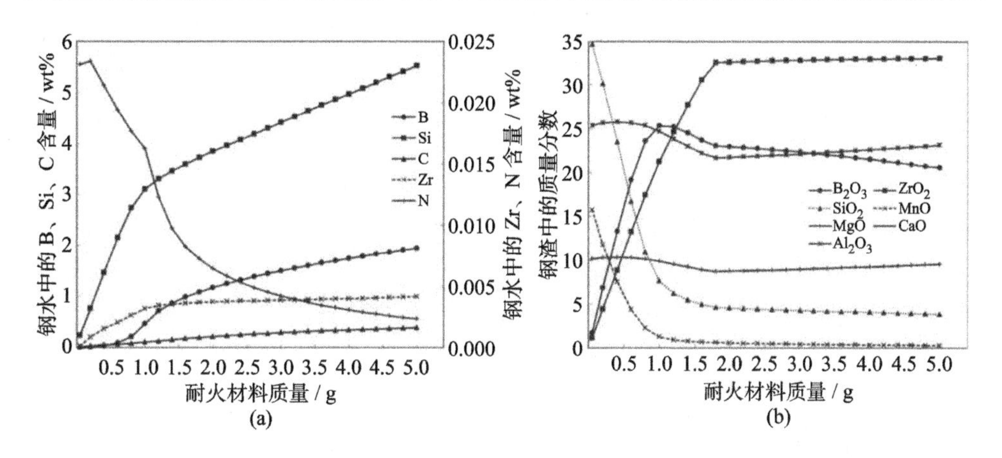

图 4-176 BN-ZrO_2-SiC 复相陶瓷与钢水 (a)、钢渣 (b) 侵蚀过程中成分变化的热力学计算结果[47]

而对于非氧化物组分在高温钢水中的侵蚀过程则更为复杂，其不仅会被高温钢水溶解，还受到钢水中溶解氧 $[O]_{steel}$ 的作用发生氧化反应。尽管 h-BN 在高温钢水中的溶解度较低，仅为 0.45 mol/L，但易受到钢水中溶解氧 $[O]_{steel}$ 的作用而发生氧化反应：

$$BN_{(sol)} + 3\,[O]_{(steel)} = B_2O_{3(gas)} + N_{2(gas)} \tag{4-16}$$

热力学计算可知，在 1575℃ 时上述化学方程式的吉布斯 (Gibbs) 反应自由能为 −401.81 kJ/mol，并且随反应温度的升高而下降。

由于钢水中溶解氧的含量较低和活度系数较小，所以硼的氧化反应产物不仅仅以 B_2O_3 这一种形式存在。在氧分压较低的环境中，h-BN 的氧化产物还可能为 B_2O、BO 和 B_2O_2 等低氧含量的硼化物，并且从硼的氧化物在 1400 ~ 1650℃ 区间内的蒸气压的大小顺序 $B_2O(g) > BO(g) > B_2O_3(l) > B_2O_2(g)$ 可以推断，气态低氧硼化物 B_2O 和 BO 更容易在侵蚀过程中形成，这种气态的反应产物极其容易溶解在钢水中或者在高温条件下挥发，促进了反应的继续进行。同时，气体从侵蚀残留层中溢出，与钢水形成对流，促使钢水进入气孔之中，造成了气孔附近钢水的扰动，加速了钢水的扩散传质，甚至造成部分侵蚀残留层脱落，导致材料侵蚀加剧[49]。

为获得 BN-ZrO_2-SiC 复相陶瓷材料的侵蚀动力学过程，Chen 和 Kumar 分别对侵蚀深度和侵蚀过程中的元素浓度含量变化进行了研究。采用化学反应控制和扩散控制的复合控制机制对侵蚀深度随时间的变化进行数值拟合，侵蚀深度随

侵蚀时间的变化可表达为

$$d_c = k_{lin}t + k_{par}\sqrt{t} \tag{4-17}$$

式中，d_c 为侵蚀深度 (μm)；k_{lin} 为线性速率系数 (μm/s)；k_{par} 为抛物线速率系数 ($\mu m/s^{1/2}$)；t 为侵蚀时间 (s)。

此外，为对比侵蚀温度对整体侵蚀动力学系数的影响，也采用一般动力学速率方程对侵蚀深度随侵蚀时间变化进行分析，侵蚀深度公式为

$$d_c = k_m t^m \tag{4-18}$$

式中，d_c 为侵蚀深度 (μm)；k_m 为综合速率系数 (μm/s)；m 为综合侵蚀指数；t 为侵蚀时间 (s)。

对 BN-ZrO_2-SiC 复相陶瓷的侵蚀深度随侵蚀时间变化曲线进行数值拟合得到侵蚀速率系数以及侵蚀指数 (表 4-12)，复相陶瓷的侵蚀速率系数随侵蚀温度的升高而迅速增加，并且抛物线速率系数 k_{par} 明显高于线性速率系数 k_{lin}，说明侵蚀速度随侵蚀温度的升高而显著增大，并且逐渐以扩散控制机制为主，这一点在综合侵蚀指数 m 的变化趋势中表现得更加明显，综合侵蚀指数 m 随侵蚀温度的升高逐渐减小并接近 0.5。对于 ZrO_2 含量高的 BN-40 vol% ZrO_2-SiC 复相陶瓷，其综合速率系数 k_m 随侵蚀温度的升高而迅速增大，但综合侵蚀指数 m 数值基本在 0.59 ~ 0.60 波动，说明材料侵蚀速率随侵蚀温度的升高而明显加快，但侵蚀温度对侵蚀机制的影响不大，侵蚀过程主要受扩散机制控制。而对于 ZrO_2 含量较低的 BN-10 vol% ZrO_2-SiC 复相陶瓷材料，不仅综合速率系数 k_m 随侵蚀温度的提高而迅速增大，综合侵蚀指数 m 数值随侵蚀温度的升高出现了降低的趋势，当侵蚀温度为 1550℃ 时，综合侵蚀指数为 0.75，向线性指数偏移 ($m = 1$)，此温度条件下侵蚀过程主要受到化学反应控制。而随着侵蚀温度的升高，当侵蚀温度为 1650℃ 时，综合侵蚀指数为 0.65，向抛物线指数偏移 ($m = 0.5$)，说明侵蚀过程主要受到扩散机制控制。由此可以推断，对于 ZrO_2 含量较低的复相陶瓷体系，在 1550℃ 的钢水环境中，短时间内无法快速形成侵蚀残留层，侵蚀残留层对钢水的阻挡作用十分有限，其侵蚀仍受到化学反应机制控制。而在 1650℃ 的钢水中，材料短时间内受到快速侵蚀形成侵蚀残留层，并且厚度快速增加，阻挡了钢水向材料内部的渗透，侵蚀在宏观上表现为受到扩散机制控制。并进一步采用 Arrhenius 公式对复相陶瓷的侵蚀激活能进行了计算，BN-ZrO_2-SiC 复相陶瓷材料侵蚀激活能随 ZrO_2 含量增加而增加，当 ZrO_2 的含量为 10 vol% 时，复相陶瓷材料侵蚀激活能为 617 kJ/mol，而当 ZrO_2 的含量增加为 40 vol% 时，侵蚀激活能增加到 856 kJ/mol[49]。

表 4-12 不同温度下，BN-ZrO_2-SiC 复相陶瓷材料的侵蚀速率系数和侵蚀指数

材料	温度	$d_c = k_{lin}t + k_{par}\sqrt{t}$		$d_c = k_m t^m$	
	/°C	k_{lin}/(μm/ min)	k_{par}/(μm/ $min^{1/2}$)	k_m/(μm/ $min^{1/m}$)	m
Z10S10	1550	3.74	19.33	17.71	0.75
	1575	4.87	35.83	32.41	0.69
	1600	6.96	62.53	56.01	0.67
	1625	8.05	77.33	69.89	0.66
	1650	8.26	100.50	90.47	0.65
Z20S10	1550	3.41	16.70	15.38	0.72
	1575	3.38	28.02	25.36	0.69
	1600	4.87	41.42	37.08	0.68
	1625	6.17	49.86	44.91	0.68
	1650	6.49	78.06	70.33	0.65
Z30S10	1550	2.41	16.70	14.96	0.70
	1575	2.99	22.49	20.29	0.69
	1600	4.27	38.16	34.01	0.68
	1625	5.79	43.10	38.69	0.68
	1650	6.06	74.36	67.33	0.64
Z40S10	1550	0.85	18.90	17.31	0.59
	1575	1.07	24.23	22.60	0.59
	1600	2.01	31.8	28.92	0.60
	1625	3.12	50.07	47.29	0.60
	1650	5.44	73.26	68.07	0.60

采用化学反应控制和扩散控制的复合控制机制对侵蚀后钢水中 Si 元素进行理论计算和实验检测，Si 元素的变化趋势均呈现类抛物线的变化趋势，但实验结果小于理论计算值 (图 4-177)。这也从侧面印证了，侵蚀初始阶段 BN-ZrO_2-SiC 复相陶瓷材料的侵蚀仅受到材料与钢水之间相互接触状态控制，而随着侵蚀时间的延长，h-BN 首先容易受到侵蚀溶解而产生孔洞，这些孔洞相互连接形成新的侵蚀通道，为后续的 SiC 侵蚀溶解提供相应条件。但 h-BN 的侵蚀受到钢水中 B 和 N 元素溶解度的影响和制约，从而导致整个 BN-ZrO_2-SiC 复相陶瓷材料的侵蚀过程逐渐由化学反应控制向扩散控制转变[48]。

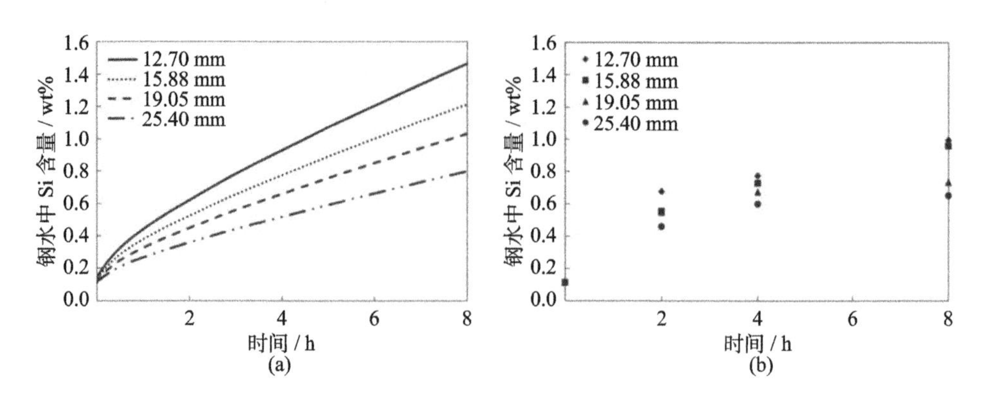

图 4-177　不同尺寸坩埚内钢水中 Si 含量的比较[48]

(a) 动力学模型；(b) 实验数据

综上所述，BN-ZrO_2-SiC 系复相陶瓷在受到高温钢水侵蚀时，材料与钢水之间存在固–液作用，其侵蚀机制主要包括以下三个方面：①材料组分与钢水之间的相互扩散溶解；②材料与钢水中溶解氧发生氧化反应，并逐渐形成侵蚀通道；③残留侵蚀层的形成及其对基体材料的保护。而这些侵蚀过程及其主要的侵蚀机理和转变机制均受到 ZrO_2 含量的影响，其简要的侵蚀示意图如图 4-178 所示：①当复相陶瓷中 ZrO_2 含量为 0 vol% 时，在侵蚀过程中复相陶瓷与钢水之间不能形成侵蚀残留层，钢水与材料之间直接进行扩散和溶解，材料侵蚀严重；②当 ZrO_2 含量小于 15 vol% 时，尽管在钢水与材料之间有残留侵蚀层的存在，但侵蚀残留层中不能形成致密的过渡层并且多孔层中存在大量连通的孔洞，这些孔洞为钢水的浸渗提供了通道，钢水通过多孔层直接与复相陶瓷接触，甚至在侵蚀残留层与复相陶瓷界面处形成局部侵蚀区。这种局部的侵蚀区在侵蚀残留层内部逐渐扩大并相互连通，造成复相陶瓷基体被大面积侵蚀，不利于侵蚀残留层与材料基体之间的相互结合，极易导致侵蚀残留层的脱落，侵蚀残留层的连续完整性遭到进一步破坏，极大地削弱了侵蚀残留层对材料基体的保护作用；③当 ZrO_2 含量大于 15 vol% 时，侵蚀残留层中存在多孔层和较为致密过渡层的双层结构，且侵蚀残留层与材料基体结合良好，没有发现明显的开裂，并且侵蚀残留层中孔洞随 ZrO_2 含量的增加而降低。当钢水通过侵蚀残留层向复相陶瓷内部渗透过程中，遇到较为致密的过渡层时，钢水受到的渗透阻力增大，减少了钢水与复相陶瓷的接触面积。同时，由于在致密过渡层内的钢水含量较小，仅对部分 h-BN 和 SiC 颗粒进行了侵蚀，所以 h-BN 相对含量的减低，在高温环境中反而有利于 ZrO_2 颗粒之间的相互搭接烧结，促使过渡层中所残留的孔洞进一步烧结闭合，降低了侵蚀中后期阶段的侵蚀速度。这也是 ZrO_2 含量较高复相陶瓷体系到达侵蚀中后期所需时间较短的主要原因之一。

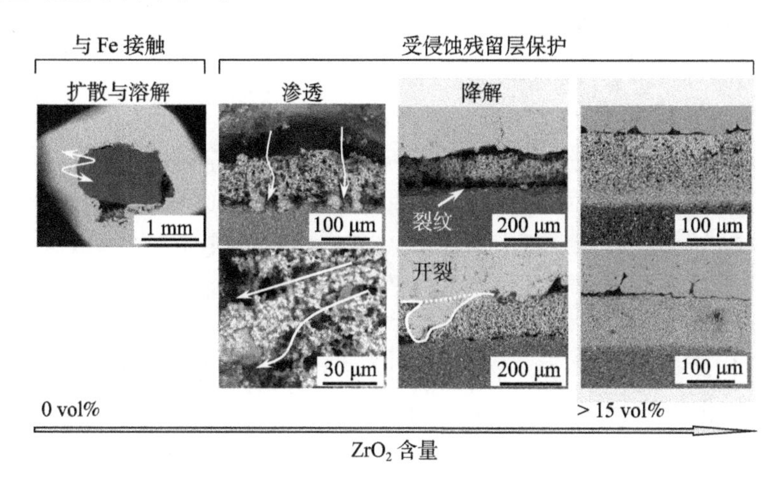

图 4-178 BN-ZrO_2-SiC 系复相陶瓷的侵蚀过程示意图

4. BN-ZrO_2 复相陶瓷的摩擦磨损性能

h-BN 的层片状晶体结构使其具有优异的自润滑性能，被广泛作为自润滑组分添加到润滑剂或其他材料体系之中，以降低材料的摩擦系数，提高材料的耐摩擦磨损性能，其应用涉及液体润滑剂、固体润滑剂、金属材料、非金属陶瓷材料以及有机高分子材料等方方面面。但同时也由于 h-BN 自身较低的力学性能 (特别是断裂韧性和硬度)，所以其自身的抗磨损能力不足，直接采用纯相 h-BN 陶瓷材料作为耐摩擦磨损部件使用的情况较少。采用第二相对 h-BN 陶瓷材料进行强韧化改性，特别是提高自身的断裂韧性和硬度，是扩大 h-BN 陶瓷材料应用范围的有效手段之一。但影响材料摩擦磨损的因素极为复杂，简要可归纳为材料的表面特性、摩擦相对运动形式、摩擦载荷、摩擦速度、润滑条件以及摩擦环境等诸多条件。很难从理论上直接预测出 ZrO_2 添加对 h-BN 陶瓷材料的摩擦系数和磨损率的影响。

Eichler 和 Lesniak[33] 在关于 BN 及其复相陶瓷材料的文章中介绍了 ZrO_2 强韧化 h-BN 基复相陶瓷材料 (BN-ZrO_2-SiC，MYCROSINT® SO) 与金属材料作为摩擦副的摩擦磨损性能。材料的摩擦系数随外界载荷的增加而增大，其摩擦系数分别为 0.61 和 0.67 (图 4-179)，并且摩擦后的材料表面呈现出脆性断裂和微塑性变形的显微组织形貌。当 BN-ZrO_2-SiC 复相陶瓷材料与 Cu-Zn 或镀 Ni 金属球作为摩擦副时，在摩擦载荷 1.96N 和摩擦速率 0.13 m/s 的测试条件下，两种对磨球进行摩擦的摩擦系数都在 0.35 左右，表面摩擦系数与磨球材质关系并不大，其对 BN-ZrO_2-SiC 复相陶瓷材料的磨损率分别为 8.53×10^{-3} $mm^3/(N \cdot m)$

和 $1.84 \times 10^{-3}\ \mathrm{mm^3/(N \cdot m)}$，复相陶瓷材料与镀 Ni 金属球作为摩擦副使用时，其磨损量相对较低。而当增加摩擦速度时，BN-ZrO_2-SiC 复相陶瓷的摩擦系数随着转速的增加而增大，当摩擦速度为 0.06 m/s 时，复相陶瓷的摩擦系数平均为 0.3，增加摩擦速度到 0.19 m/s 时，摩擦系数增加到 0.4 左右 (图 4-180)。其原因是过高的转速使得覆盖在试样表面的 h-BN 发生分解并容易发生摩擦化学反应，特别是在空气条件下，h-BN 表面容易吸潮导致摩擦表面容易生产硼酸化合物和氨气等物质，大片 h-BN 脱落导致无法在试样表面形成有效的润滑层，使 ZrO_2 与 ZrB_2 暴露出来形成硬质颗粒产生较多磨屑，试样表面受到的切削力增大，从而导致摩擦系数增大。对不同实验温度下的 BN-ZrO_2-SiC 复相陶瓷摩擦实验研究表明，其摩擦系数随实验温度的升高 (室温至 400℃) 呈现出先增大后减少的变化趋势 (图 4-180)。当实验温度为 200℃ 时，摩擦系数最大约为 0.7。但随着温度的升高，摩擦系数曲线开始出现了随摩擦时间的延长而逐渐降低的变化趋势，温度为 300℃ 时摩擦系数从最初的 0.6 缓慢下降至 0.5，当温度为 400℃ 时摩擦系数由一开始的 0.7 降低至 0.4，且整个实验过程中摩擦系数曲线走势平缓波动幅度小，表现出实验温度越高，复相陶瓷材料的自润滑性越明显的趋势，但高温条件下的复相陶瓷材料摩擦系数均高于室温测试结果。其主要原因是随着温度的升高，摩擦副之间更容易发生黏着磨损现象，并且 BN-ZrO_2-SiC 复相陶瓷材料中 h-BN 较容易出现层片解理断裂，较多的磨屑造成摩擦系数的升高，此外较高温度既容易造成复相陶瓷材料中颗粒的脱落，也促进了自润滑氧化层的生成，这些相对复杂因素的影响导致了 BN-ZrO_2-SiC 复相陶瓷材料摩擦系数随温度的升高呈现出先增大后减小的变化趋势，这种变化趋势也出现在其他的 BN 基复相陶瓷材料中 (BN-10%CaB_2O_4，图 4-181)。

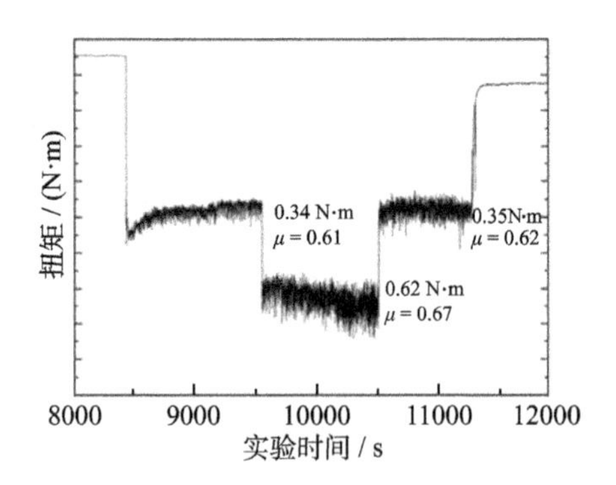

图 4-179 两种载荷下的 ESK 陶瓷有限公司的 MYCROSINT® SO (BN-ZrO_2-SiC) 复相陶瓷材料的摩擦测试[33]

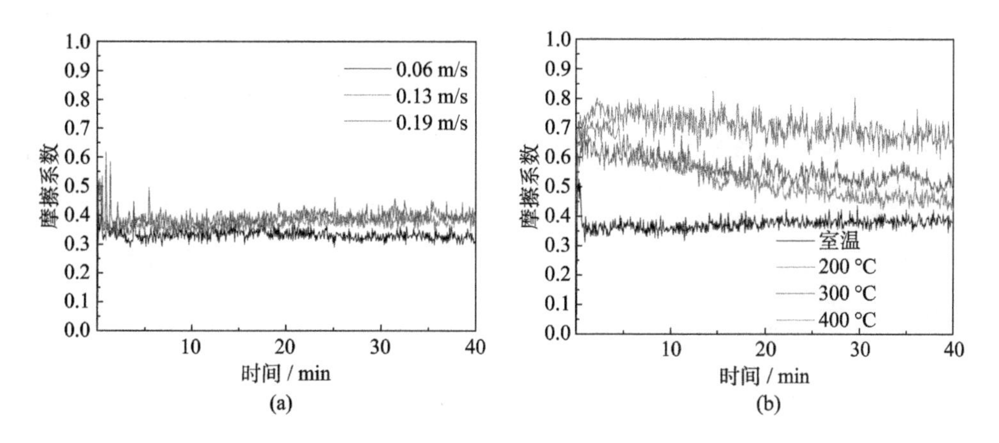

图 4-180 BN-ZrO_2-SiC 材料在不同摩擦速度 (a) 和实验温度 (b) 下的摩擦系数 (后附彩图)

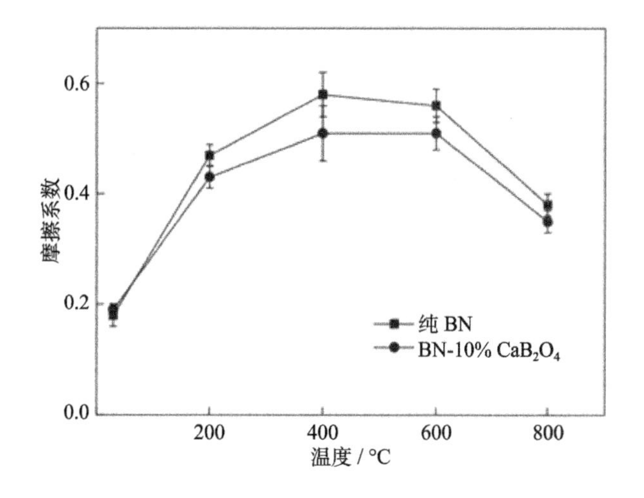

图 4-181 单相 h-BN 陶瓷和 BN-10% CaB_2O_4 复相陶瓷在不同测试温度下的摩擦系数

5. BN-ZrO_2 复相陶瓷的典型工程应用

具备优良抗热震性能、化学稳定性、抗熔融金属侵蚀性能的 BN-ZrO_2 复相陶瓷材料已逐渐受到工业界重视，并在金属冶炼和半导体制造领域等实际工程中得到快速发展，其在高温熔炼坩埚、高温热电偶套管、高温结构耐腐蚀承载件等上已得到广泛的应用[33]。近几年，最具有代表性的是德国 ESK Ceramics GmbH 公司报道了 MYCROSINT SO20 (BN-ZrO_2-SiC)、SO40 (BN-ZrO_2-SiC) 和 O40 (BN-ZrO_2) 等材料体系，所制备的分离环和侧封板 (图 4-182) 现已成功应用于钢铁冶炼行业。国内对于 BN-ZrO_2 材料体系的开发和应用也十分成熟和完善，在绝缘套管、熔炼坩埚、高温自滋润结构件以及高温密封件等领域均得到了广泛的应用。

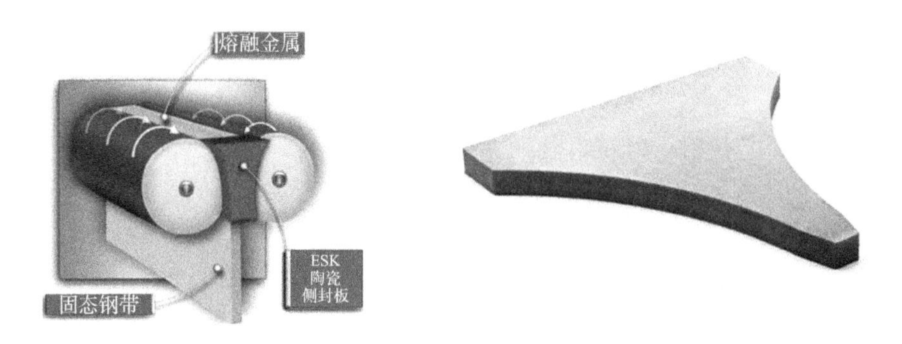

图 4-182　薄带连铸侧封板应用示意图及样件照片[33]

4.2.4 BN-莫来石系复相陶瓷

莫来石 (mullite, aluminum silicate) 是一系列由铝硅酸盐组成的矿物的统称，其化学式可表示为 $Al_x Si_{2-x}O_{5.5-0.5x}$，密度约为 3.16 g/cm^3，莫式硬度为 6 ~ 7，1800℃ 下能够保持稳定，但在 1810℃ 时可分解为刚玉和液相。莫来石具有抗热震性好、高温蠕变小、抗化学腐蚀性好等特点，且其来源广泛、质量稳定，是生产各种耐火材料、高级卫生洁具坯体、精密铸造等产品的理想原料。

任凤琴等[51,52] 将 Al_2O_3、SiO_2 加入 h-BN 中，在烧结过程中生成莫来石相，制成了系列化的 BN-Al_2O_3-SiO_2 复相陶瓷。通过不同的原料配比，固定 Al_2O_3 的含量为 30 vol%，改变 SiO_2 与 h-BN 的相对含量 (表 4-13)，研究生成产物对材料显微组织结构和性能的影响。

表 4-13　BN-Al_2O_3-SiO_2 系复相陶瓷的原料配比/vol%[52]

试样编号	10h-BN	20h-BN	30h-BN	40h-BN	50h-BN	60h-BN
h-BN	10	20	30	40	50	60
Al_2O_3	60	50	40	30	20	10
SiO_2	30	30	30	30	30	30

根据烧结后 BN-Al_2O_3-SiO_2 系复相陶瓷的 XRD 图谱 (图 4-183)，所有试样中均生成了莫来石相，表明在烧结过程中材料中的 Al_2O_3 和 SiO_2 发生了反应。在 Al_2O_3 含量较少的材料中 (50h-BN、60h-BN)，仍可以看到 SiO_2 的非晶峰，此时复相陶瓷由非晶 SiO_2、莫来石和 h-BN 相共同组成。随着 Al_2O_3 含量增加，SiO_2 非晶峰消失，开始出现 Al_2O_3 的衍射峰，表明此时 Al_2O_3 的含量过剩，SiO_2 已经大部分参与反应生成了莫来石，当 Al_2O_3 含量较多时，复相陶瓷由 Al_2O_3、莫来石和 h-BN 相共同组成。

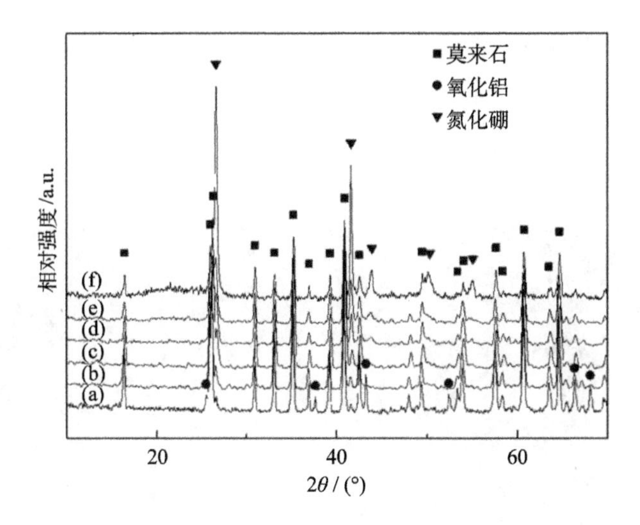

图 4-183 不同 h-BN 含量 BN-Al_2O_3-SiO_2 系复相陶瓷的 XRD 图谱[52]

(a) 10 vol% h-BN; (b) 20 vol% h-BN; (c) 30 vol% h-BN; (d) 40 vol% h-BN; (e) 50 vol% h-BN; (f) 60 vol% h-BN

烧结后复相陶瓷的密度随 h-BN 含量的增加而逐渐下降 (图 4-184)，这是因为复相陶瓷的三种原料中，h-BN 和 SiO_2 密度均小于 Al_2O_3，在 SiO_2 体积含量不变的情况下，随着 h-BN 含量的增加，密度大的 Al_2O_3 含量逐渐减少，复相陶瓷的密度也相应减小。

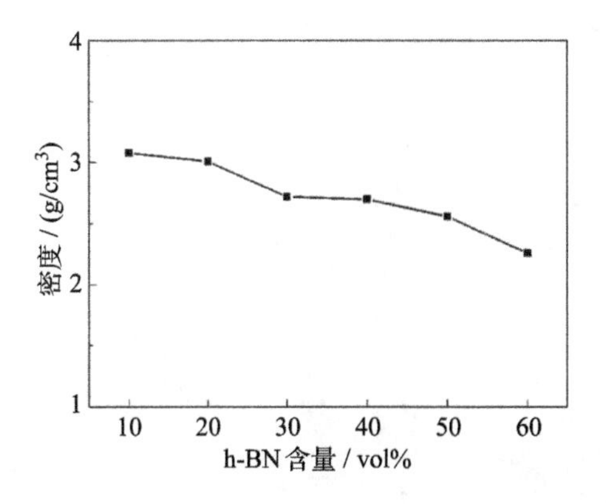

图 4-184 不同 h-BN 含量 BN-Al_2O_3-SiO_2 系复相陶瓷的密度[52]

从烧结后 BN-Al_2O_3-SiO_2 系复相陶瓷的透射电子显微镜照片及相应的衍射斑点 (图 4-185) 可见，在 h-BN 含量为 10 vol% 的复相陶瓷中 (图 4-185(a))，球形 Al_2O_3 颗粒包围在莫来石周围，还可以观察到层片状的 h-BN 晶粒，而且在莫来石与 Al_2O_3 颗粒周围还可以发现大量的位错，这主要是复相陶瓷中不同物相的热失配引起的。在 h-BN 含量分别为 20vol%、40 vol%、50 vol% 的复相陶瓷中 (图 4-185(b) ~ (d))，随 h-BN 含量的增加，莫来石的含量降低，莫来石晶粒中的位错密度明显也降低。当 h-BN 含量达到 60 vol% 时 (图 4-185(e)，(f))，已可以明显看到非晶态 SiO_2 的存在。

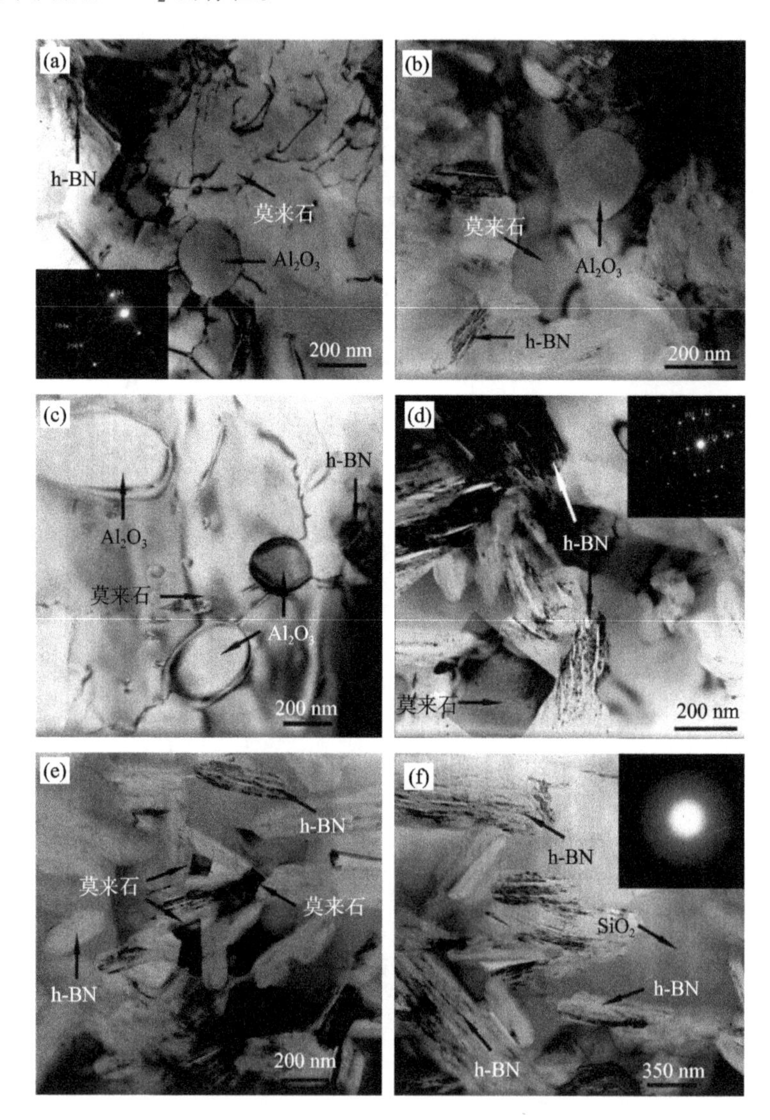

图 4-185　不同含量 h-BN 的 BN-Al_2O_3-SiO_2 系复相陶瓷的透射电子显微镜照片[52]

(a) 10 vol% h-BN (内嵌图片为 α-Al_2O_3 在 [010] 晶面的衍射斑点); (b) 20 vol% h-BN; (c) 40 vol% h-BN; d) 50 vol% h-BN (内嵌图片为莫来石在 [010] 晶面的衍射斑点); (e), (f) 60 vol% h-BN (内嵌图片为非晶态SiO_2 的衍射环)

根据原始粉体配比计算和 XRD 图谱、TEM 结果进行了烧结产物的对比分析 (表 4-14)，在 Al_2O_3 添加量较高及较低的材料中，理论计算和实际测得的物相组成结果符合较好，而在中间区域则稍有差别，这主要是由在实际的复合体系中 Al_2O_3 和 SiO_2 反应不完全所致。

表 4-14 不同含量 h-BN 的 BN-Al_2O_3-SiO_2 复相陶瓷理论及实际物相组成[52]

h-BN 体积含量/vol%		10	20	30	40	50	60
原始粉体	Al_2O_3 和 SiO_2 的体积比	2	1.67	1.33	1	0.67	0.33
	Al_2O_3 和 SiO_2 的摩尔比	2.08	1.72	1.41	1.04	0.69	0.35
	莫来石和 Al_2O_3 的摩尔比	0.86	2.27	—	—	—	—
	莫来石和 SiO_2 的摩尔比	—	—	7.83	1.13	0.43	0.15
理论计算产物	莫来石	√	√	√	√	√	√
	Al_2O_3	√	√	×	×	×	×
	SiO_2	×	×	√	√	√	√
实际烧结后产物	莫来石	√	√	√	√	√	√
	Al_2O_3	√	√	√	√	×	×
	SiO_2	×	×	√	√	√	√

注：√ 表示物相存在复相陶瓷中；× 表示物相不存在复相陶瓷中。

根据 BN-Al_2O_3-SiO_2 系复相陶瓷的力学性能 (图 4-186 ~ 图 4-189) 可知，随 h-BN 含量增加，复相陶瓷的硬度逐渐降低。这是因为 Al_2O_3 与 h-BN、SiO_2 相比是高硬度相，随着 h-BN 含量增加，Al_2O_3 含量相应减少，使复相陶瓷硬度逐渐

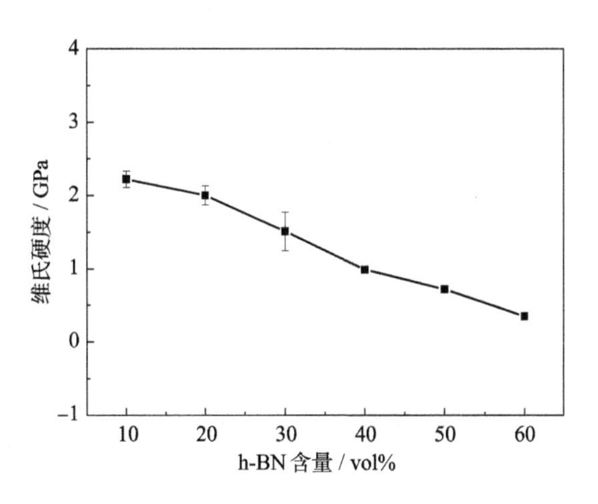

图 4-186 BN-Al_2O_3-SiO_2 系复相陶瓷的维氏硬度[52]

下降；h-BN 含量在增加到 40 vol% 前，复相陶瓷抗弯强度随 h-BN 含量增加呈提高趋势，这是由于复相陶瓷中随着 Al_2O_3 含量的降低，烧结过程中反应生成了较多的莫来石相以及剩余的 SiO_2 相，其与 h-BN 晶粒之间可以形成良好的结合，有助于材料强度的提高。而当 h-BN 含量超过 50 vol% 时，其已成为复相陶瓷中的主要物相，h-BN 烧结性较差导致致密度下降，兼之 h-BN 陶瓷本身的强度也较低，复相陶瓷的抗弯强度迅速下降。复相陶瓷的弹性模量和断裂韧性在 h-BN 含量为 40 vol% 时达到最高，然后随着 h-BN 含量的继续增加而逐渐下降。

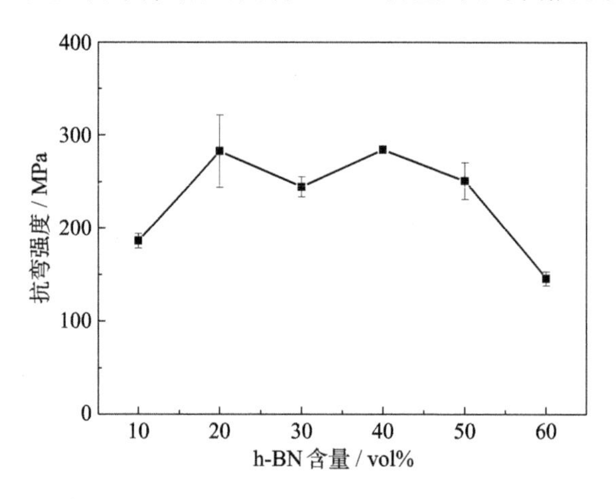

图 4-187　BN-Al_2O_3-SiO_2 系复相陶瓷的抗弯强度[52]

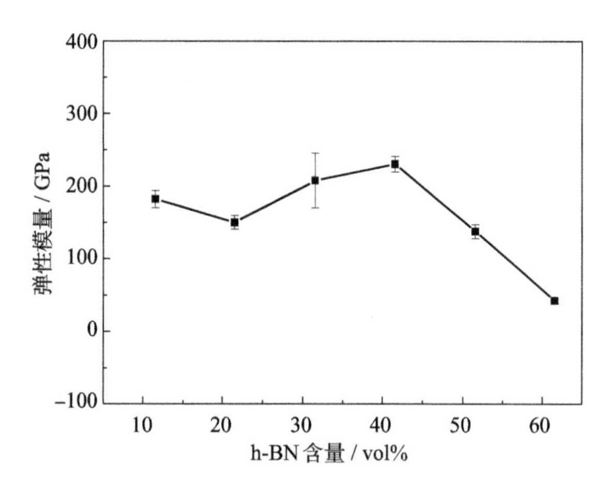

图 4-188　BN-Al_2O_3-SiO_2 系复相陶瓷的弹性模量[52]

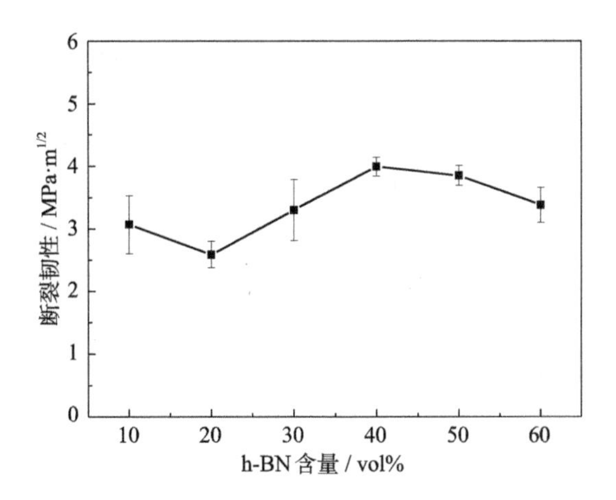

图 4-189 BN-Al_2O_3-SiO_2 系复相陶瓷的断裂韧性[52]

从不同 h-BN 含量的 BN-Al_2O_3-SiO_2 系复相陶瓷断口形貌 (图 4-190) 可见，其主要为沿晶断裂。当 Al_2O_3 加入量较多时，片状的 h-BN 颗粒分布在 Al_2O_3 和莫来石晶粒周围，随着 h-BN 含量的增加，复相陶瓷的组织变得更为细小，断口截面处能够看到清晰的 h-BN 晶粒拔出。

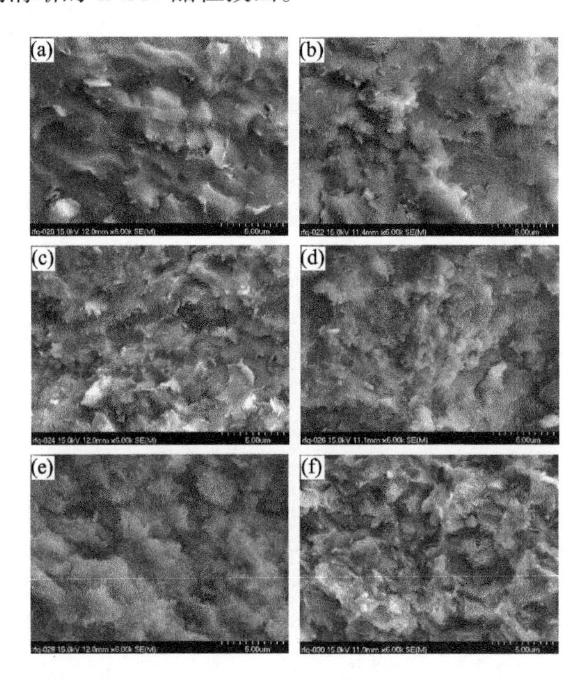

图 4-190 BN-Al_2O_3-SiO_2 系复相陶瓷的断口形貌[52]

(a) 10 vol% h-BN; (b) 20 vol% h-BN; (c) 30 vol% h-BN; (d) 40 vol% h-BN;(e) 50 vol% h-BN; (f) 60 vol% h-BN

采用热震温差分别为 800℃、1000℃ 和 1200℃ 对 BN-Al_2O_3-SiO_2 系复相陶瓷的抗热震性进行研究，从不同热震温差后残余抗弯强度变化曲线 (图 4-191) 和残余抗弯强度率 (表 4-15) 可以看出，除 h-BN 含量为 60 vol% 的材料外，复相陶瓷热震后的强度基本降至室温抗弯强度的 50% 以下。h-BN 含量为 60 vol% 的 BN-Al_2O_3-SiO_2 复相陶瓷经过 800℃、1000℃ 温差热震后抗弯强度不降反升，残余抗弯强度率分别达到 134.5% 和 125.8%。这是由于 h-BN 本身是一种抗热震性好的材料，h-BN 含量的增加可改善材料的抗热震性。试样在高温保温阶段表面还会生成B_2O_3，其在高温时能够在试样表面铺展成薄膜，在一定程度上弥合材料表面的微裂纹。此外，h-BN 含量为 60 vol% 的复相陶瓷致密度较低，气孔的存在起着钝化裂纹、减小应力集中的作用，也可以提高材料的抗热震性能。

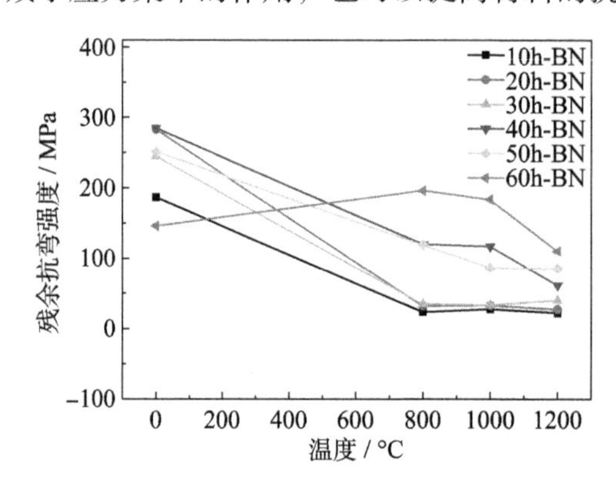

图 4-191　BN-Al_2O_3-SiO_2 系复相陶瓷的热震残余抗弯强度[51]

表 4-15　BN-Al_2O_3-SiO_2 系复相陶瓷的抗热震残余抗弯强度率[51]

样品号	残余抗弯强度率/%		
	$\Delta T = 800$℃	$\Delta T = 1000$℃	$\Delta T = 1200$℃
10h-BN	12.5	14.6	11.8
20h-BN	11.3	11.6	9.6
30h-BN	11.4	13.7	16.4
40h-BN	42.2	41.1	21.6
50h-BN	47.6	34.5	34.1
60h-BN	134.5	125.8	75.5

从 BN-Al_2O_3-SiO_2 系复相陶瓷被离子溅射后的残余质量百分比 (图 4-192) 可见，随着 h-BN 含量的增加，材料的残余质量呈下降趋势，其原因主要是受材料致密度的影响，随 h-BN 含量的增加，致密度下降，导致抗离子溅射性能下降。

从不同 h-BN 含量 BN-Al_2O_3-SiO_2 系复相陶瓷经离子溅射后的表面形貌 (图 4-193) 可见，离子溅射后材料表面出现了不连续的小坑，其直径随 h-BN 含

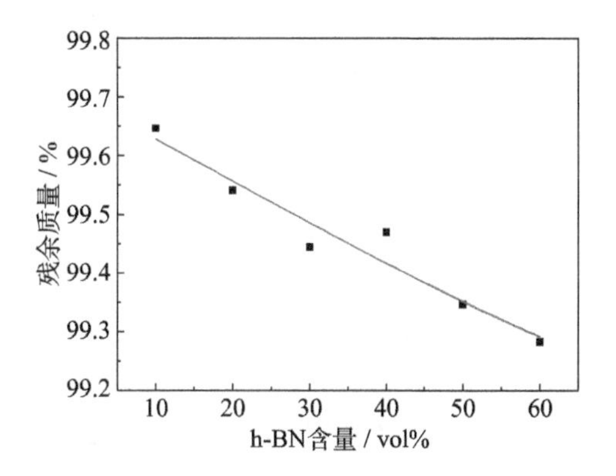

图 4-192 BN-Al_2O_3-SiO_2 系复相陶瓷离子溅射后残余质量百分比[52]

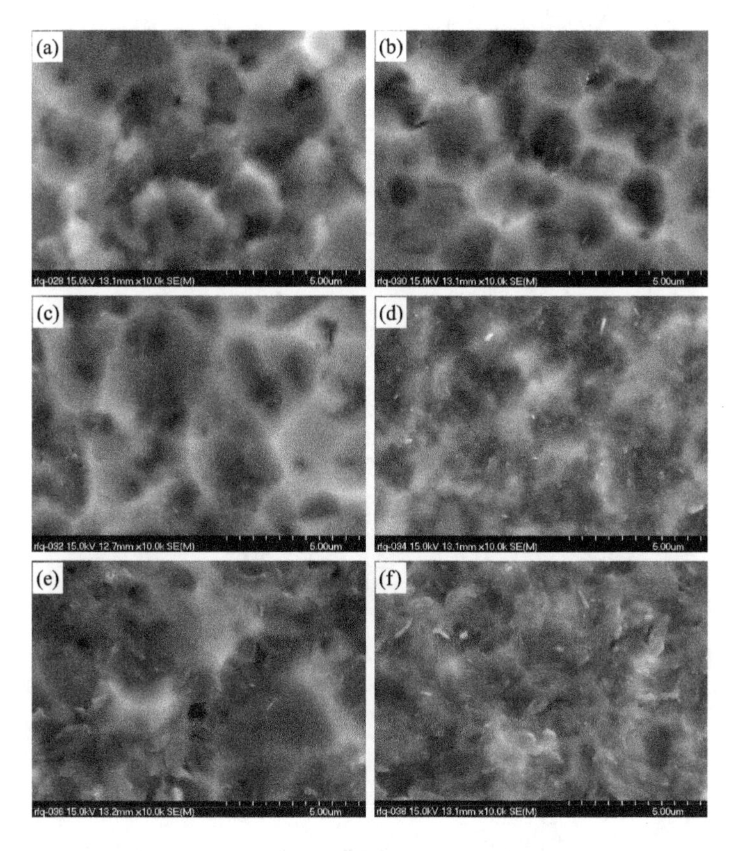

图 4-193 BN-Al_2O_3-SiO_2 系复相陶瓷离子溅射后表面形貌[52]

(a) 10 vol% h-BN；(b) 20 vol% h-BN；(c) 30 vol% h-BN；(d) 40 vol% h-BN；(e) 50 vol% h-BN；(f) 60 vol% h-BN

量的增加而逐渐减小，当 h-BN 含量增加到 40 vol% 时，材料表面开始出现片状的 h-BN 晶粒，当 h-BN 含量增加到 60 vol% 时，材料表面可以看到大部分为片状 h-BN，排布均匀、平整。

4.2.5 BN-Al_2O_3-Y_2O_3 系复相陶瓷

Y_2O_3、Al_2O_3 虽然熔点较高，从其二元相图上可以看出 (图 4-194)，两者复合可以形成具有较低熔点的化合物，如 YAG、YAM 等相，因此 Y_2O_3-Al_2O_3 常被用作陶瓷材料的烧结助剂，其在烧结过程中能够形成相对低熔点且具有良好流动性的液相，达到促进主相材料的烧结致密化、晶粒生长的目的，从而获得综合性能优良的复相陶瓷。Y_2O_3-Al_2O_3 体系在 Si_3N_4、SiC 等陶瓷材料的烧结中已有较多的报道，但在 h-BN 烧结中则应用较少，段小明等开展了相关的研究，得到了不同 Y_2O_3-Al_2O_3 含量的 h-BN 基复相陶瓷致密度、物相、力学性能和抗离子溅射性能的变化规律。

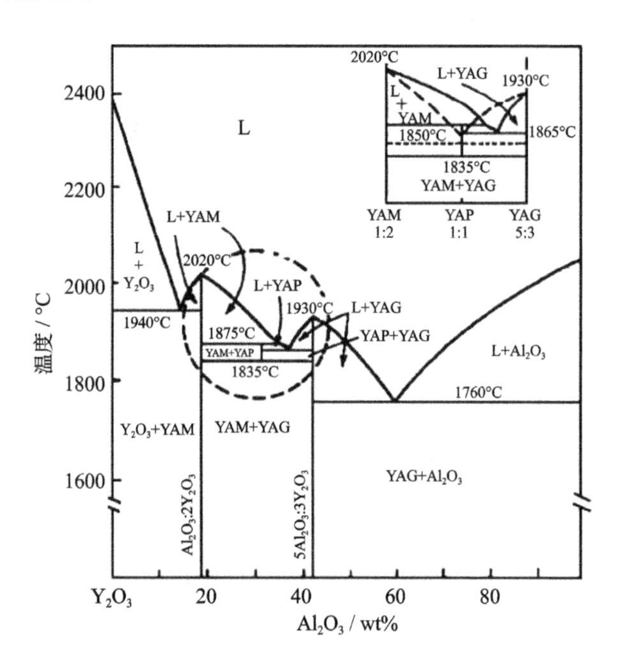

图 4-194 Y_2O_3-Al_2O_3 二元相图[53]

由不同 Y_2O_3-Al_2O_3 含量的 BN-Y_2O_3-Al_2O_3 系复相陶瓷的 XRD 图谱 (图 4-195) 可见，不含添加相的材料烧结后全部由 h-BN 构成，而加入 Y_2O_3-Al_2O_3 后则发生了变化，当添加量为 10 vol% 时，复相陶瓷中除含有 h-BN 相外，还有 Al_2O_3 存在，以及少量 $YAlO_3$ 相，这是由于添加相含量较少时，不能保证其

中的 Y_2O_3 和 Al_2O_3 很好的接触完全反应，因此会存在一些剩余的未反应相；随着添加相含量进一步提高至 20 vol%，已生成了一定含量的 $YAlO_3$ 相，在复相陶瓷中与 h-BN 共存；当添加相含量进一步升高，复相陶瓷中的生成相开始发生转变，添加相含量为 40 vol% 时最终生成的物相为 $Y_3Al_5O_{12}$。

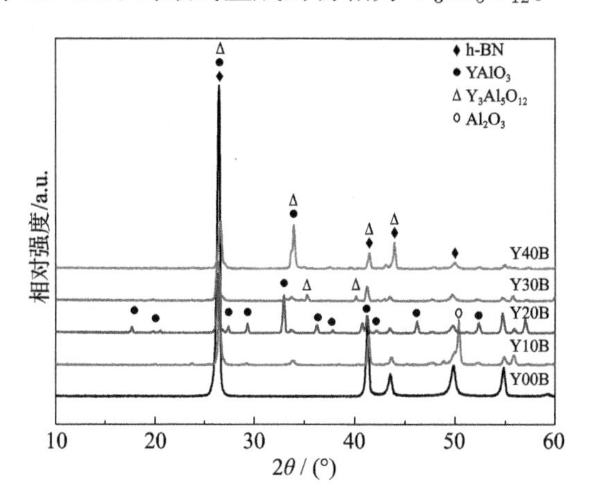

图 4-195 BN-Y_2O_3-Al_2O_3 系复相陶瓷的 XRD 图谱

Y_2O_3-Al_2O_3 含量为 10 vol% 的材料密度比不含添加相的材料密度有所降低，但随着添加相含量的继续增加，复相陶瓷的密度也升高，当 Y_2O_3-Al_2O_3 含量为 30 vol% 后基本保持不变 (图 4-196)。

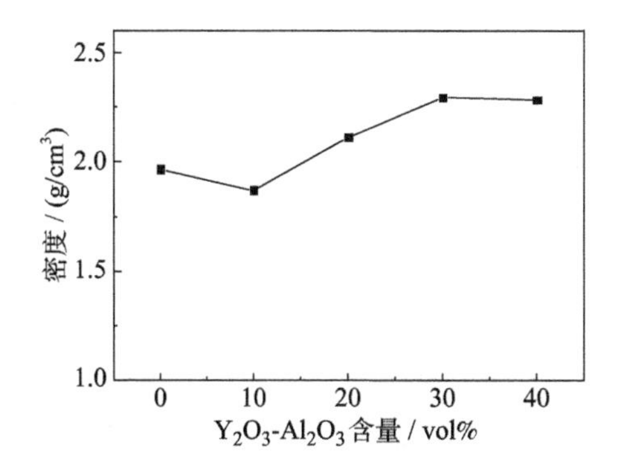

图 4-196 BN-Y_2O_3-Al_2O_3 系复相陶瓷的密度

BN-Y_2O_3-Al_2O_3 系复相陶瓷的弹性模量、抗弯强度、断裂韧性也随 Y_2O_3-Al_2O_3 含量的增加而变化 (图 4-197～图 4-199)。复相陶瓷的弹性模量随添加 Y_2O_3-Al_2O_3 含量的增加而有所降低，不添加 Y_2O_3-Al_2O_3 的纯 h-BN 陶瓷弹性模量最高，为 41.1 GPa，而添加 Y_2O_3-Al_2O_3 含量为 40 vol% 的复相陶瓷的弹性模量最低，为 29.3 GPa。从物相分析结果可知，烧结过程中 Y_2O_3 和 Al_2O_3 反应生成了两者之间的化合物 $YAlO_3$ 和 (或) $Y_3Al_5O_{12}$，这两种生成相的弹性模量均高于 h-BN，根据复合法则，复相陶瓷的弹性模量也应高于纯 h-BN 陶瓷，但添加 Y_2O_3-Al_2O_3 后材料并未完全实现致密化，存在一定数量的气孔，导致其弹性模量反而出现了下降的趋势。复相陶瓷抗弯强度的变化规律与弹性模量相反，纯 h-BN 陶瓷的强度最低，为 57.5 MPa，随着加入 Y_2O_3-Al_2O_3 含量的不断增加，BN-Y_2O_3-Al_2O_3 复相陶瓷的抗弯强度几乎呈线性增长的趋势，Y_2O_3-Al_2O_3 含量为 40 vol% 的复相陶瓷的抗弯强度达到最大值 92.6 MPa。材料的抗弯强度主要取决于其致密度、物相组成以及晶粒间的结合状况等因素，虽然材料的致密度随 Y_2O_3-Al_2O_3 含量的增加整体上呈现下降的趋势，但由于所生成新物相的强度相对较高，能够弥补材料由致密度下降而引起的强度损失，因此出现了材料的抗弯强度随 Y_2O_3-Al_2O_3 含量增加而增大的情况。材料的断裂韧性随 Y_2O_3-Al_2O_3 含量的增加，整体上变化的幅度不大，为 1.03~1.39 MPa·$m^{1/2}$。

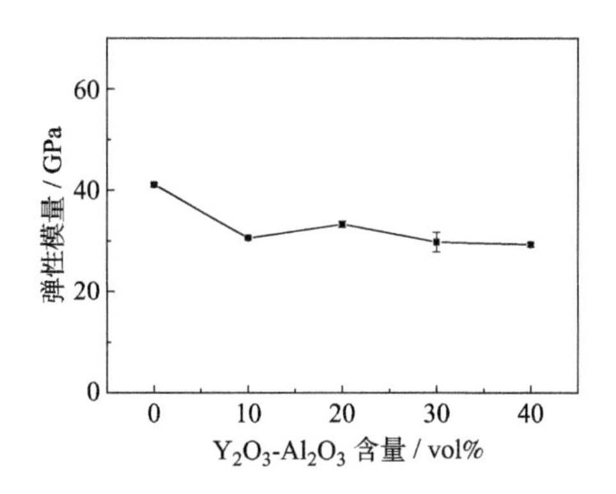

图 4-197 BN-Y_2O_3-Al_2O_3 系复相陶瓷的弹性模量

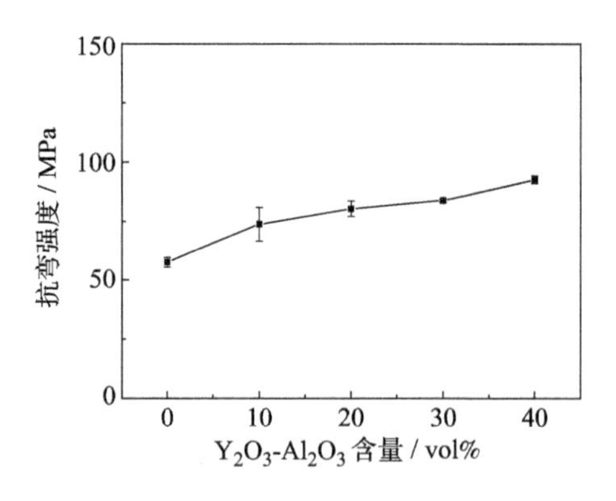

图 4-198 BN-Y_2O_3-Al_2O_3 系复相陶瓷的抗弯强度

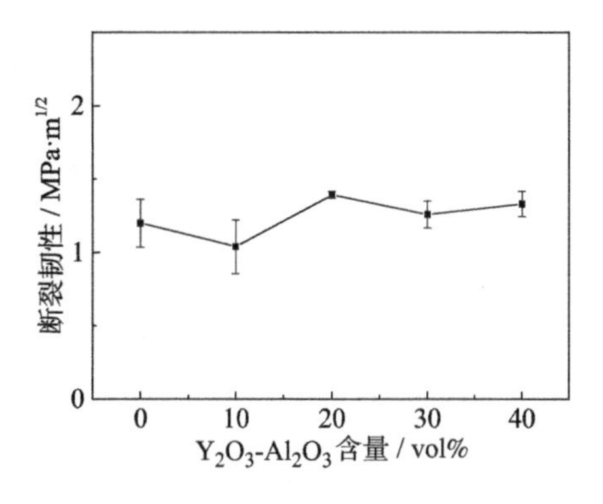

图 4-199 BN-Y_2O_3-Al_2O_3 系复相陶瓷的断裂韧性

从 BN-Y_2O_3-Al_2O_3 系复相陶瓷抗弯强度断口扫描照片 (图 4-200) 可见，纯 h-BN 陶瓷中晶粒尺寸明显大于原始添加粉体，说明其在烧结过程中发生了 h-BN 晶粒间的扩散长大，此时材料也相对较为致密，孔隙较少。而 Y_2O_3-Al_2O_3 加入量

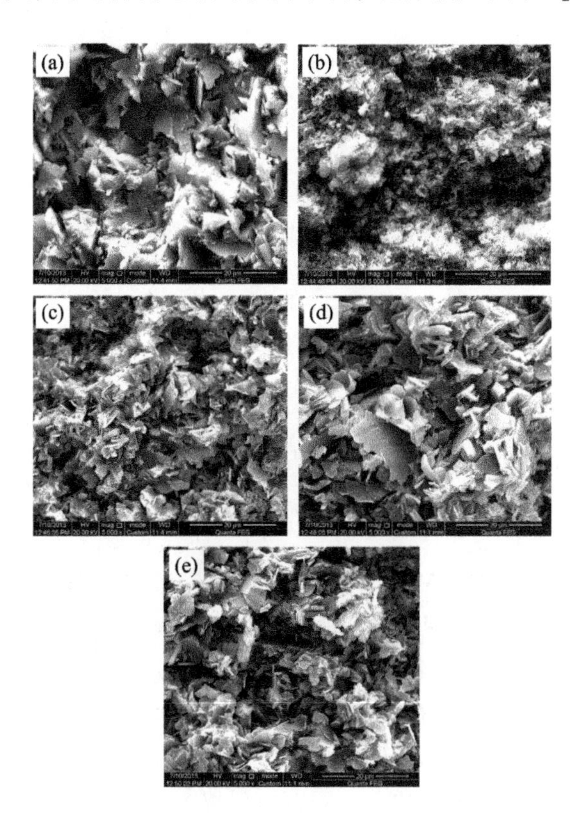

图 4-200 不同 Y_2O_3-Al_2O_3 含量的 BN-Y_2O_3-Al_2O_3 系复相陶瓷断口形貌

(a) 0 vol%; (b) 10 vol%; (c) 20 vol%; (d) 30 vol%; (e) 40 vol%

为 10 vol% 时，其晶粒的尺寸则相对较小，这是由于添加的烧结助剂较少时，其无法在烧结时形成连续的液相，所以原子扩散相对困难，h-BN 晶粒无法有效生长，此时材料中存在较多的孔隙，这也是其致密度相对较低的原因。而当 Y_2O_3-Al_2O_3 加入量大于 20 vol% 时，可以看出 h-BN 晶粒又出现了明显的长大现象，而且层片状形貌也较为明显，说明此时复相陶瓷在烧结过程中能够发生很好的扩散，促进了 h-BN 的生长，也使材料的致密度和性能有所提升。

BN-Y_2O_3-Al_2O_3 系复相陶瓷在氩离子溅射后，通过测量质量变化而计算得到其溅射速率 (图 4-201)。随着 Y_2O_3-Al_2O_3 含量的增加，材料的溅射速率先升高，之后又逐渐降低，当 Y_2O_3-Al_2O_3 含量为 10 vol% 时材料的溅射速率最大，而当 Y_2O_3-Al_2O_3 含量为 40 vol% 时复相陶瓷的溅射速率最小。通过与材料致密度变化的对比，可以看出两者之间具有较好的对应关系，即致密度相对较高的材料溅射速率也相对较低 (纯 h-BN 陶瓷、Y_2O_3-Al_2O_3 含量为 30 vol%~40 vol% 的材料)，而致密度较低的复相陶瓷其溅射速率也较高，抗溅射性能相对较差 (Y_2O_3-Al_2O_3 含量为 10 vol%~20 vol% 的材料)，表明材料的致密度是影响其抗溅射性能的重要因素之一，而力学性能对其的影响则不明显。

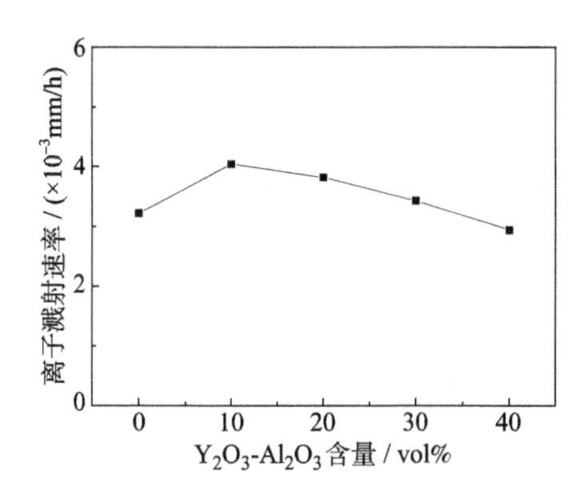

图 4-201 BN-Y_2O_3-Al_2O_3 系复相陶瓷离子溅射侵蚀速率

从离子溅射侵蚀后 BN-Y_2O_3-Al_2O_3 系复相陶瓷表面形貌不同放大倍数扫描照片 (图 4-202、图 4-203) 可见，对于纯 h-BN 陶瓷，溅射后的表面存在大量的层片状形貌，是典型的 h-BN 晶粒特征；而对于添加 Y_2O_3-Al_2O_3 含量为 10 vol% 的材料，溅射后的表面可以看出其存在较多的孔隙。通过前述物相分析，在 Y_2O_3-Al_2O_3 含量为 10 vol% 的材料中并未发生完全反应生成 $YAlO_3$ 和 (或) $Y_3Al_5O_{12}$ 相，因此其晶粒之间的结合状态相对较差，导致材料致密度相对较低、抗溅射性能也较差；而对于 Y_2O_3-Al_2O_3 含量高于 20 vol% 的材料，通过烧结由 Y_2O_3 和 Al_2O_3 反应生成了 $YAlO_3$ 和 (或) $Y_3Al_5O_{12}$ 相，其能够将晶粒进行紧密的结合，能够很好地达到提高材料抗溅射性能的目的，因此随着添加相含量的增加，复相陶瓷的抗溅射性能也随之提高。

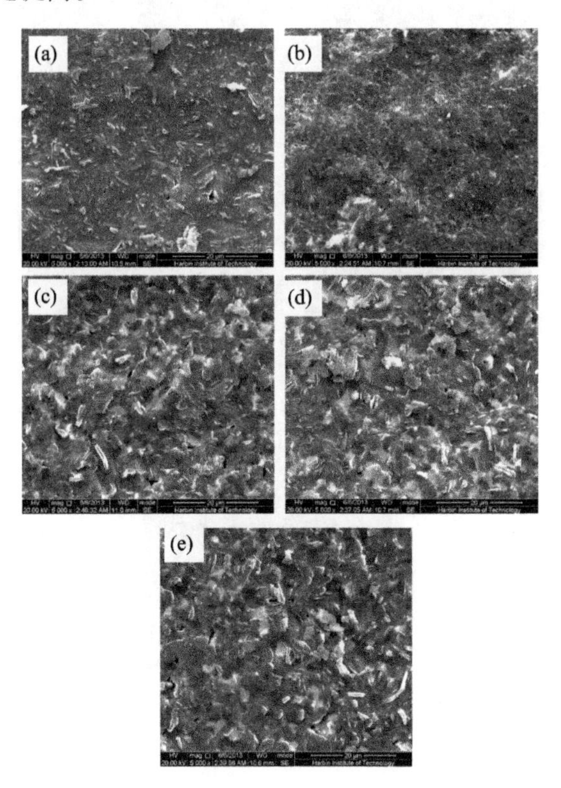

图 4-202 不同 Y_2O_3-Al_2O_3 含量 BN-Y_2O_3-Al_2O_3 系复相陶瓷离子溅射后表面形貌 (5000 倍)
(a) 0 vol%; (b) 10 vol%; (c) 20 vol%; (d) 30 vol%; (e) 40 vol%

对典型材料溅射后不同区域进行 EDS 元素分析 (图 4-204、图 4-205)，Y_2O_3-Al_2O_3 含量为 10 vol% 的材料表面大部分区域为层片状的 h-BN(图 4-204 中 B 区域)，此外还含有少量的较为平坦的晶粒，应为添加的 Al_2O_3 颗粒，由于 Y_2O_3 和Al_2O_3 的添加量较少，因此无法保证其较好接触并发生反应，所以材料中有部分单相 Al_2O_3 的存在，这也是材料致密度相对较低、抗溅射性能较差的重要原因。

对于 Y_2O_3-Al_2O_3 含量为 30 vol% 的材料，加入的 Y_2O_3 和 Al_2O_3 含量较多，已能够保证两种晶粒之间充分接触，在烧结过程中发生相应的反应，生成 $YAlO_3$ 和 (或) $Y_3Al_5O_{12}$ 相晶粒 (图 4-205 中 A 区域)，经溅射后其表面比较平滑，且 Y、Al、O 元素的含量相对较高，表明其此区域主要由 $YAlO_3$ 和 (或) $Y_3Al_5O_{12}$ 相构成，相比较而言图中的 B 区域则呈现明显的层片状特征，其中主要含有 B、N 两种元素，表明其由 h-BN 构成。当加入的 Y_2O_3 和 Al_2O_3 含量较高时，由于烧结

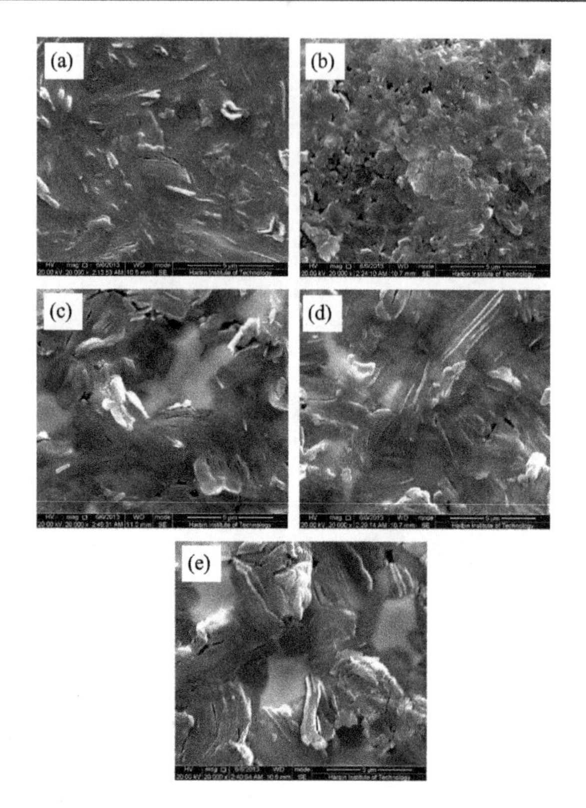

图 4-203　不同 Y_2O_3-Al_2O_3 含量 BN-Y_2O_3-Al_2O_3 系复相陶瓷离子溅射后表面形貌 (20000 倍)

(a) 0 vol%; (b) 10 vol%; (c) 20 vol%; (d) 30 vol%; (e) 40 vol%

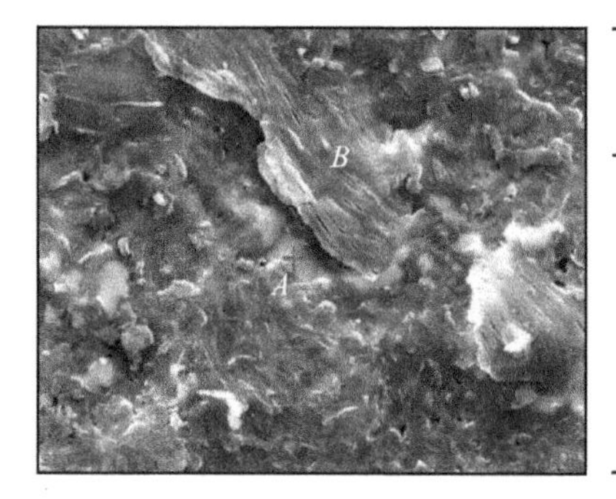

元素	*A* 区域		*B* 区域	
	wt%	at%	wt%	at%
B	28.13	41.82	33.61	41.73
N	9.71	11.14	55.89	53.56
O	27.08	27.20	2.02	1.69
Al	32.86	19.57	5.43	2.70
Xe	2.23	0.27	3.05	0.31

图 4-204　Y_2O_3-Al_2O_3 含量为 10 vol% 的 BN-Y_2O_3-Al_2O_3 系复相陶瓷离子溅射后表面成分

过程发生了反应，会产生一定数量的液相，这对于增加材料的致密度以及提高材料的性能是十分有利的，因此，材料的抗弯强度和抗等离子体溅射性能均随着加入的 Y_2O_3 和 Al_2O_3 含量的增加而有所提高。

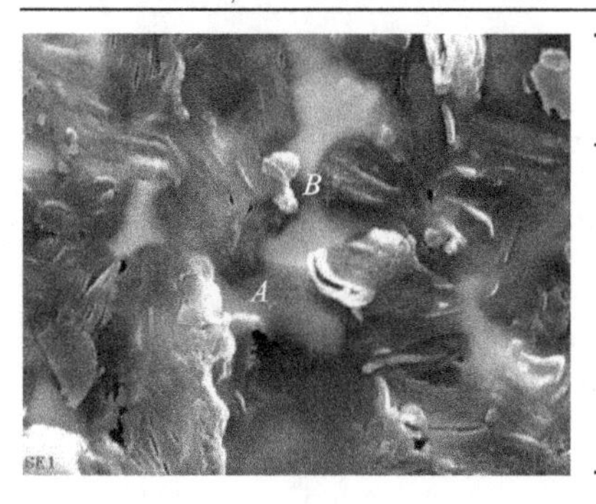

元素	A 区域		B 区域	
	wt%	at%	wt%	at%
B	10.98	31.11	23.09	38.07
N	7.77	17.00	40.56	51.62
O	8.24	15.77	2.53	2.82
Al	13.98	15.88	3.00	1.98
Xe	0.94	0.22	10.39	1.41
Y	58.10	20.02	20.44	4.10

图 4-205 Y_2O_3-Al_2O_3 含量为 30 vol% 的 BN-Y_2O_3-Al_2O_3 系复相陶瓷离子溅射后表面成分

4.2.6 BN-Y_2SiO_5 系复相陶瓷

硅酸钇（Y_2SiO_5、$Y_2Si_2O_7$ 等）是由 Y_2O_3 和 SiO_2 反应生成的物相，Zhang 等[54,55] 用 Y_2O_3、SiO_2 和 h-BN 粉体混合，反应热压烧结得到了 BN-Y_2SiO_5 系复相陶瓷。烧结后含 30 vol%、50 vol% Y_2SiO_5 的复相陶瓷 XRD 图谱见图 4-206 [54]，复相陶瓷主要由 h-BN、Y_2SiO_5 相组成，也存在少量的 YBO_3 相。据此推测，烧结过程发生了如下反应：

$$Y_2O_3 + SiO_2 \longrightarrow Y_2SiO_5 \tag{4-19}$$

$$Y_2O_3 + B_2O_3 \longrightarrow 2\,YBO_3 \tag{4-20}$$

部分 Y_2O_3 能够与 h-BN 表面的 B_2O_3 反应，生成具有较低熔点的 YBO_3 相，这对于材料的致密化也是有益的。

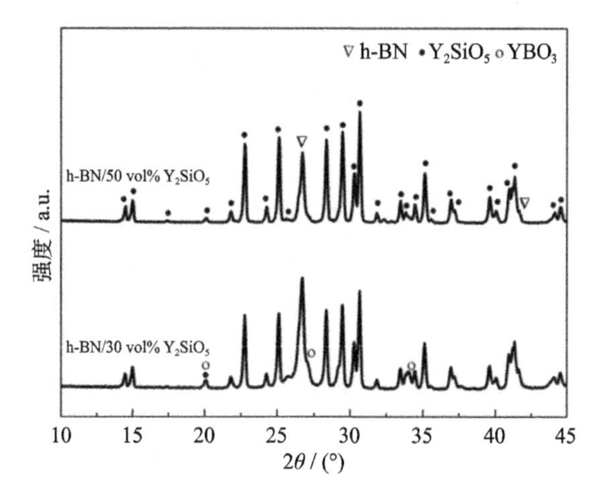

图 4-206 BN-Y_2SiO_5 系复相陶瓷的 XRD 图谱[54]

根据复相陶瓷的维氏硬度随加载载荷的变化曲线 (图 4-207)，当载荷达到 49 N 时硬度值达到稳定状态，Y_2SiO_5 含量较高的复相陶瓷，硬度值也较大，但整体上在 2.2 GPa 以下，仍保持了 h-BN 陶瓷良好的可加工性，采用碳化物合金刀可以对其进行精细加工 (图 4-208)。

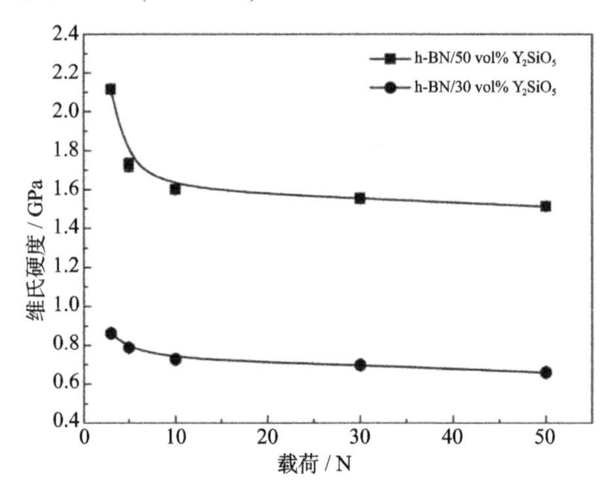

图 4-207　BN-Y_2SiO_5 系复相陶瓷的维氏硬度[54]

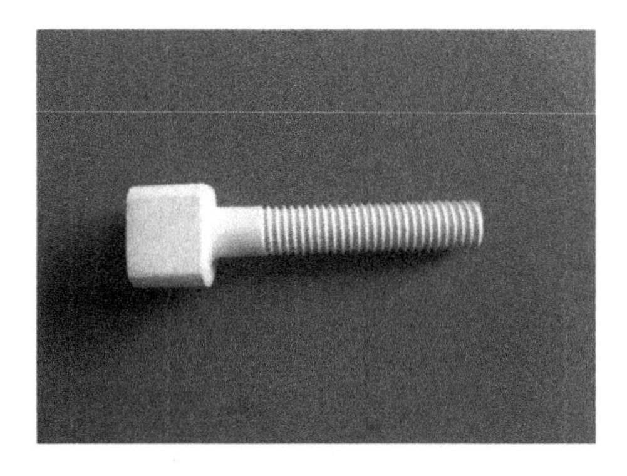

图 4-208　BN-Y_2SiO_5 系复相陶瓷加工的构件[54]

从维氏硬度压痕造成的裂纹扩展路径的二次电子像 (图 4-209) 可见，白色的区域为 Y_2SiO_5 相，黑色区域对应 h-BN 相，裂纹主要以穿晶的形式进行扩展，有部分是从 h-BN 晶粒层片间穿过，而 Y_2SiO_5 相则起到了阻碍裂纹扩展并使其转向的作用，可以有效地消耗裂纹扩展的能量。

采用脉冲激发共振法，使用共振频率和阻尼分析器测量了 30 vol% Y_2SiO_5/h-BN 复相陶瓷的弹性模量随温度的变化 (图 4-210)。当测试温度从室温升至 1478 K 时，复相陶瓷的弹性模量由 74 GPa 上升到 98 GPa，随后则产生了下降，至 1708 K 时降低至 94 GPa。

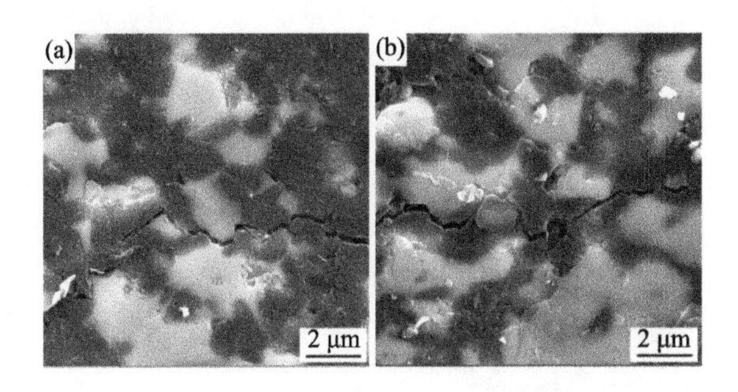

图 4-209 BN-Y_2SiO_5 系复相陶瓷硬度压痕裂纹扩展[54]

(a) 30 vol% Y_2SiO_5/h-BN 复相陶瓷; (b) 50 vol% Y_2SiO_5/h-BN 复相陶瓷

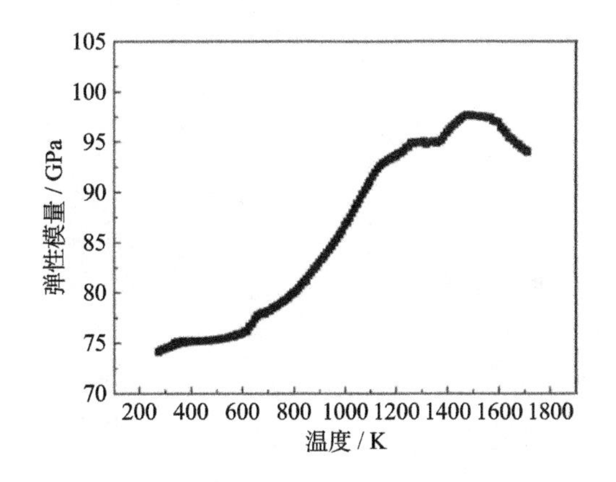

图 4-210 30 vol% Y_2SiO_5/BN 复相陶瓷的弹性模量随温度的变化[55]

该系列材料的抗弯强度也呈现明显的随温度增长的趋势 (图 4-211)，从室温的 119 MPa，到 1473 K 时增长到 188 MPa，通过对比文献中报道的多个系列 h-BN 基复相陶瓷，可以看出大部分材料体系的抗弯强度均呈现了随温度升高而增强的趋势，表明 h-BN 基复相陶瓷具有很好的高温性能，这对于保障其在高温条件下使用的可靠性是十分有益的。

对不同温度的抗弯强度测试后 BN-Y_2SiO_5 系复相陶瓷表面和断口的形貌进行观察可知 (图 4-212)，随着测试温度的增加，材料表面出现了更多的玻璃相和类似于球状包裹的形貌，这主要是由于测试时发生了表面氧化，随着测试温度的增加，表面氧化也进一步加剧。而通过断口截面则可以发现，随着测试温度的增加，可以更明显看到层片状的 h-BN 结构特征，在 1473 K 测试的样品中还能够看到 YBO_3 相。材料高温强度的提高与其表面氧化是密切相关的，由于表面氧化可以起到弥合缺陷、缓和应力的作用，对强度可以起到显著的改善。

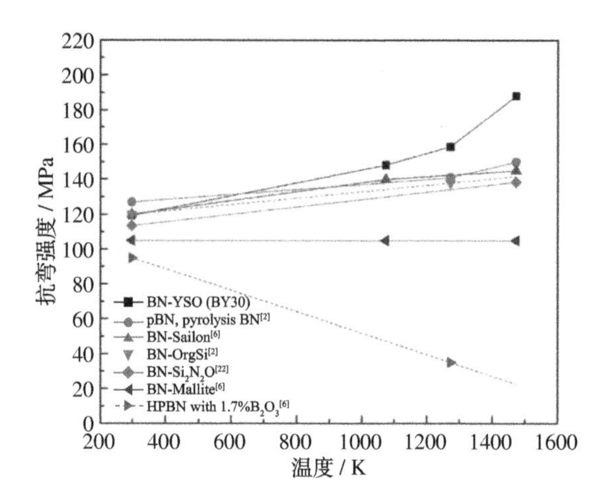

图 4-211　30 vol% Y_2SiO_5/BN 复相陶瓷高温抗弯强度及其与多种 BN 基复相陶瓷的对比[55]

图 4-212　30 vol% BN-Y_2SiO_5 系复相陶瓷高温抗弯强度测试后表面及断口形貌[54]

(a) 1073 K, 表面；(b) 1073 K, 断口;(c) 1273 K, 表面；(d) 1273 K, 断口;(e) 1473 K, 表面；(f) 1473 K, 断口

4.3 氮化物/六方氮化硼复相陶瓷

除氧化物外，还可在基体中加入 Si_3N_4、AlN 等氮化物陶瓷，由于其与 h-BN 均属于氮化物陶瓷，且在结构或性能上具有一定的相似性，因此将其进行复合，也可以作为强韧化改性 h-BN 陶瓷的有效方法。

Yuan 等[56] 以 Si 粉和 BN 粉为原料，采用反应烧结制备了 Si_3N_4-BN 系复相陶瓷。随 h-BN 含量的增加，坯体和烧结后样品的相对密度均呈现先升高后降低的趋势 (表 4-16)，当加入少量 h-BN 时，小尺寸粒径 h-BN 可以填充在大尺寸 Si 颗粒之间的孔隙，从而有助于提高相对密度，而进一步提高 h-BN 的含量，其层片状结构将导致其难以致密化，从而致使坯体和烧结块体的相对密度都有所降低。

表 4-16 不同 h-BN 含量的Si_3N_4-BN 系复相陶瓷样品的相对密度及氮化率[56]

试样编号	坯体相对密度/%	烧结块体相对密度/%	氮化率/%
h-BN0	62.28	75.47	91.3
h-BN20	70.79	79.60	89.8
h-BN40	71.48	76.04	92.6
h-BN60	68.38	70.54	96.4
h-BN80	67.05	65.61	98.9
h-BN95	66.90	63.50	100.1

从物相分析结果计算得到不同含量 h-BN 材料中 Si 的氮化率 (图 4-213)，当 h-BN 含量低于 20%，反应后的基体中依旧能够发现 Si 的衍射峰；而进一步提高 h-BN 的含量，Si 的衍射峰消失。这是层片状结构的 h-BN 形成卡片房式结构导致更多孔隙的存在，为 N_2 向内部的扩散提供了通道，有助于 Si 的氮化 (图 4-214)。

荣华[57] 以三聚氰胺 ($C_3H_6N_6$) 和硼酸 (H_3BO_3) 为原料，通过高温氮化法得到了氮含量为 49.45% 的低结晶度的 h-BN，进而采用热压烧结工艺制备出 AlN-BN 复相陶瓷。通过对添加剂的种类和含量研究表明，选择 Y_2O_3 作为单一的添加剂且添加量为 8 wt%、h-BN 和 AlN 的质量比为 1 : 1 时，可获得体积密度为 2.64 g/cm^3、致密度为 98.6% 且机械性能最优的材料，其抗弯强度为 210.7 MPa。

沈春英等[58] 采用 Y_2O_3 作为烧结助剂，h-BN 和 AlN 的质量比为 1 : 1，在 1900 ℃，30 MPa 压力，保温 2 h 热压烧结工艺条件下可获得力学性能优异的 AlN-BN 复相陶瓷。材料体系中的 Al_2O_3 会随着 AlN 添加量的增加而随之增加，且在烧结过程中会与 Y_2O_3 形成低熔点的共晶液相，而液相的存在促使 h-BN 和

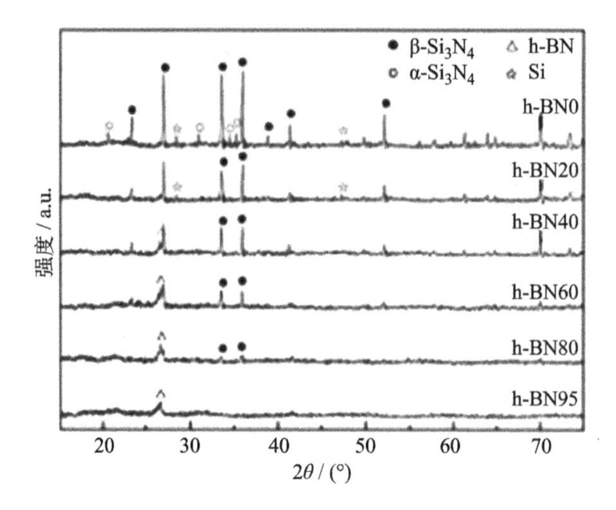

图 4-213　不同 h-BN 含量的 Si_3N_4-BN 系复相陶瓷的 XRD 图谱[56]

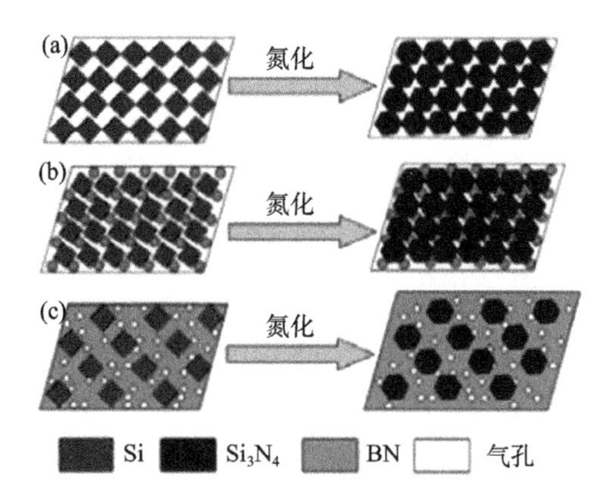

图 4-214　不同 h-BN 含量的 Si_3N_4-BN 系复相陶瓷坯体及其氮化过程示意图[56]

(a) 不含 h-BN; (b) 当 h-BN 含量较少时，其分散在 Si 骨架中; (c) 当 h-BN 含量较多时，Si 颗粒分散在 BN 骨架中

AlN 颗粒重排的同时也净化了 AlN 的晶粒。陶瓷材料致密化阻力来自 h-BN 颗粒的堆叠，而外加压力则可以有效地破坏这种结构 (图 4-215 ~ 图 4-217)。

除了采用热压工艺制备 AlN-BN 复相陶瓷外，贾铁昆[59] 以 Al 为原料，利用 h-BN 作为氮源，通过原位反应获得了 AlN-BN(Al/BN=0.6) 复相陶瓷。通过对比热压和放电等离子烧结的样品可知，采用 SPS 制备的样品，其导热性能和介电性能较为优异，研究者认为其原因主要是当采用 SPS 方式制备时，上下电极上加载的高电流能够穿透样品，在内部产生放电等离子效应，并产生活化等离子体，此过程促进了烧结过程中的扩散与传质，迅速促进晶粒的生长，而发育完善的大颗粒晶粒则有助于促进热导率与介电性能的提高。

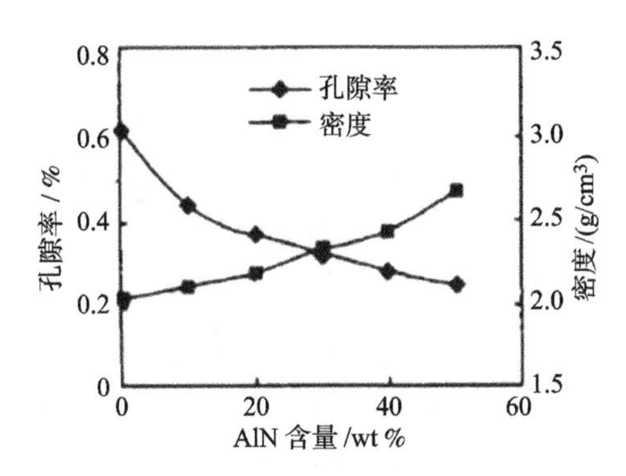

图 4-215 AlN 含量 AlN-BN 复相陶瓷孔隙率及体积密度的关系[58]

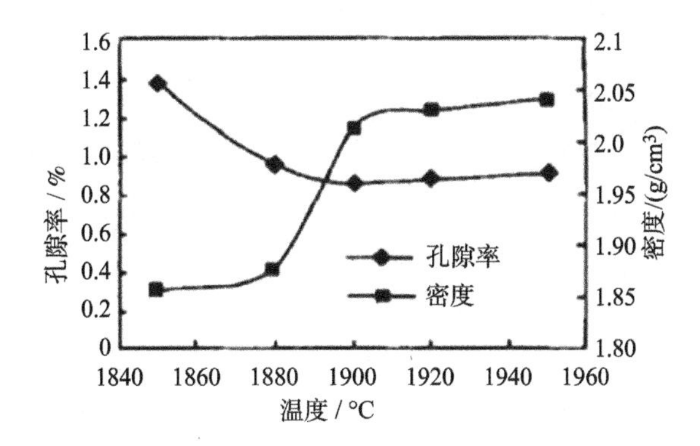

图 4-216 AlN-BN 复相陶瓷烧结温度与孔隙率及体积密度的关系[58]

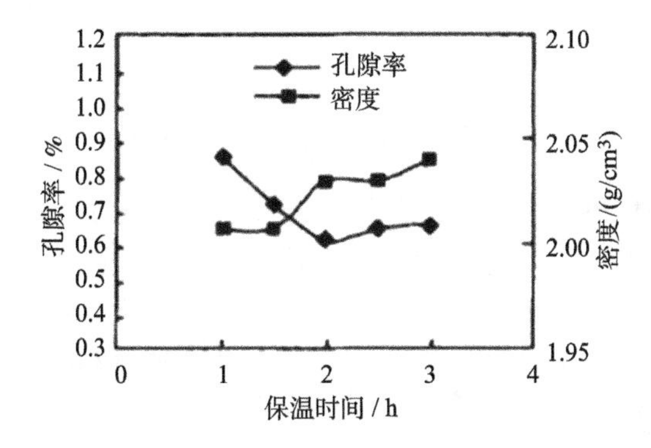

图 4-217 AlN-BN 复相陶瓷保温时间与孔隙率及体积密度的关系[58]

4.4 碳化物/六方氮化硼复相陶瓷

以碳化硅 (SiC)、碳化硼 (B_4C) 为代表的碳化物陶瓷大都具有较高的熔点、较大的硬度以及优异的力学性能，其性质与 h-BN 具有较大的差异。将两者复合，可起到综合两种材料性能的效果，获得具有在较宽范围内性能可调的系列陶瓷材料，因此在 h-BN 陶瓷中加入 SiC 等陶瓷第二相也可起到良好的强韧化效果。

现阶段，已发展出多种制备 BN-SiC 复相陶瓷的方法，主要有热压烧结法、反应烧结法和原位合成法。总体上看，利用各种方法制备的 BN-SiC 复相陶瓷的致密度、抗弯强度及弹性模量等性能都与 h-BN 含量密切相关，这主要是由于 h-BN 难于烧结，h-BN 含量增加时会形成支架结构，而且 h-BN 是一种弱相，所以随着 h-BN 含量的增加，复合材料的致密度、弹性模量和抗弯强度都会呈下降的趋势。

Ruh 等[60]、Sinclair 等[61] 和 Runyan 等[62] 采用 SiC 和 h-BN 粉料进行热压烧结得到 BN-SiC 复相陶瓷。热压烧结 BN-SiC 复相陶瓷往往需要的温度比较高 (2100~2200℃)，而且对于 BN-SiC 复相陶瓷需要加入添加剂，添加剂的加入对材料的高温性能影响较大，高温强度和抗氧化性都会有所下降。另外一个缺点就是在制备粉料时，h-BN 颗粒容易结成团。但是这种制备工艺相对简单，材料的组分可以根据实际需要方便调配。热压烧结得到的复相陶瓷中，除了原先加入的 β-SiC，还有 α-SiC 晶型 (21R、15R、6H 和 4H)。并且在 h-BN 摩尔含量大于 50% 时，3C-SiC 含量在 SiC 中占主要部分，而在 h-BN 摩尔含量小于 50% 时，3C-SiC 含量很少。在多数的 SiC 颗粒中，β-SiC 总是和 h-BN 颗粒相邻，而且 SiC 晶型的分布还呈现出一定的规律，即随着距离 h-BN 颗粒的增加，依次为 β/8H，β/8H/6H 和 β/8H/6H/15R[63]。另外 SiC 的形貌与 h-BN 的含量无关，并且在 SiC 与 h-BN 颗粒间没有发生反应和固溶。

ミテソ · フバーチエク等[64] 则利用反应烧结制备了 BN-SiC 复相陶瓷。反应方程式是

$$BC_xN + xSi \longrightarrow BN + xSiC \tag{4-21}$$

具体过程是：先采用硼酸、尿素及蔗糖混合，在氮气氛中 350 ℃ 生成 BC_xN 先驱体；然后球磨粉碎，在管状炉中加热至 1450 ℃，保护气氛为 N_2，生成 BC_xN；将合成的 BC_xN 和 Si 混合并做成球状颗粒，要求是 Si 和 C 的摩尔比相同；最后通过热压烧结工艺 (1850 ℃/20 MPa/1 h/Ar) 获得复相陶瓷。用此方法制备的 BN-SiC 复相陶瓷组织均匀，其中 BN 的晶型为六方相，晶粒尺寸小于 1 μm，SiC 晶型为 α-SiC，形状为 10 μm 的针状。分别利用热压烧结和常压烧结 BC_xN-Si 制备 BN-SiC 复相陶瓷，结果发现热压烧结 BN-SiC 复相陶瓷中的 SiC 和 h-BN 颗

粒比常压烧结的颗粒细小、组织更为均匀。此工艺制作 BN-SiC 复相陶瓷所需反应烧结温度低，但是工艺比较复杂，并且需要制作先驱体，化学组成不稳定。烧结温度低带来的节能效益会被先驱体制备过程中的热处理所抵消。

Zhang 等[65] 研究了利用原位合成技术制备 BN-SiC 复相陶瓷, 反应方程式为

$$Si_3N_4 + B_4C + 2C = 3SiC + 4BN \tag{4-22}$$

按照此方程式，生成 SiC 与 h-BN 的体积分数为 46.29% 和 53.71%。通过在原始粉末中加入 SiC 或 h-BN 颗粒可以调节生成物中 h-BN 的含量。原位合成 BN-SiC 复相陶瓷的反应在 1400~1700 ℃ 的范围内进行，试样的致密化过程则主要发生在 1700~2000 ℃。利用原位合成所得的 BN-SiC 复相陶瓷材料的组织均匀细小，生成的组织为半球形的 β-SiC 和轮廓鲜明的 h-BN，其中，β-SiC 颗粒直径小于 1 μm，h-BN 厚度为 0.1~0.2 μm，直径小于 1 μm。

反应生成陶瓷复合材料具有很多优点，主要包括：① 可以制造具有几乎是网状结构的组成复杂的材料；② 可以获得纯度很高的反应生成产物，这可以避免因为加入添加剂对材料高温机械性能、抗腐蚀能力和电性能产生的不利影响；③ 反应生成温度往往较低，反应时间比较短；④ 相与相之间没有反应而形成均衡相；⑤ 可获得颗粒细小、分布均匀的第二相或增强相，甚至纳米复合材料；⑥ 某些反应物可以成为过渡助烧剂。当然，反应生成陶瓷材料也有一定的弊端，即由于这些反应基本是放热反应，过热会造成材料微观结构和化学反应的难于控制。如果想得到大计量的单一相组成的材料是比较困难的。

杨治华等[66−68] 首先对其原位合成制备 BN-SiC 复相陶瓷的反应进行了热力学计算，通过下述几个化学反应，均可得到 SiC 和 h-BN 复合的固体产物：

$$Si_3N_4 + B_4C + 2\,C = 3\,SiC + 4\,BN \tag{4-23}$$

$$Si_3N_4 + 2\,B_2O_3 + 9\,C = 3\,SiC + 4\,BN + 6\,CO \tag{4-24}$$

$$Si_3N_4 + 3\,C + 4\,B = 3\,SiC + 4\,BN \tag{4-25}$$

图 4-218 和图 4-219 分别为反应方程式 (4-23)~ 式 (4-25) 的反应生成焓 ΔH 和 Gibbs 自由能 ΔG。在 298~2100 K 温度范围内，三个反应方程式的焓都比较大，尤其是式 (4-24) 的焓最大。尽管式 (4-24) 的自由能 ΔG 下降得很快，但是其值在 298~2100 K 为正值，式 (4-23) 和式 (4-25) 的自由能 ΔG 在此范围内都为负值，而且这两个反应方程式的 ΔG 值比较接近。从经济性角度来看，高纯的 B 粉价格比较高。综合考虑以上因素，方程式 (4-23) 是制备 BN-SiC 复相陶瓷的最佳选择。

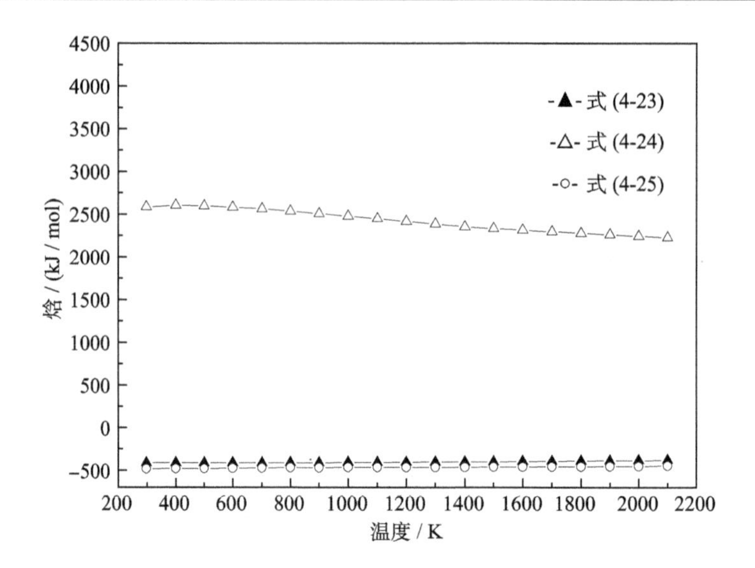

图 4-218　式 (4-23)~ 式 (4-25) 的反应生成焓 ΔH 随温度的变化[66]

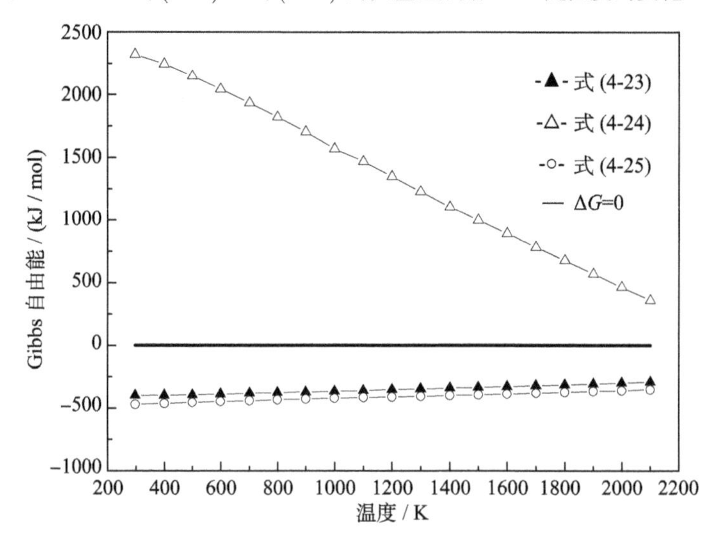

图 4-219　式 (4-23)~ 式 (4-25) 的 Gibbs 自由能 ΔG 随温度的变化[66]

对于 Si_3N_4、B_4C 和 C 三种原材料，在高温时除了可以发生式 (4-23) 的反应外，还存在以下几种化学反应：

$$Si_3N_4 + 3\,C = 3\,SiC + 2\,N_2 \tag{4-26}$$

$$Si_3N_4 + 3\,B_4C = 3\,SiC + 2\,N_2 + 12\,B \tag{4-27}$$

$$Si_3N_4 + 3\,B_4C = 3\,SiC + 4\,BN + 8\,B \tag{4-28}$$

$$4\,B + C = B_4C \tag{4-29}$$

$$Si_3N_4 + 3\,C + 4\,B = 3\,SiC + 4\,BN \tag{4-30}$$

因此，计算时选用 Si_3N_4、B_4C、C、SiC、BN、B 和 N_2 的热力学参数。

计算各个化学反应式的反应生成焓 ΔH 和 Gibbs 自由能 ΔG。图 4-220 为各反应方程式的 Gibbs 自由能 ΔG 随温度的变化图，反应式 (4-23)、式 (4-28)、式 (4-29) 和式 (4-30) 的自由能 ΔG 在 298~2100 K 是负值，而反应式 (4-26) 只有分别在温度大于 1700 K 时自由能才为负值，反应式 (4-27) 在此温度范围内一直都为正值。从热力学角度来看，反应式 (4-23)、式 (4-28)、式 (4-29) 和式 (4-30) 能够在 298~2100 K 进行，而反应式 (4-26) 在温度大于 1700 K 时才能发生。从反应生成焓 ΔH 的角度看，各反应的 ΔH 都比较大，说明反应过程有较大的驱动力。反应式 (4-23)、式 (4-28)、式 (4-29) 和式 (4-30) 为吸热反应，反应式 (4-26) 和式 (4-27) 为放热反应。

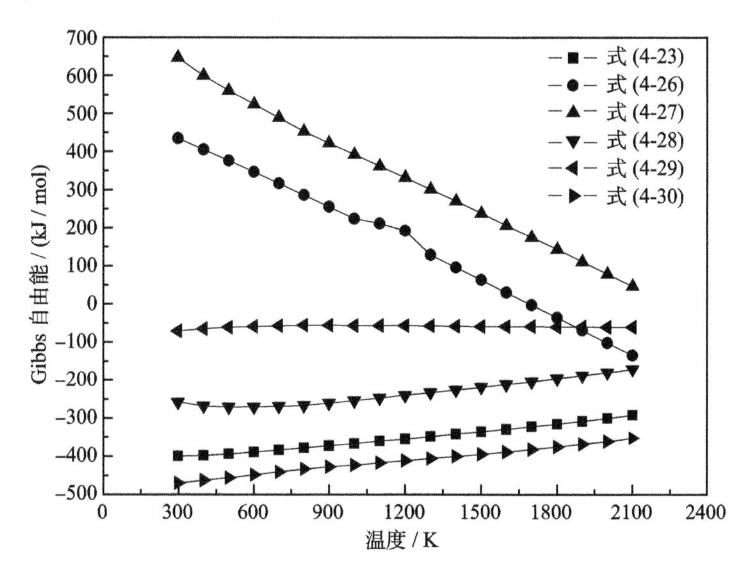

图 4-220 式 (4-23)，式 (4-26) ~ 式 (4-30) 的 Gibbs 自由能 ΔG 随温度的变化[66]

对于反应方程式 (4-26) 根据如下公式：

$$\ln p_{N_2}^2 = -\frac{\Delta G}{RT} \tag{4-31}$$

在 2100 K 时，N_2 平衡压为 47 kPa，如在实验过程中充入保护气体 N_2，并使其气压大于 47 kPa，就可抑止这个反应的进行。

在式 (4-23) 的基础上进行材料成分设计，按照方程式反应生成的 SiC 与 BN 的体积分数分别为 46.29% 和 53.71%，在原始粉末中加入 SiC 或 BN 可调节最终产物中 SiC 与 h-BN 的比例。此外，添加 Al_2O_3 与 Y_2O_3 作为烧结助剂，两者的质量比为 7 : 3 (表 4-17)。

表 4-17 BN-SiC 复相陶瓷的成分设计

材料代号	基体		添加剂/wt%
	SiC/vol%	h-BN/vol%	
B53	46.29	53.71	10
B60	40	60	10

从热力学计算可知，反应的终止温度为 1700 ℃，因此采用 1700 ℃ 保温 1 h 使材料充分进行反应。为了改善材料的致密度，采用 1800 ℃ 加压 25 MPa，保温 30 min 以提高致密度。在烧结过程中，1200 ℃ 以下保持真空，1200 ℃ 以上充入 N_2，压力为 1 atm①。

从烧结后复相陶瓷的物相分析结果可知，原位反应进行得很完全，按照预先设计的生成了 SiC 和 h-BN，同时 Al_2O_3 和 Y_2O_3 生成了钇铝石榴石 (YAG) (图 4-221)。

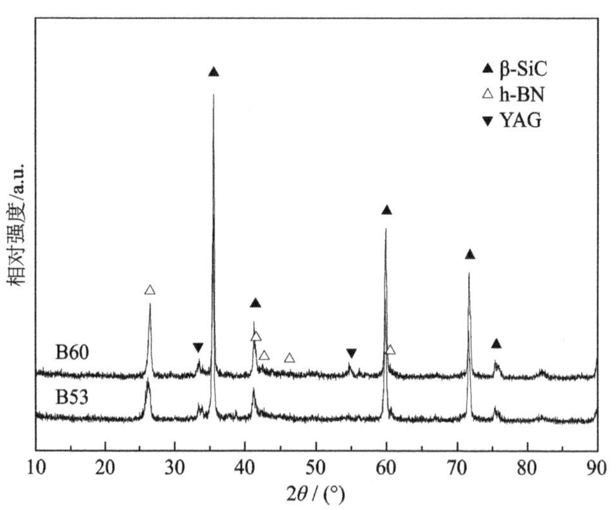

图 4-221 B53 和 B60 复相陶瓷烧结后的 XRD 图谱[66]

图 4-222 是 BN-SiC 复相陶瓷的 TEM 明场像形貌，其中 h-BN 晶粒呈层片状结构，SiC 和 h-BN 晶粒结合良好，生成的烧结助剂 YAG 相分布在 SiC 和 h-BN 晶粒的孔隙中。

从复相陶瓷中 h-BN 的形貌可以看出 (图 4-223)，层片状结构 h-BN 晶粒在层与层之间结合并不是很好。层片状的 h-BN 晶粒形成支架结构，这种支架结构

① 1 atm=1.01325×10^5 Pa。

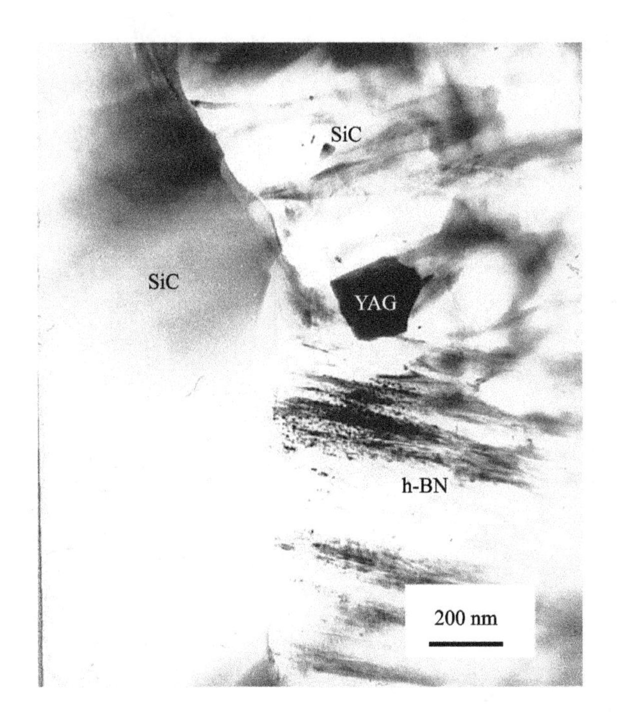

图 4-222 BN-SiC 复相陶瓷的 TEM 明场像形貌[66]

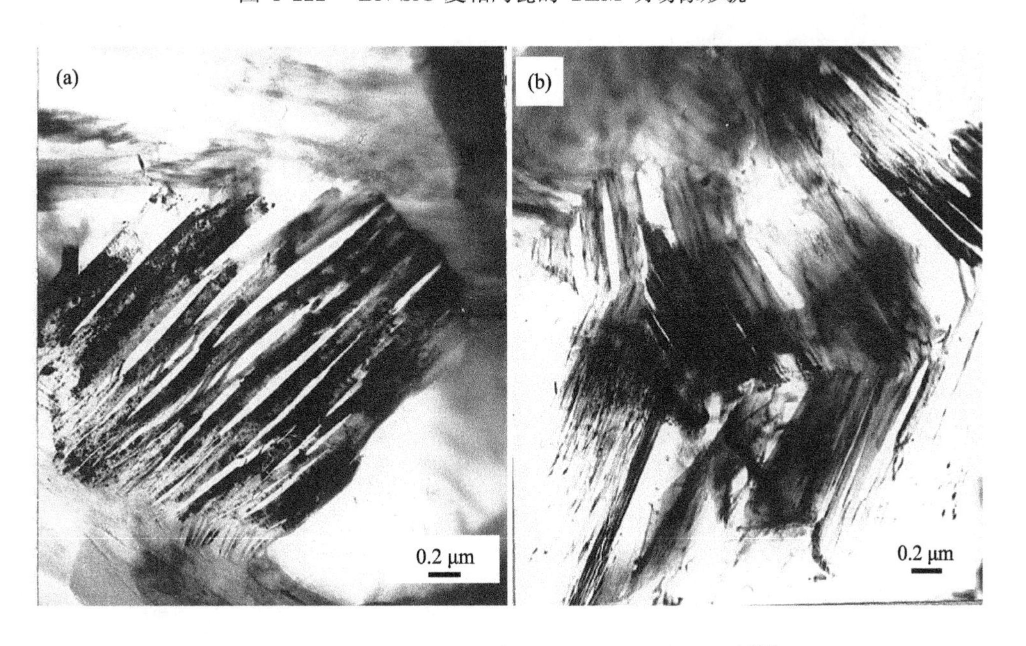

图 4-223 BN-SiC 复相陶瓷中的 h-BN 晶粒形貌[66]

(a) 单个晶粒；(b) h-BN 晶粒支架结构

对材料的力学性能影响比较大，这也是 h-BN 含量多时材料的力学性能下降的主要原因之一。当然，由 h-BN 与 SiC 热膨胀系数上的差别造成的 SiC 与 h-BN 晶粒之间的结合不好也是造成力学性能下降的原因之一。

在对各个成分的试样观察后发现，材料中组织存在不均匀的现象，尺寸大的晶粒在 2 μm，晶间相多的地方则发现存在尺寸不到 100 nm 的纳米 SiC 晶粒聚集区 (图 4-224(a))。另外还发现晶间相在 SiC 晶粒周围比较多，而在 h-BN 晶粒周围很少，这可能是 YAG 对 h-BN 的润湿性不好造成的。在对 SiC 晶粒的观察中发现 SiC 的晶形主要为 3C-SiC，同时还发现了部分的 SiC 晶粒内具有层错结构缺陷 (图 4-224(b))。

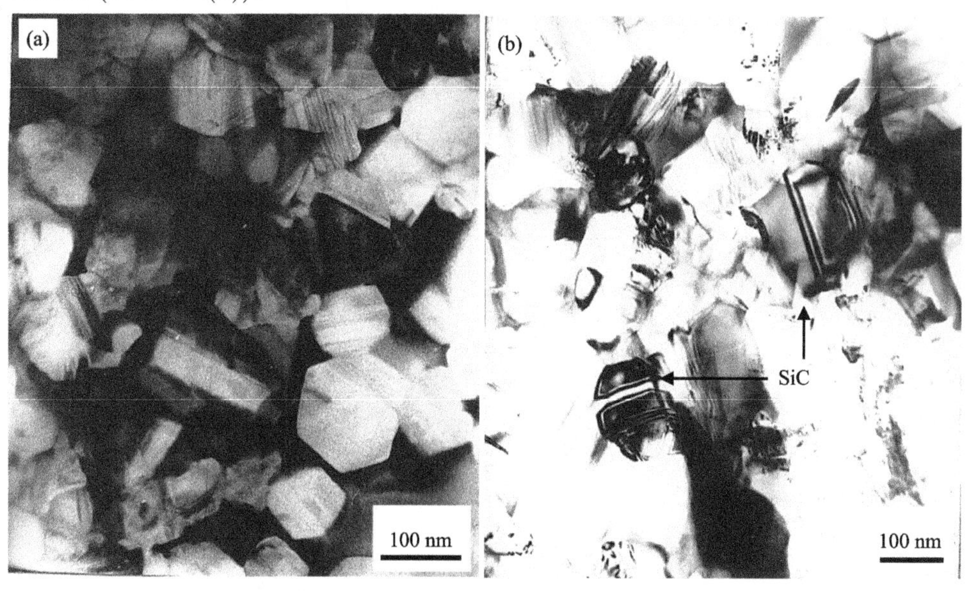

图 4-224　BN-SiC 复相陶瓷中的 (a) 纳米 SiC 晶粒以及 (b)SiC 晶粒的孪晶及断裂的 SiC 晶粒[66]

从 BN-SiC 复相陶瓷的室温力学性能 (表 4-18) 可以看出，材料的力学性能与 h-BN 含量之间的密切联系。h-BN 含量增加，BN-SiC 复相陶瓷各项力学性能数据均有所下降。原位合成的 BN-SiC 复相陶瓷中的 BN 的晶型为六方结构，对于力学性能来讲，h-BN 颗粒是一种弱相，使得材料力学性能下降。

表 4-18　BN-SiC 复相陶瓷的室温力学性能[66]

力学性能	B53	B60
抗弯强度 (σ_f, MPa)	110 ± 4	107 ± 11
弹性模量 (E, GPa)	47.7 ± 0.6	40.8 ± 2.5
断裂韧性 (K_{IC}, MPa·m$^{1/2}$)	2.06 ± 0.01	1.92 ± 0.12
维氏硬度 (Hv, GPa)	0.78 ± 0.05	0.55 ± 0.06

从 BN-SiC 复相陶瓷的热膨胀系数随温度和 h-BN 含量变化的关系曲线 (图 4-225) 可见，随着温度的增加，材料的热膨胀系数逐渐增大。复相陶瓷的热膨胀系数随 h-BN 含量的增加而降低，这主要是由于 h-BN 的热膨胀系数比 SiC 的小。复相陶瓷的热膨胀系数是决定其抗热震性能的重要指标，对于热膨胀系数小的材料，所具备的抗热震性能往往是很优异的。从图中可以看出，与纯 SiC 的热膨胀系数相比，加入 h-BN 使得热膨胀系数减小，这对提高复相陶瓷的抗热震性是有益的。

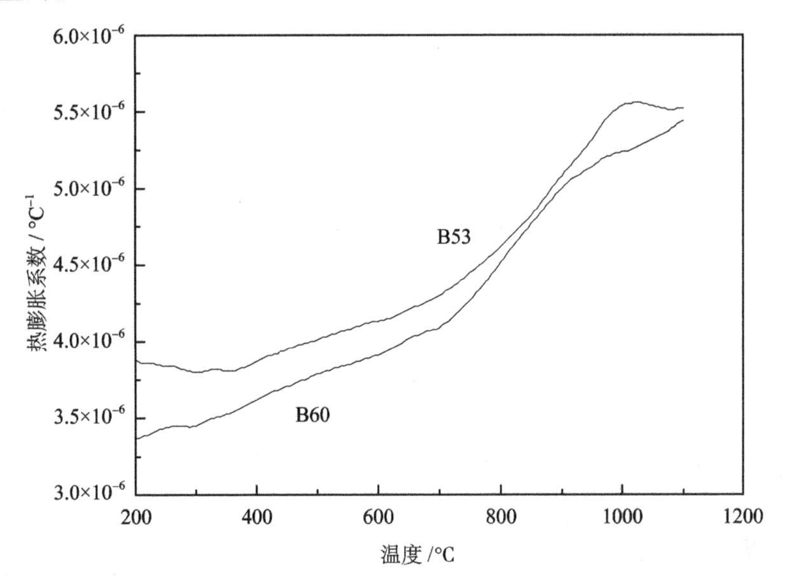

图 4-225 BN-SiC 复相陶瓷的热膨胀系数与温度关系[66]

采用温差分别为 500 ℃、700 ℃、900 ℃ 和 1100 ℃，对 BN-SiC 复相陶瓷的抗热震性进行研究，得到材料经不同的热震温差后的残余抗弯强度变化 (图 4-226)，可以看出材料的残余抗弯强度并不是随着热震温差的提高而单调下降的[69]。

BN-SiC 复相陶瓷在热震的高温保温阶段，表面会生成 SiO_2 和 B_2O_3 的氧化物薄膜。氧化物薄膜在高温时能够在试样表面铺展，在一定程度上可以弥合材料表面的微裂纹，所以材料经过热震后强度下降得很少。BN-SiC 优良的抗热震性能还与材料的微观组织结构密不可分，复相陶瓷中的 h-BN 颗粒由于同 SiC 颗粒在热膨胀系数上的差异，所以材料中含有很多的微裂纹。热震中的升温过程是材料制备工艺冷却过程中残余应力发展变化的逆过程，因此热震升温的过程可通过热震应力抵消残余应力场并使微裂纹逐渐弥合，起到应力松弛的效果，这将有利于避免脆性材料热震裂纹的快速扩展及灾难性破坏，提高材料的抗热震性。同时，

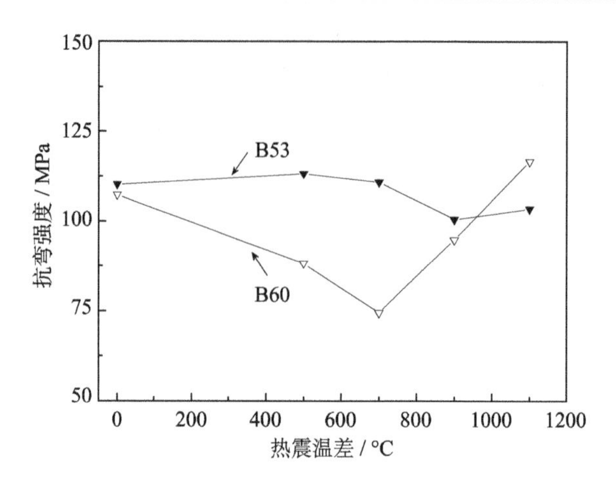

图 4-226　BN-SiC 复相陶瓷热震残余抗弯强度和热震温差之间关系[69]

材料相对低的致密度对材料的抗热震性的提高也有很重要的意义，热震裂纹形核往往受到气孔的抑制，气孔的存在起着钝化裂纹、减小应力集中的作用。

含有 h-BN 的试样在 600 ℃ 和 800 ℃ 热震时，由于温度较低，而且保温时间短，所以表面形成的氧化物很少，因此对材料表面缺陷的弥合并不明显。但是温度继续升高后，试样表面就可形成连续的氧化物薄膜，因此也就造成试样在 800 ℃ 的剩余抗弯强度相对较低。热震温度升高到 1000 ℃ 后，尽管试样表面有氧化物薄膜形成，但是热震造成的损伤对材料强度的降低起了主要的作用。

SiC 和 h-BN 两种材料在高温时都可以发生氧化[70]。SiC 在高温时的氧化分为两个过程，即惰性氧化和快速氧化 (也称之为活性氧化)。SiC 材料在惰性氧化阶段，材料的表面能够形成一层薄的、致密的、结合牢固的 SiO_2 膜，因此材料的氧化非常缓慢。而在快速氧化阶段，SiC 表面会形成一种挥发性的 SiO，反应方程式为

$$SiC(s) + O_2(g) = SiO(g) + CO(g) \tag{4-32}$$

但上述反应需要在较高的温度或较低的氧分压情况下才能够发生 (1400 ℃，氧分压为 1.5×10^{-5} MPa 时才能发生快速氧化)。h-BN 在高温时氧化生成的产物为 B_2O_3。因此，在本实验的氧化情况下 ($T \leqslant 1200$ ℃，标准大气压) 最可能的氧化反应方程式分别为

$$2\,SiC + 3\,O_2 = 2\,SiO_2 + 2\,CO \tag{4-33}$$

$$4\,BN + 3\,O_2 = 2\,B_2O_3 + 2\,N_2 \tag{4-34}$$

上述公式对应的平衡常数的计算公式为

$$K_1^\theta = \frac{P_{co}^2/P^{\theta 2}}{P_{O_2}^3/P^{\theta 3}} \tag{4-35}$$

$$K_2^\theta = \frac{P_{N_2}^2/P^{\theta 2}}{P_{O_2}^2/P^{\theta 2}} \tag{4-36}$$

在标准大气压下，氧气含量和氮气含量分别为 20.8 kPa 和 79.1 kPa。通过热力学计算得出，在标准状态下，不同温度下两个反应的反应生成焓 ΔH^θ、Gibbs 自由能 ΔG^θ、平衡常数及平衡压如表 4-19 所示。

表 4-19 两个氧化反应的反应生成焓 ΔH 和 Gibbs 自由能 ΔG

公式	T/℃	ΔH^θ(kJ/mol)	ΔG(kJ/mol)	K^θ	P/MPa
式 (4-33)	1000	−1878.88	−1427.89	4.91×10^{68}	2.09×10^{32}
	1200	−1878.85	−1415.78	1.67×10^{58}	1.22×10^{27}
式 (4-34)	1000	−1674.18	−1259.71	4.85×10^{51}	1.43×10^{24}
	1200	−1641.99	−1221.88	2.11×10^{43}	9.56×10^{19}

假设 1000 ℃ 时生成 101.325 kPa 的 CO 和 N_2,则表面 SiC/SiO_2 和 BN/B_2O_3 的均衡 P_{O_2} 分别为 1.28×10^{-21} kPa 和 1.45×10^{-24} kPa。1200 ℃ 时为 8.50×10^{-19} kPa 和 2.21×10^{-20} kPa。因此，在 1000 ℃ 和 1200 ℃ 的条件下 SiC 先于 h-BN 氧化生成 SiO_2。

根据气固相反应动力学原理，BN-SiC 复相陶瓷的氧化反应按以下几个步骤组成：①气相中的 O_2 分子通过气相边界层扩散到产物表面 (外扩散)；②氧原子通过产物层向边界界面扩散 (内扩散)；③在反应界面发生氧化反应 (界面化学反应)，包括吸附、化学反应、脱附 3 个环节；④反应产物的内扩散；⑤反应产物的外扩散；⑥反应产物挥发或与基体内物质反应。试样的氧化过程大致可以分为三个阶段：①氧化反应前期，由于反应产物层很薄，因而整个氧化反应速度受化学反应控制；②氧化反应后期，产物层加厚，O_2 分子通过产物层的扩散路径变长，氧化反应的速度受扩散控制；③而其中间阶段则为化学反应和扩散混合控速阶段。

h-BN 发生氧化生成 B_2O_3，由于 B_2O_3 的熔点为 723 K。SiC 在高温空气中缓慢氧化，生成 SiO_2。B_2O_3 熔融液体能够溶解 SiO_2，并形成 SiO_2-B_2O_3 固溶体薄膜，覆盖于材料表面，阻止了复合材料的进一步氧化，提高了材料的抗氧化性。在 SiO_2-B_2O_3 固溶体中，SiO_2 所占质量分数越大，液膜黏度越大。固溶体熔点也随 SiO_2 的质量分数增加而增大。因此与 B_2O_3 熔融液膜相比，SiO_2-B_2O_3 固溶体薄膜对抑制复合材料的氧化更为有效。随着温度的升高，覆盖在材料表面

的 B_2O_3-SiO_2 固溶体薄膜软化程度也越高，黏度下降，流动性变好，液膜厚度也越来越薄。同时，高温下氧在 SiO_2-B_2O_3 玻璃态固溶体中的扩散速度也增大。

按照这两个方程式进行计算可得，1.00 g 的 SiC 和 h-BN 分别能生成 1.50 g 的 SiO_2 和 1.40 g 的 B_2O_3。但是 B_2O_3 在高温时能够挥发，同时在试样的冷却过程中，空气中的水蒸气会和 SiO_2 或 B_2O_3 结合生成硅酸、硼酸而挥发掉，而且空气中的水蒸气会和 SiO_2 和 B_2O_3 结合生成硼硅酸玻璃。这种硼硅酸玻璃在 1200 ℃ 时黏性小，氧扩散系数较大，具有很高的挥发性。

由 BN-SiC 复相陶瓷试样在 1000 ℃ 和 1200 ℃ 时的氧化情况 (图 4-227、图 4-228) 可知，在 1000 ℃ 时试样经过 5 h 的氧化后，在随后的 15 h 的氧化过

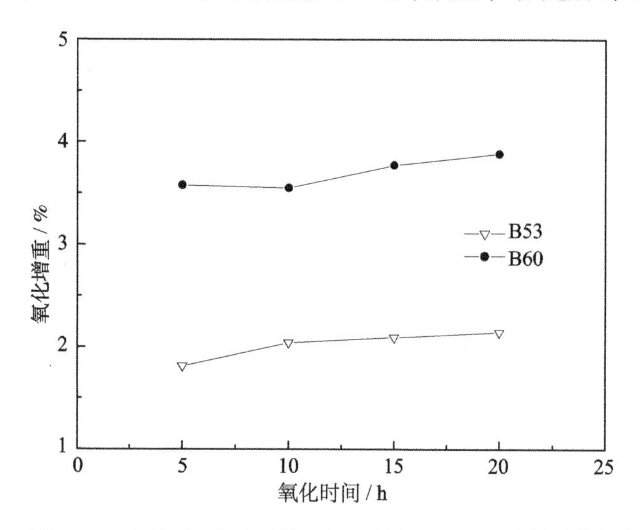

图 4-227　BN-SiC 复相陶瓷试样在温度为 1000 ℃ 时的氧化情况[70]

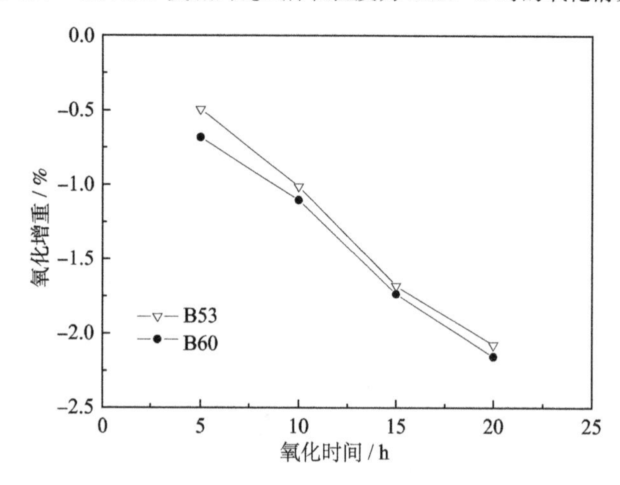

图 4-228　BN-SiC 复相陶瓷试样在温度为 1200 ℃ 时的氧化情况[70]

程中试样的质量并没有发生大的变化，这说明在氧化初期形成的氧化膜很大程度上阻止了氧化反应的进一步进行。试样随着 h-BN 含量的增加，氧化增重的比例也逐渐增加。并且从图中可以看到，h-BN 含量多的试样，氧化增重随时间变化的曲线上升的趋势增大，从这两点也可以说明 h-BN 增加，氧化形成的 B_2O_3 的量同时也增加，而氧化物薄膜的黏度却下降。

当试样在 1200 ℃ 氧化时，氧化情况与 1000 ℃ 的氧化情况有所不同，主要因为：①h-BN 氧化形成的 B_2O_3 在 1200 ℃ 的挥发程度更大；②h-BN 含量越高，高温时形成的 B_2O_3 越多，B_2O_3 与 SiO_2 形成的固溶体薄膜软化程度也越高，黏度下降，空气中氧分子的扩散系数增大；③空气中的水蒸气和 SiO_2 及 B_2O_3 结合生成的硼硅酸玻璃在 1200 ℃ 的黏性变小，氧扩散系数较大，而且具有很高的挥发性。随着 h-BN 含量增加，材料表现为失重程度越来越大，这是由于复相陶瓷的氧化增重要比 B_2O_3 和硼硅酸玻璃的挥发失重小。从整个氧化情况看来，1000 ℃ 的氧化反应的速度受扩散控制，而 1200 ℃ 的氧化反应受化学反应和扩散混合控速。

从 B60 试样在 1000 ℃ 氧化 20 h 后表面 XRD 物相分析 (图 4-229) 可见，材料表面的 BN 的衍射峰已经看不到，并且生成的 B_2O_3 也没有检测到，可能是高温挥发造成的。同时，可以看到 SiC 和 SiO_2 的衍射峰。在高温时，B_2O_3、SiO_2 和添加剂之间还可以形成配比复杂的 Si-B-Y-Al-O 固溶体。

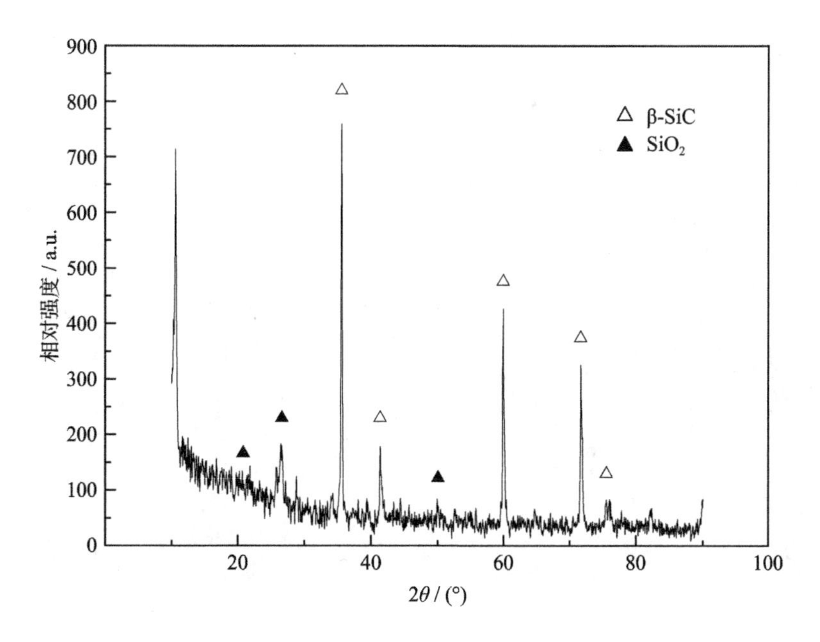

图 4-229　B60 样品在 1000 ℃ 氧化 20 h 后表面 XRD 图谱[70]

图 4-230 (a)~(c) 是经过 1200 ℃ 氧化 20 h 的试样表面形貌。B53 和 B60 表面氧化更加严重，形成的氧化物膜凹凸不平。图 4-230 (c) 是试样 B53 表面的高倍扫描，可以看出，在氧化物的表面形成了针状的物质。对针状物质进行能谱分析可得，所含的 Si 元素和 Al 元素比较高，这是高温时 SiO_2 同添加剂 Al_2O_3-Y_2O_3 形成 Si-Al-Y-O 的共融体在低温结晶的产物。

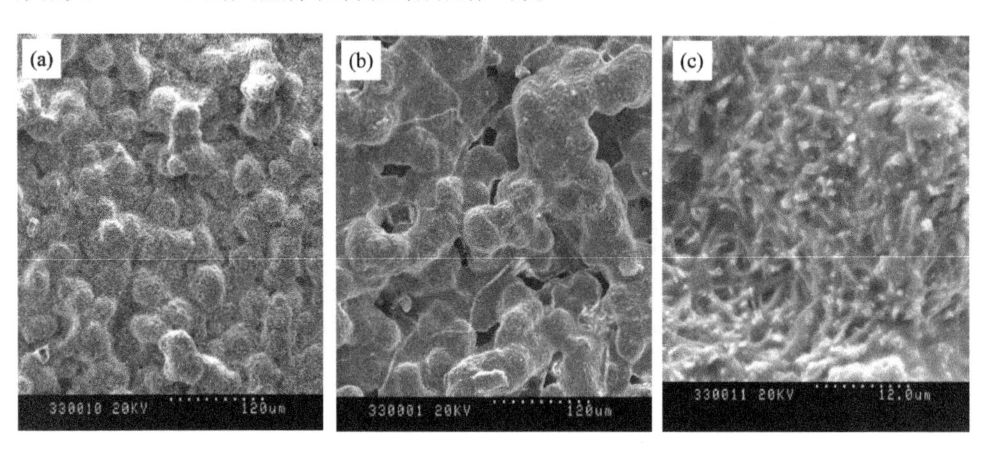

图 4-230　BN-SiC 复相陶瓷 1200 ℃ 氧化 20 h 后表面形貌[70]

(a) B53；(b) B60；(c) B53 放大照片

图 4-231 是经过 1200 ℃ 氧化 20 h 后的断面形貌。试样断面上的氧化物薄膜厚度随着 h-BN 含量的增加而增加，且薄膜的致密程度越来越差，这是氧化形成的气体以及氧化膜中的物质挥发造成的。

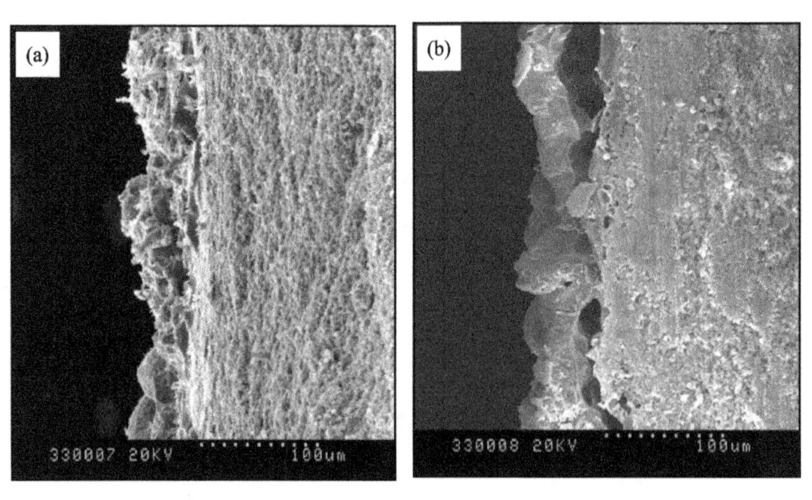

图 4-231　BN-SiC 复相陶瓷 1200 ℃ 氧化 20 h 后断面形貌[70]

(a) B53；(b) B60

4.5 硼化物/六方氮化硼复相陶瓷

硼化物具有优良的力学性能、耐侵蚀性能和化学稳定性，特别是过渡金属硼化物是高温超高温结构陶瓷中重要的组成部分。随着超高温结构陶瓷应用需求的日益增长，含硼化物结构陶瓷材料的研究得到了充分的重视。并且硼化物与氮化硼两相之间的相容性较好，将硼化物作为第二相添加到 h-BN 陶瓷材料基体之中有望实现 h-BN 陶瓷材料的强韧化，具有优异的高温力学性能、抗腐蚀性能和化学稳定性，被作为高温承载结构件、熔炼坩埚等，广泛应用在半导体、化工和金属冶炼等工程领域。

以 ZrB_2 作为强韧化第二相为例，1800 ℃/20 MPa 烧结制备的 BN-30% ZrB_2 复相陶瓷材料的致密度可以达到 94%，其抗弯强度和断裂韧性分别为 334 MPa 和 4.60 $MPa{\cdot}m^{1/2}$[46]。采用反应热压烧结工艺，以 h-BN 为基体材料，通过添加 ZrO_2、AlN、B_2O_3 和 Si 等改性剂，1900 ℃/50 MPa 所制备的 BN-ZrB_2-ZrO_2 复相陶瓷材料的致密度可以达到 95.2%，其抗弯强度和断裂韧性分别为 226.0 MPa 和 3.40 $MPa{\cdot}m^{1/2}$，反应生成的 ZrB_2 相使 BN 基复相陶瓷材料的力学性能明显提高，比热压烧结纯 h-BN 陶瓷材料的抗弯强度提高了 183%[71]。而采用 ZrO_2、B_4C、C 和 SiO_2 等作为反应物时，在 1600 ℃/30 MPa 的烧结工艺条件下成功制备了致密度为 95.2% 的 BN-30% ZrB_2 复相陶瓷材料，其抗弯强度和断裂韧性分别为 286 MPa 和 4.20 $MPa{\cdot}m^{1/2}$，而添加相同或相近含量的氧化物 (ZrO_2)、碳化物 (SiC) 和氮化物 (AlN) 作为强韧化第二相，所制备的 h-BN 基复相陶瓷的抗弯强度和断裂韧性分别为 235 MPa 和 3.90 $MPa{\cdot}m^{1/2}$、260 MPa 和 2.90$MPa{\cdot}m^{1/2}$、205 MPa 和 3.90 $MPa{\cdot}m^{1/2}$[46,72,73]。由此对比可以推断，添加硼化物 (特别是过渡金属硼化物) 作为第二相对于 h-BN 基陶瓷材料的强韧化效果更好，主要原因为过渡金属硼化物具有六方晶体结构，在复相陶瓷材料烧结过程中容易发育成具有板条晶形貌的晶粒，这种大长径比的晶粒在裂纹扩展过程中能够很好地起到裂纹阻挡、裂纹偏转和裂纹桥接等强韧化作用，有效地提高了 h-BN 复相陶瓷材料的力学性能。而硼化物添加量逐渐升高到大于 50% 时，其复相陶瓷材料的性质开始向氮化硼改性硼化物基陶瓷材料转变，其中最具代表性的是 TiB_2-BN 和 TiB_2-AlN-BN 复相陶瓷材料。该复相陶瓷材料具有优良的力学、电学和耐腐蚀性能，已作为蒸发舟和坩埚材料被广泛应用于各个领域[74]。

4.6 六方氮化硼织构陶瓷

对于结晶性良好的 h-BN 晶粒，其一般呈现出典型的层片状形貌，厚度相对于直径而言很小，在 0.2~0.5 μm，而层片方向的尺寸一般则可达到 10~20 μm。这种 h-BN 晶粒在单向加载的热压烧结过程中，h-BN 晶粒的 c 轴将沿着平行于压力方向排布，即晶粒的层片是垂直于压力方向的（图 4-232），形成织构陶瓷。这种材料具有显著的各向异性，其垂直于层片和平行于层片方向的力学、热学、电学性能具有显著的差异，且与显微组织织构化程度具有很大的相关性。因此，可以通过织构化控制，有效地扩展材料适用范围，增加设计灵活性和使用可靠性，已受到越来越多研究者的重视。

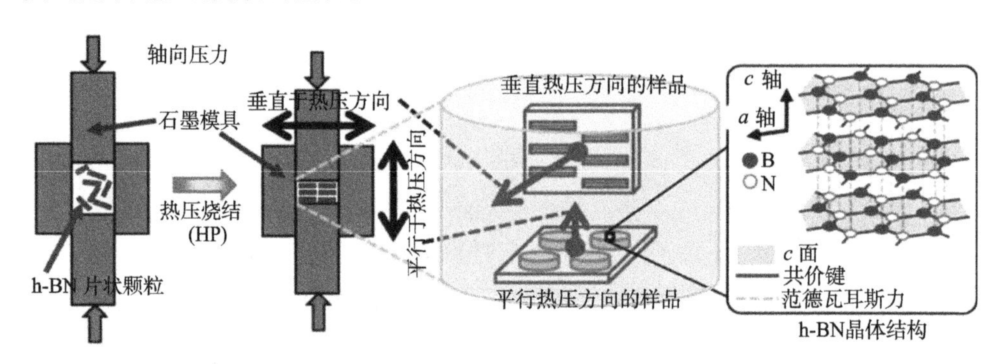

图 4-232　单向加载热压烧结使层片状 h-BN 定向排列的原理示意图[75]

Niu 等[76]采用前述的 MAS 作为添加相，研究了不同原始晶粒形貌的 h-BN 对于烧结过程形成织构情况的影响。其采用了 3 种不同形貌和晶粒尺寸的 h-BN 粉体（图 4-233），它们的中值粒径分别为 0.5 μm、5.0 μm、11.0 μm，对应的形貌分别为接近等轴状、较薄的层片状以及发育完好的大层片状。复相陶瓷中的 MAS 含量为 30 wt%，采用的烧结工艺为 1800 ℃，30 MPa 压力下保温 1 h。

从采用 3 种 h-BN 粉体烧结后得到 BN-MAS 复相陶瓷的 XRD 图谱（图 4-234）可见，烧结后材料中均只含 h-BN 和 MAS 两相，但不同方向衍射得到 h-BN 相不同晶面对应的衍射峰强度明显不同，且随着原料 h-BN 晶粒尺寸

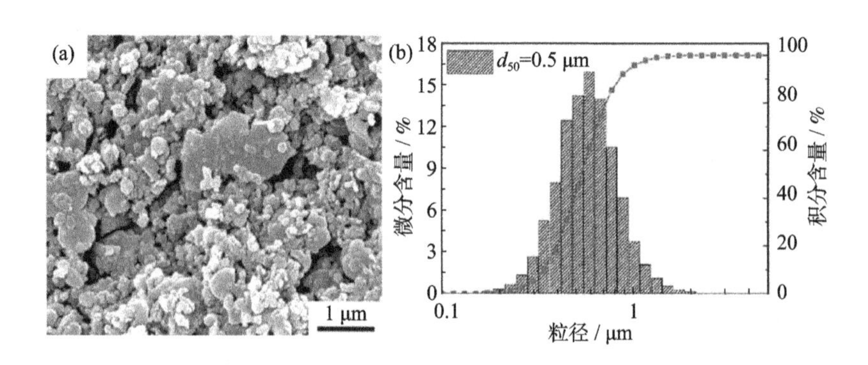

图 4-233　三种不同 h-BN 粉体原料的形貌及粒度分布[76]

(a)，(b) d_{50}=0.5 μm；(c)，(d) d_{50}=5.0 μm；(e)，(f) d_{50}=11.0 μm

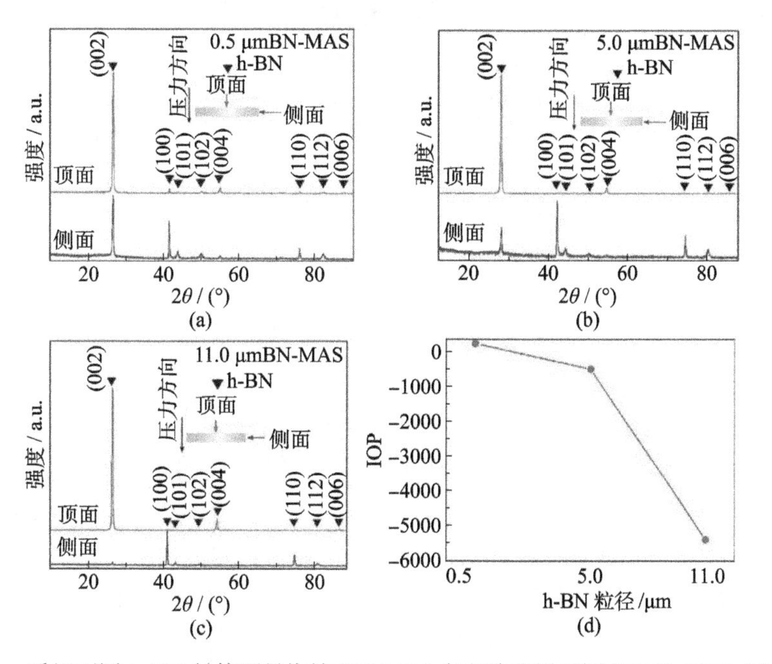

图 4-234　采用不同 h-BN 粉体原料烧结 BN-MAS 复相陶瓷沿不同方向的 XRD 图谱及取向因子[76]

(a) d_{50}=0.5 μm；(b) d_{50}=5.0 μm；(c) d_{50}=11.0 μm；(d) 取向因子 IOP 值

增大和形貌呈现更为明显的层片状，不同方向的衍射峰强度差异愈加明显，表明其织构化程度更大。按照前述公式 (4-1) 计算取向因子，可以看出，采用 0.5 μm 的 h-BN 所得到的复相陶瓷 IOP=–16.7，随着 h-BN 晶粒尺寸增大，IOP 值明显变化，采用 5.0 μm、11.0 μm 的 h-BN 所得到复相陶瓷的 IOP 值分别为–717.4 和–5413.6，表明了其织构化程度显著增加，这从断口形貌上也可以明显看出区别 (图 4-235)。上述结果表明，原始粉体的状态对于烧结后陶瓷的织构化程度具有显著影响，大尺寸具有明显层片状形貌的 h-BN 晶粒，通过热压烧结后更有利于形成织构化程度大的复相陶瓷。

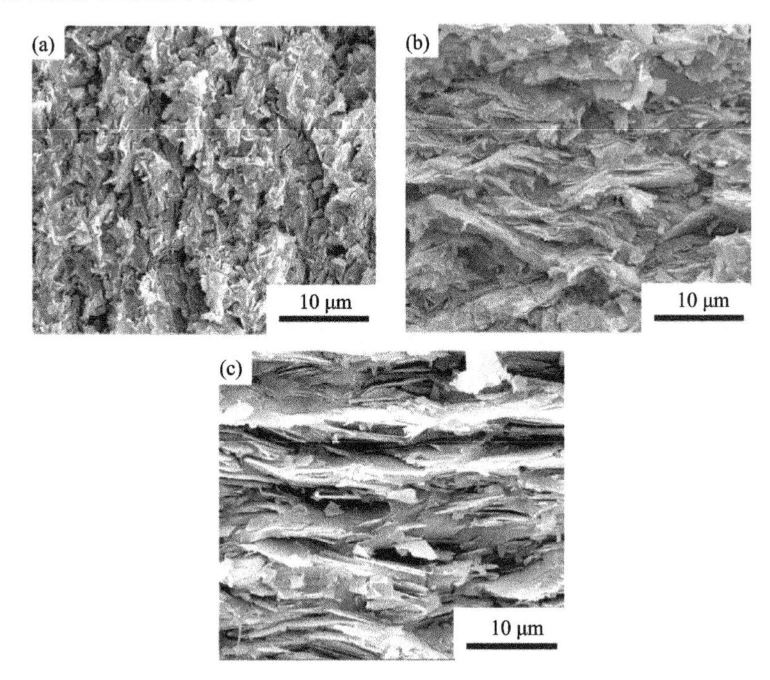

图 4-235　采用不同 h-BN 粉体原料烧结 BN-MAS 复相陶瓷的断口形貌[76]

(a) d_{50}=0.5 μm；(b) d_{50}=5.0 μm；(c) d_{50} = 11.0 μm

原始 h-BN 粉体的颗粒尺寸及形貌对于烧结后复相陶瓷的密度也有较大的影响 (图 4-236(a))，随着 h-BN 粉体尺寸的增大，复相陶瓷的致密度是逐渐降低的。通过对三种材料沿不同方向、抗弯强度和断裂韧性的测试 (图 4-236(b)~(d))，复相陶瓷的力学性能也是随原始 h-BN 粉体尺寸的增大而减小的。但沿不同方向测试得到的结果差异更为明显，沿图中 D1 方向的力学性能均高于沿 D2 方向的，且随着 h-BN 晶粒尺寸和织构化程度的增加，两个方向强度和韧性的差别也越来越明显。

原始 h-BN 粉体的颗粒尺寸对于烧结后复相陶瓷的热导率的影响也是显著的

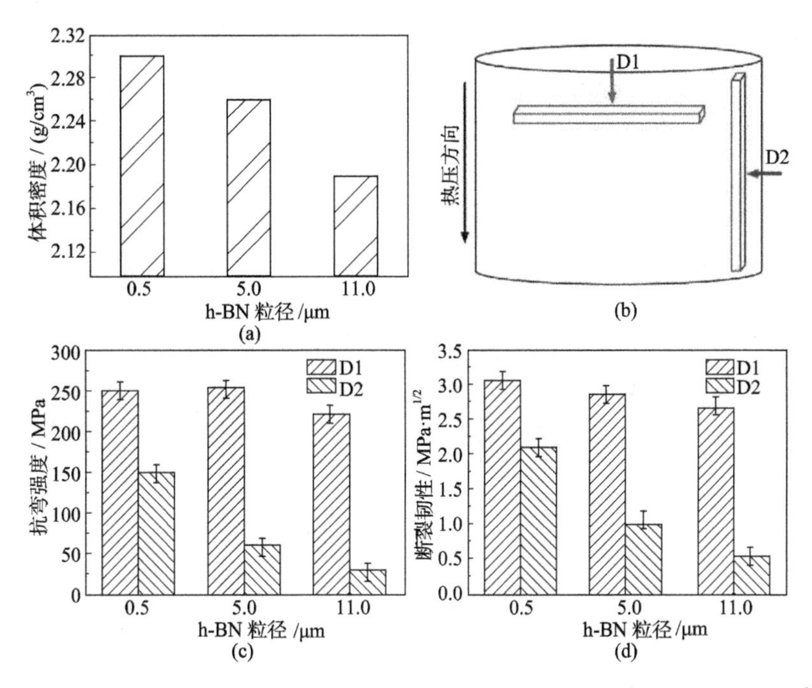

图 4-236 采用不同 h-BN 粉体原料烧结 BN-MAS 复相陶瓷的密度和力学性能[76]

(a) 密度；(b) 力学性能测试方向示意图；(c) 抗弯强度；(d) 断裂韧性

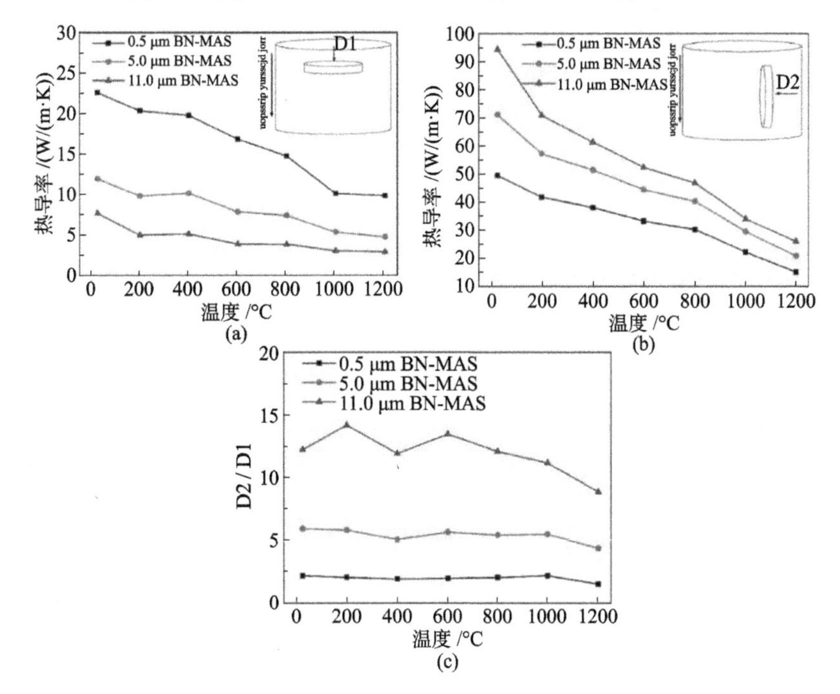

图 4-237 采用不同 h-BN 粉体原料烧结 BN-MAS 复相陶瓷热导率[76]

(a) 平行于压力方向 D1；(b) 垂直于压力方向 D2；(c) 不同方向热导率比值 D2/D1

(图 4-237)，其规律与力学性能的相似，随着 h-BN 粉体尺寸的增大，不同方向的热导率差别也越来越大，采用 d_{50}=11.0 μm 大片状 h-BN 的复相陶瓷，两个方向的室温至 1000℃ 的热导率相差可以达到 10 倍以上。

吴志亮等[77,78]系统研究了采用莫来石作为烧结助剂的织构 h-BN 基复相陶瓷。对 10~30 MPa 压力烧结后复相陶瓷不同方向物相分析及其取向因子计算 (图 4-238)，当测试材料的表面垂直于热压方向时，(002) 面的衍射强度远高于 (100) 面的衍射强度。而当测试材料的表面平行于热压方向时，材料 (100) 面的衍射强度要高于 (002) 面的衍射强度。这表示材料的 (002) 面倾向垂直于压力方向排列，而 (100) 晶面倾向平行于压力方向排列。随着压力的增大，得到的 BN 陶瓷的 IOP 值变小，最小值可以达到–1764。这表明压力越大，晶粒的定向排列程度越大。

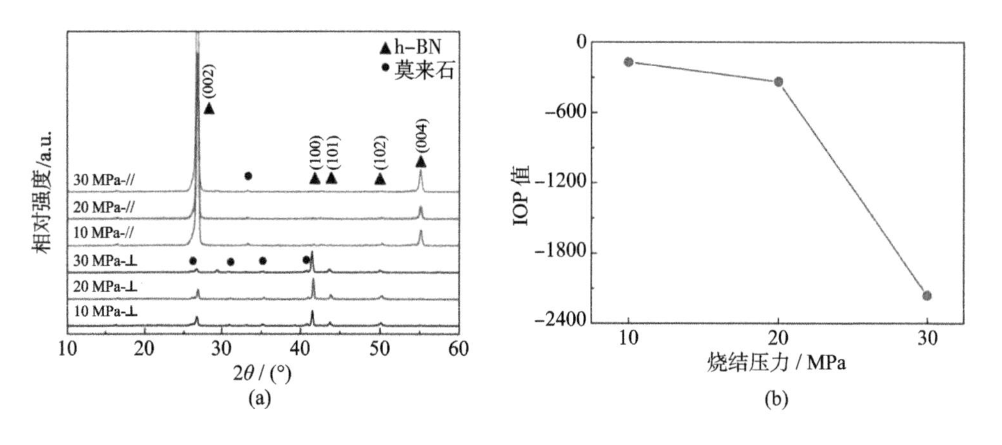

图 4-238　不同压力烧结 BN-莫来石织构陶瓷的 XRD 图谱 (a) 和取向因子 (b)[78]

极图是一种评价材料织构程度有效的定量方法，它可以为材料的择优取向分布提供许多有用的信息。由不同烧结压力制备的 BN-莫来石织构复相陶瓷的 (002) 极图 (图 4-239)，所有的极图均呈现围绕中心点的近似同心圆形状。柱状图中的数字表示通过测试和计算得到的择优取向分布密度的相对倍数，随机分布的最大相对倍数越大，材料的取向程度越高。轮廓线图标可以定量地表示不同方向的颗粒的相对体积分数，在接近极点的位置处的相对强度较高，表明沿相应方向的颗粒的相对体积分数增加。比较从 10 MPa 增加到 30 MPa 不同烧结压力制备的样品，相对强度随烧结压力的增加而增加，也表明烧结压力在晶粒择优取向上起着重要作用，有助于形成织构。

通过 (002)、(100)、(102)、(104) 方向的极图来计算每个样品的定向分布函数。将 $(0, \phi, 5)$ 选为固定的方向，沿此方向分布晶粒的相对体积分数的高斯拟合结果见图 4-240。随着烧结压力的增大，沿 $(0,\phi,5)$ 方向相对体积分数的最大值增大，表明当烧结压力从 10 MPa 增加到 30 MPa 时，织构程度得到了明显增强。综上所述，烧结压力对颗粒定向和结构的形成有重要影响，压力越高，织构程度也越高。

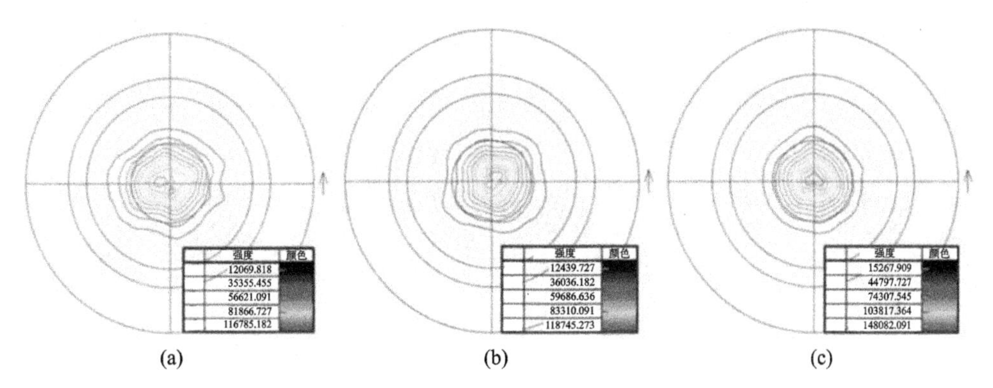

图 4-239 不同压力烧结 BN-莫来石织构复相陶瓷的 (002) 极图 [78](后附彩图)

(a) 10MPa；(b) 20MPa；(c) 30MPa

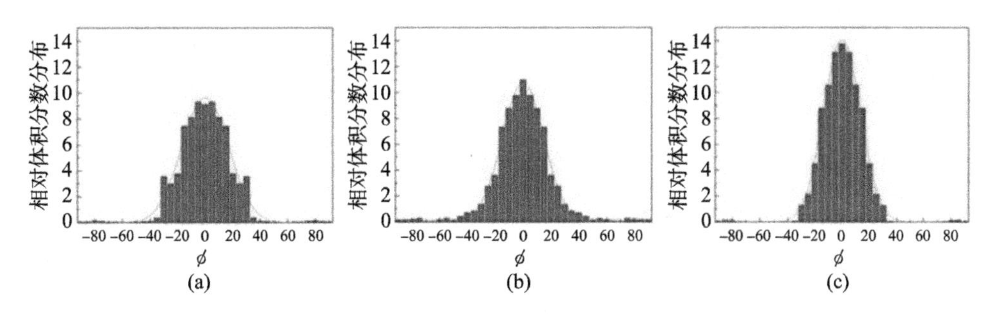

图 4-240 不同压力烧结 BN-莫来石织构陶瓷晶粒沿 (002) 方向分布[78]

(a) 10MPa；(b) 20MPa；(c) 30MPa

对 BN-莫来石织构陶瓷沿不同方向的力学性能进行测试 (图 4-241)[79]，其中 D1 方向垂直于热压方向，且与 h-BN 层片方向平行；D2 方向平行于热压方向，并垂直于 h-BN 层片方向；D3 方向垂直于热压方向，且垂直于 h-BN 层片方向。

同一烧结压力下的不同加载方向上，材料的力学性能有明显差异，由于加载方向垂直于热压方向的 D3 方向裂纹会发生偏转扭折，烧结压力为 30 MPa 的 h-BN-莫来石复相陶瓷在 D3 方向上的弹性模量、抗弯强度和断裂韧性分别为 107.8 GPa、104.8 MPa、2.36 $\mathrm{MPa\cdot m^{1/2}}$，都大于其他两个方向。D1 方向的力学性能最差，这是由于该方向是沿着 h-BN 层间断裂的，性能较差。h-BN 织构陶瓷的力学性能与烧结压力也有很大关系，在同一加载方向上，材料的抗弯强度、弹性模量、断裂韧性都随着烧结压力的增加而增加，这是由于烧结压力提高了材料

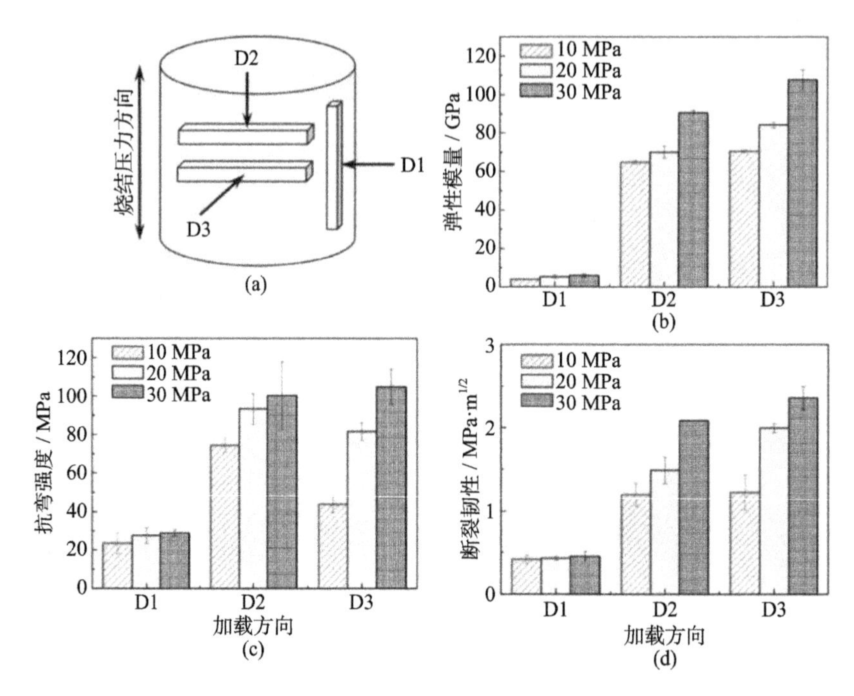

图 4-241　不同压力烧结 BN-莫来石织构陶瓷沿不同加载方向上的力学性能[79]

(a) 力学性能测试方向示意图；(b) 弹性模量；(c) 抗弯强度；(d) 断裂韧性

的致密度，所以材料的力学性能有所提升。

分析材料不同取向的断裂机理 (图 4-242、图 4-243)，加载方向平行于 h-BN 层片方向且垂直于热压方向（方向 D1)，由于有明显的气孔和裂纹存在于 h-BN 层片之间，当加载方向上载荷很小时，陶瓷中的微裂纹和气孔就会迅速扩展并相互连通，随后发生失稳断裂，同时 h-BN 层片间的搭桥结构起不到作用，当应力方向平行于层片面时，裂纹迅速扩展连通，发生典型的脆性沿晶断裂，其断口可看到 h-BN 层片表面，断口较平整；当加载方向平行于热压方向且垂直 h-BN 层片方向（方向 D2) 时，由于受拉面上的 h-BN 晶粒是由自身键合在一起或是与莫来石相连接键合在一起的，该平面上几乎很少有 D1 方向上存在的气孔和裂纹，因此初始裂纹的产生就需要破坏晶粒之间的键合作用，破坏键合所需要的载荷远大于 D1 方向产生裂纹所需的载荷值。由于材料在弯曲状态下的最大应力值反映了材料的抗弯强度值，因而可以得到 h-BN 在 D2 方向的抗弯强度远大于 D1 方向。试样受拉面产生的裂纹在扩展过程中会遇到 h-BN 的层片结构，裂纹不断发生扭折，导致材料的断口呈现出凹凸不平的形貌，值得一提的是该过程消耗了外界能量，对材料的力学性能的改善有着重要意义；当加载方向垂直于层片方向且垂直于热压方向（方向 D3) 时，材料的断裂方式和与 D2 方向相比较又有所不同，

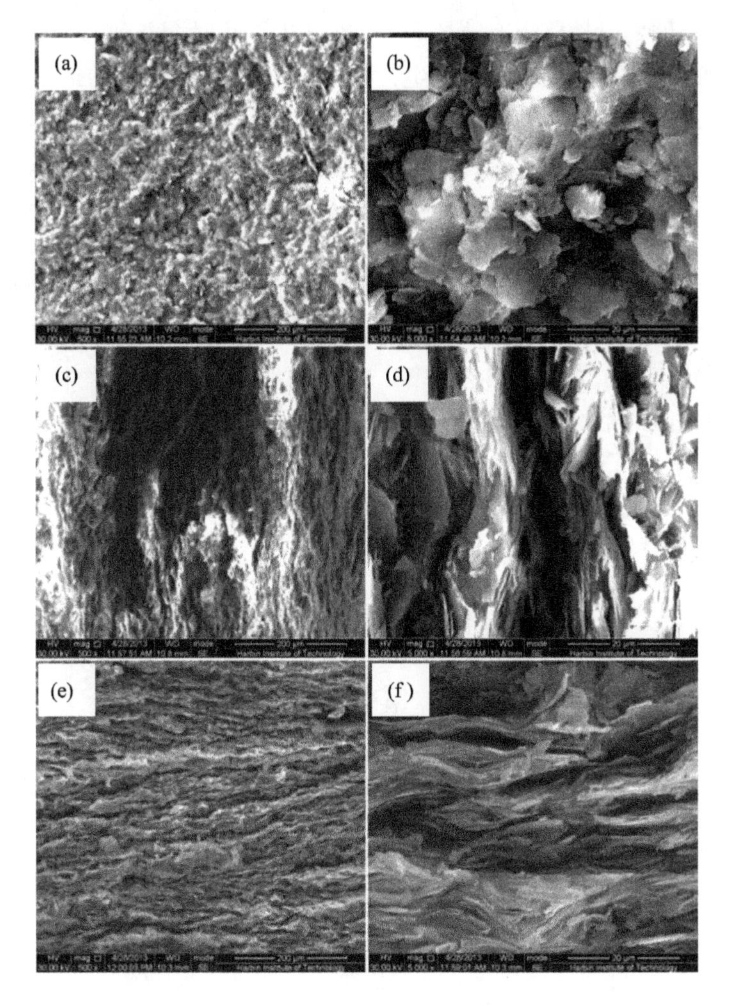

图 4-242 30 MPa 压力烧结 BN-莫来石织构陶瓷沿不同加载后的断口形貌[79]

(a)，(b) D1 方向；(c)，(d) D2 方向；(e)，(f) D3 方向

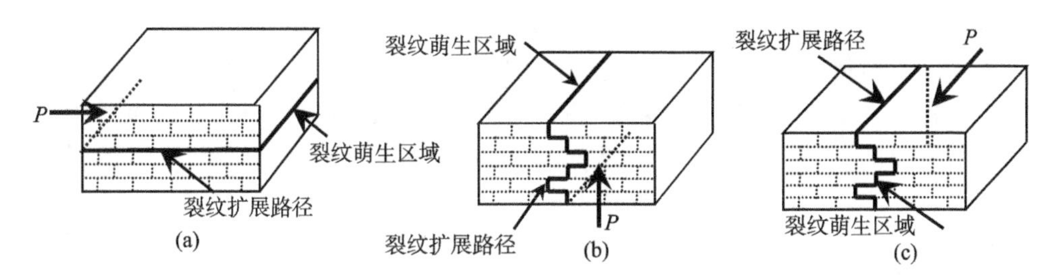

图 4-243 BN-莫来石织构陶瓷沿不同方向加载时裂纹萌生和扩展示意图[79]

(a) D1 方向；(b) D2 方向；(c) D3 方向

同时两方向上的力学性能也有差异。因为在产生裂纹时会遇到 h-BN 的片状结构，产生的初始裂纹会发生扭折，要发生失稳断裂，不仅要破坏 h-BN 原子间自身键合以及 h-BN 原子与莫来石间的键合作用，还要破坏 h-BN 层片之间结合的范德瓦耳斯力。由于材料的范德瓦耳斯结合力远低于共价键结合力，故而在 D3 方向上需要加载的应力相对于 D2 方向不需要太多的增加，因而 D3 方向对应的抗弯强度值只是略高于 D2 方向。

对不同压力烧结的织构 h-BN 基复相陶瓷沿不同方向进行离子溅射实验，测量得到平均溅射速率 (图 4-244)[80]。同一烧结压力下，垂直于热压方向的溅射速率略高于平行于热压方向的溅射速率，这说明平行于热压方向的材料比垂直压力方向的材料抗溅射性好，在垂直热压方向上原子间结合能力低于平行于热压方向的结合力，且垂直于热压方向上的 h-BN 层片间存在微裂纹和气孔，这些都可能导致两个取向上材料的抗溅射性能有差异。而在同一取向、不同烧结压力下的 h-BN 则随着烧结压力的增加，溅射速率有所下降。

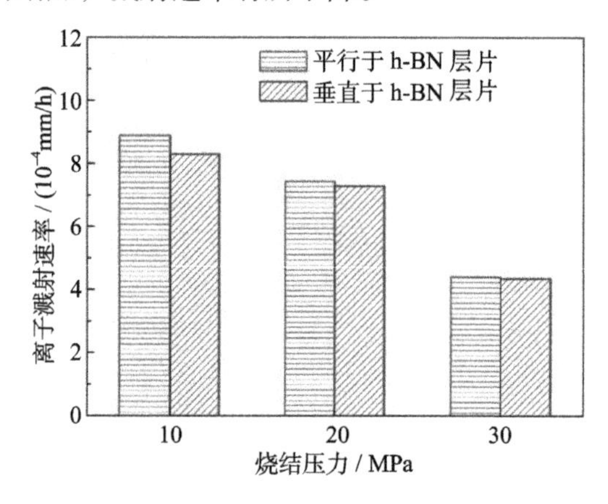

图 4-244　不同压力烧结 BN-莫来石织构陶瓷沿不同的离子溅射速率[80]

通过分析垂直于热压方向和平行于热压方向的 h-BN 织构陶瓷表面经过等离子体连续溅射 3h 后溅射区域表面的小角 XRD 图谱 (图 4-245)，在垂直于于热压方向上，材料的取向和各晶面的相对强度较溅射前没有明显的变化，这是因为垂直于热压方向的 h-BN 为层片分布，被溅射后依然是层片分布，材料的择优取向没有发生明显的变化。而在平行于热压方向上与未溅射时材料平行热压方向的对比发现，材料的峰强发生了明显的变化，溅射前 h-BN 的 (100) 晶面的衍射强度高于 (002) 晶面，(100) 晶面倾向于平行热压方向排列，而溅射过后发现 h-BN 的 (002) 晶面衍射强度高于 (100) 晶面。发生这种变化的原因可能是由于平行热压方向上的 h-BN，经过溅射后，平行热压排布的 (100) 晶面被溅射掉，衍生峰变弱，材料表面的晶粒定向排布情况发生变化。

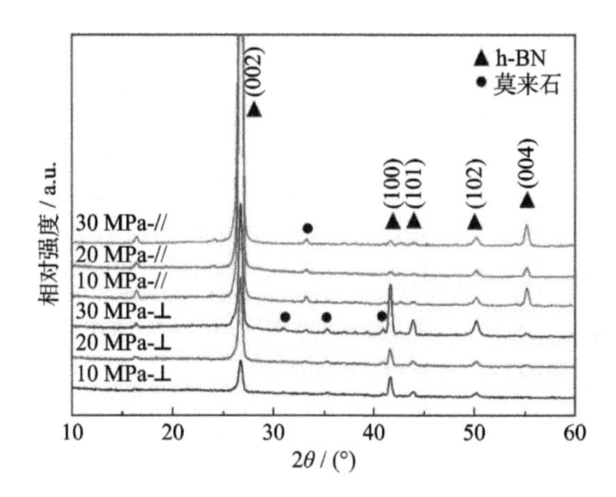

图 4-245 不同压力烧结 BN-莫来石织构陶瓷沿不同离子溅射后表面 XRD 图谱[80]

对 BN-莫来石织构陶瓷垂直和平行于层片方向的离子溅射前后的表面进行 XPS 分析 (图 4-246)，材料中主要含有 B、N、C、O 四种元素。其中的 C 应为材

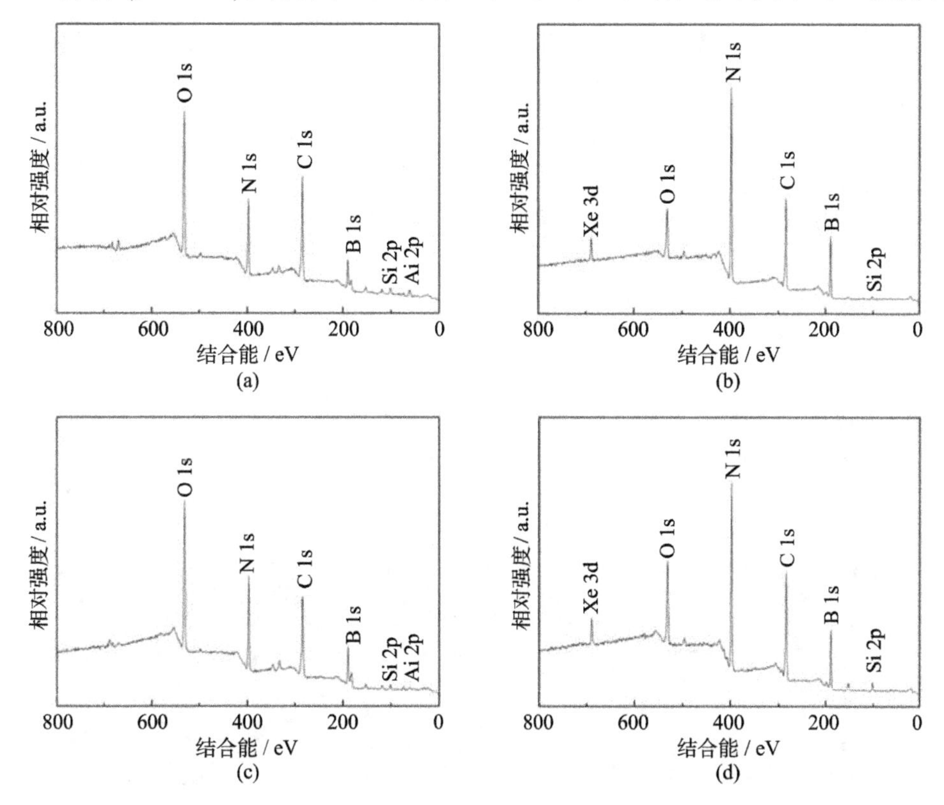

图 4-246 BN-莫来石织构陶瓷沿不同方向离子溅射前后表面 XPS 谱[80]

(a)，(b) 垂直层片方向溅射前后；(c)，(d) 平行层片方向溅射前后

料表面吸附的 C，以及烧结过程石墨模具在高温条件下产生活性原子扩散进入材料中的，由于不是本材料涉及的问题，在此不进行讨论。复相陶瓷由 h-BN 和莫来石构成，其中，应包含 B、N、Al、Si、O 元素。而溅射后则出现了 Xe 元素，这说明溅射过程中有少量的 Xe 元素注入材料表面层中。通过溅射前后谱图中各元素相对峰强的变化可以看出，溅射后 B、N 元素的峰强有所降低，而 O 元素的峰强则明显提高，结合前述溅射后材料的物相没发生变化，说明溅射过程中 h-BN 将优先于含有 O 元素的莫来石被溅射掉，即发生了选择性溅射的现象。而对于不同取向 (平行于层片方向、垂直于层片方向) 的样品，均出现了相同的现象，表明 h-BN 的织构特性对于溅射过程中的物相变化及择优溅射等并没有显著的影响。

BN-莫来石织构陶瓷溅射后的表面形貌有明显的变化且各取向形貌特点不同 (图 4-247)，垂直于热压方向，溅射后材料表面较平整；在平行于层片方向上，溅射后材料表面出现很多因整片 BN 被溅射掉而出现的“坑洞”，还可以看到明显的 h-BN 晶粒层片状形貌。

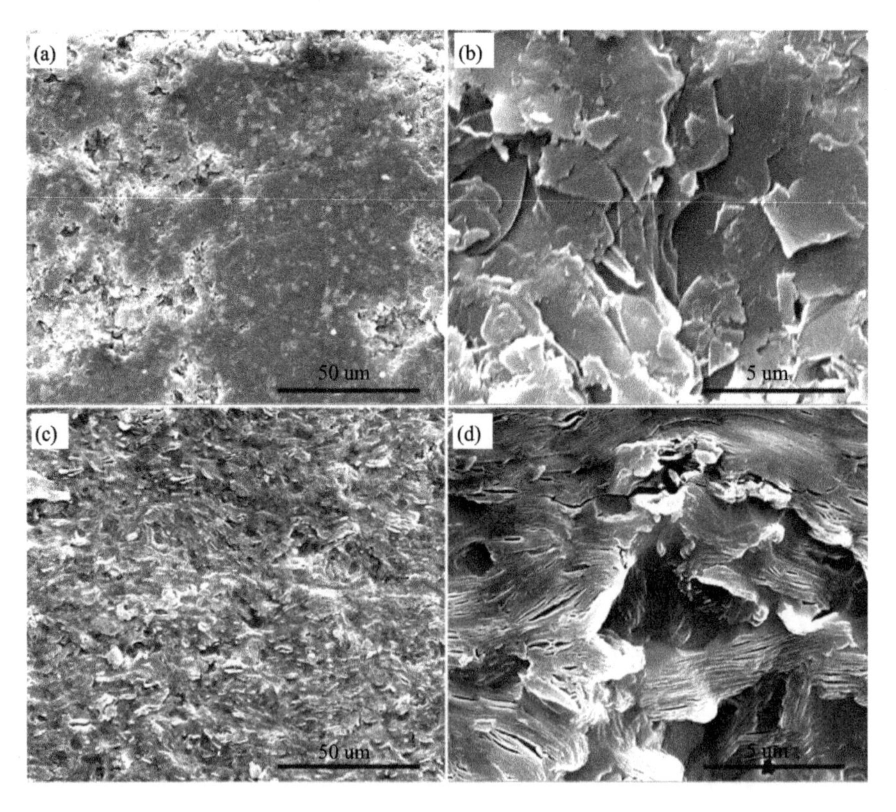

图 4-247 BN-莫来石织构陶瓷沿不同方向离子溅射后表面形貌[80]

(a)，(b) 垂直层片方向溅射后；(c)，(d) 平行层片方向溅射后根据上述结果和分析，建立了氩离子溅射对 h-BN 晶体的损伤模型(图 4-248)，左边完整的晶体为溅射前的单个 h-BN 晶粒，右边则分别为氩离子溅射后表面沿不同方向的剩余部分和溅射脱落部分。h-BN 晶体的层内 B—N 键是具有强键合力的共价键，而层间则是由弱范德瓦耳斯力结合而成的。当氩离子撞击平行于 h-BN 层的表面时，不仅可以破坏 B—N 键，而且可以使 BN 层片从整个晶体上脱离。因此，从 h-BN 晶体中会溅射出多种碎片，包括多层 BN、单层 BN、B-N 环、硼原子或离子、氮原子或离子，残余的部分仍保留了六方晶系的晶体结构，表面可明显观察到层片状结构，所以整体结果是材料从表面逐渐减少。而当氩离子撞击垂直于 h-BN 层的表面时，会发生同样的相互作用，B—N 键和范德瓦耳斯键被氩离子撞击而断裂，但是多层和单层的碎片尺寸较小，相对来说这种情况下需要打破更多的 B—N 键。

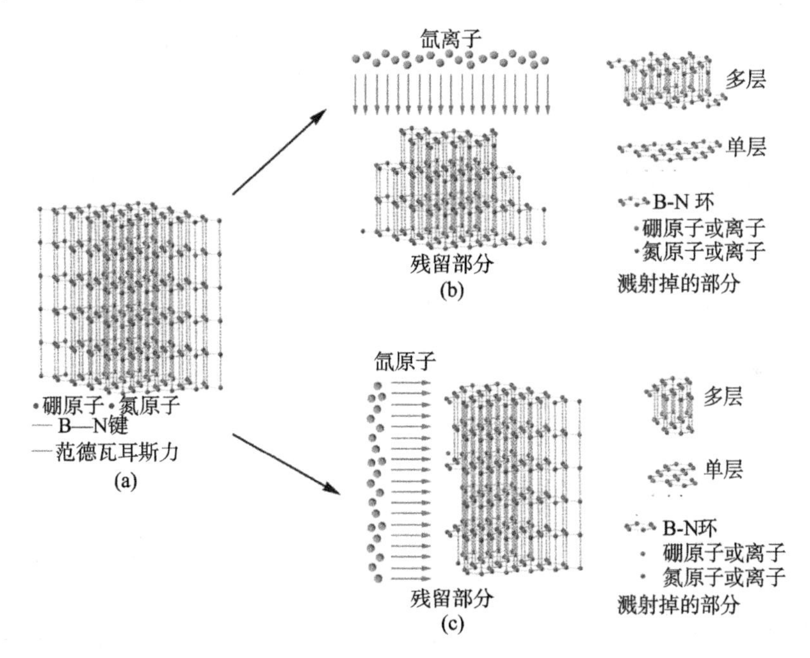

图 4-248　h-BN 晶体被不同方向离子溅射后的损伤机理示意图[80](后附彩图)

(a) 原始晶粒; (b) 氩离子垂直 h-BN 层片方向溅射; (c) 氩离子平行 h-BN 层片方向溅射

对于复相陶瓷也建立了相应的损伤模型 (图 4-249)，图 4-249(a) 为氩离子溅射前复相陶瓷的截面示意图，深颜色条纹部分为层状结构的 h-BN 晶粒，浅色部分代表莫来石。氩离子撞击后，平行于 h-BN 层的表面形貌发生变化，主要因为：①h-BN 颗粒被氩离子溅射损伤；②h-BN 颗粒从表面整体脱落；③莫来石发生溅射损伤。经过一段时间溅射后，原始表面材料被侵蚀掉，孔隙和层片状形态清晰可见。而当氩离子垂直撞击 h-BN 层片的表面时，会发生相同的相互作用机制，但 h-BN 晶粒是垂直取向排列，表面呈现明显的层状结构特征。

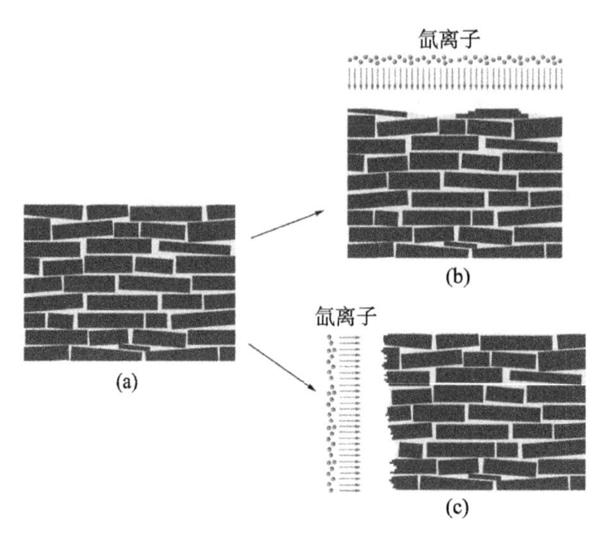

图 4-249 BN-莫来石织构复相陶瓷被不同方向离子溅射后的损伤机理示意图[80]

(a) 原始 h-BN 织构陶瓷；(b) 氩离子垂直于 h-BN 层片排布方向溅射；(c) 氩离子平行于 h-BN 层片排布方向溅射

Takafumi Kusunose 等研究了多种氧化物添加相对于 h-BN 复相陶瓷织构特性及热导各向异性的影响规律，并优化了最佳的成分配比 (图 4-250)。采用 15 vol% 的 Yb_2O_3-MgO 复合氧化物作为添加相，在 2000℃ 烧结的 h-BN 基复相陶瓷在垂直于热压方向具有最高的室温热导率，数值达到约 212 W/(m·K)，

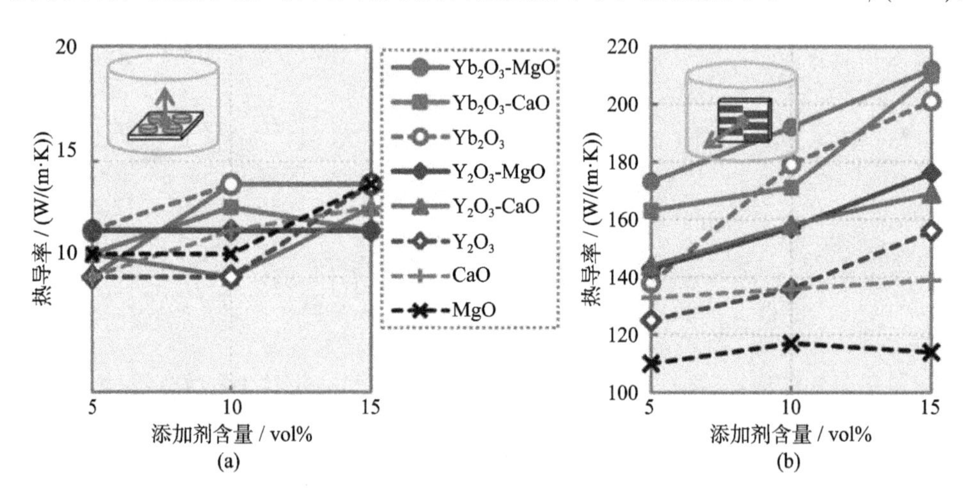

图 4-250 不同氧化物添加相的织构 h-BN 基复相陶瓷沿不同方向的热导率[75]

(a) 平行热压方向样品；(b) 垂直热压方向样品

是其平行于热压方向热导率的 15 倍以上。

Zhang 等[81]以 20 wt% 3 Y_2O_3-5Al_2O_3(摩尔比 3 : 5) 和 3 Y_2O_3-5Al_2O_3-4MgO (摩尔比 3 : 5 : 4) 作为液相烧结助剂，通过热压烧结制备了织构 h-BN 基复相陶瓷 (分别记为 BN-Y3A5 和 BN-Y3A5M4)。在烧结过程中形成的液相环境下，片状 h-BN 晶粒旋转到垂直于烧结压力的方向，形成 h-BN 晶粒的 c 轴沿平行于烧结压力方向排列的择优取向。由 BN-Y3A5 和 BN-Y3A5M4 平行和垂直于烧结压力面 (分别记为 SS 和 TS) 的 XRD 图谱 (图 4-251) 可知，h-BN 和烧结助剂之间没有发生化学反应。BN-Y3A5 样品主要含有 h-BN 和钇铝石榴石 $Y_3Al_5O_{12}$(YAG)，而 BN-Y3A5M4 样品主要含有 h-BN、$Y_4Al_2O_9$(YAM) 以及 $MgAl_2O_4$。MgO 的引入使得 BN-Y3A5M4 比 BN-Y3A5 的物相组成更加复杂。从 BN-Y3A5 样品中 h-BN 晶粒之间的一个三角孔隙处 EDS 元素分布及 HRTEM 照片 (图 4-252) 可见，Y、Al、O 元素分布在 h-BN 晶粒的界面上，表明烧结过程中形成了对 h-BN 晶粒有良好润湿性的液相，且两相之间界面结合紧密。而从 BN-Y3A5M4 样品的 TEM 照片 (图 4-253) 可以看出，Y_2O_3、Al_2O_3 和 MgO 在烧结过程中形成了很多 YAM 及 $MgAl_2O_4$ 纳米晶，同时还有部分 Y_2O_3 残留。

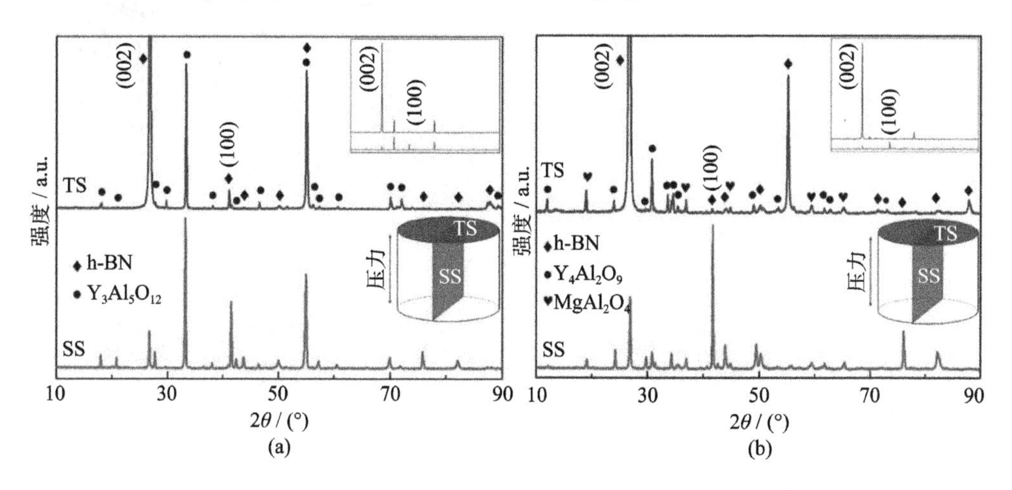

图 4-251 BN-Y3A5 (a) 和 BN-Y3A5M4 (b) 样品 TS 和 SS 的 XRD 图谱[81]

在图 4-251 中，两个样品 TS 表面的 (002) 衍射峰很强，因此没有完全将其显示出来。(002) 和 (100) 衍射峰的强度对比可以在右上角的缩略图中看出。对于 SS 表面，(100) 衍射峰强度高于 (002) 衍射峰。TS 表面上的 (002) 衍射峰强度表明 BN-Y3A5 和 BN-Y3A5M4 样品中 h-BN 晶粒的 c 轴具有平行烧结压力方向排列的择优取向。

通过 XRD 图谱计算得到 BN-Y3A5 和 BN-Y3A5M4 样品的 IOP 值分别为

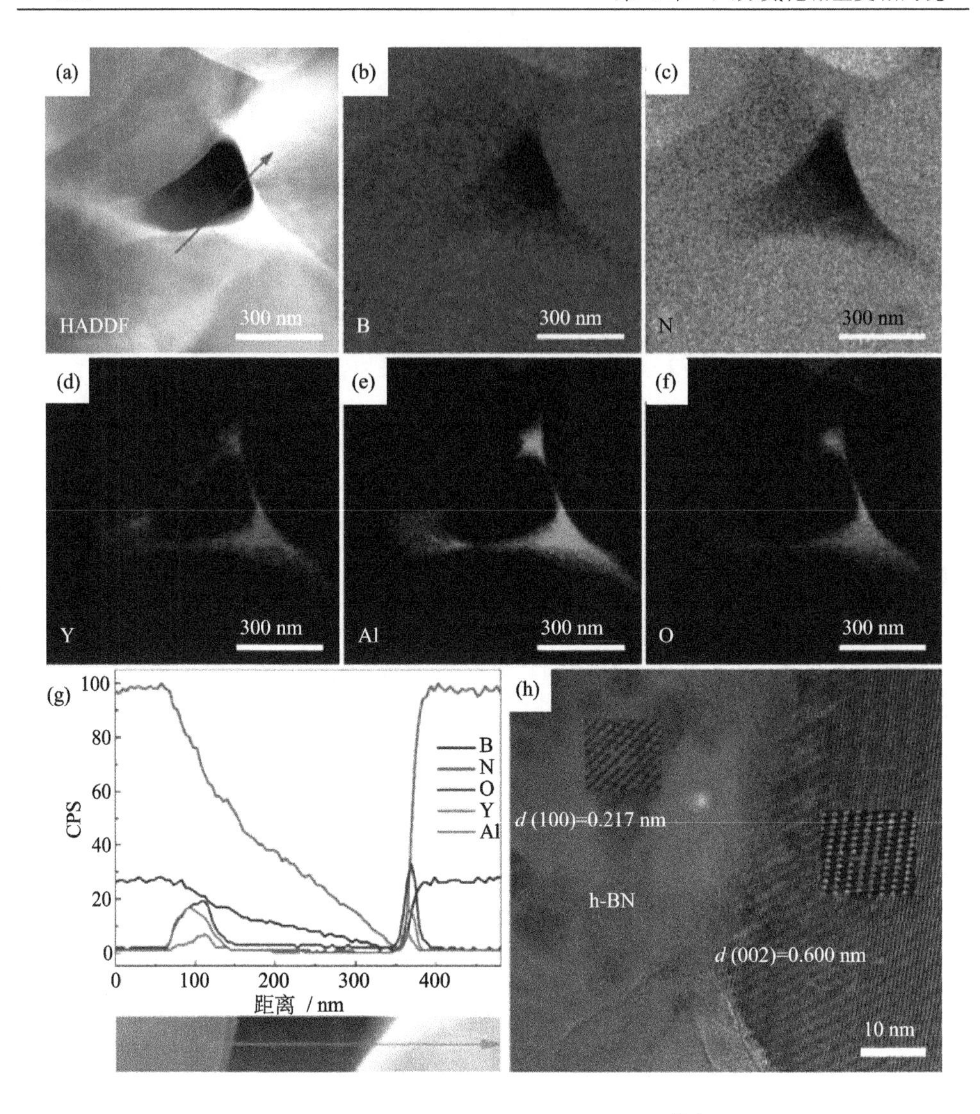

图 4-252　BN-Y3A5 样品 TEM 照片[81]

(a)～(f) h-BN 晶粒之间三角孔隙处 HADDF-STEM 图像和 EDS 元素面分布；(g) 沿 (a) 中箭头 EDS 元素线扫描结果；(h) h-BN 与 YAG 界面处 HRTEM 图像

–530 和–976，表明 BN-Y3A5M4 具有比 BN-Y3A5 更显著的择优取向。这是由于三元烧结助剂 Y_2O_3-Al_2O_3-MgO 的共熔点比二元烧结助剂 Y_2O_3-Al_2O_3 低 80 ℃左右，因此在烧结压力作用下，h-BN 晶粒更容易在 3Y_2O_3-5Al_2O_3-4MgO 液相环境中转向，使得 BN-Y3A5M4 的 IOP 绝对值高于 BN-Y3A5。

由 BN-Y3A5 和 BN-Y3A5M4 样品 TS 表面的 h-BN(002) 极图与取向分布函数 (ODF) 截面图 ($\varphi_2 = 0°, 30°, 60°$)(图 4-254) 可知，h-BN 晶粒的 c 轴是沿平

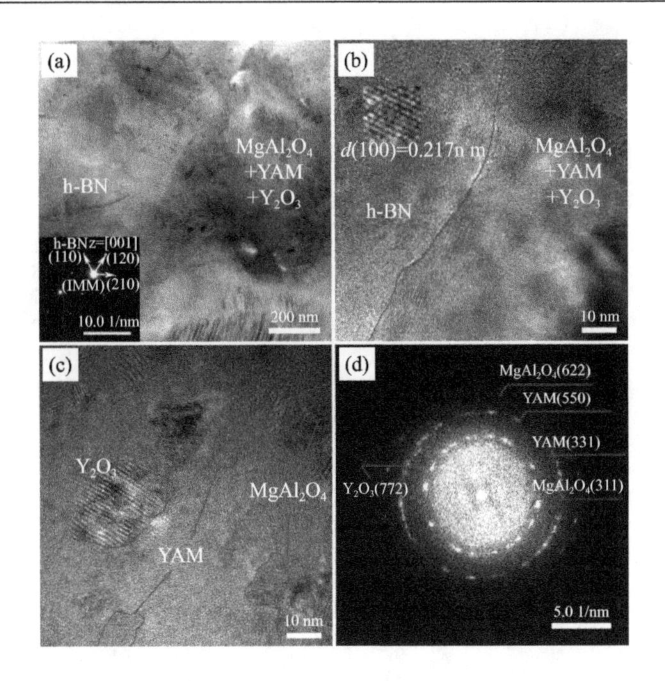

图 4-253 BN-Y3A5M4 样品 TEM 照片[81]

(a) 明场像（插图为 h-BN 衍射斑点）；(b) h-BN 晶粒和烧结助剂区域界面处 HRTEM 图像；(c) 烧结助剂区域 HRTEM 图像；(d) 图 (c) 的 FFT 照片

行于烧结压力方向择优取向的，但 BN-Y3A5M4 样品的 (002) 极图中心 MRD 值比 BN-Y3A5 样品更高，说明其有更明显的晶粒择优取向。ODF 截面图是由几个不同晶面的极图计算得到的，由一系列 MRD 等高线组成，图中 φ 表示 h-BN 晶粒 c 轴与 TS 表面法向（烧结压力方向）的夹角，φ_1 表示 h-BN 晶粒 c 轴在 TS 表面上的投影与轧向的夹角 (对于热压烧结样品，轧向可以在 TS 表面上随机选取)，φ_2 表示 h-BN 晶粒绕 c 轴的旋转角。ODF 截面图也反映了同样晶体取向情况，随着 φ 趋近于 0°，MRD 值增大，且 BN-Y3A5M4 的 MRD 值比 BN-Y3A5 更高。

分析 BN-Y3A5 和 BN-Y3A5M4 样品沿不同加载方向的力学性能（图 4-255)，二者沿 D2 和 D3 方向的力学性能均远大于沿 D1 方向的力学性能，这与前述 BN-莫来石的研究结果是一致的。此外，BN-Y3A5M4 的力学性能略优于 BN-Y3A5，尤其是沿 D2 和 D3 方向，这是因为 $3Y_2O_3$-$5Al_2O_3$-4MgO 烧结助剂的低熔点导致 BN-Y3A5M4 样品具有更明显的晶粒择优取向，使其在沿 D2 和 D3 方向的断裂过程中有更明显的裂纹偏转等强韧化作用，导致其具有更好的力学性能。

比较 BN-Y3A5 和 BN-Y3A5M4 样品沿不同方向的工程热膨胀系数（T_{ref} =

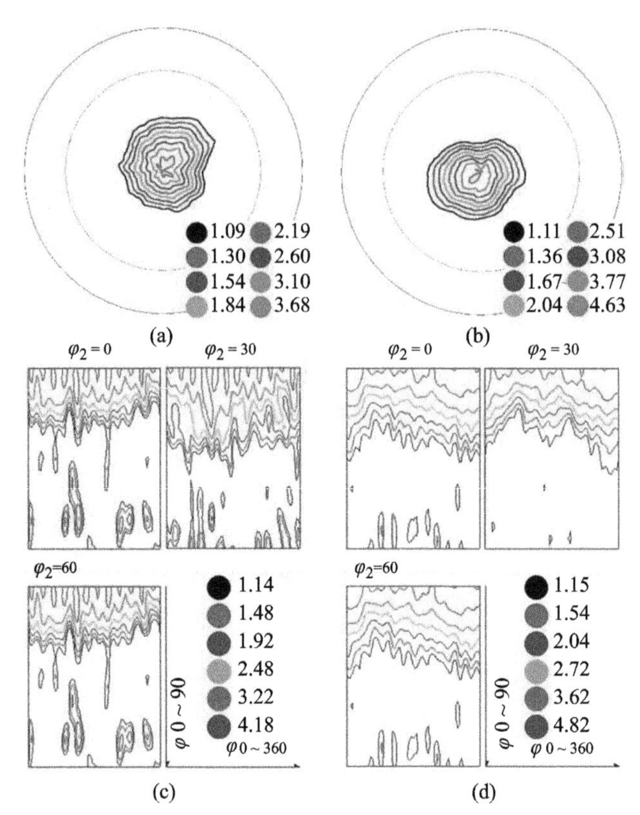

图 4-254　BN-Y3A5 和 BN-Y3A5M4 样品 TS 表面的 h-BN(002) 极图与取向分布函数 (ODF) 截面图[81](后附彩图)

(a), (c) BN-Y3A5 极图与 ODF; (b), (d) BN-Y3A5M4 极图与 ODF

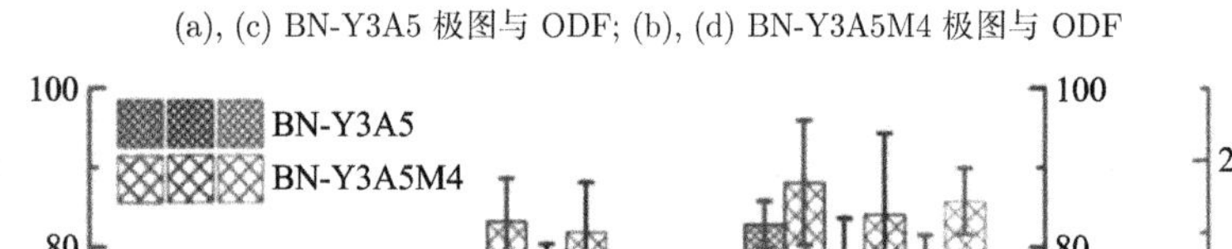
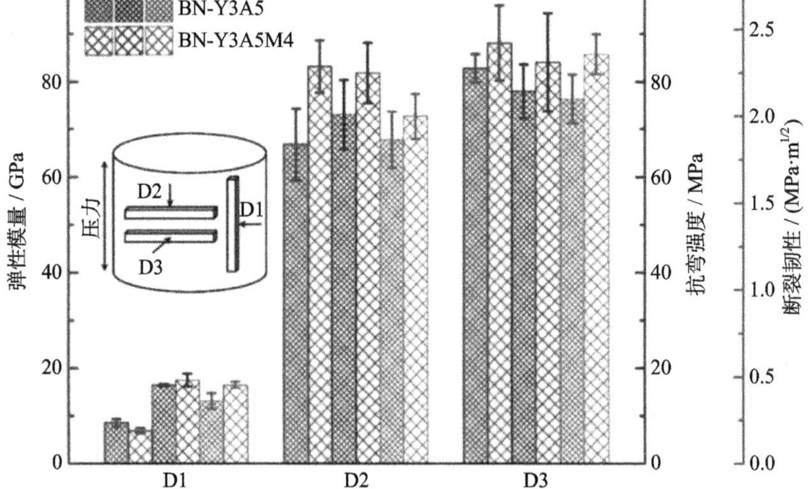

图 4-255　BN-Y3A5 和 BN-Y3A5M4 样品沿不同加载方向的力学性能[81](后附彩图)

25℃ (图 4-256)。BN-Y3A5 样品沿平行和垂直 h-BN 晶粒 c 轴取向方向的热膨胀系数分别为 $10.35\times10^{-6}K^{-1}$ 和 $2.49\times10^{-6}K^{-1}$，BN-Y3A5M4 样品沿平行和垂直 h-BN 晶粒 c 轴取向方向的热膨胀系数分别为 $11.27\times10^{-6}K^{-1}$ 和 $2.40\times10^{-6}K^{-1}$。二者沿平行 h-BN 晶粒 c 轴取向方向的热膨胀系数均远大于沿垂直 c 轴取向方向的热膨胀系数，这与 h-BN 晶体的各向异性有关。与石墨类似，在低温下，h-BN 沿垂直 c 轴方向具有微负的热膨胀系数 (室温下 h-BN 晶体垂直 c 轴的热膨胀系数为–$2.72\times10^{-6}K^{-1}$，高温下则接近 0，而室温下 h-BN 晶体平行 c 轴的热膨胀系数则为 $37.7\times10^{-6}K^{-1}$，高温下则趋近于常数)。因此，BN-Y3A5 和 BN-Y3A5M4 样品中 h-BN 晶粒的择优取向使其热膨胀系数也具有显著的各向异性，而织构化更明显的 BN-Y3A5M4 样品也比 BN-Y3A5 样品的热膨胀系数各向异性更强。

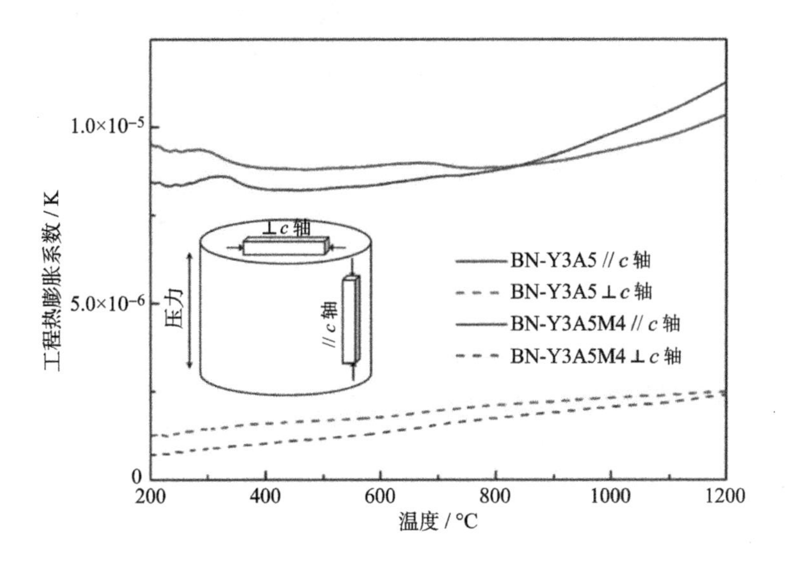

图 4-256 BN-Y3A5 和 BN-Y3A5M4 样品沿不同方向的工程热膨胀系数 ($T_{ref}=25$℃)[81]

对比 BN-Y3A5 和 BN-Y3A5M4 样品沿不同方向的室温热扩散系数和热导率 (图 4-257)，尽管 BN-Y3A5M4 样品拥有更明显的织构，但 BN-Y3A5 样品却有更好的定向导热性能。BN-Y3A5 样品沿平行和垂直 h-BN 晶粒 c 轴取向方向的热导率分别为 17.62 W/(m·K) 和 154.62 W/(m·K)，相差 8.78 倍；而 BN-Y3A5M4 样品沿平行和垂直 h-BN 晶粒 c 轴取向方向的热导率分别为 22.74 W/(m·K) 和 137.01 W/(m·K)，相差 6.03 倍。这可能是因为 MgO 的引入使 BN-Y3A5M4 样品拥有较为复杂的物相组成，使显微结构更加复杂，导致声子散射作用的增加，其沿垂直 h-BN 晶粒 c 轴取向方向的热导率比 BN-Y3A5 样品低；而 BN-Y3A5M4 样品中烧结助剂较低的熔点更有利于烧结致密化，故其沿平行 h-BN 晶粒 c 轴取向方向的热导率比 BN-Y3A5 样品略高。

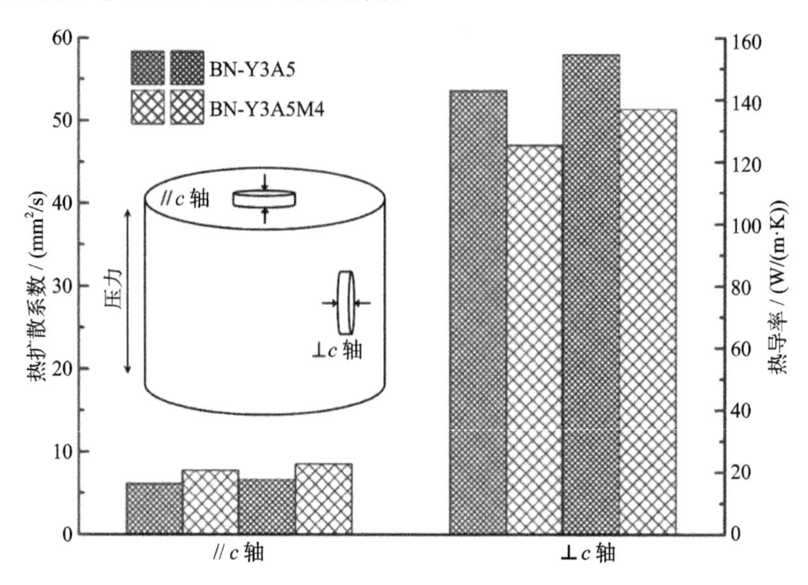

图 4-257　BN-Y3A5 和 BN-Y3A5M4 样品沿不同方向的室温热扩散系数和热导率[81]
(后附彩图)

4.7 本章小结

本章首先介绍了纯六方氮化硼陶瓷烧结及性能方面的研究进展，进而对氧化物、氮化物、碳化物、硼化物等陶瓷颗粒强韧化的六方氮化硼基复相陶瓷的研究成果进行了系统介绍，最后对织构六方氮化硼基复相陶瓷进行了阐述。

参考文献

[1] 叶乃清, 曾照强, 胡晓清, 等. BN 基复合陶瓷致密化的主要障碍. 现代技术陶瓷, 1998, 19(1): 7-10, 22.

[2] 雷玉成, 包旭东, 刘军, 等. 六方氮化硼无压烧结研究. 兵器材料科学与工程, 2005, 28(4): 20-23.

[3] Wang T B, Jin C C, Yang J, et al. Physical and mechanical properties of hexagonal boron nitride ceramic fabricated by pressureless sintering without additive. Advances in Applied Ceramics, 2015, 114(5): 273-276.

[4] 张薇. 热压烧结 BN 基复合陶瓷的力学与物理性能. 哈尔滨: 哈尔滨工业大学, 2009.

[5] 王征. 氮化硼陶瓷晶粒尺寸和晶型对力学及抗溅射性能的影响. 哈尔滨: 哈尔滨工业大学, 2009.

[6] Duan X M, Jia D C, Wang Z, et al. Influence of hot-press sintering parameters on microstructures and mechanical properties of h-BN ceramics. Journal of Alloys and Compounds, 2016, 684(5): 474-480.
[7] Ni D W, Zhang G J, Kan Y M, et al, Textured h-BN ceramics prepared by slip casting. Journal of the American Ceramic Society, 2011, 94(5): 1397-1404.
[8] Hubăĉek M, Ueki M, Sató T. Orientation and growth of grains in copper-activated hot-pressed hexagonal boron nitride. Journal of the American Ceramic Society, 1996, 79(1): 283-285.
[9] Clauss C, Day M, Kim V, et al. Preliminary study of possibility to ensure large enough lifetime of SPT operating under increased powers. American Institute of Aeronautics and Astronautics, Inc., 1997: 1-5.
[10] Kim V. Main physical features and processes determining the performance of stationary plasma thrusters. Journal of Propulsion and Power, 1998, 14(5): 736-743.
[11] Zhurin V V, Kaufman H R, Robinson R S. Physics of the closed drift thrusters. Plasma Sources Science and Technology, 1999, 8(1): R1-R20.
[12] Mazouffre S, Dubois F, Albarede L, et al. Plasma induced erosion phenomena in a hall thruster. 2003 IEEE Xplore, 2013, (03): 69-74.
[13] 江东亮, 李龙土, 欧阳世翕, 等. 中国材料工程大典 (第 8、9 卷-无机非金属材料工程). 北京: 化学工业出版社, 2006.
[14] 张玉龙, 马建平. 实用陶瓷材料手册. 北京: 化学工业出版社, 2006.
[15] 陈小林. 高温透波介质 h-BN 陶瓷介电性能建模研究. 成都: 西南交通大学, 2007.
[16] 俞继军, 姜贵庆, 李仲平. 烧蚀条件下氮化硼材料表面的产物分析. 宇航材料工艺, 2008, 4: 18-21.
[17] Wen G, Wu G L, Lei T Q, et al. Co-enhanced SiO_2-BN ceramics for high-temperature dielectric applications. Journal of the European Ceramic Society, 2000, 20(12): 1923-1928.
[18] 田卓, 贾德昌, 段小明, 等. AlN 添加量对 BN 基复合陶瓷物相组成、微观结构及力学性能的影响. 硅酸盐学报，2013, 41(12): 1603-1608.
[19] 田卓, 贾德昌, 段小明, 等. BN 基复合陶瓷高温力学性能. 材料科学与工艺, 2014, 22(1): 1-6.
[20] 田卓, 段小明, 杨治华, 等. AlN 添加量对 BN 基复合陶瓷热学性能与抗热震性的影响. 无机材料学报, 2014, 29(5): 503-508.
[21] Tian Z, Duan X M, Yang Z H, et al. Ablation mechanism and properties of insitu SiAlON reinforced BN-SiO_2 ceramic composite under an oxyacetylene torch environment. Ceramics International, 2014, 40(7): 11149-11155.
[22] 严妍. SiO_2 及 AlN 对 BN 基复合材料性能的影响. 哈尔滨: 哈尔滨工业大学, 2012.
[23] 叶书群. $(Si_3N_4)_p$ 及 AlN 对 BN-SiO_2 基复合陶瓷的微观组织及性能的影响. 哈尔滨: 哈尔滨工业大学, 2014.
[24] 于洋. ZrO_{2p}(3Y)/BN-SiO_2 陶瓷复合材料组织结构与性能研究. 哈尔滨: 哈尔滨工业大学, 2009.
[25] Zhou Y, Duan X M, Jia D C, et al. Mechanical properties and plasma erosion resistance of ZrO_{2p}(3Y)/BN-SiO_2 ceramic composites under different sintering temperature. IOP Conf. Series: Materials Science and Engineering, 2011, 18: 202003.

[26] Duan X M, Jia D C, Meng Q C, et al. Study on the plasma erosion resistance of ZrO_{2p}(3Y)/BN-SiO_2 composite ceramics. Composites: Part B: Engineering, 2013, 46: 130-134.
[27] Toraya H, Yoshimura M, Somiya S. Calibration curve for quantitative analysis of the monoclinic-tetragonal ZrO_2 system by X-Ray diffraction. Journal of the American Ceramic Society, 1984, 67(6): 119-121.
[28] 宁伟. ZrO_{2p}/BN-SiO_2 复合材料的制备与与性能. 哈尔滨: 哈尔滨工业大学, 2009.
[29] Cai D L, Yang Z H, Duan X M, et al. A novel BN-MAS system composite ceramics with greatly improved mechanical properties prepared by low temperature hot-pressing. Materials Science and Engineering: A, 2015, 633: 194-199.
[30] Cai D L, Yang Z H, Duan X M, et al. Influence of sintering pressure on the crystallization and mechanical properties of BN-MAS composite ceramics. Journal of Materials Science, 2016, 51(5): 2292-2298.
[31] Cai D L, Jia D C, Yang Z H, et al. Effect of magnesium aluminum silicate glass on the thermal shock resistance and oxidation resistance of BN matrix composite ceramics. Journal of the American Ceramic Society, 2017, 100(6): 2669-2678.
[32] Cai D L, Yang Z H, Yuan J K, et al. Ablation behavior and mechanism of boron nitride-magnesium aluminum silicate ceramic composites in an oxyacetylene combustion flame. Ceramics International, 2018, 44(2): 1518-1525.
[33] Eichler J, Lesniak C. Boron nitride (BN) and BN composites for high-temperature applications. Journal of the European Ceramic Society, 2008, 28(5): 1105-1109.
[34] 段小明，贾德昌，孟庆昌. ZrO_2 含量对ZrO_{2p}(3Y)/BN-SiO_2 复合材料的力学及抗热震性能的影响. 材料科学与工艺，2011, 19(S1): 42-45.
[35] Xu Y, Ma T Y, Wang X H, et al. High temperature oxidation resistance of hot-pressed h-BN/ZrO_2 composites. Ceramics International, 2014, 40(7): 11171-11176.
[36] Chen L, Wang Y J, Shen H F, et al. Effect of SiC content on mechanical properties and thermal shock resistance of BN-ZrO_2-SiC composites. Materials Science & Engineering A, 2014, 590(10): 346-351.
[37] Chen L, Huang Y H, Wang Y J, et al. Effect of ZrO_2 content on microstructure, mechanical properties and thermal shock resistance of (ZrB_2+3Y-ZrO_2)/BN composites. Materials Science & Engineering A, 2013, 573(20): 106-110.
[38] Chen L, Wang Y J, Rao J C, et al. Influence of ZrO_2 content on the performances of BN-ZrO_2-SiC composites for application in the steel industry. International Journal of Applied Ceramic Technology, 2015, 12(1): 184-191.
[39] Chen L, Wang Y J, Ouyang J H, et al. Low-temperature sintering behavior and mechanical properties of BN-ZrO_2-SiC composites. Materials Science & Engineering A, 2017, 681(10): 50-55.
[40] Chen L, Wang Y J, Kamal H, et al. Homogeneous microstructure of ZrO_2-BN composites with in situ synthesized BN. Key Engineering Materials, 2014, 602-603: 353-357.
[41] Li Y L, Zhang J X, Qiao G J, et al. Fabrication and properties of machinable 3Y-ZrO_2/BN nanocomposites. Materials Science & Engineering A, 2005, 397(1-2): 35-40.

[42] Zhang G J, Yang J F, Ando M, et al. In-situ reaction synthesis of oxide-boron nitride composites. Advanced Engineering Materials, 2003, 5(10): 741-744.

[43] Zhang G J, Yang J F, Ando M, et al. Reactive synthesis of alumina-boron nitride composites. Acta Materialia, 2004, 52(7): 1823-1835.

[44] Chen L, Wang Y J, Cui L, et al. Inhibiting effect of additives on formation of ZrC phase in ZrB_2-BN composites by reactive hot pressing. Journal of the American Ceramic Society, 2012, 95(11): 3374-3376.

[45] Zhang G J, Ando M, Ohji T, et al. High-performance boron nitride-containing composites by reaction synthesis for the applications in the steel industry. International Journal of Applied Ceramic Technology, 2005, 2(2): 162-171.

[46] 王玉金, 崔磊, 贾德昌, 等. 反应热压烧结 BN-ZrB_2-ZrO_2 复合材料的显微组织与力学性能. 稀有金属材料与工程, 2009,38(S2):470-474.

[47] Kumar A, Thapliyal V, Smith J. Interaction of BN-ZrO_2-SiC ceramics with inclusions in Si-killed steel. International Journal of Applied Ceramic Technology, 2015, 11(6): 1001-1011.

[48] Kumar A, Thapliyal V, Robertson D G C, et al. Kinetics of corrosion of BN-ZrO_2-SiC ceramics in contact with Si-killed steel. Journal of the American Ceramic Society, 2015, 98(5): 1596-1603.

[49] Chen L, Wang Y J, Yao M Y, et al. Corrosion kinetics and corrosion mechanisms of BN-ZrO_2-SiC composites in molten steel. Corrosion Science, 2014, 89: 93-100.

[50] Chen L, Zhen L, Wang Y J, et al. Corrosion behavior and microstructural evolution of BN-ZrO_2-SiC composites in molten steel. International Journal of Applied Ceramic Technology, 2017, 14(4): 665-674.

[51] 任凤琴. BN-SiO_2-Al_2O_3 系陶瓷复合材料的组织、抗热震和抗等离子侵蚀性能. 哈尔滨: 哈尔滨工业大学, 2007.

[52] Duan X M, Jia D C, Zhou Y, et al. Mechanical properties and plasma erosion resistance of BN_p/Al_2O_3-SiO_2 composite ceramics. Journal of Central South University of Technology, 2013, 20: 1462-1468.

[53] Zhang N, Ru H Q, Cai Q K, et al. The influence of the molar ratio of Al_2O_3 to Y_2O_3 on sintering behavior and the mechanical properties of a SiC-Al_2O_3-Y_2O_3 ceramic composite. Materials Science & Engineering A, 2008, 486(1-2): 262-266.

[54] Zhang X, Chen J X, Li X C, et al. Microstructure and mechanical properties of h-BN/Y_2SiO_5 composites. Ceramics International, 2015, 41(1): 1279-1283.

[55] Zhang X, Chen J X, Zhang J, et al. High-temperature mechanical and thermal properties of h-BN/30 vol%Y_2SiO_5 composite. Ceramics International, 2015, 41(9): 10891-10896.

[56] Yuan B, Wang G, Preparation and properties of Si_3N_4/BN ceramic composites. Procedia Engineering, 2012, 27: 1292-1298.

[57] 荣华. BN 纤维及 BN-AlN 复相陶瓷的研制. 南京: 南京工业大学, 2003.

[58] 沈春英, 唐惠东, 丘泰, 等. 热压烧结 BN-AlN 复相陶瓷致密化研究. 硅酸盐通报, 2003, 02:11-14, 20.

[59] 贾铁昆. 原位反应合成 AlN 增强 BN 复合材料结构与性能研究. 武汉: 武汉理工大学, 2006.

[60] Ruh R, Bentsen L D, Hasselman D P H. Thermal diffusivity anisotropy of SiC/BN composites. Journal of the American Ceramic Society, 1984, 67(5): C83-C84.

[61] Sinclair W, Simmons H. Microstructure and thermal shock behavior of BN composites. Journal of Materials Science Letters, 1987, 6(6): 627-629.

[62] Runyan J, Gerhardt R A, Ruh R. Electrical properties of boron nitride matrix composites: I, analysis of mcLachlan equation and modeling of the conductivity of boron nitride-boron carbide and boron nitride-silicon carbide composites. Journal of the American Ceramic Society, 2001, 84(7): 1490-1496.

[63] 王零森. 特种陶瓷. 长沙: 中南工业大学出版社, 1994, 189-207.

[64] ミテソ・フバーチエク, 佐伯剛二, 平櫛敬資. 反応焼結による BN-SiC 系複合セテミックスの作製. 耐火物,2001, 53(2): 70-73.

[65] Zhang G J, Beppu Y, Ohji T. Reaction reaction mechanism and microstructure development of strain tolerant in situ SiC-BN composites. Acta Materialia, 2001, 49(1): 77-82.

[66] 杨治华. 原位合成 SiC-BN 复合陶瓷的组织与性能研究. 哈尔滨: 哈尔滨工业大学, 2003.

[67] 杨治华, 贾德昌, 周玉. 原位合成 SiC-BN 复合陶瓷设计与热力学研究. 材料科学与工艺, 2005, 13(3): 272-274.

[68] 杨治华, 贾德昌, 周玉. SiC-BN 及 Si-B-C-N 复合陶瓷的研究进展. 机械工程材料. 2005, 29(3): 7-10.

[69] Yang Z H, Jia D C, Zhou Y, et al. Thermal shock resistance of in-situ formed SiC-BN composites. Materials Chemistry and Physics, 2008, 107(2-3): 476-479.

[70] Yang Z H, Jia D C, Zhou Y, et al. Oxidation resistance of hot-pressed SiC-BN composites. Ceramics International, 2008, 34(2): 317-321.

[71] 翟凤瑞, 易中周, 徐若梦, 等. 烧结温度对 BN-ZrB_2-ZrO_2 复相陶瓷结构与性能的影响. 硅酸盐学报, 2014,42(12): 1491-1495.

[72] Zhai F R, Li S, Sun J L, et al. Microstructure, mechanical properties and thermal shock behavior of h-BN-SiC ceramic composites prepared by spark plasma sintering. Ceramics International, 2017, 43(2): 2413-2417.

[73] Takao K, Akiro A, Kei T. Hot-pressed BN-AlN ceramic composites with high thermal conductivity-part II. Japanese Journal of Applied Physics 1992, 31(5R): 1426, 1427.

[74] Haubner R, Wilhelm M, Weissenbacher R, et al. Boron nitrides-properties, synthesis and applications//Jasen M. High Performance Non-Oxide Ceramics II, Structure and Bonding. Berlin: Springer, 2002, 102:1-45.

[75] Kusunose T, Sekino T. Thermal conductivity of hot-pressed hexagonal boron nitride. Scripta Materialia, 2016, 124: 138-141.

[76] Niu B, Cai D L, Yang Z H, et al. Anisotropies in structure and properties of hot-press sintered h-BN-MAS composite ceramics: Effects of raw h-BN particle size. Journal of the European Ceramic Society, 2019, 39(2-3): 539-546.

[77] 吴志亮. BN 织构陶瓷的制备与性能研究. 哈尔滨: 哈尔滨工业大学, 2012.

[78] Duan X M, Jia D C, Wu Z L, et al. Effect of sintering pressure on the texture of hot-press sintered hexagonal boron nitride composite ceramics. Scripta Materialia, 2013, 68(2): 104-107.

[79] Duan X M, Wang M R, Jia D C, et al. Anisotropic mechanical properties and fracture mechanisms of textured h-BN composite ceramics. Materials Science & Engineering: A, 2014, 607(23): 38-43.

[80] Duan X M, Ding Y J, Jia D C, et al. Ion sputtering erosion mechanisms of h-BN composite ceramics with textured microstructures. Journal of Alloys and Compounds, 2014, 613(15): 1-7.

[81] Zhang Z, Duan X M, Qiu B F, et al. Anisotropic properties of textured h-BN matrix ceramics prepared using $3Y_2O_3$-$5Al_2O_3$(-4MgO) as sintering additives. Journal of the European Ceramic Society, 2019, 39(5): 1788-1795.

第 5 章　六方氮化硼改性的复相陶瓷

h-BN 除了用于复相陶瓷的主相外，在很多情况下还可将其加入其他种类的陶瓷材料中作为改性相：较低的硬度，可降低硬脆材料的硬度并提高抗裂纹敏感性，进而改善很多材料的可加工性；较低的弹性模量和热膨胀系数，可有效提高陶瓷材料的抗热震性；良好的高频、高压、高温绝缘特性以及较低的介电常数和介电损耗，可作为调节其他种类陶瓷介电透波性能的添加相；低的摩擦系数和良好的自润滑特性，可有效改善陶瓷材料的耐磨损性能；优异的耐高温和化学惰性，以及具有一定弥合裂纹的作用，使 h-BN 逐渐发展成为一种重要的耐高温陶瓷基复合材料界面相材料。本章我们在各节中将分别介绍 h-BN 作为改性相在多个方面的应用及其效果。

5.1　六方氮化硼改性陶瓷材料的力学及可加工性

h-BN 较其他陶瓷材料，其强度、硬度都低很多，因此其作为改性相加入其他陶瓷材料中，尤其是含量较多时，一般很难起到强韧化的作用，反而会导致复相陶瓷力学性能的降低。但随着材料硬度的降低，其可加工性可得到有效的改善，使很多硬、脆、难加工的陶瓷材料可以采用常规的车削、铣削方法进行加工，极大地拓展了陶瓷材料的应用范围。

Zhong 等[1] 采用氮化铝 (AlN) 和硼酸 (H_3BO_3) 原位反应生成 BN，并与 ZrO_2、Al_2O_3 一起反应热压烧结制备了系列 ZTA（氧化锆增韧氧化铝）/h-BN 复相陶瓷，通过控制反应物的加入量，可调控 h-BN 的含量在 0~30 vol%。原位形成的 h-BN 均匀分布在 ZTA 颗粒的周围并与其结合良好 (图 5-1)，1800℃ 热压烧结，h-BN 含量为 12.5 vol% 的复相陶瓷具有最佳的力学性能，其抗弯强度和断裂韧性分别为 731 MPa 和 7.48 $MPa{\cdot}m^{1/2}$，甚至高于纯相 ZTA 的性能。ZTA/h-BN 复相陶瓷具有良好的可加工性，可采用常规的硬质合金钻头进行加工 (图 5-2)，针对 1700℃ 烧结的样品，可钻孔速度随着 h-BN 含量的增加而明显提高。从 1800℃ 热压烧结，h-BN 含量为 12.5 vol% 的复相陶瓷钻孔后的宏观形貌也可以看出 (图 5-2 内嵌图)，加工后表面未出现损伤。综上可见，引入适量的 h-BN，可以在不降低材料抗弯强度和断裂韧性等性能的基础上，使复相陶瓷的可加工性得到有效改善。

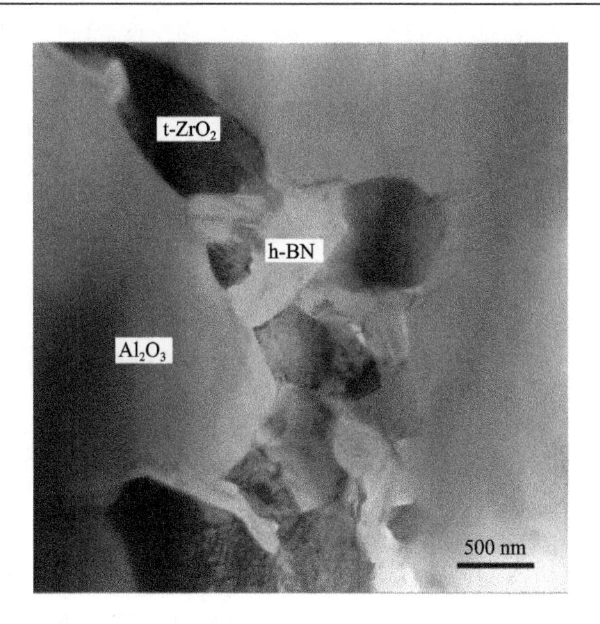

图 5-1 1800℃ 热压烧结，h-BN 含量为 12.5 vol% 的 ZTA/h-BN 复相陶瓷的 TEM 照片[1]

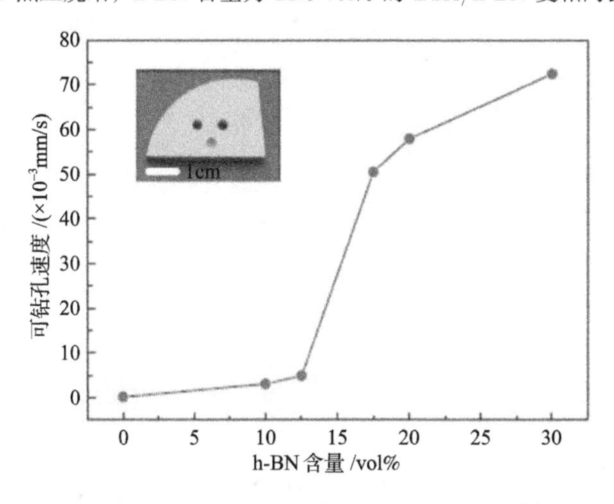

图 5-2 ZTA/h-BN 复相陶瓷的可加工性[1]

Kitiwan 等[2] 采用放电等离子烧结 (SPS) 在 1973 K 温度下制备了不同 h-BN 含量的系列 TiN-TiB_2-BN 复相陶瓷。从材料的烧结收缩随温度变化曲线 (图 5-3) 可见，在 1373 K 以下时未发生烧结收缩；此后随着温度的升高开始收缩，其中 h-BN 含量相对较高的样品收缩率较小，表明 h-BN 的加入抑制了烧结致密化；在温度达到 1973 K 及之后的保温阶段，样品不再发生收缩。

复相陶瓷的表面抛光照片中 (图 5-4)，黑色、亮灰色、暗灰色区域分别对应其中的 h-BN、TiN、TiB_2 相。在 h-BN 含量为 5 vol%~15 vol% 时，其在复相陶

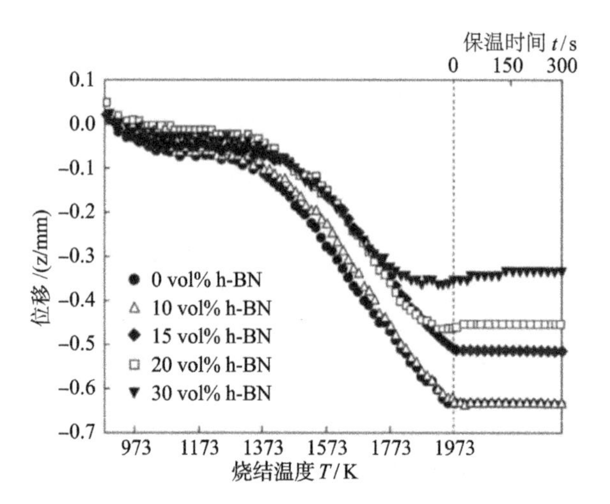

图 5-3　不同 h-BN 含量的 TiN-TiB$_2$-BN 复相陶瓷的烧结收缩随温度的变化曲线[2]

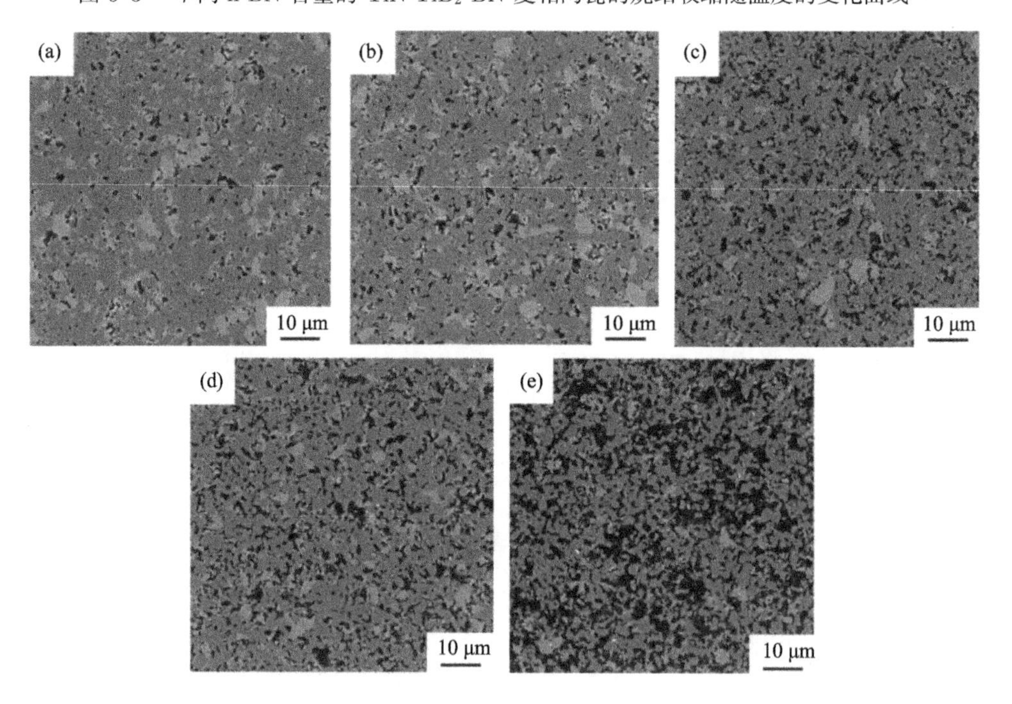

图 5-4　不同 h-BN 含量的 TiN-TiB$_2$-BN 复相陶瓷的显微组织照片[2]

(a) 5 vol%；(b) 10 vol%；(c) 15 vol%；(d) 20 vol%；(e) 30 vol%

瓷中分布比较均匀，而当其含量进一步提高，则发生了一定程度的团聚现象，这对于复相陶瓷的烧结致密化和性能都会产生不利的影响。

从复相陶瓷的力学性能 (图 5-5) 可见，其维氏硬度随着 h-BN 含量的增加而单调下降，这是由于 h-BN 在复相陶瓷中是作为软相存在的，复合后降低了整体材料的硬度。而材料的断裂韧性则随着 h-BN 含量的增加呈现先升高后降低的趋势，表明一定含量的 h-BN 加入可以起到韧化复相陶瓷的作用。

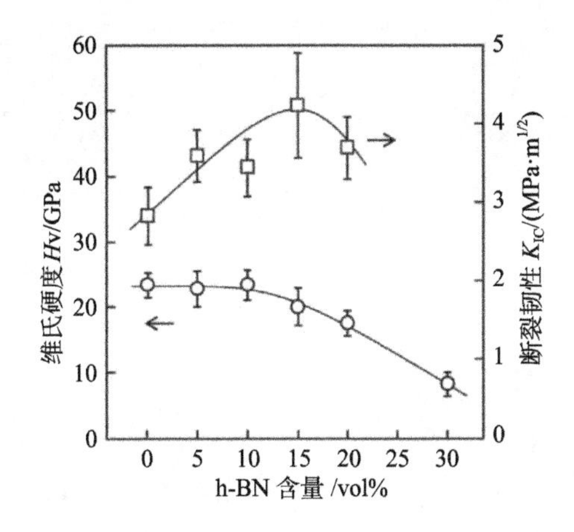

图 5-5 不同 h-BN 含量的 TiN-TiB_2-BN 复相陶瓷的维氏硬度和断裂韧性[2]

Li 等[3] 采用先驱体浸渍裂解法 (precursorin filtration and pyrolysis，PIP)，通过硼酸 (H_3BO_3) 和尿素 ($CO(NH_2)_2$) 反应生成 h-BN，制备了 h-BN 改性的 SiAlON 复相陶瓷。其具体工艺过程是 (图 5-6)，先将 Si_3N_4、AlN、Al_2O_3 的复

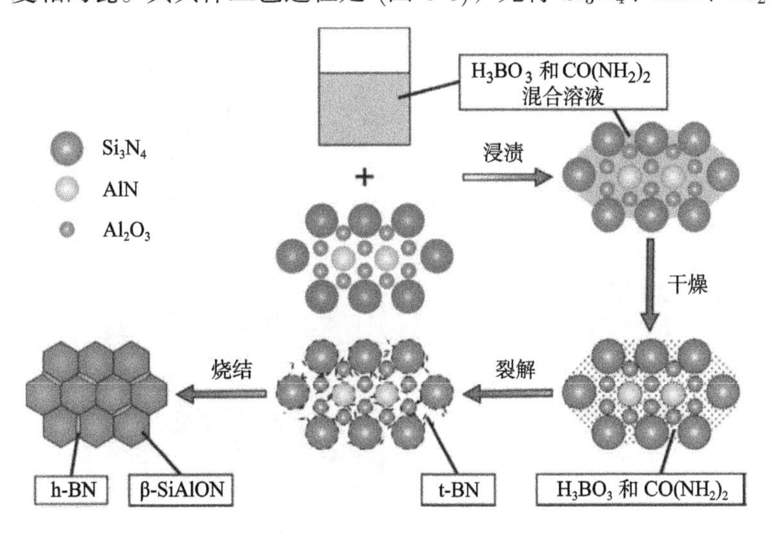

图 5-6 先驱体浸渍裂解法制备 β-SiAlON/h-BN 复相陶瓷的工艺路线图[3]

合粉体加入到 H_3BO_3、$CO(NH_2)_2$ 的混合溶液中，干燥、裂解后得到 t-BN 包覆的复合粉体，再通过烧结得到 β-SiAlON/h-BN 复相陶瓷。

从裂解后粉体及烧结陶瓷的显微组织结构 (图 5-7) 可见，混合粉体裂解后在其表面包覆了一薄层的乱层状 BN，而烧结后可看到层片状结构的 h-BN 晶粒，其与其他晶粒具有良好的界面结合。

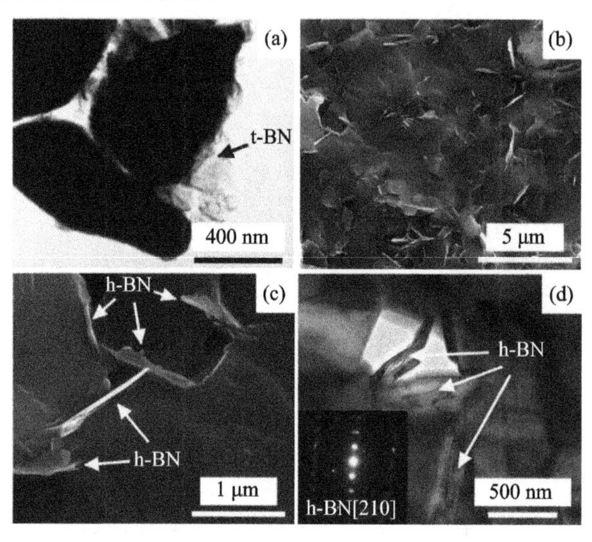

图 5-7 裂解后粉体 (a) 及烧结陶瓷内部的显微组织结构 (b)～ (d)[3]

引入 h-BN 有效改善了 SiAlON 陶瓷的可加工性，通过硬质合金钻头加工后，表面未出现明显的损伤，钻孔周围较光滑，也几乎没有裂纹，其粗糙度小于 1 μm，表明该复相陶瓷能够满足常规机械加工的要求 (图 5-8)。

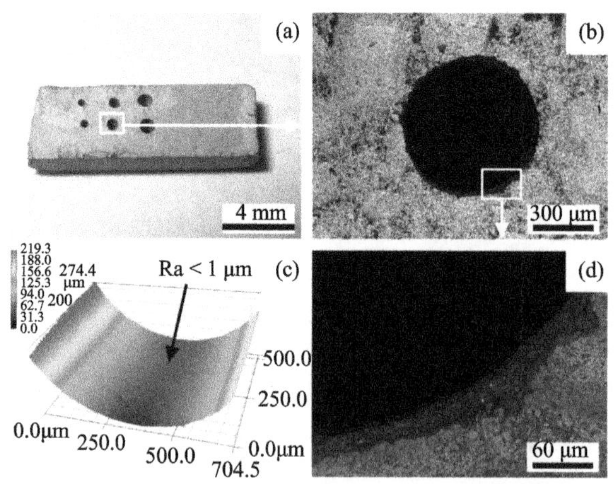

图 5-8 硬质合金钻头加工 β-SiAlON/h-BN 复相陶瓷后的宏观形貌 (a) 及孔形貌 (b) ～ (d)[3](后附彩图)

Neshpor 等[4] 也通过在 SiAlON 中加入 h-BN，在降低材料硬度的同时，提高其断裂韧性，有效改善了复相陶瓷的可加工性。从不同 h-BN 含量样品钻孔后的宏观形貌 (图 5-9) 可见，随着 h-BN 含量的增加，钻孔周围的崩磁、裂纹等缺陷越来越少，圆整度显著提高。

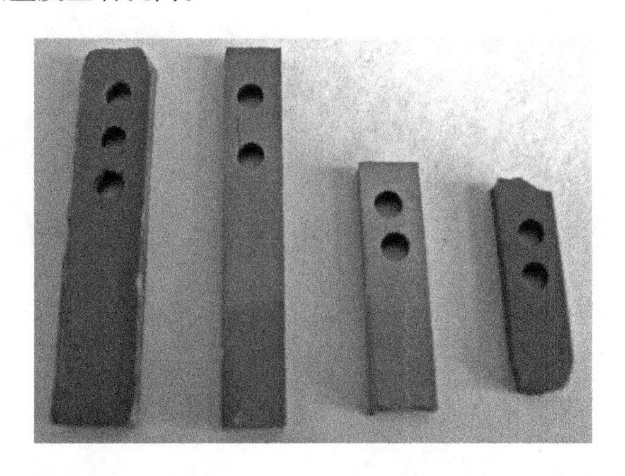

图 5-9 不同 h-BN 含量的 SiAlON/h-BN 复相陶瓷钻孔后宏观形貌[4]

从左至右样品的 h-BN 含量分别为 0 wt%, 5 wt%, 10 wt%, 15 wt%

h-BN 由于难以烧结，还可以作为添加相来调控多孔陶瓷的孔隙率及力学性能。王胜金[5] 以 La_2O_3、Y_2O_3 为烧结助剂，在 Si_3N_4 陶瓷中加入 0 ∼ 40 vol% 含量的 h-BN，通过冷等静压后无压烧结制备了一系列的多孔陶瓷。烧结后材料的密度、线收缩率、孔隙率均随着 h-BN 含量的增加而提高 (表 5-1)，表明 h-BN 起到了阻碍Si_3N_4 陶瓷烧结致密化的作用。

表 5-1 h-BN/Si_3N_4 复相多孔陶瓷的密度、烧结线收缩率和孔隙率[5]

h-BN 含量/vol%	理论密度/(g/cm^3)	实际密度/(g/cm^3)	烧结线收缩率/%	孔隙率/%
0	3.18	1.83	10.8	42.5
10	3.11	1.76	10.3	43.4
20	3.03	1.54	7.3	49.1
30	2.96	1.53	5.7	50.7
40	2.88	1.40	4.2	51.3

从材料的表面形貌 (图 5-10) 可见，各个组分材料孔隙分布比较均匀，随着 h-BN 引入量的增加，材料中气孔量也是在增加的，且气孔尺寸逐渐变大，材料变得更加疏松，这也表明随着 h-BN 含量的增加阻碍了材料的烧结致密化。

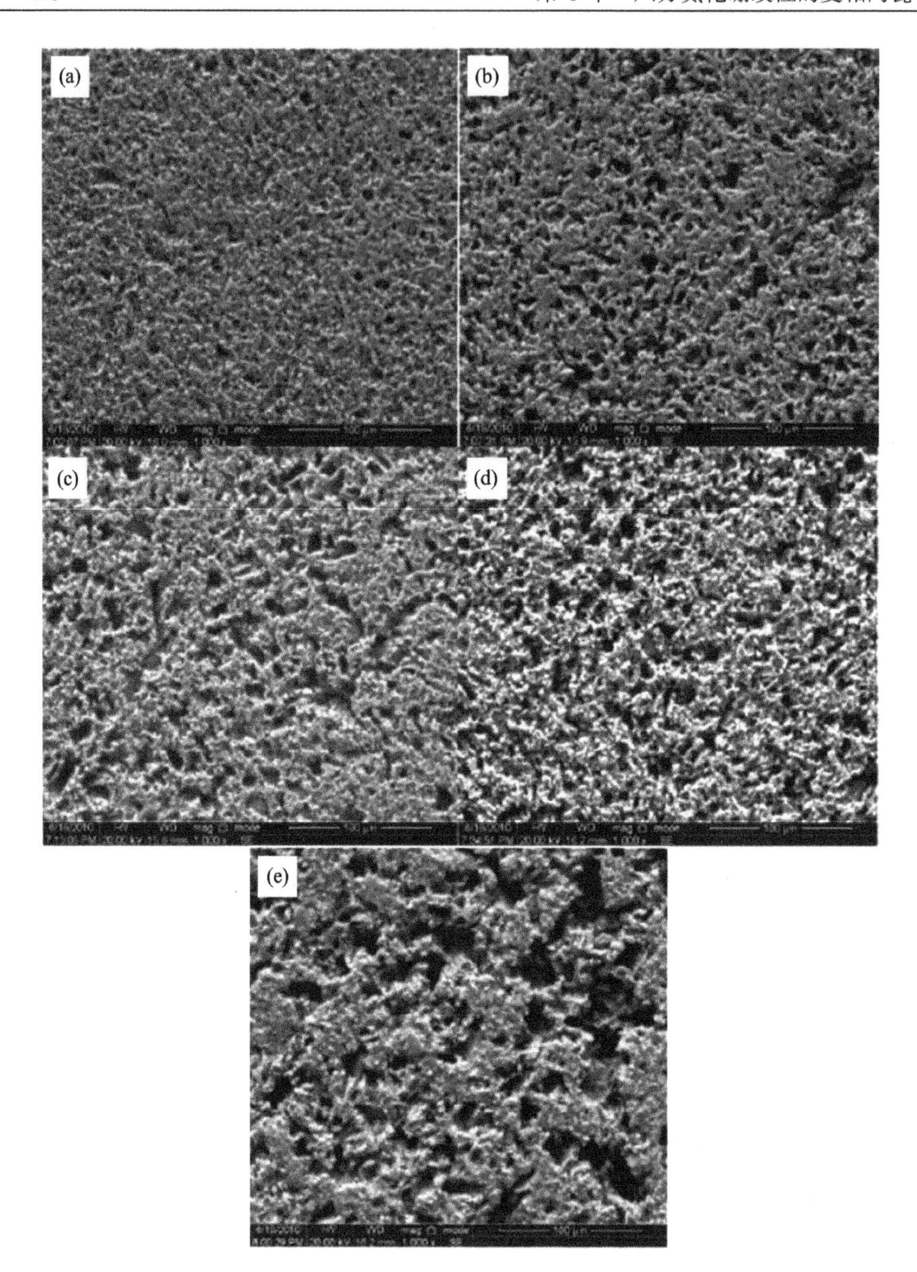

图 5-10　不同 h-BN 体积含量的 h-BN/Si_3N_4 复相多孔陶瓷的组织结构[5]

(a) 0 vol%; (b) 10 vol%; (c) 20 vol%; (d) 30 vol%; (e) 40 vol%

从多孔陶瓷的弹性模量和抗弯强度 (图 5-11、图 5-12) 可见，在Si_3N_4 基体中引入第二相 h-BN 后导致材料的抗弯强度和弹性模量都迅速下降。

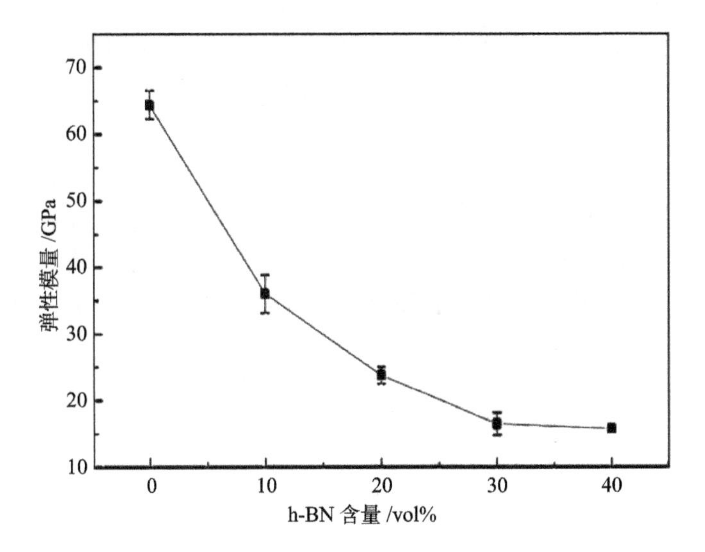

图 5-11 h-BN/Si_3N_4 复相多孔陶瓷的弹性模量[5]

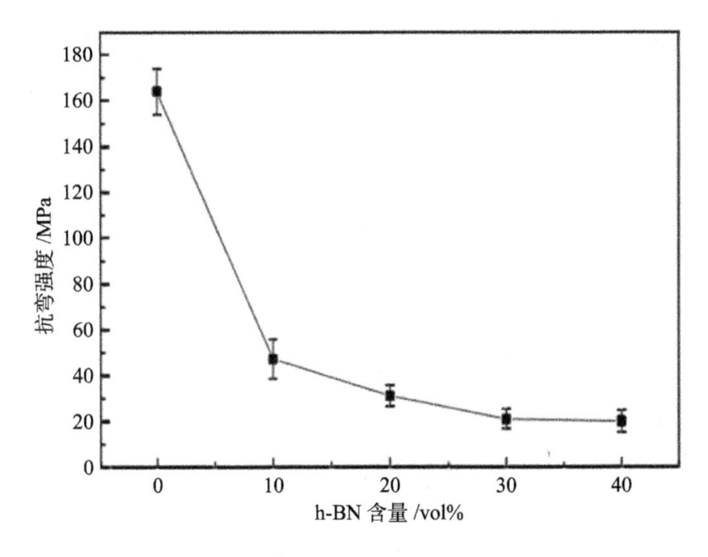

图 5-12 h-BN/Si_3N_4 复相多孔陶瓷的抗弯强度[5]

5.2 六方氮化硼改性自润滑、耐磨损复相陶瓷

通常情况下，改善陶瓷材料的摩擦磨损性能可采用适当的润滑剂，即在湿摩擦条件，在滑动摩擦副之间形成水/油界面以改善摩擦副之间的润滑性能，可大幅度降低其磨损率。但液体润滑需要一定的压力装置和安全保护措施，而且液体

润滑剂经常会发生泄漏。特别是陶瓷及其复合材料大多应用在高温高压、真空、重载和腐蚀环境等极端服役环境下，传统的液体润滑减磨方式不能满足其服役环境使用需求，限制了液体润滑剂的使用。因此，固体润滑方式开始逐渐受到重视，并开始广泛应用于工程领域，即在干摩擦条件下，将润滑组元与陶瓷材料制备成复合材料，利用润滑组元易拖敷成膜的特点，在摩擦过程中摩擦表面形成固态润滑层以改善摩擦学特性，使摩擦系数和磨损率降低到所要求的范围，实现材料的自润滑性能。自润滑作用可使陶瓷摩材具有更低的磨损率，并提高材料的耐磨损性能。

无机非金属固体润滑剂种类较多，具有代表性的物质有石墨、氟化石墨、二硫化钼、氮化硅 (Si_3N_4)、h-BN、云母和滑石等，其中应用较为广泛的是石墨、二硫化钼和 h-BN[6]。h-BN 具有类似石墨的层状结构，与石墨具有相近的理化性能，是优良的固态润滑剂。h-BN 与石墨相比，在许多方面还表现出特殊的优越性：① 石墨是电导体，而 h-BN 是良好的绝缘体，可应用于很多具有绝缘特性要求的润滑部件；② 石墨在空气中只能用于 500℃ 以下的温度条件，而 h-BN 则可用于 900℃ 左右的高温；③ 石墨易与许多金属反应而生成碳化物，h-BN 在一般温度条件下不与任何金属反应，并且它对大部分熔融金属和玻璃等不湿润，在高温时仍然保持良好的热传导率、优异的电绝缘性；④ h-BN 白色无毒，在使用过程中不会对器械和环境造成黑色污染[7,8]。因此，h-BN 是较为优异的自润滑材料，将其作为自润滑组元加入陶瓷材料之中，所制备的 h-BN 改性复相陶瓷材料在不严重影响陶瓷材料的机械性能和高温性能的条件下，还可具备优良的自润滑耐磨损性能。

5.2.1 六方氮化硼改性氮化物复相陶瓷

Si_3N_4 陶瓷材料具有高强度、高硬度、化学稳定性好和耐腐蚀等优点，被广泛应用于高温、高速和具有较强腐蚀介质的工作环境，特别是近些年来 Si_3N_4 陶瓷轴承的快速发展，对 Si_3N_4 陶瓷的自身摩擦磨损性能及其改性研究日趋受到重视和逐渐完善。但作为单相 Si_3N_4 陶瓷材料其摩擦磨损性能指标尚不能满足某些无润滑条件下的应用。

将 h-BN 添加到 Si_3N_4 陶瓷材料中，较单相 Si_3N_4 陶瓷材料相比可有效地降低复相陶瓷材料的摩擦系数。但 Si_3N_4-BN 复相陶瓷材料的摩擦系数并不是随着 h-BN 含量的增加单调变化的，而是呈现先降低后增高的变化趋势。当 h-BN 含量低于 10 vol% 时，Si_3N_4-BN 复相陶瓷的摩擦系数随 h-BN 含量的增加而降低，表明其中的 h-BN 组分很好地起到了自润滑的作用，摩擦系数在 0.65 左右[9]；而当 h-BN 含量高于 10 vol% 时，Si_3N_4-BN 复相陶瓷的摩擦系数随 h-BN 含量的增加而增加，材料的磨损率也开始出现逐渐增加的趋势，这是由于 h-BN 的添加降低了原有 Si_3N_4 陶瓷材料的强度和硬度，在摩擦磨损过程中，颗粒会出现大量的剥落，这会进一步造成磨粒和黏着磨损等现象发生，导致了摩擦系数和磨损率的同时上升[10]。Saito 等[11] 在研究 Si_3N_4 陶瓷材料与 Si_3N_4-BN 复相陶瓷材料之间的摩擦系数变化时，却发现添加 30 wt% 的 h-BN 所制备的 Si_3N_4-30 wt% BN 复相陶瓷材料的摩擦系数最小，甚至低于单相 Si_3N_4 陶瓷材料。而 BN 含量提高到 50 wt% 时，Si_3N_4-30 wt% BN 复相陶瓷材料的摩擦系数却达到最大值，但总体的摩擦系数均小于 0.3。Zhang 等[12] 在研究 Si_3N_4-BN 复相陶瓷材料与 GCr15 摩擦副的摩擦学性能时也发现了类似的现象，当 h-BN 含量低于 20 wt% 时，随着 h-BN 含量的增加，摩擦系数和磨损率逐渐减小，而当 h-BN 含量大于 20 wt% 时，复相陶瓷材料的摩擦系数和磨损率急剧增大。其中，Si_3N_4-20 wt% BN 复相陶瓷材料的摩擦系数最小，约为 0.31。

值得注意的是，平行于 h-BN 层片结构方向的摩擦系数和磨损率是低于垂直于 h-BN 层片方向的，h-BN 层片结构有利于在摩擦磨损滑动过程中铺展形成润滑层。由此可以推断，采用大尺寸层片结构的 h-BN 颗粒将有利于降低复相陶瓷材料的摩擦系数，但对于材料的磨损率，由于其受到材料力学性能和摩擦系数的共同影响，因此很难直接推断其具体的变化趋势。Wani[13] 详细研究了纳米和微米级 h-BN 颗粒对 Si_3N_4-BN 复相陶瓷材料摩擦磨损性能的影响，采用微米级 h-BN 所制备的 Si_3N_4-BN 复相陶瓷材料摩擦系数明显低于纳米级 h-BN 所制备的复相陶瓷材料，但 Si_3N_4-BN 复相陶瓷材料的磨损率却呈现相反的变化趋势，纳米级 h-BN 所制备的复相陶瓷材料磨损率低于微米级 h-BN 所制备的材料。这主要是因为引入大层片结构的 h-BN 颗粒，尽管降低了复相陶瓷材料的摩擦系数，但同时也降低了其硬度和断裂韧性，摩擦副在相对运动发生摩擦磨损的过程中，Si_3N_4-BN 复相陶瓷材料较容易出现颗粒脱落 (图 5-13、图 5-14)。

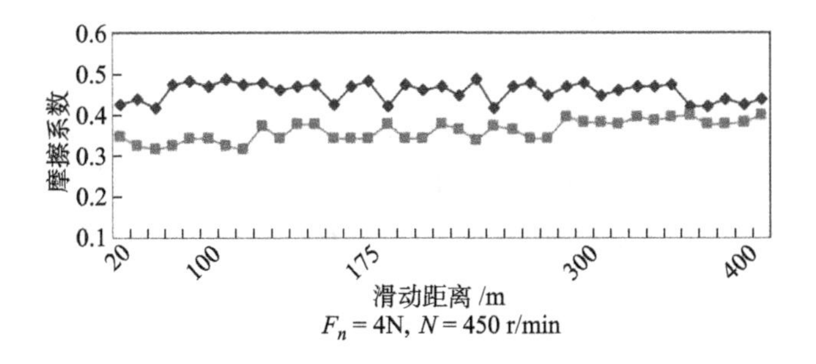

图 5-13　不同 Si_3N_4-BN 复相陶瓷摩擦系数与滑动距离之间的关系[13]

◆ 纳米Si_3N_4-5 wt% BN 复相陶瓷；■Si_3N_4-5 wt% BN 复相陶瓷

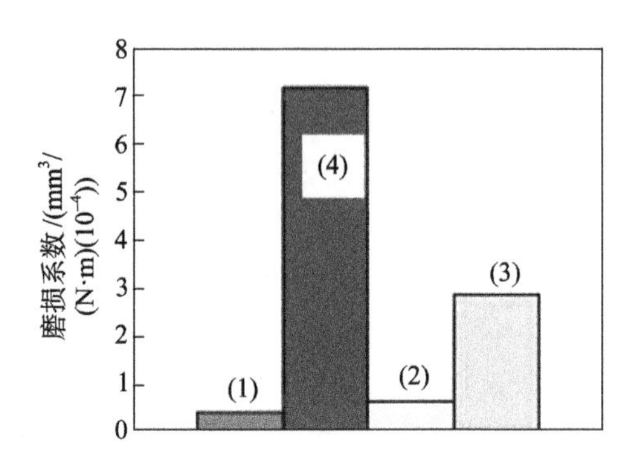

图 5-14　Si_3N_4 与 Si_3N_4-BN 系复相陶瓷的磨损系数[13]

(1) 纳米 Si_3N_4-5 wt% BN；(2)Si_3N_4-5 wt% BN；(3)Si_3N_4 球与 Si_3N_4-5 wt% BN；(4)Si_3N_4 球与纳米 Si_3N_4-5 wt% BN

摩擦滑动速度也对 Si_3N_4-BN 复相陶瓷材料摩擦系数和磨损率有着较显著的影响，Chen 等[14] 详细研究了滑动速度对 Si_3N_4 陶瓷材料和 Si_3N_4-BN 复相陶瓷材料的摩擦系数和磨损率的影响，并详细考虑了销盘相对位置的影响因素。当处于上盘下销的测试方式时，Si_3N_4 陶瓷材料和 Si_3N_4-BN 复相陶瓷材料的摩擦系数随滑动速率的增加而增加，而当处于上销下盘的测试方式时，Si_3N_4 陶瓷材料和 Si_3N_4-BN 复相陶瓷材料的摩擦系数却呈现随滑动速率的增加而下降的变化趋势。这种差异主要是摩擦副滑动过程中发生了摩擦化学反应，导致主要磨损机理发生了变化。对于材料的磨损率，整体来看，当提高滑动速度时，Si_3N_4 陶瓷材料和 Si_3N_4-BN 复相陶瓷材料的摩擦副 (销盘) 的总磨损量呈现与摩擦系数相近的变化趋势，但 Si_3N_4-BN 复相陶瓷材料的总磨损量大于 Si_3N_4 陶瓷材料的磨损量。而当 Si_3N_4-BN 复相陶瓷材料与奥氏体不锈钢 (ASS) 作为相对摩擦副时，摩擦系数和磨损率均随 h-BN 含量的提高而显著降低，在滑动摩擦过程中发生摩擦化学反应，在摩擦面上生成了一层含有 SiO_2、B_2O_3 和 Fe_2O_3 的摩擦保护膜，有效提高了润滑作用并保护了摩擦副材料，这种保护膜在干磨损的条件下，主要来自摩擦过程中产生高温所带来的氧化现象，其中氧元素来自于空气中的氧气或材料表面吸附的水蒸气 (图 5-15 ~ 图 5-18)。

为进一步证明水在摩擦磨损中的作用，陈威等[15] 以水为润滑剂，采用不同的加入方式，研究了 Si_3N_4 陶瓷材料和 Si_3N_4-BN 复相陶瓷材料摩擦磨损行为及其摩擦过程中所发生的化学反应。研究结果证明，Si_3N_4-BN 复相陶瓷材料摩擦系数随 h-BN 含量的增加均呈现逐渐降低的趋势。但 Si_3N_4-BN 复相陶瓷材料的磨损率却有着不同的变化，当采用水滴法测试条件时，Si_3N_4-BN 复相陶瓷材料的磨损率随着 h-BN 含量的升高而逐渐降低，而当采用浸入法测试条件时，Si_3N_4-BN 复相陶瓷材料的磨损率随着 h-BN 含量的升高而逐渐升高。其主要原因是，在滴定

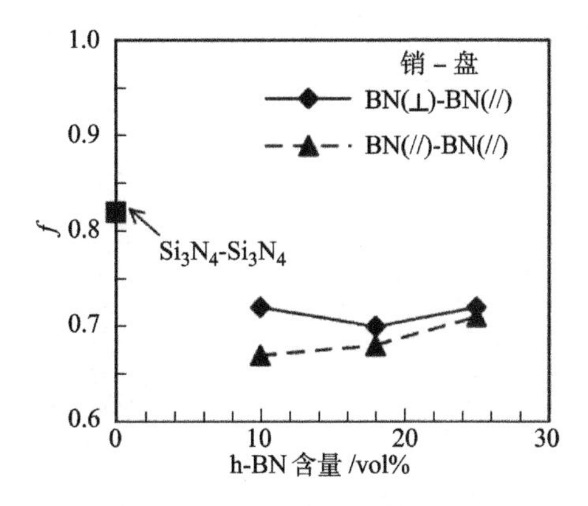

图 5-15 h-BN 含量对 Si_3N_4-BN 复相陶瓷材料摩擦系数的影响[14]

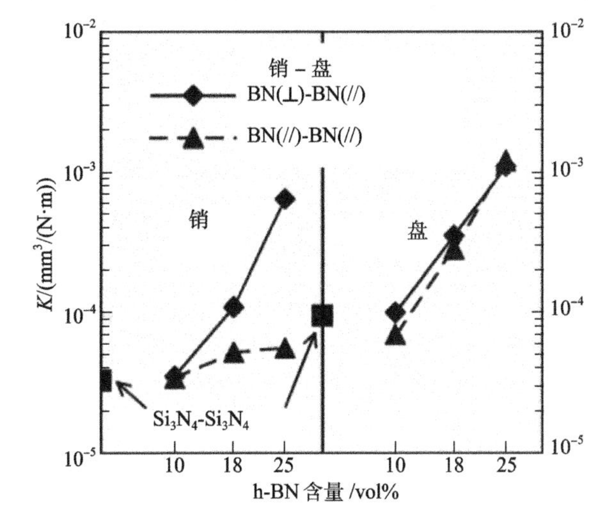

图 5-16 h-BN 含量对 Si_3N_4-BN 复相陶瓷材料磨损系数的影响[14]

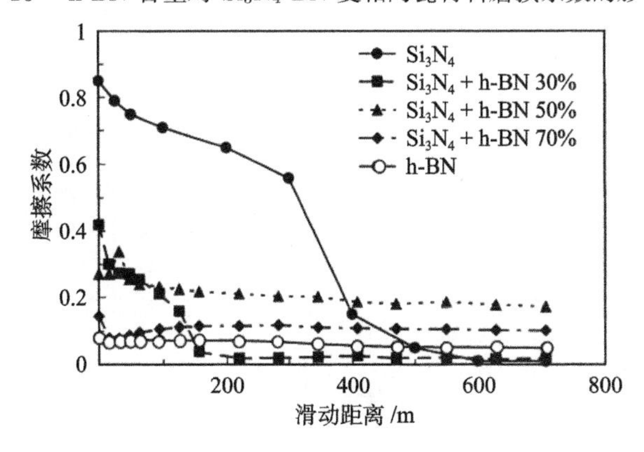

图 5-17 不同 h-BN 含量的 Si_3N_4-BN 复相陶瓷材料的摩擦系数[14]

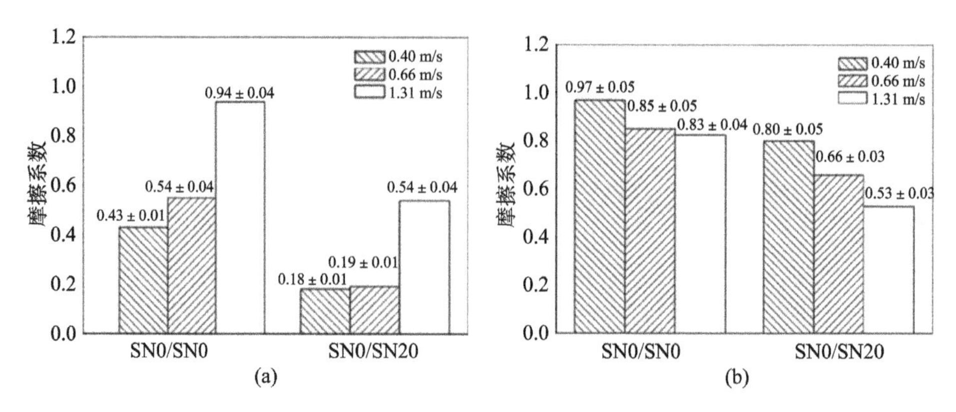

图 5-18　滑动速度对 Si_3N_4 陶瓷材料和 Si_3N_4-BN 复相陶瓷材料的摩擦系数的影响[14]

(a) 上盘下销；(b) 上销下盘

法水润滑条件下磨屑不易被水带走，由于 Si_3N_4-BN 复相陶瓷材料摩擦面上 h-BN 偏聚区域发生脆性断裂和剥落而形成剥落坑，磨屑在剥落坑中堆积并氧化、水解，反应产物富集于剥落坑中，进而在摩擦表面形成含 B_2O_3 和 SiO_2 的摩擦化学反应膜，从而保护了 Si_3N_4-BN 和 Si_3N_4 摩擦面，使其变得光滑，为发生流体润滑提供了条件。在水作为润滑剂时，材料的总体摩擦系数和磨损率均小于干磨损条件下的测试值，同时在磨损表面上发现了 B_2O_3 和 SiO_2 等氧化物的存在，证明摩擦过程中生成了软相的氧化物层，这种软相氧化物层和水膜有力地改善了摩擦副之间的滑动状态，保护了材料在摩擦过程中的破坏 (图 5-19、图 5-20)。

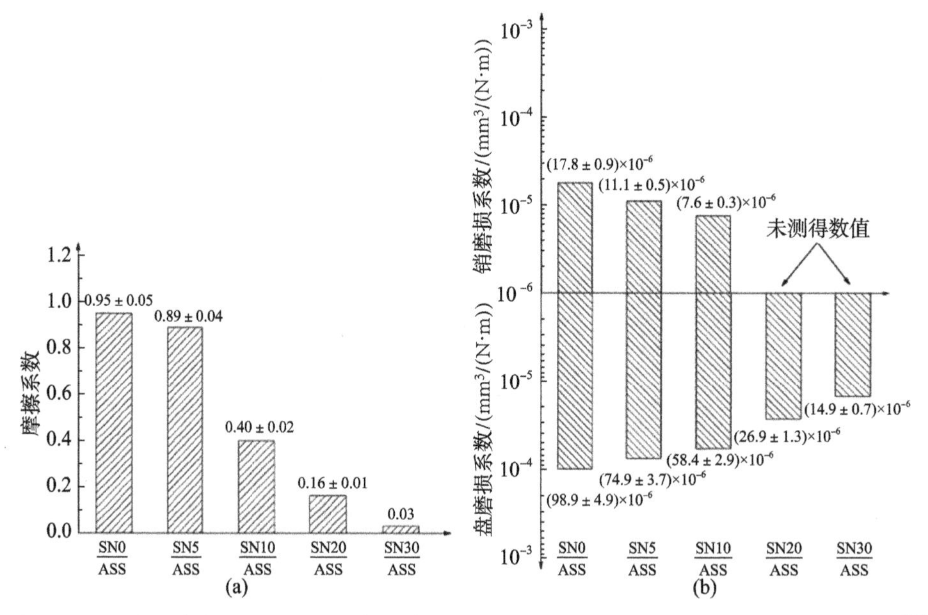

图 5-19　无润滑条件下 Si_3N_4-BN 复相陶瓷与 ASS 之间的摩擦系数 (a) 和磨损系数 (b)[15]

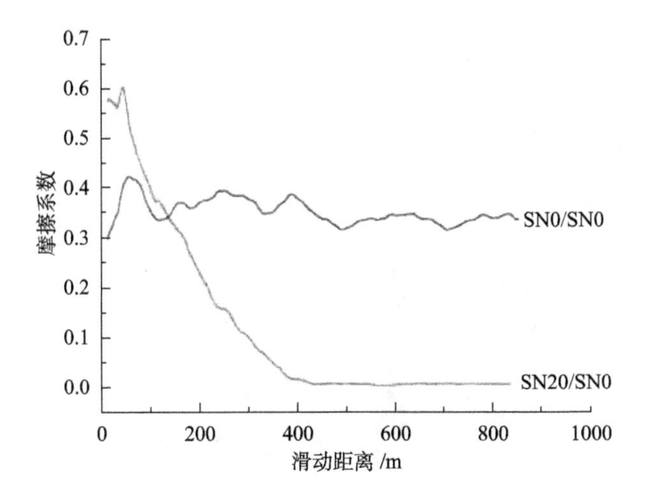

图 5-20 滴定法水润滑条件下 SN0/SN0 和 SN20/SN0 材料的摩擦系数随滑动距离的变化[15]

5.2.2 六方氮化硼改性碳化物复相陶瓷

碳化硼 (B_4C) 具有高熔点、高硬度、高模量、高耐磨性和化学稳定性，常常被应用于高温结构工程领域和作为研磨介质使用，虽然其高硬度导致本身的抗磨损性能较高，但其自身没有自润滑性能，属于“硬磨损”，在摩擦磨损过程中，常常导致摩擦系数较高，甚至直接导致另一摩擦副材料的快速磨损甚至破损。

向 B_4C 陶瓷中添加具有自润滑性能组分是改善材料整体抗摩擦磨损性能的有效途径。由于 h-BN 具有层片结构和自润滑性质，向 B_4C 中添加一定量的 h-BN 可有效降低材料的摩擦系数。使用 AISI 321 奥氏体不锈钢 (ASS) 作摩擦副的测试结果表明，随着 h-BN 含量的增加，B_4C-BN 复相陶瓷材料的摩擦系数显著下降，当 h-BN 含量高于 10 wt% 时，B_4C-BN 复相陶瓷材料的摩擦系数低于 0.2，同时 B_4C-BN 复相陶瓷材料的磨损率和摩擦副的总磨损率也均随 h-BN 含量的降低而逐渐降低，其中，B_4C-30 wt% BN 复相陶瓷材料的磨损率为 $0.51\times10^{-4}mm^3/(N{\cdot}m)$，比没添加 h-BN 的单相 B_4C 陶瓷材料的磨损率下降近 6 倍。在滑动摩擦磨损过程中，摩擦副之间发生了摩擦化学反应，在摩擦表面上形成了 B_2O_3 和 Fe_2O_3 等氧化物，这些氧化物所形成的氧化膜可有效避免黏着剥损的发生，并进一步起到了润滑的作用 (图 5-21、图 5-22)[16]。此外，当选择 B_4C-BN-5 vol% Cr_3C_2 复相陶瓷材料和 SiC 作为摩擦副时，h-BN 的添加同样可有效降低复相陶瓷材料的摩擦系数，当 h-BN 含量为 2 vol% 时，B_4C-2 vol% BN-5 vol% Cr_3C_2 复相陶瓷材料的摩擦系数为 0.31，较未添加 h-BN 的 B_4C-5 vol% Cr_3C_2 复相陶瓷材料摩擦系数降低近一半，并且 B_4C-BN-5 vol% Cr_3C_2 复相陶瓷材料的磨损量也有所降

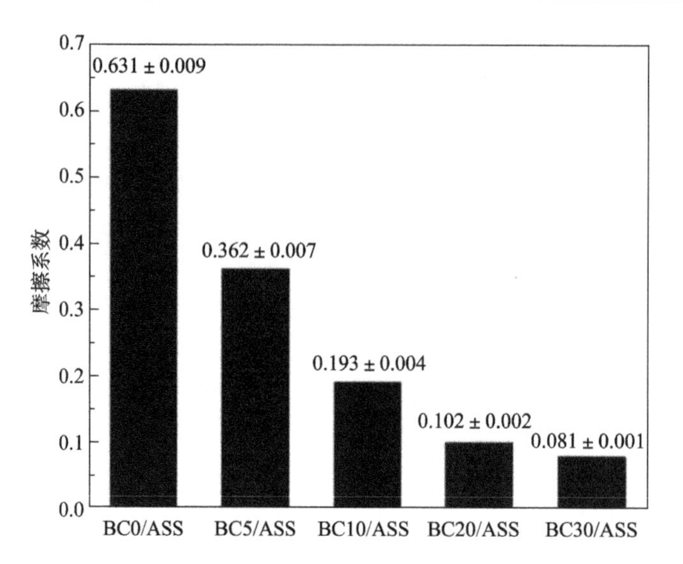

图 5-21　不同 h-BN 含量的 B_4C-BN 复相陶瓷材料与 ASS 之间的摩擦系数[16]

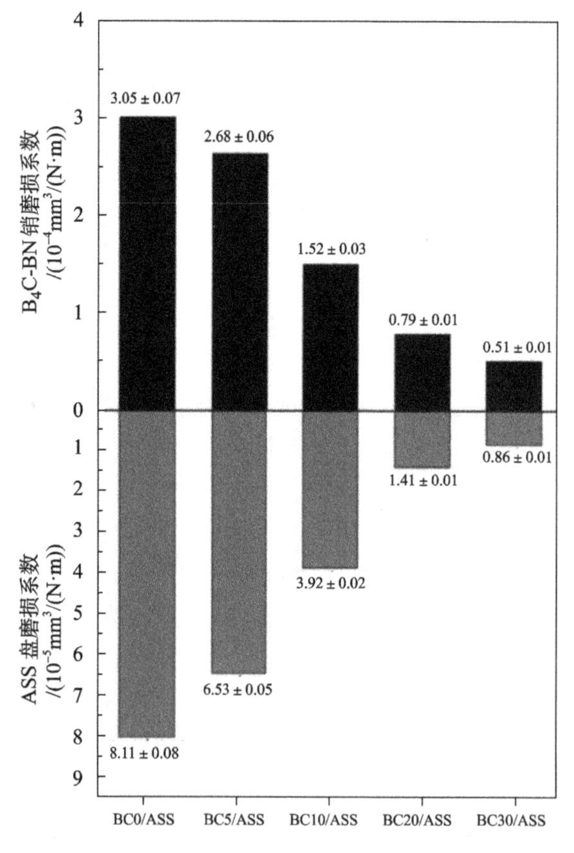

图 5-22　不同 h-BN 含量的 B_4C-BN 复相陶瓷材料与 ASS 之间的磨损系数[16]

低。当 h-BN 含量为 4 vol% 时，B_4C-4 vol% BN-5 vol% Cr_3C_2 复相陶瓷材料的磨损量最小，继续提高 h-BN 的含量，则会导致复相陶瓷材料磨损量的升高。这是由于“弱相” h-BN 的添加会导致 B_4C 陶瓷材料的硬度下降，从而影响 B_4C 陶瓷本身的抗磨损性能[17]。

采用 Si 浸渗改性 B_4C-BN 复相陶瓷材料可“修补”材料烧结制备过程中的缺陷，Si 可与 B_4C 发生原位反应形成 200 ~ 300 μm 的较致密表面改性层，可有效降低表面存在的孔洞和缺陷，有力提高复相陶瓷材料表面的硬度。以微米级 h-BN 改性 B_4C 复合材料为例，Si 浸渗改性的 B_4C-BN 复相陶瓷材料表面硬度为 12.02GPa，而热压烧结的 B_4C-BN 复相陶瓷材料表面硬度仅为 4.64 GPa，其表面硬度提高了 2.59 倍，将有利于材料抗磨损性能的提升。Si 浸渗改性后的 B_4C-BN 复相陶瓷材料抗磨损性能尽管依然呈现随 h-BN 含量的升高而升高的趋势，但 Si 浸渗改性后的 B_4C-BN 复相陶瓷材料抗磨损率明显变小，特别是当 h-BN 含量高于 10 wt% 时，这种差异变得更加明显。当 h-BN 含量为 20 wt% 时，未经表面处理的 B_4C-20 wt% BN 复相陶瓷材料的磨损率为 2.5 mg/min(微米 h-BN 改性) 和 1.7 mg/min(纳米 h-BN 改性)，而经表面处理的 B_4C-20 wt% BN 复相陶瓷材料的磨损率均可保持在 0.7 mg/min 以下，并且这种抗磨损性能的提升对于微米 h-BN 改性 B_4C-BN 复相陶瓷材料更加明显 (图 5-23) [18]。此外，还可以通过氮离子注入的方式对 B_4C 陶瓷材料表面进行改性，但这种方式多为在表面形成 B-C-N 或者立方氮化硼 (c-BN)，通过降低表面缺陷和提高 c-BN 含量以进一步提高 B_4C 陶瓷材料的表面硬度，从而降低陶瓷材料的磨损率，这种方式与添加 h-BN 提高自润滑性能和降低磨损率的途径是不同的。

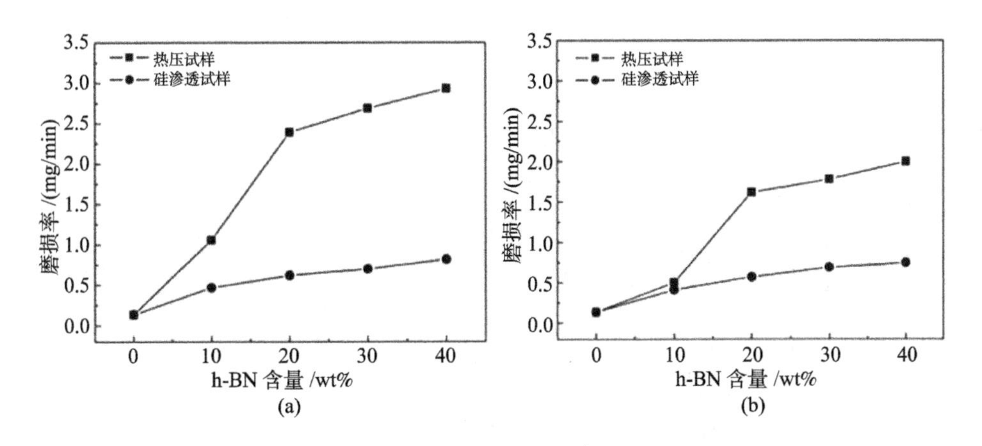

图 5-23 Si 浸渗改性前后的 B_4C-BN 复相陶瓷材料磨损率变化[18]

(a) B_4C/BN 微米复相陶瓷; (b) B_4C/BN 纳米复相陶瓷

碳化硅 (SiC) 具有高熔点、高硬度、高刚度、化学稳定性以及抗腐蚀等优异的性能，常常被作为轴承、耐磨损部件、阀门和密封环等使用，是碳化物陶瓷材料在摩擦磨损领域应用较为广泛的代表性材料之一。液相烧结 SiC 陶瓷材料 (LPS-SiC) 通过调控晶粒细化、晶粒各向异性生长和晶间残留相，以及优化烧结工艺参数等途径，可实现 SiC 陶瓷材料抗摩擦磨损性能的调控和改善。但 LPS-SiC 陶瓷材料在长时间磨损过程中，特别是当时间达到 100~500min 时，出现由平稳磨损突然向断裂磨损的转变，严重影响了 SiC 陶瓷材料的使用安全性和结构完整性。此外，大部分 LPS-SiC 陶瓷材料作为摩擦部件使用时，需要有液态润滑剂的辅助，对于开放结构和高温高压等工况环境则不利于其广泛应用。

向 LPS-SiC 陶瓷材料中添加具有自润滑性质的 h-BN 组元，对 LPS-SiC 陶瓷材料的耐摩擦磨损性能进行改性，可望提高 LPS-SiC 陶瓷材料的抗磨损稳定性。对比 LPS-SiC 陶瓷材料和添加 h-BN 改性所制备的 SiC-BN 复相陶瓷材料的摩擦痕迹直径可知，尽管“弱相” h-BN 的添加导致了 SiC-BN 复相陶瓷材料硬度下降而导致材料的摩擦痕迹直径有所提高，但 h-BN 的添加有力地改善了 SiC 陶瓷材料在长时间摩擦过程中容易发生严重磨损的现象。从严重磨损发生的时间来看，SiC 陶瓷材料发生严重磨损的时间约为 500 min，而随着添加 h-BN 含量的提高，SiC-BN 复相陶瓷材料发生严重磨损的时间明显延长，特别是当 BN 含量为 10 vol% 时，SiC-10 vol% BN 复相陶瓷材料发生严重磨损的时间延长至 1400 min，提高了近 3 倍，并且有效地降低了在严重磨损阶段的磨损率，较未添加 h-BN 改性的 SiC 陶瓷材料磨损率降低了近 2.8 倍 (图 5-24) [19]。此外，添加 h-BN 还有力地改善了 SiC 陶瓷材料的高温摩擦磨损性能。当添加 10 wt%~15 wt% 的 h-BN 时，所制备的 SiC-BN 复相陶瓷材料的摩擦系数均小于未添加 h-BN 改性的 SiC 陶瓷材料，特别是在高温 (800℃) 条件下这种改性尤为明显，摩擦磨损稳定阶段时 SiC-BN 复相陶瓷材料的摩擦系数仅为 0.28，较未改性的 SiC 陶瓷材料的摩擦系数 (约为 0.55) 降低了一半。当测试温度低于 800℃ 时，两种陶瓷材料的磨损率相差不明显，均在 $4\times10^{-5}mm^3/(N\cdot m)$ 左右；当测试温度达到 800℃ 时，未改性的 SiC 陶瓷材料的抗磨损性能明显恶化，其磨损率为 $1.51\times10^{-3}mm^3/(N\cdot m)$，而添加 h-BN 改性的 SiC-BN 复相陶瓷材料磨损率仅为 $1.85\times10^{-4}mm^3/(N\cdot m)$，其抗磨损性能提高近一个数量级。这主要是因为在高温 (800℃) 条件下，滑动磨损过程中发生摩擦化学反应导致 SiC 容易发生氧化和层状剥离，而添加 h-BN 改性的 SiC-BN 复相陶瓷材料在高温磨损过程中，不仅 h-BN 起到了自润滑降低摩擦系数的作用，还由于在磨损过程中 h-BN 氧化生成 B_2O_3，并在 B_2O_3 的辅助下摩擦副材料表面更加容易形成较为致密和稳定的氧化层，氧化层有效地降低了磨损率和防止材料的进一步氧化[20]。

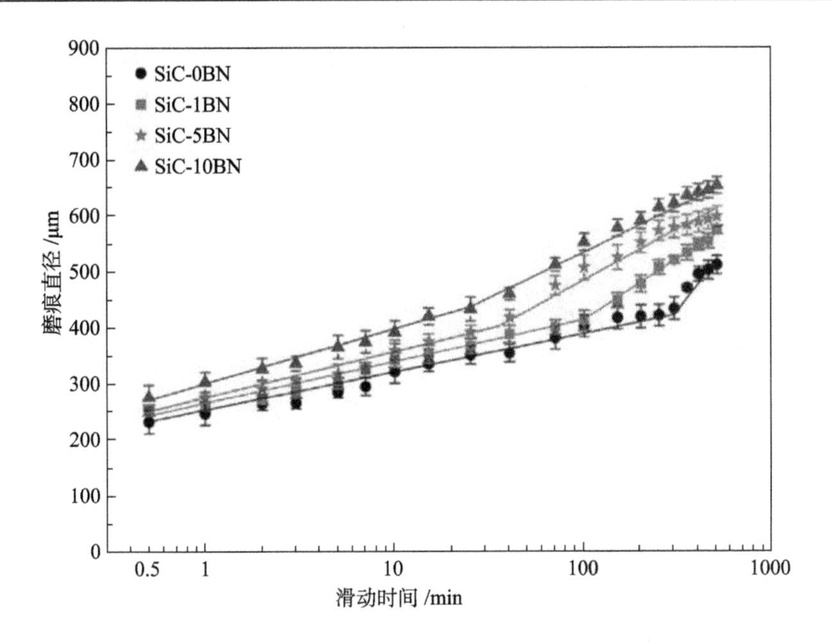

图 5-24 四种 SiC-BN 陶瓷材料的滑动磨损曲线[19]

5.2.3 六方氮化硼改性氧化物复相陶瓷

二氧化硅 (SiO_2)、三氧化二铝 (Al_2O_3)、二氧化钛 (TiO_2) 以及二氧化锆 (ZrO_2) 等传统氧化物陶瓷材料，作为关键的结构陶瓷材料已应用于多个工程领域，对氧化物陶瓷材料摩擦磨损性能及其改性的研究已较为系统。在空气或使用液态润滑剂等摩擦磨损条件下，氧化物陶瓷材料在摩擦磨损过程中，可以吸附空气中的水蒸气或反应生成氢氧化物的润滑层，因此氧化物陶瓷材料依靠自身生成的润滑层就可起到降低摩擦系数和提高抗磨损性能的效果，并且这种氧化层的润滑减磨作用在其他非氧化物陶瓷及其复合材料摩擦磨损性能研究中也经常提及和出现。还有研究表明，氧化物陶瓷可以通过调控阴离子空位改善晶体学剪切结构的方式改善陶瓷材料的摩擦磨损性能，这种调控获得的晶体学剪切层结构可比拟二硫化钼、石墨和氮化硼等本征层片晶体学结构，以获得固体自润滑的性能。但这种调控阴离子空位的方式严重受制于使用环境。同时，在摩擦过程中所形成的阴离子空位氧化层，尽管在非润滑条件下有效降低了材料的磨损，但却没有明显降低材料的摩擦系数。

向氧化物陶瓷中直接添加具有本征固体润滑性能的 h-BN 组分是降低氧化物陶瓷材料摩擦系数，改善氧化物陶瓷材料摩擦磨损性能的有效手段之一。由于 h-BN 稳定的理化性能，使 h-BN 改性氧化物复相陶瓷材料具备了高温固体自润滑的本征性能，可在高温、真空以及开放无润滑剂系统等苛刻的环境中使用。

向 Al_2O_3-AlON 复相陶瓷材料中添加 h-BN，有利于降低复相陶瓷材料的摩擦系数，但其体积磨损量却随着 h-BN 含量的升高而出现明显的增加趋势，特别是当 h-BN 的含量高于 15% 时，Al_2O_3-AlON-BN 复相陶瓷材料的体积磨损量急剧增加 (图 5-25)[21]。

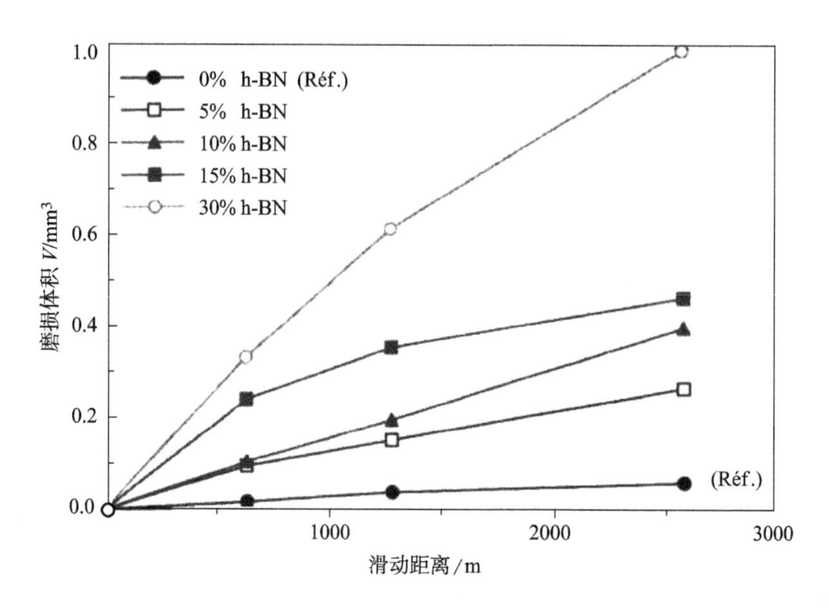

图 5-25　h-BN 含量对 Al_2O_3-AlON 复相陶瓷材料磨损体积的影响[21]

对于采用微弧氧化制备的 TiO_2 陶瓷涂层，添加 h-BN 也可有效地降低 TiO_2 陶瓷涂层的摩擦系数。当生成的 TiO_2-BN 复相陶瓷涂层未经抛光处理时，其摩擦系数随 h-BN 添加量的提高而减小，但对生成的 TiO_2-BN 复相陶瓷涂层抛光处理后，复相陶瓷涂层的摩擦系数在 h-BN 添加量为 2 g/L 时达到最小。而复相陶瓷涂层的磨损率则是随着 h-BN 添加量的升高出现先降低后升高的变化趋势，特别是当 h-BN 添加量为 8 g/L 时，复相陶瓷涂层的力学性能和与基体的结合力出现下降的情况，复相陶瓷涂层的磨损率甚至高于未添加 h-BN 改性的 TiO_2-BN 复相陶瓷涂层 (图 5-26、图 5-27)[22]。

对于采用等离子喷涂制备的 YSZ-BN 复相陶瓷涂层，其摩擦磨损性能呈现类似的结果，当采用粒径为 0.3 μm 和 0.6 μm 的 h-BN 作为第二相时，YSZ-BN 复相陶瓷涂层的摩擦系数随 h-BN 含量的提高呈现逐渐降低的趋势，但其磨损率则是随着 h-BN 添加量的升高出现先降低后升高的变化趋势，估测当 h-BN 的添加量为 3 wt% 时，YSZ-BN 复相陶瓷涂层的磨损率最小。此外，当添加的 h-BN 粒径为 4 μm 时，YSZ-BN 复相陶瓷涂层的摩擦系数随 h-BN 含量的提高呈现先降低后

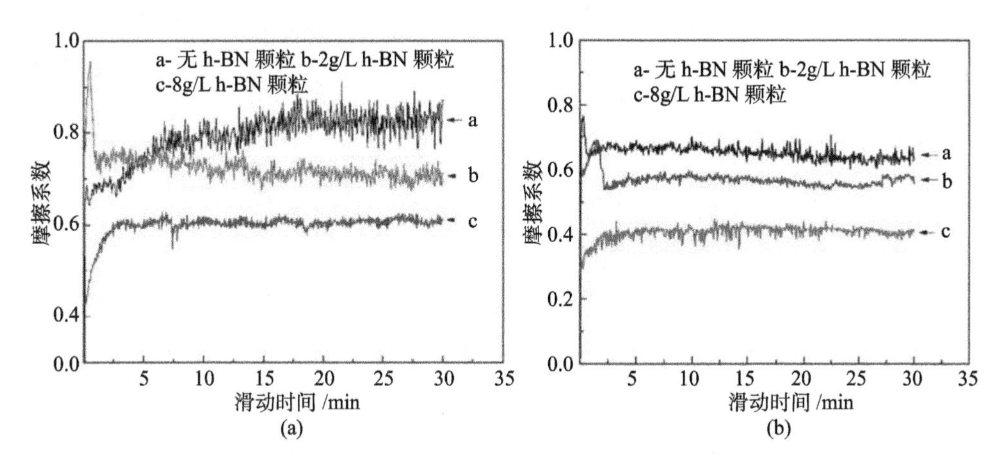

图 5-26 不同 h-BN 含量电解液中制备 MAO 复相陶瓷涂层电解抛光前后与 Si_3N_4 之间的摩擦系数[22]

(a) 抛光前；(b) 抛光后

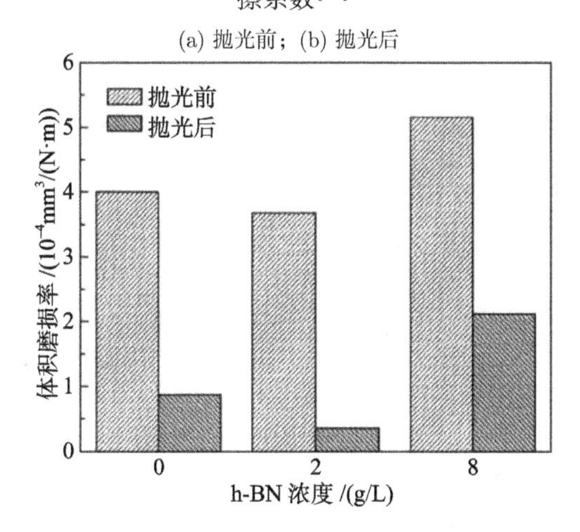

图 5-27 不同 h-BN 含量电解液中制备 MAO 复相陶瓷涂层的体积磨损率[22]

升高的变化趋势，但总体依然高于其他两种采用小粒径 h-BN 制备的 YSZ-BN 复相陶瓷涂层，并且复相陶瓷涂层的磨损率也呈现出显著增长的变化趋势 (图 5-28、图 5-29) [23]。

h-BN 改性氧化物陶瓷材料出现随 h-BN 添加量升高而导致磨损率升高的现象，主要是 h-BN 与氧化物异相界面之间的扩散和烧结较为困难，过量添加 h-BN 会导致复合材料中 h-BN 的团聚和与基体材料存在弱界面结合，导致 h-BN 改性氧化物陶瓷材料的力学性能下降，这种现象随 h-BN 含量和颗粒度的增加而愈发显著。Chen 等 [24] 提出采用 SiO_2 包覆 h-BN 形成核壳结构颗粒，可明显改善 h-BN 颗粒的亲水性，同时避免了 h-BN 颗粒的大量团聚。将其添加到 Al_2O_3-TiC 复相陶瓷材料中，提高了材料的抗弯强度和断裂韧性，并具有优良的自润滑性能。

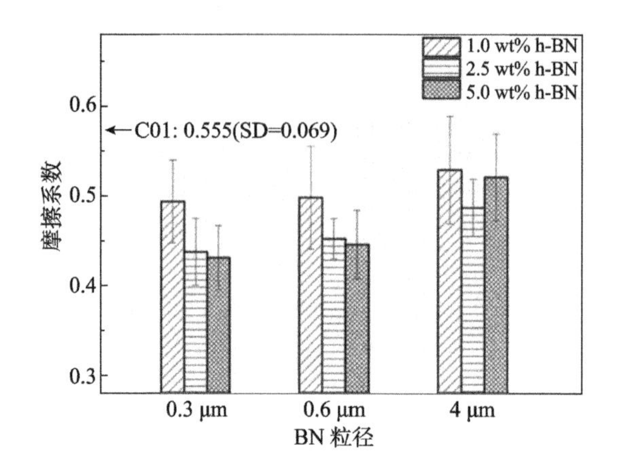

图 5-28　YSZ 和 YSZ-BN 涂层的平均摩擦系数[23]

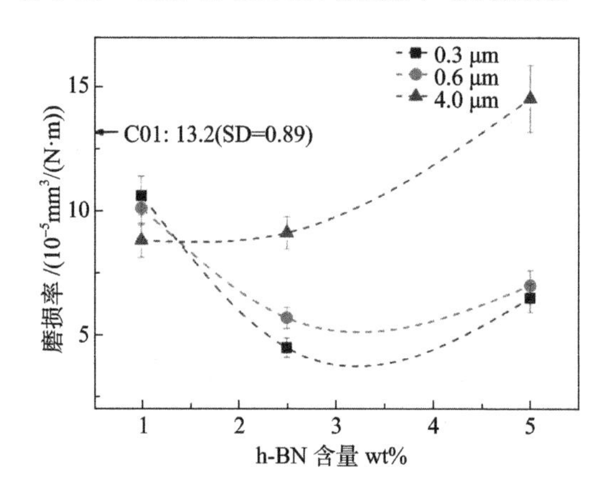

图 5-29　YSZ 和 YSZ-BN 涂层的磨损率与 h-BN 含量的关系[23]

5.3　六方氮化硼改性耐热冲击复相陶瓷

材料在使用和加工过程中受到外界温度的变化可能造成材料内部产生裂纹导致材料整体性能下降。由于陶瓷材料本征物理性能和力学性能的制约，使其抵抗外界温差变化的能力很弱，很容易受到热震温差环境的影响造成材料力学性能的下降甚至产生瞬间破坏。抗热震性能就是指材料能够承受外界温度剧烈变化而避免力学性能大幅度下降的能力。

如前所述，由于 h-BN 具有较低的热膨胀系数、较高的热导率，所以其承受热冲击的能力相当优良，材料反复经受强烈热震也能保持不被破坏。除用于制备抗热震性能优良的 h-BN 基复相陶瓷材料以外，h-BN 也常常作为改性相添加到其他陶瓷材料之中，用于提高陶瓷材料的抗热震性能。

5.3.1 六方氮化硼改性氮化物复相陶瓷

Si_3N_4 和塞隆 (SiAlON) 是具有代表性的氮化物陶瓷材料，引入 h-BN 可有效降低 Si_3N_4 陶瓷的弹性模量，进而提高其抗热震性能。引入 20% h-BN 所制备的 Si_3N_4-6% CeO_2-20% BN 复相陶瓷材料与常规商业化 Si_3N_4 陶瓷相比，可将强度快速损伤温度从 600℃ 提升至 900℃[25]。而采用化学法将 h-BN 包覆 Si_3N_4 复合粉末来制备的纳米 Si_3N_4-15 vol% BN 复相陶瓷材料，经过热震温差 ΔT=1500℃ 的热震后仍无明显的抗弯强度下降趋势，其临界热震温差较单相 Si_3N_4 和微米 Si_3N_4-15 vol% BN 复相陶瓷材料分别提高了 300℃ 和 150℃(图 5-30) [26]。Wang 等[27] 也从热震损伤因子理论计算的角度证明了向 Si_3N_4 陶瓷中引入 h-BN 作为第二相可有效提高 Si_3N_4-BN 复相陶瓷材料的临界热震温差。采用挤压法将 h-BN 引入 Si_3N_4 纤维中所制备的 Si_3N_4-BN 均相纤维复合材料，其抗热震性能也得到了明显的提升，经过热震温差 ΔT=1400℃ 的热震后，其抗弯强度没有明显的损失。h-BN 的加入可引入较多的界面微裂纹，通过弱界面结合及其微裂纹的再次扩展，有效地提高了裂纹萌生损伤系数和材料的整体断裂功，显著提高了材料的抗热震性能 (图 5-31) [28]。

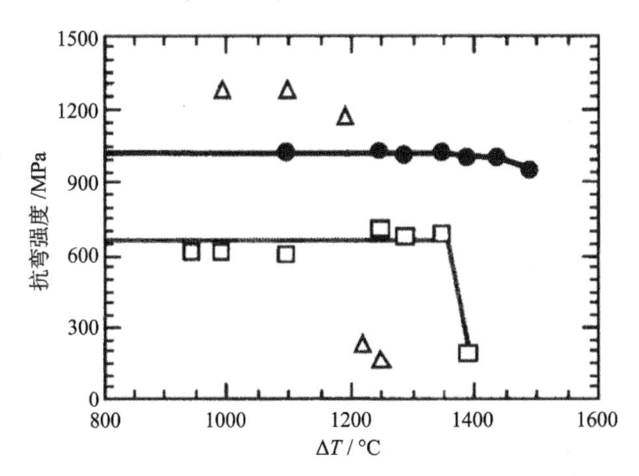

图 5-30 单相 Si_3N_4 和 Si_3N_4/BN 复相陶瓷残余抗弯强度随热震温差的变化[26]

△ 单相 Si_3N_4 材料；●Si_3N_4/BN 纳米复合材料；□Si_3N_4/BN 微米复合材料

Long 等[29] 对比了添加 SiO_2、h-BN 对 Si_3N_4 陶瓷材料抗热震性能的影响，经过温差 ΔT=800℃ 热震后，Si_3N_4-BN 和 Si_3N_4-BN-SiO_2 复相陶瓷材料的抗弯强度损失明显小于 Si_3N_4 和 Si_3N_4-SiO_2 复相陶瓷材料，表明添加 h-BN 相更有利于提高 Si_3N_4 及其复合材料的抗热震性能。而进一步添加较多的 SiO_2 相时，Si_3N_4 和 SiO_2 将发生原位化学反应生成 Si_2N_2O 陶瓷材料，研究结果也表明添加 h-BN

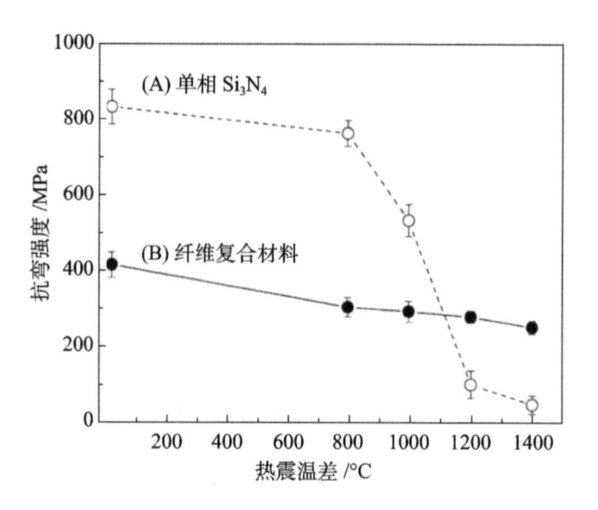

图 5-31　单相 Si_3N_4 和 Si_3N_4-BN 均相纤维复合材料残余抗弯强度随热震温差的变化[28]

相同样有效地提高了 Si_2N_2O 陶瓷材料的抗热震性能，添加 30 vol% h-BN 所制备的 Si_2N_2O-30 vol% BN 复相陶瓷材料经过温差 $\Delta T=1000$℃ 热震后，其抗弯强度没有发生明显的改变，同时临界热震温差较单相的 Si_2N_2O 陶瓷材料从约 600℃ 提高至 1000℃ 以上。此外，由于 h-BN 的加入，出现了经过温差 $\Delta T=1000$℃ 热震后，其残余抗弯强度高于原始抗弯强度的现象，其主要原因是在加热过程中 h-BN 的氧化形成一层氧化膜，氧化膜起到了降低热应力和微裂纹愈合的作用 (图 5-32) [30]。

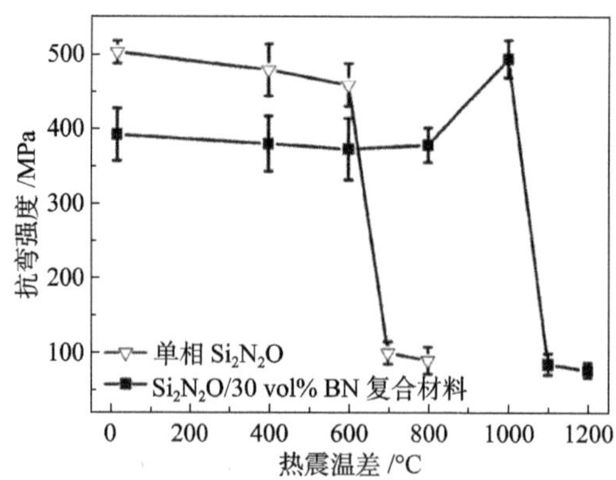

图 5-32　Si_2N_2O 单相陶瓷和 Si_2N_2O/30 vol% BN 复相陶瓷残余抗弯强度随热震温差的变化[30]

将 Al 元素 (Al 或含 Al 化合物) 加入 Si_3N_4-SiO_2 材料中，在制备过程中可通过原位反应生成 SiAlON 相陶瓷。尽管 SiAlON 可通过棒状晶长径比的调控，使自身的抗热震性能优于其他传统结构陶瓷，但单相 SiAlON 陶瓷材料仍然存在抗热震损伤能力不足的问题，经过温差 ΔT=500~600℃ 热震后，其抗弯强度出现明显的下降。向其加入 h-BN 仍是提高 SiAlON 陶瓷材料抗热震性能的有效手段之一。随着 h-BN 含量的提高，SiAlON-BN 复相陶瓷材料的抗热震性能明显得到提升，当 h-BN 含量为 23 wt% 时，SiAlON-BN 复相陶瓷材料经过 ΔT=900℃ 以上热震后，其抗弯强度依然保持平稳，没有出现明显的下降趋势 (图 5-33) [31]。Li 等[32] 系统研究了 h-BN 含量对 SiAlON 陶瓷材料抗热震性能的影响规律，当 h-BN 含量超过 30 vol% 时，对 SiAlON 陶瓷材料抗热震性能的提升较为明显，当热震温差 ΔT=900℃ 以下时，SiAlON-BN 复相陶瓷材料经过单次及多次热震后均未出现明显的力学性能损失现象，残余抗弯强度保持率在 90% 以上。当 h-BN 含量为 40 vol% 时，复相陶瓷的临界热震温差可以达到 920℃，比 SiAlON 单相陶瓷临界热震温差高出约 360℃。此外，复相陶瓷在温差为 1300℃ 时多次循环热震后的结果，也表明 h-BN 对 SiAlON 陶瓷的抗热震性能有较大的提高 (图 5-34) [33]。

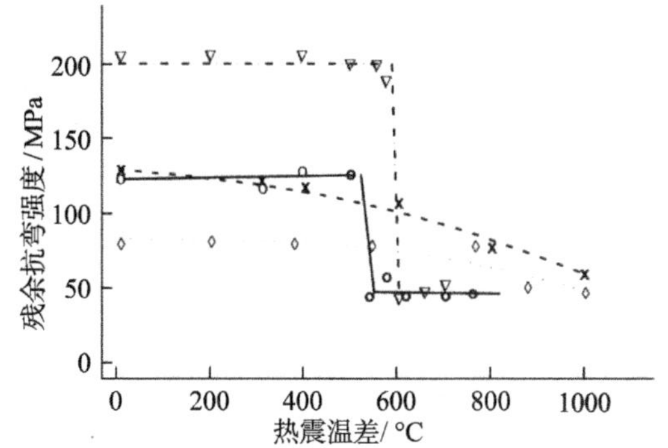

图 5-33 SiAlON 系列复相陶瓷材料残余抗弯强度随热震温差的变化[31]

◇ SiAlON-23 wt% BN；○ SiAlON-10 wt% BN；× SiAlON-SiC-10 wt% BN；▽ SiAlON-TiB_2-10 wt% BN

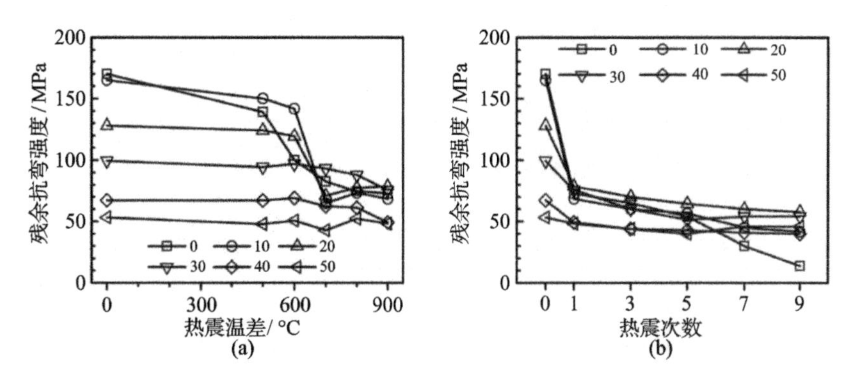

图 5-34 不同 h-BN 含量的 SiAlON-BN 复相陶瓷材料残余抗弯强度随热震温差 (a) 及次数 (b) 的变化[33]

5.3.2　六方氮化硼改性碳化物复相陶瓷

SiC 陶瓷具有优异的高温机械性能、抗氧化性能、高热导率、抗腐蚀性能，是理想的高温结构材料和耐火材料。但由于较高的弹性模量以及热膨胀系数，所以其抗热震性能较差，尽管可以通过 SiC 颗粒的级配和调控，以及后期制备过程中 SiC 的再结晶工艺提高单相 SiC 陶瓷的抗热震性能，但其临界热震温差仍较低，单相 SiC 陶瓷材料的临界热震温差 ΔT_c 仅为 314℃，限制了其在快速升降温环境中的应用。

将 h-BN 作为第二相添加到 SiC 基体之中有利于 SiC 陶瓷材料抗热震性能的提升。添加 20% h-BN 所制备的 SiC-20% BN 复相陶瓷材料的临界热震温差 ΔT_c 为 526℃，较单相 SiC 陶瓷材料的临界热震温差提升了 67.5%[34]。采用化学法制备的纳米 h-BN 改性的 SiC 材料其初始抗弯强度与未添加 h-BN 的单相 SiC 陶瓷材料接近，复相陶瓷经过温差为 700℃ 的热震后，材料的抗弯强度没有出现明显的下降，其临界热震温差可达到 750℃ 以上；而采用微米级商业 h-BN 粉末所制备的 SiC-BN 复相陶瓷在经过热震温差为 500℃ 的热震后就开始出现较为明显的抗弯强度损伤，估测其临界热震温差约为 500℃(图 5-35) [35]。Yang 等[36](图 5-36) 进一步采用固相原位化学反应制备 SiC-BN 复相陶瓷材料，并通过添加 h-BN 和 SiC 用以调节复相陶瓷材料中 h-BN 的含量。当 h-BN 含量超过 15 wt% 时，SiC-BN 复相陶瓷材料在经过热震后均没有出现明显的抗弯强度下降的趋势。当 h-BN 含量超过 32 wt% 时，即使经过热震温差为 1100℃ 的热震后，SiC-BN 复相陶瓷材料的残余抗弯强度保持率仍处于 90% 以上。特别是 SiC-15 wt% BN 复相陶瓷材料经过温差高于 900℃ 的热震后，其残余抗弯强度可超过原始强度，这主要是由于材料表面氧化生成了较为致密的氧化层。

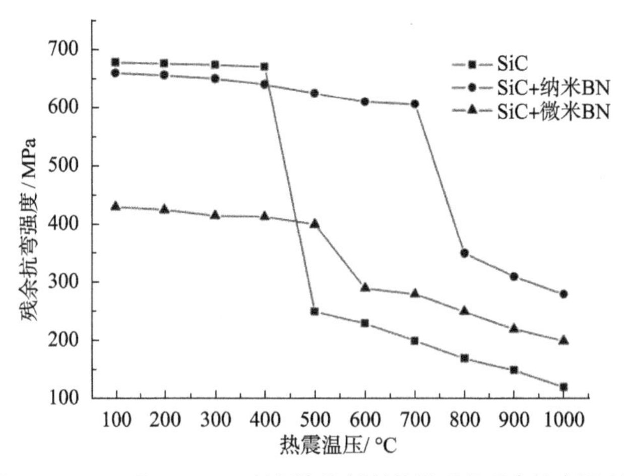

图 5-35　SiC 和 SiC-BN 复相陶瓷材料热震后的残余抗弯强度[35]

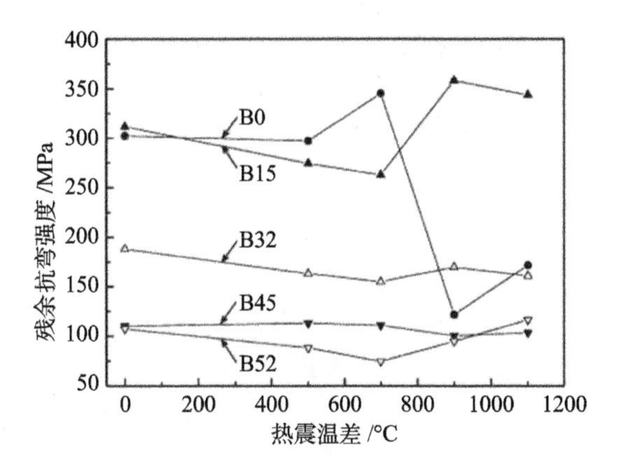

图 5-36 SiC-BN 复相陶瓷材料残余抗弯强度和热震温差之间的关系[36]

碳化硼 (B_4C) 陶瓷具有高熔点、高硬度、低密度，以及良好的耐磨损性能和抗弯强度，也是工程领域应用较为广泛的碳化物陶瓷材料之一。但 B_4C 陶瓷材料的抗热震性能也较差，常规单相 B_4C 陶瓷材料的临界热震温差仅 300℃，经过高温热震的 B_4C 陶瓷抗弯强度明显降低，甚至直接发生断裂现象，严重制约其在工程领域的应用。添加 h-BN 也可有效地提高 B_4C 陶瓷材料的抗热震性能，但对其力学性能和抗热震性能的系统研究及公开报道相对较少。Jiang 等[37](图 5-37) 开展的 h-BN 含量对 B_4C 陶瓷力学性能和抗热震性能影响的研究表明，随着 h-BN 含量的增加，B_4C-BN 复相陶瓷材料的抗弯强度、断裂韧性和弹性模量均有所下降。而采用化学法原位制备的纳米 h-BN 相较直接添加商用微米级 h-BN 粉末更有利于提高 B_4C-BN 复相陶瓷材料的抗弯强度和断裂韧性。采用纳米级 h-BN 粉的 B_4C-20 wt% BNn 复相陶瓷的抗弯强度和断裂韧性分别为 424MPa 和 $6.08\text{MPa}\cdot\text{m}^{1/2}$，其经过热震温差 $\Delta T=600℃$ 的热震后，残余抗弯强度依然可以

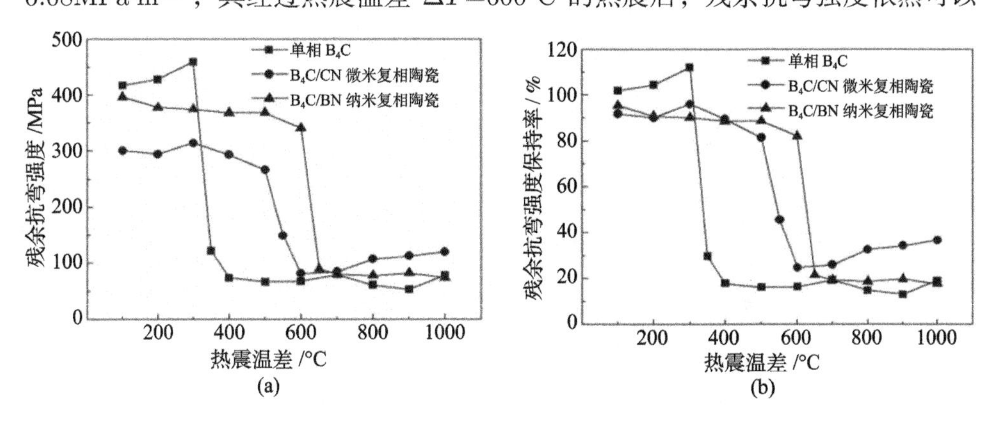

图 5-37 B_4C 和 B_4C-20 wt% BN 复相陶瓷材料热震残余抗弯强度变化曲线[37]

(a) 残余抗弯强度；(b) 残余抗弯强度保持率

保持在 80% 以上，而采用微米级 h-BN 粉的 B_4C-20 wt% BNm 和单相 B_4C 的临界热震温差 ΔT_c 仅为 500℃ 和 300℃。

5.3.3 六方氮化硼改性氧化物复相陶瓷

氧化铝 (Al_2O_3) 具有高熔点以及优良的力学性能、热机械性能、化学稳定性和抗腐蚀性能，是氧化物结构陶瓷最重要的组成部分，被广泛应用于工程结构领域。据统计，Al_2O_3 及其复合材料的使用率在工程结构陶瓷材料中可达 70%。针对如何提高 Al_2O_3 的抗热震性能，已有较为系统的研究，包括：优化原始粉末粒径级配、形成核壳结构、颗粒强韧化、晶须强韧化以及纤维强韧化等。而引入抗热震性能较好的 h-BN 组分作为第二相，形成弱界面结合也是提高 Al_2O_3 陶瓷抗热震性能的有效手段之一。

将不同含量的 h-BN 添加到 Al_2O_3 陶瓷材料之中，通过理论计算抗热震损伤参数和抗热震裂纹稳定性参数的变化趋势，可以发现 Al_2O_3-BN 复相陶瓷材料的抗热震性能随着 h-BN 含量的提高有所上升。当 h-BN 含量高于 15 wt% 时，Al_2O_3-BN 复相陶瓷材料经过 3 次 1200℃ 的循环热震实验，其残余抗弯强度保持率依然可达到 50% 以上，表现出良好的抗热震性能，而未添加 h-BN 的单相 Al_2O_3 陶瓷材料经过相同条件下的热震循环实验后，其热震残余抗弯强度保持率仅为 28%(图 5-38) [38]。将 h-BN 添加到莫来石纤维 (mullite fiber) 复合 Al_2O_3 陶瓷材料之中，随着 h-BN 含量的提高，不仅提高了材料的抗弯强度，还提高了材料的抗热震损伤性能。添加 3% 的 h-BN 到 Al_2O_3-莫来石$_{fiber}$ 复相陶瓷材料中，经过 1000℃ 热震循环 20 次以后，Al_2O_3-50% 莫来石$_{fiber}$ 复相陶瓷材料的残余抗弯强度仅损失 0.45MPa，而对于 Al_2O_3-25% 莫来石$_{fiber}$ 复相陶瓷材料则没有任何抗弯强度损失，材料表现出优异的抗热震性能 (图 5-39) [39]。

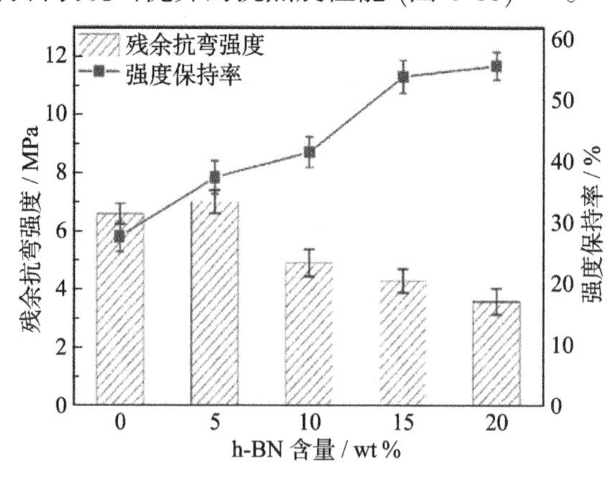

图 5-38 Al_2O_3-BN 复相陶瓷材料经过 3 次循环热震后的残余抗弯强度和强度保持率[38]

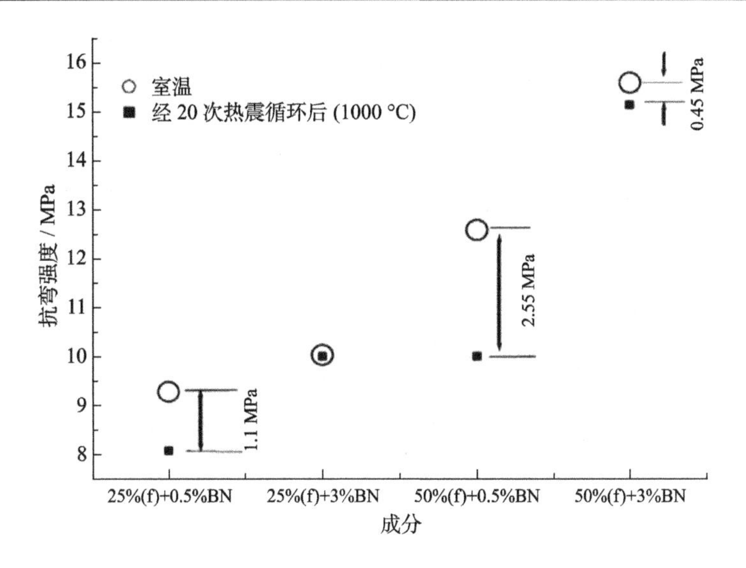

图 5-39 h-BN 改性 Al_2O_3-莫来石$_{fiber}$ 复相陶瓷材料经 20 次热震循环后的抗弯强度变化[39]

采用化学法将纳米级的 h-BN 颗粒均匀分散在 Al_2O_3 基体之中，与传统添加微米级 h-BN 颗粒所制备的 Al_2O_3-15 vol% BN 复相陶瓷材料相比，其临界热震温差可从 230℃ 提高到 260℃[40]。而采用类似的制备工艺过程将 h-BN 添加到 Al_2O_3-SiAlON 复相陶瓷材料之中，当 h-BN 的含量达到 30 vol% 时，Al_2O_3-SiAlON-BN 复相陶瓷材料表现出良好的抗热震性能，经过 600℃ 热震后依然没有出现明显的抗弯强度损失现象，而对比未添加 h-BN 的 Al_2O_3-SiAlON 复相陶瓷材料，经过 200℃ 热震后就出现了抗弯强度快速下降，估算其临界热震温差仅为 130℃ 左右 (图 5-40) [41]。Li 等[42] 采用商业 h-BN 粉末，研究了 h-BN 含量对 ZrO_2(3Y) 陶瓷材料抗热震性能的影响。结果表明未添加 h-BN 的单相 ZrO_2 陶瓷材料仅经过 300℃ 热震就出现了抗弯强度下降趋势，而当 h-BN 含量为 40 vol% 时，材料经过 550℃ 热震后才开始出现明显的抗弯强度下降趋势，较单相 ZrO_2 陶瓷材料相比，其临界热震温差提高了近一倍 (图 5-41)。

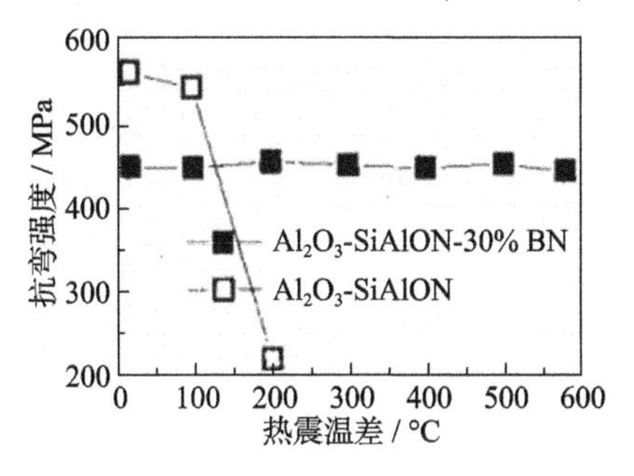

图 5-40 Al_2O_3-SiAlON 和 Al_2O_3-SiAlON-30%BN 复合材料热震后残余抗弯强度[41]

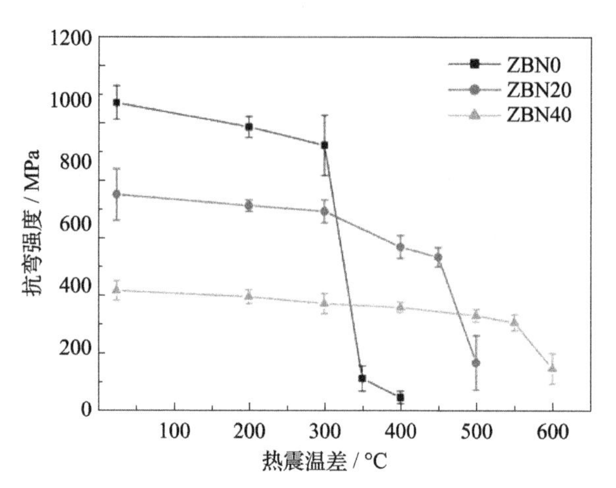

图 5-41　ZrO_2(3Y)-BN 复相陶瓷热震残余抗弯强度与热震温差的关系[42]

5.3.4　六方氮化硼改性硼化物复相陶瓷

二硼化锆 (ZrB_2) 具有高熔点、较高的力学性能、高热导率和电导率，以及良好的化学稳定性，是超高温硼化物陶瓷的典型代表，被广泛应用于航空航天、高温承载和金属冶炼等领域。ZrB_2 及其复相陶瓷材料的抗热震性能是其重要的服役性能，而如何提高改善其抗热震性能，已有了较为系统的研究。添加碳化硅颗粒、碳化硅晶须、氮化铝、二氧化锆、碳化锆、石墨或炭黑等作为第二相均可有效地提高 ZrB_2 陶瓷的抗热震性能。

采用 h-BN 作为第二相改性 ZrB_2 及其复相陶瓷材料提高抗热震性能的研究也已有相关报道。Li 等[43] 详细研究了 h-BN 粒径对 ZrB_2-20 vol% SiC-10 vol% BN 复相陶瓷材料抗热震性能的影响规律，其中采用 5 μm 粒径 h-BN 颗粒所制备的 ZrB_2-20 vol% SiC-10 vol% BN 复相陶瓷材料具有较高的抗弯强度和断裂韧性，分别达到 544MPa 和 5.70MPa·$m^{1/2}$，其临界热震温差可达到 400℃，而添加 h-BN 的 ZrB_2-20% SiC 复相陶瓷材料的临界热震温差仅为 200℃，表明 h-BN 的添加可明显提高 ZrB_2-20% SiC 复相陶瓷材料的抗热震性能 (图 5-42)。采用快速电加热方式对 ZrB_2-20 vol% SiC-10 vol% BN 复相陶瓷材料进行热震循环实验，分别经过温差 ΔT=1200～1800℃ 热震循环 10 次时，复相陶瓷材料均可保持原有的抗弯强度，没有发现明显的热震强度损伤现象，特别是在热震温差为 1400℃ 和 1600℃ 的条件下，材料热震后的残余抗弯强度甚至高于初始强度，这主要是由于复相陶瓷材料表面形成了较为致密的氧化层。ZrB_2-20 vol% SiC-10 vol% BN 复相陶瓷材料在热震温差 ΔT=1600℃ 的条件下，可以抵抗至少 50 次热震循环而不发生任何断裂现象，且经过热震循环后材料的残余抗弯强度也出现高于初始强度的现象 (图 5-43) [44]。

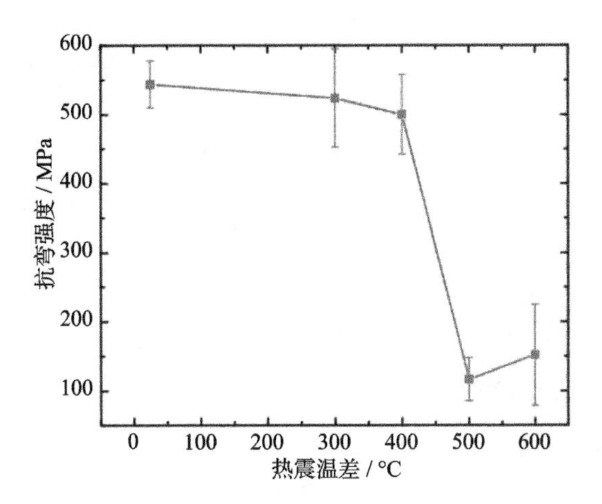

图 5-42 ZrB_2-20 vol% SiC-10 vol% BN 复相陶瓷材料残余抗弯强度与热震温差的关系[43]

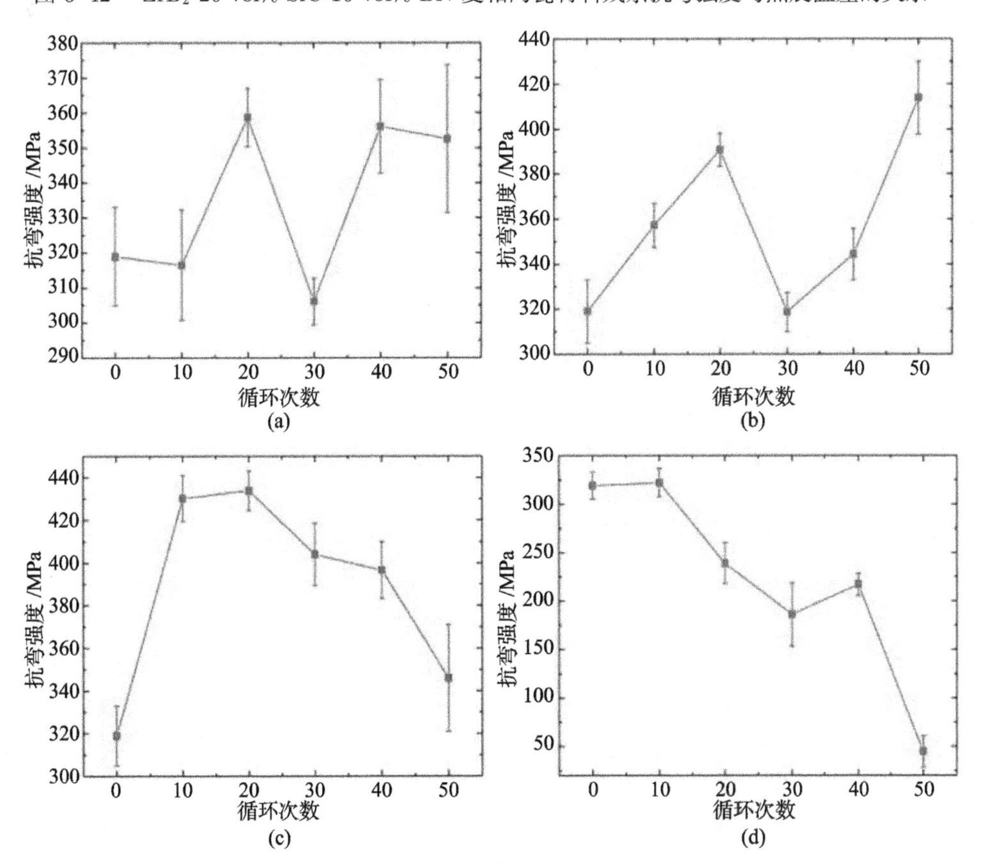

图 5-43 ZrB_2-20 vol% SiC-10 vol% BN 复相陶瓷材料不同热震温差下，经过不同热震循环次数后的残余抗弯强度[43]

(a) 1200℃；(b) 1400℃；(c) 1600℃；(d) 1800℃

5.4　六方氮化硼改性介电透波复相陶瓷

由于 h-BN 自身具有优异的绝缘特性和较低的介电常数及损耗，且 h-BN 颗粒独特的层片状结构会阻碍复相陶瓷的致密化，所以随着 h-BN 含量的增加，复相陶瓷的相对密度、致密度均会随之减小，孔隙率随之增大。因此，在透波陶瓷材料中引入 h-BN 可以有效提高材料的介电透波特性，这已在熔石英 (fused silica) 和氮化硅 (Si_3N_4)、氮化铝 (AlN) 等多种体系中得到验证。

5.4.1　六方氮化硼改性熔石英复相陶瓷

熔石英陶瓷的介电常数仅为 3.8 左右，介电损耗低于 1×10^{-3}，且介电性能稳定，几乎不随频率和温度的变化而产生大的波动，使其成为高温透波的重要候选材料之一。但熔石英陶瓷存在机械强度较低、抗雨蚀性能差等问题，限制了其应用。以熔石英为基体，采用颗粒、晶须或纤维增韧是改善其力学性能的常用手段，而加入 h-BN 进行复合化，也已被证明是十分有效的。

尹崇龙[45] 以粒径为 20 μm 和 30 nm 的两种 SiO_2、粒径为 0.1 2 μm 的 h-BN 粉体为原料，在 1400℃ 热压烧结制备了 BN_p/SiO_2 复相陶瓷。随着 h-BN 含量的增加，复相陶瓷的致密度先增加后降低，在 5 wt% 时，致密度最高为 96.4%。在 26.5~30 GHz 频率范围内，添加不同质量分数 h-BN 的复相陶瓷，其介电常数基本保持稳定，没有大幅度的波动，但是介电损耗相对偏大，7 wt% BN/SiO_2 复相陶瓷在 26.5~30 GHz 频率下的平均介电常数为 3.44。复相陶瓷的理论计算值与实际测量值吻合较好，从整体看其受相对密度的影响较大 (图 5-44)。

尹崇龙[45] 还研究了 h-BN 颗粒对 SiO_2-Al_2O_3 材料的介电性能影响规律。随着 h-BN 含量的增加，在 26.5~30 GHz 频率内，BN-SiO_2-Al_2O_3 材料的介电常数基本保持稳定，但介电损耗波动相对较大，3 wt% Al_2O_3-7 wt% BN-SiO_2 材料的介电常数平均值为 3.43 (图 5-45)。

5.4.2　六方氮化硼改性氮化硅复相陶瓷

Si_3N_4 的原子以强共价键结合，因而具有优良的高温稳定性 (分解温度约为 1870℃)，较低的介电常数 (5.6~7.8) 和介电损耗 (0.001~0.1)，介电性能的温度稳定性也很好 (室温至 1000℃ 范围内变化率为 0.02%)。此外，由于 Si_3N_4 还具有优异的力学性能，即使做成多孔材料仍可达到较高的强度，因此十分适用于有结构功能一体化要求的高温透波构件，受到研究者的广泛关注。将 h-BN 与 Si_3N_4 复合，可起到调控材料力学、抗热震和介电透波性能的效果。

Feng 等[46] 以 α-Si_3N_4 和 h-BN 粉体为原料，冷等静压后无压烧结制备了多

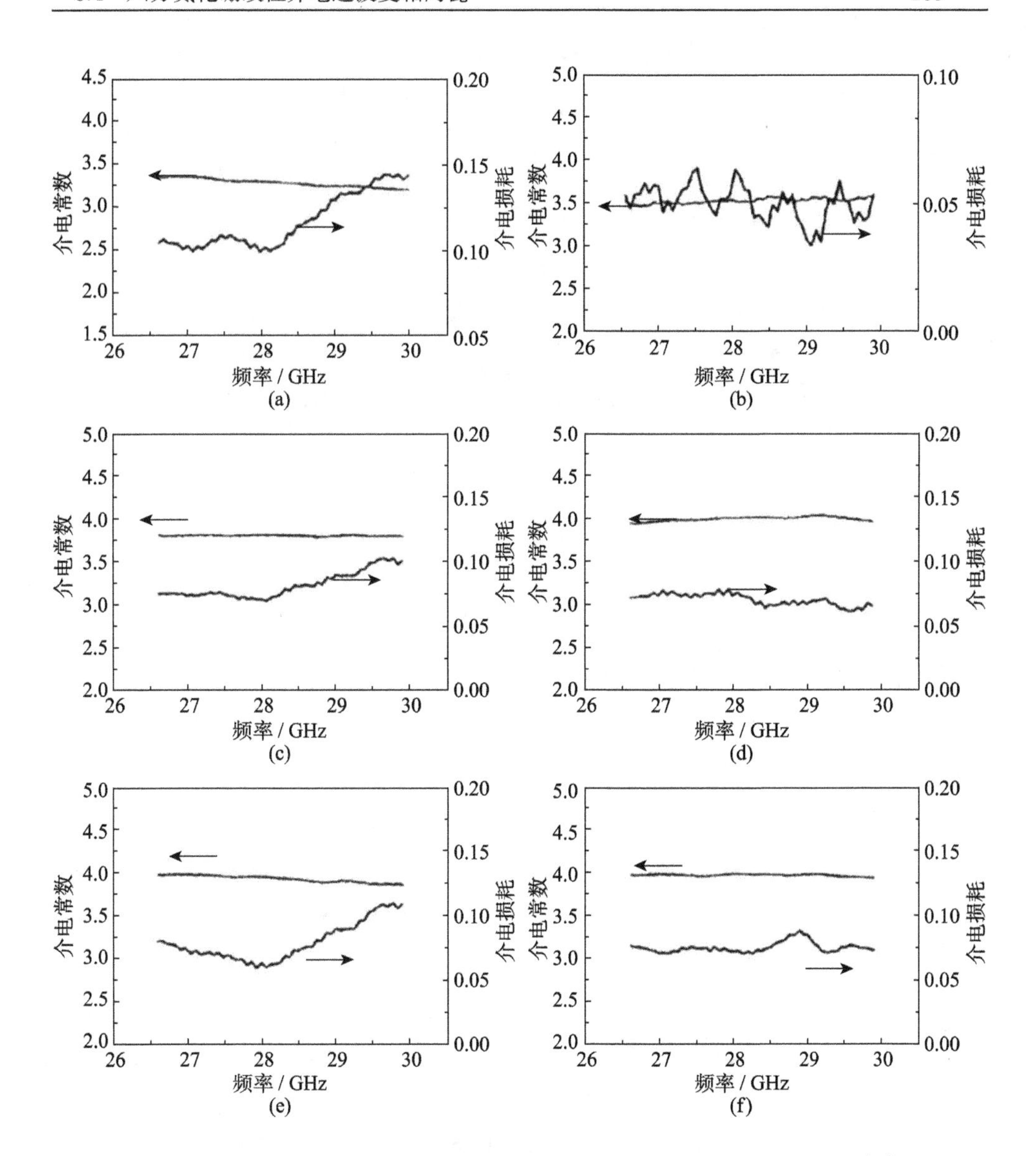

图 5-44 不同 h-BN 含量的 BN/SiO_2 复相陶瓷的介电常数和介电损耗[45]

(a) 0 wt%; (b) 2 wt%; (c) 3 wt%; (d) 5 wt%; (e) 7 wt%; (f) 10 wt%

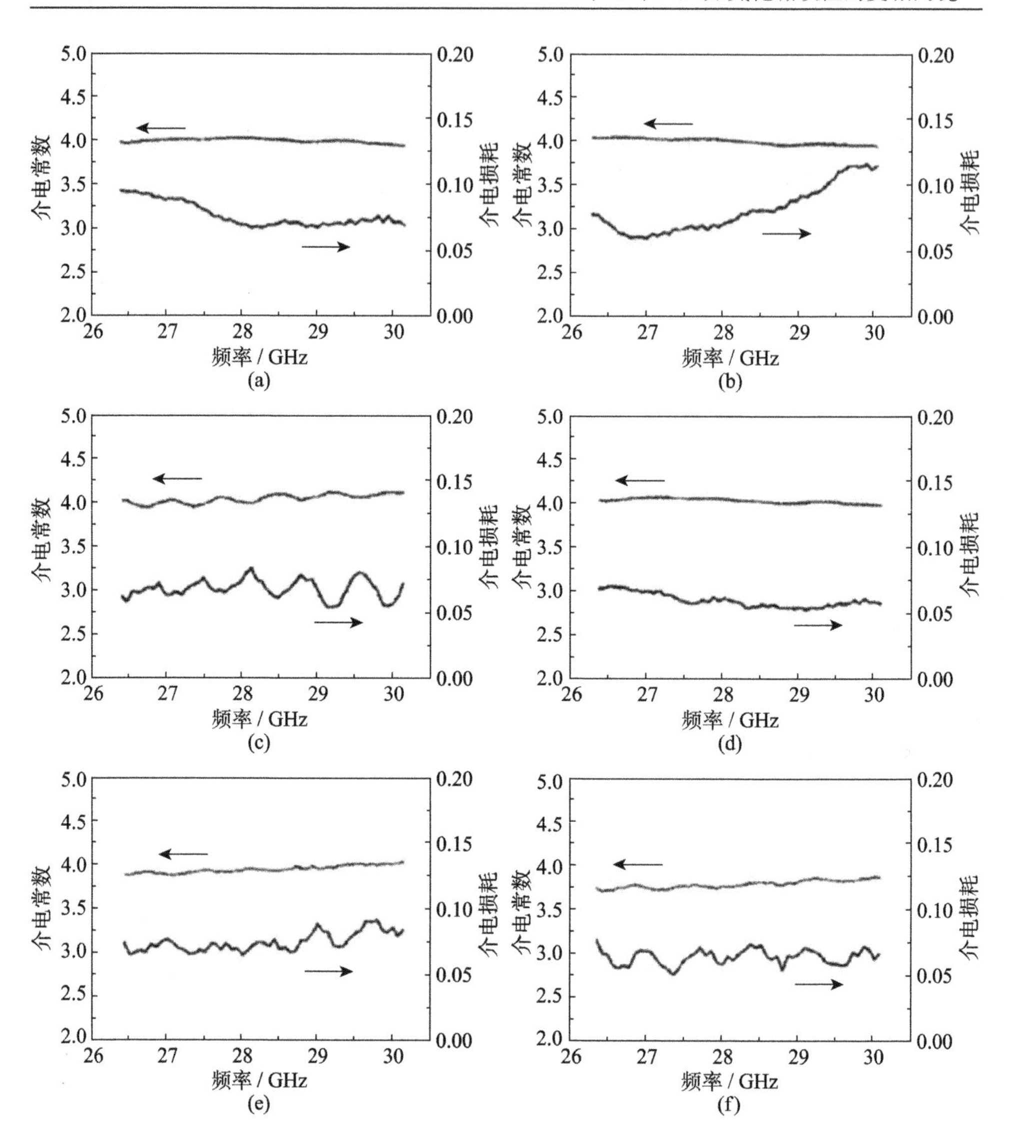

图 5-45　不同 BN_p 和 Al_2O_3 含量的 Al_2O_3-BN-SiO_2 复合材料介电常数和介电损耗[45]

(a) 3 wt% Al_2O_3-3 wt% BN-SiO_2; (b) 3 wt% Al_2O_3-5 wt% BN-SiO_2; (c) 3 wt% Al_2O_3-7 wt% BN-SiO_2; (d) 5 wt% Al_2O_3-3 wt% BN-SiO_2; (e) 5 wt% Al_2O_3-5 wt% BN-SiO_2; (f) 5 wt% Al_2O_3-7 wt% BN-SiO_2

孔 BN-Si_3N_4 复相陶瓷。随着 h-BN 含量的增加，材料的孔隙率增大、致密度逐渐降低。当氮化硼添加量为 10 wt% 时，复相陶瓷在保持一定强度的前提下，具有较好的介电性能，其介电常数为 5.14，介电损耗为 0.0085 (图 5-46)。

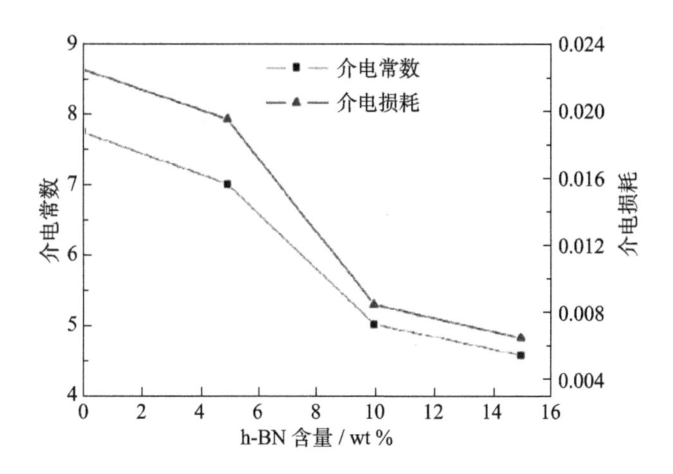

图 5-46 h-BN 含量对 BN-Si_3N_4 多孔陶瓷介电常数及介电损耗的影响[46]

隆娜娜[47] 以 Si_3N_4 为主要原料，氧化铝和氧化钇为烧结助剂 (总质量分数为 10 wt%，两者质量比为 6:4)，硬脂酸为造孔剂 (10 wt%)，采用常压烧结的方式制备了 BN-Si_3N_4 多孔复相陶瓷材料，研究了 h-BN 加入量 (0 wt%、5 wt%、10 wt%、15 wt%、20 wt%) 对性能的影响。随着 h-BN 含量升高，复相陶瓷孔隙率逐渐升高，其介电常数则由 3.7 降至 2.7，介电损耗也呈逐渐降低的趋势。

张伟儒[48] 以 Si_3N_4 和 h-BN 粉为原料，氧化镧和氧化钇为烧结助剂，酚醛树脂、玉米淀粉和石英空心球为造孔剂，采用平行多层叠加分层布料后干压成型和冷等静压成型，气压烧结制备了 BN-Si_3N_4 系复相陶瓷材料。h-BN 的加入抑制了 Si_3N_4 的烧结，阻碍了材料致密度的提高，因此随着 h-BN 含量的增加，材料的孔隙率逐渐增大。同时，随着 h-BN 含量的增加，BN-Si_3N_4 系复相陶瓷的介电常数和介电损耗均呈下降趋势。通过优化调整 h-BN 的含量，可以制备出介电常数在 4.0~7.0 可控的 BN-Si_3N_4 系复相陶瓷，其介电损耗均小于 9×10^{-3} (图 5-47)。

董薇[49] 以 Si_3N_4 和 h-BN 粉为原料，氧化钇和氧化铝为烧结助剂，采用凝胶注模、无压烧结工艺制备了 BN-Si_3N_4 系复相陶瓷。h-BN 阻碍了 Si_3N_4 的烧结致密化，所以随着 h-BN 含量的增加，BN-Si_3N_4 复相陶瓷显孔隙率提高，由 55.1% 增加至 66.2%，但其介电常数不断下降 (图 5-48)。在 7~18 GHz、室温至 1400℃ 范围内，研究了 BN-Si_3N_4 复相陶瓷和 Si_3N_4 陶瓷的介电性能，两者的介电常数和介电损耗均随着温度的升高而增大。当温度低于 1000℃ 时，样品的介电常数

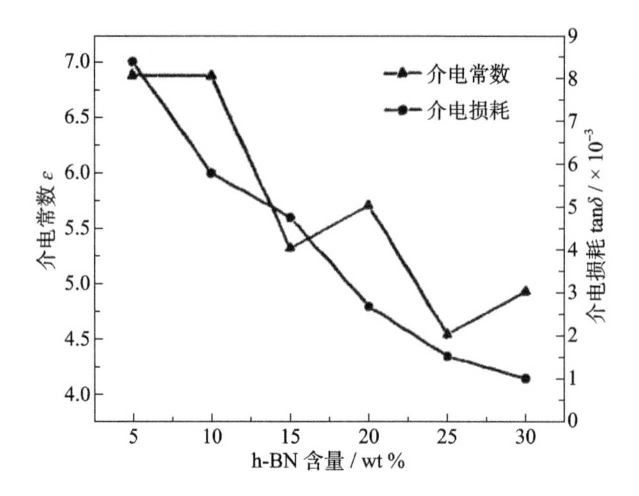

图 5-47　h-BN 含量对 BN-Si_3N_4 系列复相陶瓷介电常数和介电损耗的影响[48]

和介电损耗的上升幅度不大；当温度超过 1000℃ 时，Si_3N_4 陶瓷的介电常数和介电损耗急剧上升，但多孔 BN-Si_3N_4 复相陶瓷依然表现出良好的介电性能。当环境温度为 1400℃ 时，多孔 BN-Si_3N_4 复相陶瓷的介电常数为 2.65，介电损耗低于 6×10^{-3} (图 5-48、图 5-49)。

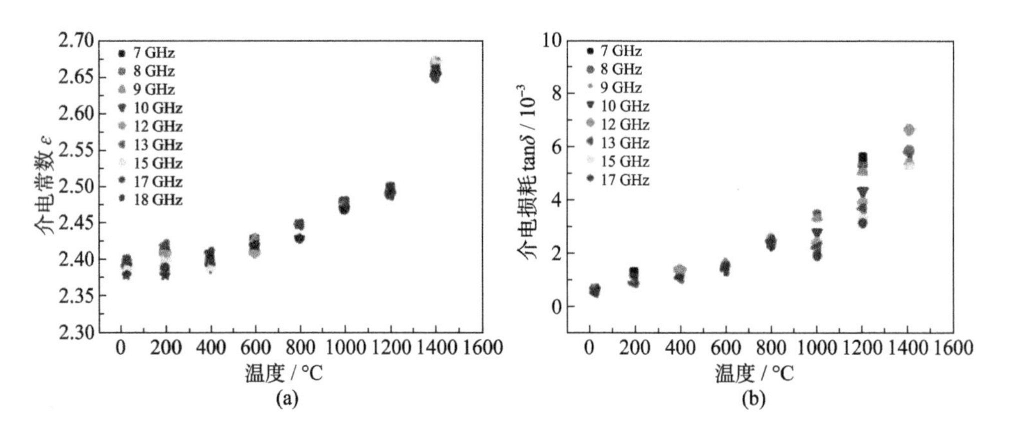

图 5-48　多孔 BN-Si_3N_4 复相陶瓷的高温介电性能[49](后附彩图)

(a) 介电常数; (b) 介电损耗

闫法强[50] 采用气压烧结法制备了 BN-Si_3N_4 系复相陶瓷，随着 h-BN 含量的增加，复相陶瓷的致密度、介电常数、介电损耗均呈明显下降趋势。当 h-BN 含量为 20 wt% 时，复相陶瓷的介电常数介于 5.5~6，可以用作制备夹层结构的宽频天线罩高介电常数层的候选材料。

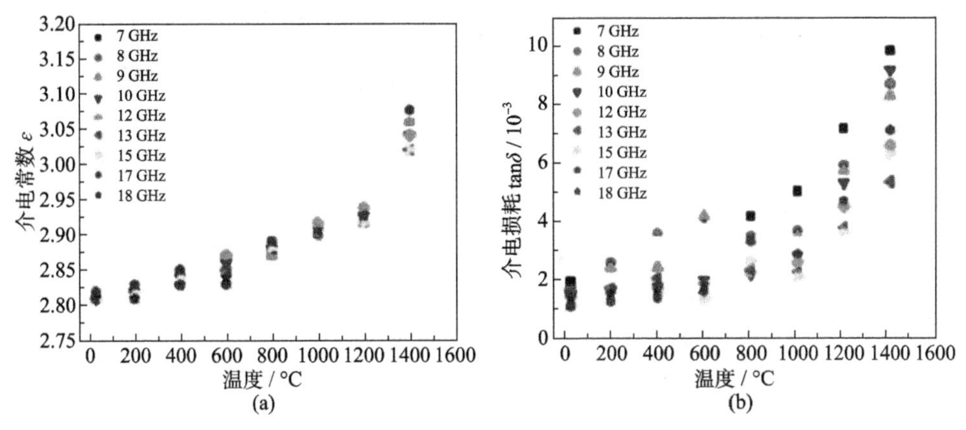

图 5-49 多孔 Si_3N_4 陶瓷的高温介电性能[49](后附彩图)

(a) 介电常数; (b) 介电损耗

5.4.3 六方氮化硼改性氮化铝复相陶瓷

氮化铝 (AlN) 属于六方晶系纤锌矿结构，其相对介电常数为 8~10，由于其热导率高，是现阶段电子工业广泛使用的陶瓷基板材料，其还可以作为高温透波材料的添加相。将 h-BN 加入 AlN 中制成复相陶瓷，也可起到调控力学和介电透波性能的作用。

He 等[51] 采用放电等离子烧结 (SPS) 法制备了以 Sm_2O_3-CaF_2 为烧结助剂的 BN-AlN 复相陶瓷。随着 h-BN 含量的增加，材料的致密度和热导率均逐渐降低，说明 h-BN 的引入不利于复合材料的致密化。材料的介电常数也逐渐降低，介电损耗则呈上升趋势，作者认为 AlN 陶瓷中的各种结构缺陷和晶界是空间电荷极化的主要原因。当 h-BN 含量为 5 wt% 时，得到 BN-AlN 复相陶瓷材料的介电常数和损耗分别为 7.4 和 4×10^{-3} (图 5-50)。

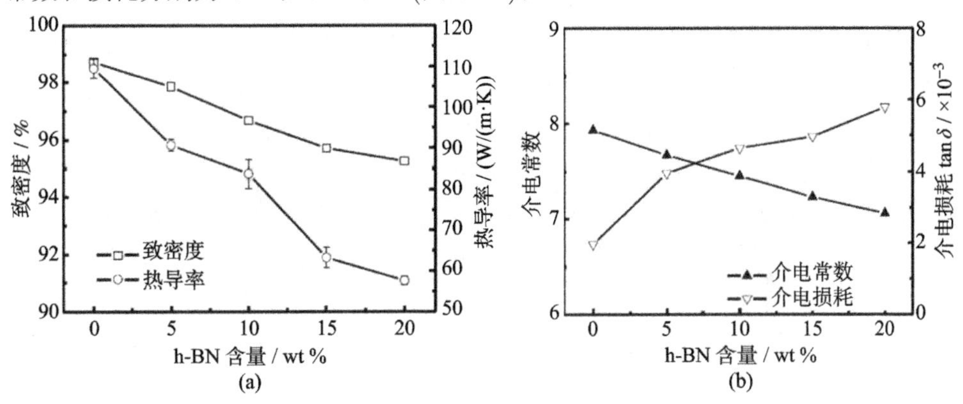

图 5-50 h-BN 含量对 AlN-BN 复相陶瓷性能的影响[51]

(a) 致密度及热导率; (b) 介电常数及介电损耗角正切值

Zhao 等[52] 也采用 SPS 法制备了 BN-AlN 复相陶瓷。随着 h-BN 含量的升高，材料的相对密度减小，介电常数和损耗也呈相同的变化规律 (图 5-51)。这是 h-BN 的介电常数和介电损耗均低于 AlN，兼之孔隙率增加而共同导致的。BN-AlN 复相陶瓷的介电损耗主要是玻璃相的电导损耗、晶相中的松弛极化损耗和表面电导损耗等共同作用的结果。

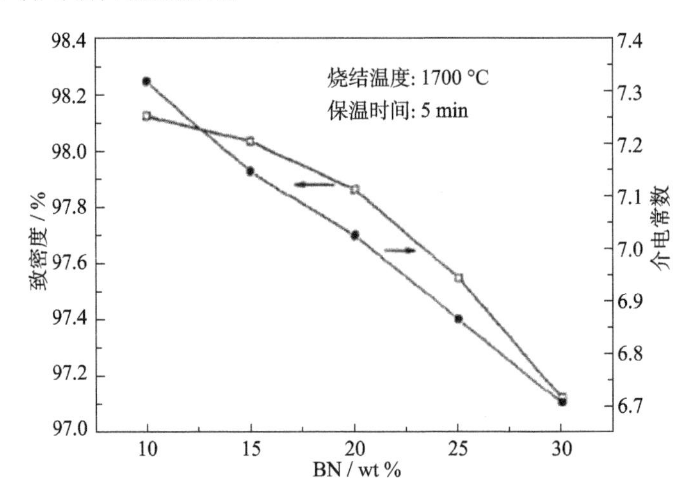

图 5-51 不同 h-BN 含量 BN-AlN 复相陶瓷的密度及介电常数[52]

5.5 六方氮化硼作为弱结合界面改性陶瓷基复合材料

以 C_f/C、C_f/SiC、SiC_f/SiC 为代表的陶瓷基复合材料除了具有低密度、高强度、耐高温、耐腐蚀等性能外，还具有高韧性、高可靠性、高抗热震性和非灾难性破坏等特性，在火箭发动机燃烧室和喷管、飞机刹车片、航空发动机矢量喷管、导弹端头帽、机翼前缘等部件中得到广泛应用。除了构成陶瓷基复合材料的基体材料、增强相纤维外，界面相能够起到传递载荷、裂纹偏转、纤维脱黏、缓解残余应力和保护增强纤维等作用，也是影响复合材料力学性能的重要因素。

根据界面相在材料中发挥的作用，要求界面相具有如下特点：① 与纤维和基体之间均具有良好的化学和物理相容性；② 高温下不会发生相变或分解等引起功能失效的组织和结构变化；③ 能够有效阻止纤维和基体之间的元素扩散和化学反应；④ 适宜的剪切强度，既能有效传递载荷，又能使基体裂纹在界面相内偏转，使复合材料兼具高强度和高韧性；⑤ 合适的厚度，使复合材料的强度和韧性达到最佳匹配。

最早应用于陶瓷基复合材料的界面相是热解碳 (pyrolytic carbon，PyC)，但其抗氧化性差，限制了高温条件下的应用。而 BN 具有类似热解炭的六方层状晶体结构、优异的耐高温和化学惰性、优于热解炭的抗氧化性能，其氧化产物 (B_2O_3) 还具有一定弥合裂纹的作用，因此已逐渐发展成为一种重要的耐高温陶瓷基复合材料界面相材料。

现阶段，h-BN 界面相主要是通过对增强纤维进行预涂层处理的方法来获得的，具体方法包括：化学气相沉积法、聚合物裂解转化法 (PDC)、硼酸–尿素法、碳热还原法等。这几种方法的反应机理与本书第 3 章中制备氮化硼粉体的类似，所不同的是要针对纤维进行工艺调整，使反应生成的 h-BN 能够在纤维表面形成连续致密的涂层。

Zhou 等[53] 在研究碳化硅纤维增强碳化硅复合材料时 (SiC_f/SiC)，首先对 2.5D 碳化硅纤维织物在 600℃ 真空条件下进行脱脂处理，再以硼酸和尿素作为先驱体，通过浸渍–涂覆法，在 N_2 气氛中，在 SiC 纤维表面制备了 BN 界面相。从不同阶段的 SiC 纤维表面形貌 (图 5-52) 可见，原始碳化硅纤维表面较粗糙且存在一些杂质 (图 5-52(a))，经过脱脂处理后的纤维表面变得光滑 (图 5-52(b))；而浸渍–涂覆处理后纤维表面形成了厚度大约为 0.4 μm 的 BN 层，经物相分析，其为湍层状的 t 相 BN。BN 层在 SiC 纤维表面均匀分布，但也存在由热膨胀等不匹配而导致的 BN 层与 SiC 纤维脱离等区域 (图 5-52(c)，(d))。

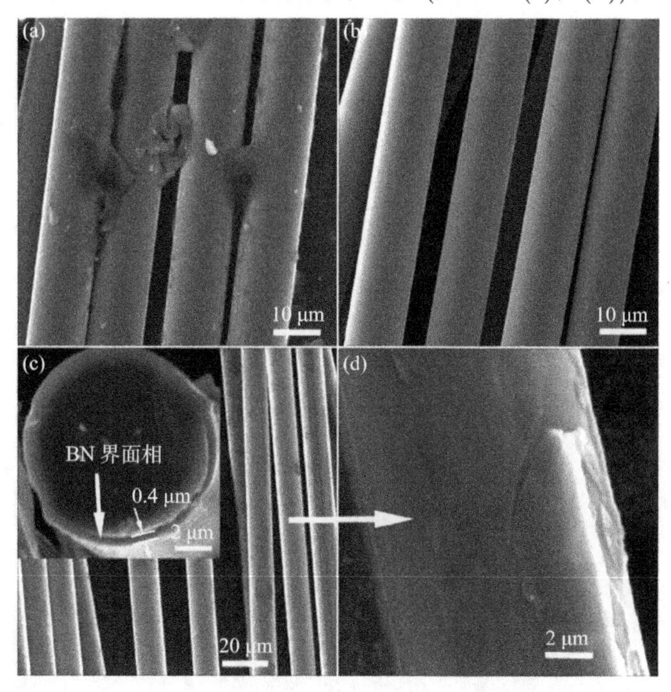

图 5-52　SiC 纤维表面形貌[53]

(a) 未处理；(b) 脱脂处理后；(c)，(d) 浸渍–涂覆 BN 层后将含有和不含 BN 涂层的 SiC 纤维分别进行化学气相浸渗 (CVI)，制备得到 SiC_f/SiC 复合材料。有无 BN 界面相的复合材料抗弯强度分别为 180 MPa 和 95 MPa，并且从应力–位移曲线上，含有 BN 界面相的复合材料表现出明显的韧性断裂行为 (图 5-53)。不含 BN 界面相的复合材料断口非常平整，几乎观察不到纤维拔出的情况 (图 5-54(a))，而在含有 BN 界面相的断口，则可以明显观察到

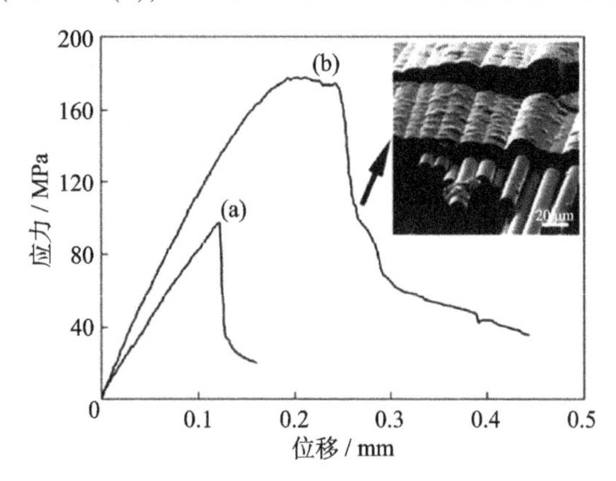

图 5-53　SiC_f/SiC 复合材料的应力–位移曲线[53]

(a) 不含 BN 界面相；(b) 含 BN 界面相

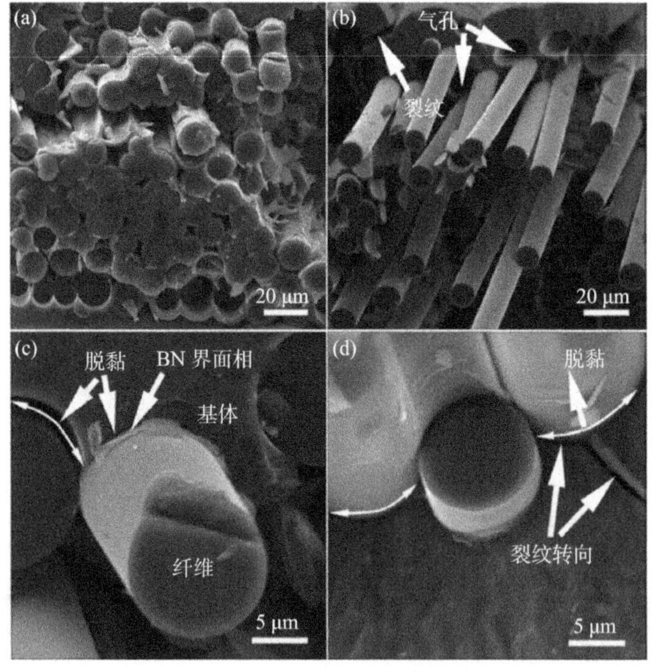

图 5-54　SiC_f/SiC 复合材料的断口形貌[53]

(a) 不含 BN 界面相；(b)～(d) 含 BN 界面相

拔出的纤维以及遗留的圆形孔，此外还存在纤维与界面相的脱黏以及裂纹转向的情况 (图 5-54(b)~(d))。BN 界面相在复合材料的制备过程中起到了保护纤维免受化学腐蚀的作用，还有效降低了纤维和基体之间的界面结合强度，这有助于复合材料力学性能的提高，并可使材料的断裂从脆性向韧性转变，避免发生崩溃性的损伤。

除了将 BN 应用于纤维增强陶瓷复合材料的界面相外，还可以将其作为层状复合结构陶瓷材料的界面相，起到传递载荷、偏转裂纹、缓解残余应力等作用，从而使整体材料具有更好的韧性和非灾难性破坏特性。

Bai 等[54] 采用 BN 作为界面相制备了 ZrB_2-SiC_w/BN 层状结构陶瓷，并与不含界面层的 ZrB_2-SiC_w 复相陶瓷进行了性能对比。ZrB_2-SiC_w 复相陶瓷的抗弯强度和断裂韧性分别为 425 MPa 和 7.10 $MPa{\cdot}m^{1/2}$，而 ZrB_2-SiC_w/BN 层状结构陶瓷的抗弯强度和断裂韧性分别为 381 MPa 和 13.31 $MPa{\cdot}m^{1/2}$。加入 BN 界面层后，虽然其力学性能低于 ZrB_2 和 SiC，导致材料的强度有所降低，但却显著改善了断裂韧性，提高幅度接近 1 倍。从 ZrB_2-SiC_w/BN 层状结构陶瓷的截面照片可以看出，ZrB_2-SiC_w 层与 BN 界面层结合良好，两者厚度分别约为 220 μm 和 25 μm，层厚比约为 9 : 1。ZrB_2-SiC_w 层中的 SiC_w 均匀地分散在 ZrB_2 基体中，界面层中的 BN 晶粒呈明显的层片状形貌，而 ZrB_2-SiC_w 层中的 SiC_w 也存在明显的拔出现象，这都有利于在断裂时消耗更多的能量，提高力学性能 (图 5-55)。

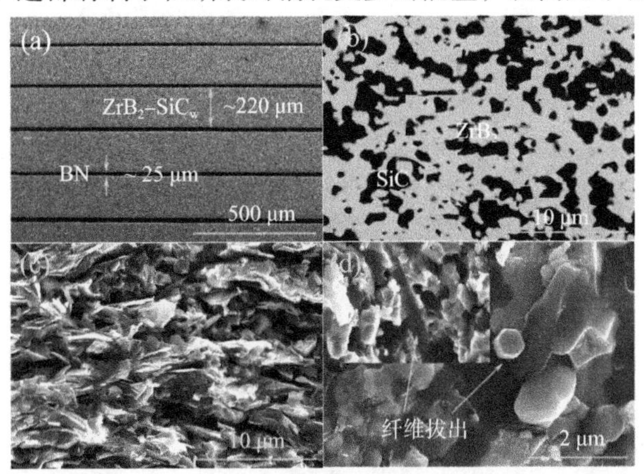

图 5-55 ZrB_2-SiC_w/BN 层状结构陶瓷的截面及断口形貌[54]

(a) 截面层状结构分布；(b) ZrB_2-SiC_w 层中的各相分布；(c) BN 层断口形貌；(d) ZrB_2-SiC_w 层断口形貌

采用水淬法对两种材料的抗热冲击性能进行评价，并将试样残余抗弯强度保持原强度 70% 的温度作为临界热震温差 (图 5-56)。ZrB_2-SiC_w/BN 层状结构陶瓷的室温强度虽然低于 ZrB_2-SiC_w 复相陶瓷，但其抗热冲击性能较好，不同温差热震后的残余抗弯强度均较高，临界热震温差也由 452℃ 提高到了 609℃。

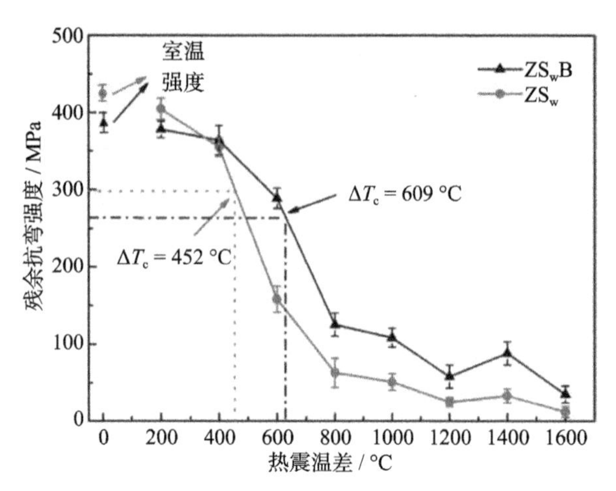

图 5-56　ZrB_2-SiC_w/BN 层状结构陶瓷及ZrB_2-SiC_w 复相陶瓷的残余抗弯强度随热震温差的变化[54]

从热震后试样抗弯强度的整体结构断口形貌照片可以看出：含有 BN 界面层的试样，裂纹传播呈明显的锯齿形，裂纹首先在 ZrB_2-SiC_w 基体内萌生，沿堆叠方向扩展；随后，当裂纹尖端到达 BN 层时，裂纹的传播方向由纵轴向平行方向偏移；随着外载荷的逐渐增大，裂纹在 BN 层中扩展了一定距离，并继续向上扩展到相邻的基体层。由于裂纹在扩展过程中发生了偏转，所以裂纹扩展路径延长，引起了额外的层间断裂。此外，由于 BN 中间层的分层可以吸收额外的断裂能，从而可以提高 ZrB_2-SiC_w/BN 层状结构陶瓷的断裂韧性，因此在相同的热冲击温度下，其能够保持较高的残余抗弯强度 (图 5-57(a)，(b))。而在不含 BN

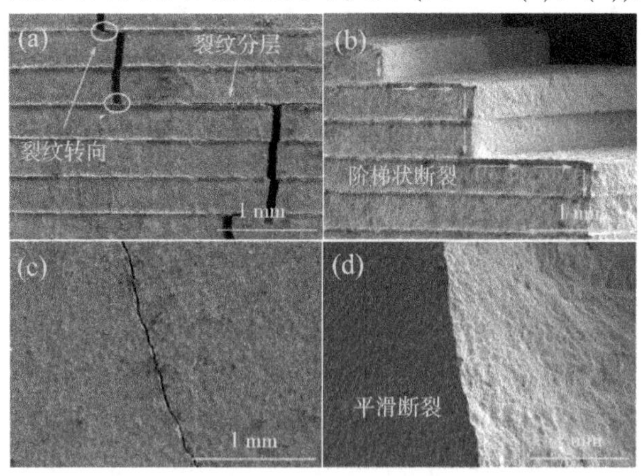

图 5-57　ZrB_2-SiC_w/BN 层状结构陶瓷及 ZrB_2-SiC_w 复相陶瓷的热震断口形貌及裂纹扩展路径[54]

(a), (b) ZrB_2-SiC_w/BN 层状结构陶瓷；(c)，(d) ZrB_2-SiC_w 复相陶瓷

界面层的 ZrB_2-SiC_w 复相陶瓷中，裂纹几乎是沿直线传播的，断口也相对更光滑(图 5-57(c)，(d))。

5.6 本章小结

本章介绍了 h-BN 在多种陶瓷材料中作为改性相的应用，其可以分别起到对力学及可加工性、自润滑及耐磨损性、耐热冲击性、介电透波等进行调控和改善的作用，还可以作为改性陶瓷基复合材料的弱结合界面。相信随着研究的进一步深入和拓展，h-BN 作为改性相的更多功能将被陆续开发出来，并拓展应用到多个领域。

参考文献

[1] Zhong B, Zhao G I, Huang X X, et al. Microstructure and mechanical properties of ZTA/BN machinable ceramics fabricated by reactive hot pressing. Journal of the European Ceramic Society, 2015, 35(2): 641-649.
[2] Kitiwan M, Ito A, Goto T. Spark plasma sintering of TiN-TiB_2-hBN composites and their properties. Ceramics International, 2015, 41(3): 4498-4503.
[3] Li Y J, Yu H L, Shi Z Q, et al. Synthesis of β-SiAlON/h-BN nanocomposite by a precursor infiltration and pyrolysis (PIP) route. Materials Letters, 2015, 139(15): 303-306.
[4] Neshpor I P, Mosina T V, Grigoriev O N, et al. The mechanical properties of sialon-boron nitride composite ceramics. Powder Metallurgy and Metal Ceramics, 2015, 53(9-10): 574-582.
[5] 王胜金. h-BN/Si_3N_4 多孔复合陶瓷的微观组织结构与性能研究. 哈尔滨: 哈尔滨工业大学, 2010.
[6] 张蒙蒙, 谢凤, 李斌. 无机非金属固体润滑剂的摩擦学性能. 合成润滑材料, 2014, 41(4): 20-23.
[7] 松尾正. 新型润滑材料——氮化硼. 润滑与密封, 1978, (3): 90-94.
[8] Kimura Y, Wakabayashi T, Okada K, et al, Boron nitride as a lubricant additive. Wear, 1999, 232(2): 199-206.
[9] Wei D Q, Meng Q C, Jia D C. Mechanical and tribological properties of hot-pressed h-BN/Si_3N_4 ceramic composites. Ceramics International, 2006, 32(5): 549-554.
[10] Carrapichano J M, Gomes J R, Silva R F. Tribological behaviour of Si_3N_4-BN ceramic materials for dry sliding applications. Wear, 2002, 253(9-10): 1070-1076.
[11] Saito T, Imada Y, Honda F. Chemical influence on wear of Si_3N_4 and hBN in water. Wear, 1999, 236(1-2): 153-158.
[12] Zhang Q S, Liu Q, Chen W. Effect of hBN content on property and microstructure of Si_3N_4-hBN composite ceramics. Journal of Inorganic Materials, 2017, 32(5): 509-516.

[13] Wani M F. Mechanical and tribological properties of a nano-Si_3N_4/Nano-BN composite. International Journal of Applied Ceramic Technology, 2010, 7(4): 512-517.
[14] Chen W, Gao Y M, Chen L, et al. Influence of sliding speed on the tribological characteristics of Si_3N_4-hBN ceramic materials. Tribology Transactions, 2013, 56(6): 1035-1045.
[15] 陈威, 高义民, 居发亮, 等. Si_3N_4 与 Si_3N_4-hBN 陶瓷配副在水润滑下的摩擦化学行为. 西安交通大学学报, 2009, 43(9): 75-80.
[16] Li X Q, Gao Y M, Pan W, et al. Fabrication and characterization of B_4C-based ceramic composites with different mass fractions of hexagonal boron nitride. Ceramics International, 2015, 41(1): 27-36.
[17] Rutkowski P. Mechanical and thermal properties of hot pressed B_4C-Cr_3C_2-hBN materials. Journal of the European Ceramic Society, 2014, 34(14): 3413-3419.
[18] Jiang T, Jin Z H, Yang J F,et al. Wear resistance of silicon infiltrated B_4C/BN composites. Materials Letters, 2008, 62(30): 4559-4562.
[19] Motealleh A, Ortiz A L, Borrero-López O, et al. Effect of hexagonal-BN additions on the sliding-wear resistance of fine-grained α-SiC densified with $Y_3Al_5O_{12}$ liquid phase by spark-plasma sintering. Journal of the European Ceramic Society, 2014, 34(3): 565-574.
[20] Chen Z S, Li H J, Fu Q G, et al. Tribological behaviors of SiC/h-BN composite coating at elevated temperatures. Tribology International, 2012, 56: 58-65.
[21] Berriche Y, Treheux D. Role of additions (BN, Y_2O_3, SiC) on tribological properties of Al_2O_3-AlON composite ceramic. Revue De Metallurgie-Cahiers D Informations Techniques, 1998, 95(5): 691-697.
[22] Ao N, Liu D X, Wang S X, et al. Microstructure and tribological behavior of a TiO_2/hBN composite ceramic coating formed via micro-arc oxidation of Ti-6Al-4V alloy. Journal of Materials Science & Technology, 2016, 32(10): 1071-1076.
[23] Zhao Y L, Wang Y, Yu Z X, et al. Microstructural, mechanical and tribological properties of suspension plasma sprayed YSZ/h-BN composite coating. Journal of the European Ceramic Society, 2018, 38(13): 4512-4522.
[24] Chen H, Xu C H, Xiao G C, et al. Synthesis of (h-BN)/SiO_2 core-shell powder for improved self-lubricating ceramic composites. Ceramics International, 2016, 42(4): 5504-5511.
[25] Mazdiyasni K S, Ruh R. High/low modulus Si_3N_4-BN composite for improved electrical and thermal shock behavior. Journal of the American Ceramic Society, 1981, 64(7): 415-419.
[26] Kusunose T, Choa Y H, Sekino T, et al. Mechanical properties of Si_3N_4/BN composites by chemical processing. Key Engineering Materials, 1999, 161-163: 475-479.
[27] Wang S J, Jia D C, Yang Z H, et al. Effect of BN content on microstructures, mechanical and dielectric properties of porous BN/Si_3N_4 composite ceramics prepared by gel casting. Ceramics International, 2013, 39(4): 4231-4237.
[28] Koh Y H, Kim H W, Kim H E, et al. Thermal shock resistance of fibrous monolithic Si_3N_4/BN ceramics. Journal of the European Ceramic Society, 2004, 24(8): 2339-2347.
[29] Long N N, Bi J Q, Wang W L, et al. Mechanical properties and microstructure of porous BN-SiO_2-Si_3N_4 composite ceramics. Ceramics International, 2012, 38(3): 2381-2387.

[30] Tong Q F, Zhou Y C, Zhang J, et al. Preparation and properties of machinable Si_2N_2O/BN composites. International Journal of Applied Ceramic Technology, 2008, 5(3): 295-304.
[31] Smirnov K L. Combustion synthesis of hetero-modulus SiAlON-BN composites. International Journal of Self-Propagating High-Temperature Synthesis, 2015, 24(4): 220-226.
[32] Li Y J, Ge B Z, Wu Z H, et al. Effects of h-BN on mechanical properties of reaction bonded β-SiAlON/h-BN composites. Journal of Alloys and Compounds, 2017, 703: 180-187.
[33] Hayama S, Ozawa M, Suzuki S. Thermal shock fracture behavior and fracture energy of β′-Sialon-BN composites. Journal of the Ceramic Society of Japan, 1996, 104(9): 828-831.
[34] 杨刚宾, 张战营, 乔冠军, 等. 纳米 BN 复合 SiC 材料的抗热震性研究, 耐火材料, 2008, 42(1): 44-46, 50.
[35] Jin H Y, Qiao G J, Gao J Q. Investigation of thermal shock behaviors for machinable SiC/h-BN ceramic composites. Materials Science Forum , 2007, 544-545: 391-394.
[36] Yang Z H, Jia D C, Zhou Y, et al. Thermal shock resistance of in situ formed SiC-BN composites. Materials Chemistry and Physics, 2008, 107(2-3): 476-479.
[37] Jiang T, Jin H Y, Jin Z H, et al. An investigation of the mechanical property and thermal shock behavior of machinable B_4C/BN ceramic composites. Journal of Ceramic Processing Research, 2009, 10(1): 113-116.
[38] Liang F, Xue Z L, Zhao L, et al. Mechanical properties and thermal shock resistance of alumina/hexagonal boron nitride composite refractories. Metallurgical and Materials Transactions A, 2015, 46(9): 4335-4341.
[39] Ma X D, Ohtsuka T, Hayashi S, et al. The effect of BN addition on thermal shock behavior of fiber reinforced porous ceramic composite. Composites Science and Technology, 2006, 66(15): 3089-3093.
[40] Kusunose T. Fabrication of boron nitride dispersed nanocomposites by chemical processing and their mechanical properties. Journal of the Ceramic Society of Japan, 2006, 114(1326): 167-173.
[41] Yong L L, Qiao G J, Jin Z H. Fabrication and properties of Al_2O_3-SiAlON composites with nano-sized t- and h-BN dispersion. Key Engineering Materials, 2003, 247: 315-318.
[42] Li Y L, Zhang J X, Qiao G J, et al. Fabrication and properties of machinable 3Y-ZrO_2/BN nanocomposites. Materials Science and Engineering A, 2005, 397(1-2): 35-40.
[43] Li G, Han W B, Wang B L. Effect of BN grain size on microstructure and mechanical properties of the ZrB_2-SiC-BN composites. Materials & Design,2011, 32(1): 401-405.
[44] Li G, Chen H B. Effect of repeated thermal shock on mechanical properties of ZrB_2-SiC-BN ceramic composites. The Scientific World Journal, 2014, 14-15:419386.
[45] 尹崇龙. BN/SiO_2 复合材料的可控制备与性能研究. 济南: 山东大学, 2014.
[46] Feng Y R, Gong H Y, Zhang Y J, et al. Effect of BN content on the mechanical and dielectric properties of porous BNp/Si_3N_4 ceramics. Ceramics International, 2016, 42(1): 661-665.
[47] 隆娜娜. 多孔 BN/SiO_2/Si_3N_4 复合材料的可控制备与介电性能研究. 济南: 山东大学, 2012.

[48] 张伟儒. 高性能氮化物透波材料的设计、制备及特性研究. 武汉: 武汉理工大学, 2007.
[49] 董薇. 多孔 BN/Si_3N_4 复合陶瓷的制备与性能研究. 北京: 中国建筑材料科学研究总院, 2012.
[50] 闫法强. 夹层结构天线罩材料的设计、制备及其宽频透波性能. 武汉: 武汉理工大学, 2007.
[51] He X L, Gong Q D, Guo Y K, et al. Microstructure and properties of AlN-BN composites prepared by sparking plasma sintering method. Journal of Alloys and Compounds, 2016, 675: 168-173.
[52] Zhao H Y, Wang W M, Fu Z Y, et al. Thermal conductivity and dielectric property of hot-pressing sintered AlN-BN ceramic composites. Ceramics International,2009, 35(1): 105-109.
[53] Zhou Y, Zhou W C, Luo F, et al. Effects of dip-coated BN interphase on mechanical properties of SiC_f/SiC composites prepared by CVI process. Transactions of Nonferrous Metals Society of China, 2014, 24(5): 1400-1406.
[54] Bai Y H, Sun M Y, Li M X, et al. Comparative evaluation of two different methods for thermal shock resistance of laminated ZrB_2-SiC_w/BN ceramics. Ceramics International, 2018, 44(16): 19686-19694.

第 6 章　类六方氮化硼纳米材料

自从 1985 年发现富勒烯 (fullerene, C_{60}), 1991 年发现碳纳米管 (carbon nanotube, CNT), 2004 年制备出石墨烯 (graphene) 后，新型的零维、一维、二维纳米材料受到了越来越多的关注。作为与石墨材料具有类似结构的六方氮化硼，也可采用与碳纳米材料相似的制备方法来获得，并展现出其独特的性能特点，已逐渐成为现阶段研究的热点。

氮化硼基纳米材料主要可分为零维的氮化硼纳米球 (boron nitride fulleren), 一维的氮化硼纳米管 (boron nitride nanotube, BNNT) 和二维的氮化硼纳米片 (boron nitride nanosheet, BNNS)(图 6-1)[1]。其中，氮化硼纳米管和氮化硼纳米片是现阶段研究最多的两类。

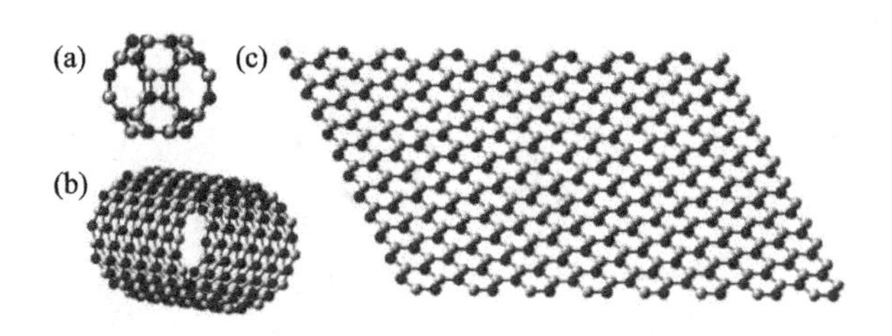

图 6-1　三种典型氮化硼纳米材料的结构模型[1]

(a) 零维的氮化硼纳米球; (b) 一维的单壁氮化硼纳米管; (c) 二维的单层氮化硼纳米片

零维的氮化硼纳米球是由硼、氮原子共同构成的类似于富勒烯的球状分子，由于 B—N 之间的键长和键能与 C—C 键有所不同，因此组成相对稳定纳米球的结构也有差别，富勒烯由 60 个碳原子构成，而氮化硼纳米球则只需要 48 个原子，由 24 个硼原子和 24 个氮原子共同构成。

一维的氮化硼纳米管是由一层 (或几层乃至几十层) 硼、氮原子相间呈六边形排列卷曲构成的具有较小直径、较大长度的管状纳米材料，根据其组成的层数可分为单层氮化硼纳米管和多层氮化硼纳米管。此外，根据其沿轴向卷曲取向的不同，还可以将其分成锯齿形、扶手椅形和螺旋形三种。

二维的氮化硼纳米片是由硼、氮原子相间排列以 sp^2 杂化轨道组成六角形呈蜂巢晶格结构的二维纳米材料，其也可以看成是六方氮化硼晶体结构中的单层结构，在层内的价键结构上与六方氮化硼晶体相同，但无层片间的相互作用。根据所得到的氮化硼纳米层片片数的差异，也可将其分为单层氮化硼纳米片和多层氮化硼纳米片。

图 6-2 给出了以六方氮化硼晶体结构为基础而衍生出的多种氮化硼纳米材料的显微结构[2]，包括氮化硼纳米线、纳米颗粒、纳米锥、纳米片以及纳米微球。可以看出，类六方氮化硼的纳米材料在近些年已经获得了飞速的发展，并在不同领域获得了成功应用。

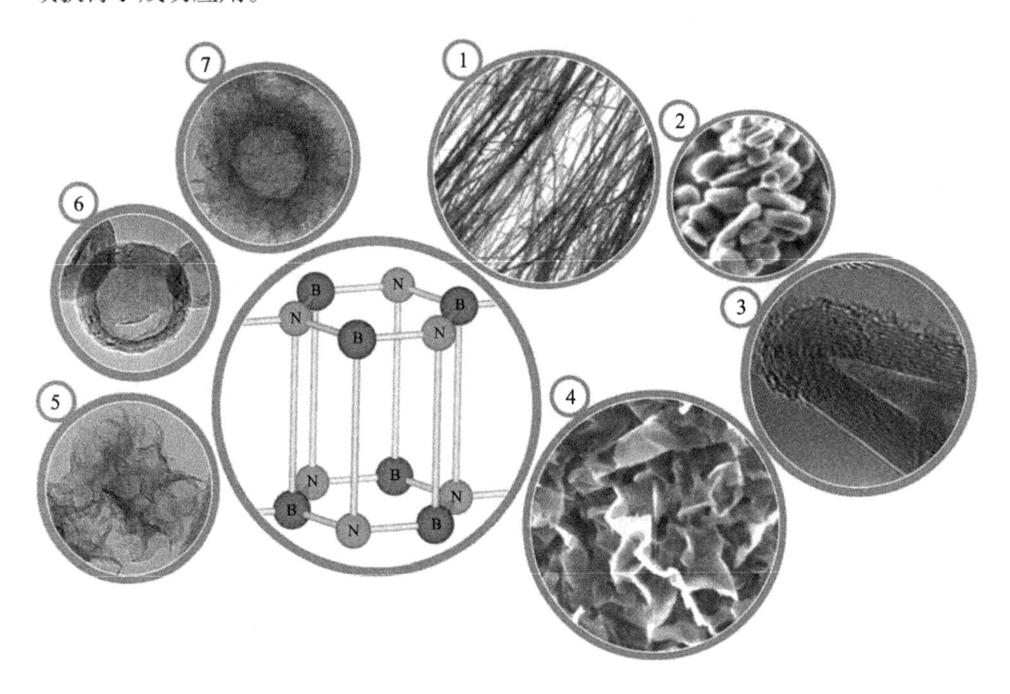

图 6-2 六方氮化硼原子结构示意图及其相关的多种氮化硼纳米结构的显微形貌[2]

(1) 纳米线; (2) 纳米颗粒; (3) 纳米锥; (4) 纳米片; (5) ～ (7) 不同形态的纳米微球

本章将对现阶段研究较多的氮化硼纳米管、氮化硼纳米片两种材料从制备方法、性能特点以及应用等方面进行阐述。

6.1 氮化硼纳米管

由于氮化硼纳米管 (BNNT) 具有与 CNT 十分相似的结构特征，因此其经历了与 CNT 类似的发展过程，在发展过程中也借鉴了很多应用于 CNT 的制备、表征等技术。kuchibhatla 等[3] 系统总结了 CNT 和 BNNT 的发展历程 (表 6-1)，可以看出两者之间的紧密联系。

表 6-1 CNT 和 BNNT 的关键发展历程[3]

发现/特性	CNT	BNNT
发现多壁纳米管	1991, Iijima	1995, Chopra 等
发现单壁纳米管	1993, Iijima 和 Ichihashi	1996, Loiseau 等
高产量	1992, Ebbesen 和 Ajayan	2000, Cumings 和 Zettl
填充	1994, Tsnag 等	2001, Bando 等
端部结构	1992, Iijima 等	1996, Loiseau 等
螺旋形结构	1993, Zhang 等	1999, Golberg 等
热稳定性	1993, Ajayan 等	2001, Golberg 等
杨氏模量	1996, Treacy 等	1998, Chopra 和 Zettl
电导性	1996, Ebbessen 等	2001, Cumings 和 Zettl
热导性	1999, Hone 等	2005, Chang 和 Zettl

从原子结构上看，单壁的 BNNT 可以看成是由单层氮化硼纳米片卷曲而成的，但在卷曲时根据所沿方向不同，可以获得几种具有不同结构的纳米管 [4](图 6-3)。锯齿形 (zig-zag) 是当氮化硼片的 [10$\bar{1}$0] 方向平行于纳米管的轴向时卷曲形成的；扶手椅形 (arm-chair) 则是当氮化硼片的 [10$\bar{2}$0] 方向平行于纳米管的轴向时卷曲形成的；而螺旋形 (helical) 则具有多种手性角度。这几种结构也与 CNT 所具有的结构类似，但是在 CNT 中所有的 C 原子在统计上都是等概率的，而 BNNT 中存在 B、N 两种原子，因此导致其具有自身独特的性能。

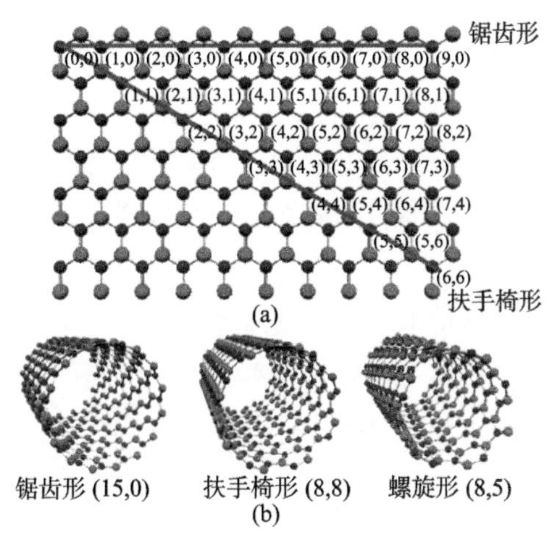

图 6-3 BNNT 结构示意图 (图中 B、N 原子以不同颜色表示)[4](后附彩图)

(a) 氮化硼纳米片及其可能的卷曲所对应的 (n, m) 指数；(b) 锯齿形 (15,0)、扶手椅形 (8,8) 和螺旋形 (8,5) BNNT 的结构模型

6.1.1　氮化硼纳米管的合成方法

BNNT 已发展出很多合成方法，其灵感主要来自于 h-BN 粉体和 CNT 的合成。从整体上看，BNNT 的合成制备主要有四种机制：气–液–固 (VLS) 生长、直接生长、取代反应和模板定向合成。现阶段已经发展出的方法主要包括：电弧放电法、激光烧蚀/蒸发法、模板生长法、高压釜反应法、球磨退火法、化学气相沉积法等[5]。

1. 电弧放电法

BNNT 首次合成就是通过电弧放电法制备的，采用了一个由氮化硼包裹的钨棒和冷却用铜电极，电弧放电后得到内径为 1~3 nm 的多壁氮化硼纳米管 (MWBNNT)[6]。在后续改进的实验中，采用 HfB_2 作为电极，又陆续合成出了单壁氮化硼纳米管 (SWBNNT) 和双壁氮化硼纳米管 (DWBNNT)[7]。

采用电弧放电法制备 CNT 时，都是使用石墨作为电极，但由于氮化硼本身的绝缘特性使其无法作为放电电极使用，因此 HfB_2、ZrB_2、YB_6 等导电的硼化物被用来作为电极，而氮气则作为保护气体和氮源，硼化物还可以在 BNNT 生长过程中起到催化剂的作用。用电弧放电法制备 BNNT 需要较高的温度 (~3000 K)，产物的结晶性良好[8]。

2. 激光烧蚀/蒸发法

Golberg 等[9] 于 1996 年首次采用激光烧蚀法生长 BNNT，他们以单晶 c-BN 靶为先驱体，将 CO_2 激光器聚焦到目标边缘，在加热到 5000 K 以上后，从熔化层中获得了多壁的 BNNT。还有研究者陆续采用六方氮化硼为先驱体，用该方法合成了单壁和多壁的 BNNT[10,11]。激光烧蚀/蒸发法制备 BNNT 可以不需要催化剂，但使用 Co 或 Ni 作为催化剂可以得到更长的、层数更少的 BNNT。激光烧蚀法制备的 BNNT 通常具有良好的结晶性，但是产品纯度不高，氮化硼纳米片、氮化硼纳米锥、洋葱形和无定形的硼纳米片等多种物质也混杂其中。

3. 模板生长法

模板生长法作为一种制备纳米材料的有效方法，其主要特点是不管在液相中还是在气相中发生的化学反应，其反应都是在有效控制的区域内进行的。模板法合成纳米材料与直接合成相比具有诸多优点，主要体现在：以模板为载体可以精确控制纳米材料的尺寸、形状、结构和性质；可以实现纳米材料合成与组装一体化，同时解决纳米材料的分散稳定性问题；合成过程相对简单，很多方法适合批量生产。模板法现在已被广泛地用来制备特殊形貌的纳米材料，如纳米线、纳米带、纳米丝、纳米管与片状纳米材料等。

采用模板法制备 BNNT 主要包括两种模板合成方法：CNT 取代反应和多孔

氧化铝滤膜模板合成 [12,13]。采用 CNT 作为模板时，由 CNT 与 B_2O_3 发生反应，N_2 或NH_3 作为保护气体和氮源。所得产物主要为 $B_xC_yN_z$ 纳米管，随后需要通过氧化除去多余的碳。但是纳米管内晶格中的碳很难完全去除，因此最终产物往往是掺杂了一定碳含量的 BNNT。此外，如在反应中加入 MoO_3 等金属氧化物，能有效提高 BNNT 的产率。该方法的优点是可以在生成的 BNNT 中保持原来 CNT 的形貌；利用多孔氧化铝滤膜内部的孔隙也可合成 BNNT，具体过程是：在 700~950℃ 温度下对 2, 4, 6-三氯嘧啶进行分解，以生成的氮化硼材料填充氧化铝孔隙，再将氧化铝滤膜腐蚀掉即可得到 BNNT。

4. 高压釜反应法

在一定的高温、高压条件下，材料会发生不同于常态下的反应，合成出具有新的成分组成或显微结构的新型化合物。Dai 等[14] 将 $Mg(BO_2)_2 \cdot H_2O$、NH_4Cl、NaN_3 和 Mg 粉在高压釜中以 600℃ 的温度加热 20~60 h，获得了直径为 30 ~ 300 nm、长度为 5 mm 的 BNNT。用这种方法制备的 BNNT 具有薄壁和大内部空间的特殊形貌，Mg 粉被认为在 BNNT 生长过程中起到催化剂的作用。在 Xu 等 [15]，Cai 等[16] 的实验中，发现用 B 粉或 NH_4BF_4 作为硼源，NH_4Cl 或 NaN_3 作为氮源，以 Co 或者 Fe 作为催化剂，在高压釜中反应也可以生成 BNNT。

5. 球磨退火法

球磨处理可以通过机械力的作用使材料内原子发生无序化的重新排列，而对球磨后粉体进行退火处理可以再重新生长出具有特殊结构的新型材料。Chen 等 [17] 对 h-BN 粉体进行球磨处理，得到了高度无序或无定形的纳米结构粉体，然后在 1300℃ 的温度下退火得到了 BNNT 和竹节状氮化硼纳米结构。虽然在其实验过程中没有使用特定的催化剂，但他们认为不锈钢容器中铁元素的存在是促进 BNNT 生长的有效催化剂。但该方法所获得产物中 BNNT 的产率相对较低，杂质主要为大量的非晶态物质。在改进的实验中，以 B 粉为先驱体，在球磨过程中引入 NH_3 作为保护气体和反应产物，并优化退火工艺参数，可在一定程度上提高 BNNT 的质量和纯度，但从整体上看，该方法得到样品中 BNNT 的含量仍然相对较低。

6. 化学气相沉积法

Lourie 等[18] 以硼嗪为先驱体，通过化学气相沉积的方法，在 1000 ~ 1100℃ 温度下，分别以 Co、Ni、NiB、Ni_2N 等颗粒为催化剂，生长得到了 BNNT。Golberg 等[19] 开发了以 B 粉和金属氧化物为反应物的化学气相沉积方法 (BOCVD)，该方法可将硼先驱体 (B 粉加金属氧化物) 在生长过程中从已生长的 BNNT 中分离出来，防止了 BNNT 再次受到先驱体的污染，从而保证最终产物的纯度 (图 6-4)。此外，以 MgO-FeO 或 MgO-SnO 混合物为代表的多种金属氧化物都被发现对 BNNT 的生长起到有效的促进作用[20]。

图 6-4 以硼和金属氧化物为反应物的化学气相沉积法得到的 BNNT 宏观照片 (a) 以及其扫描 (b) 和透射 (c) 照片 (纳米管直径约为 50 nm，长度可达数十微米)[19]

6.1.2 氮化硼纳米管的结构

图 6-5 显示了具有典型的多壁和单壁 BNNT 的 HRTEM 图像[21]。多壁 BNNT 的剖面成像为明暗对比的条纹，平均间距为 0.33~0.34 nm，这与 h-BN

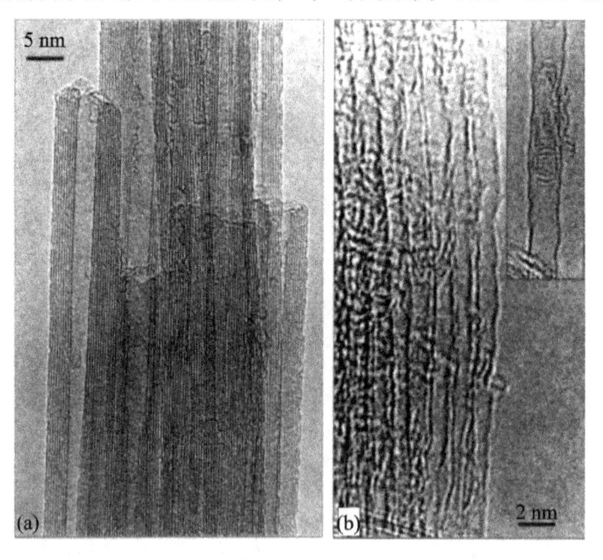

图 6-5 典型的多壁和单壁 BNNT 的 HRTEM 图像[21]

(a) 多壁 BNNT；(b) 单壁 BNNT (插图为内嵌有氮化硼纳米球的单壁 BNNT)

晶格 [002] 晶面的间距是对应的。多壁 BNNT 束中的单个管也是通过弱范德瓦耳斯力相互作用。图 6-5(b) 的内嵌图显示的是通道中嵌有氮化硼纳米球的单壁 BNNT，这也与 CNT 中观察到的“豆荚”(peapod) 结构相似。

此外，由于 BNNT 生长过程及其机制的不同，还发现了多种不同结构的材料，例如，带有金属端部结构的 BNNT(图 6-6) 和竹节状 (bamboo-like) 的 BNNT (图 6-7) 等[22,23]。

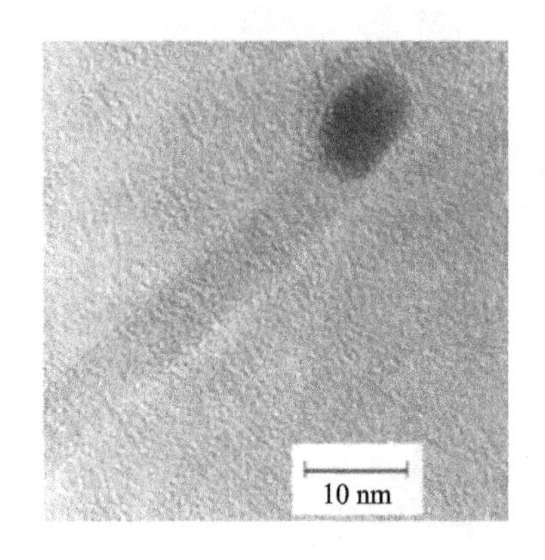

图 6-6 带有金属端部结构的 BNNT[22]

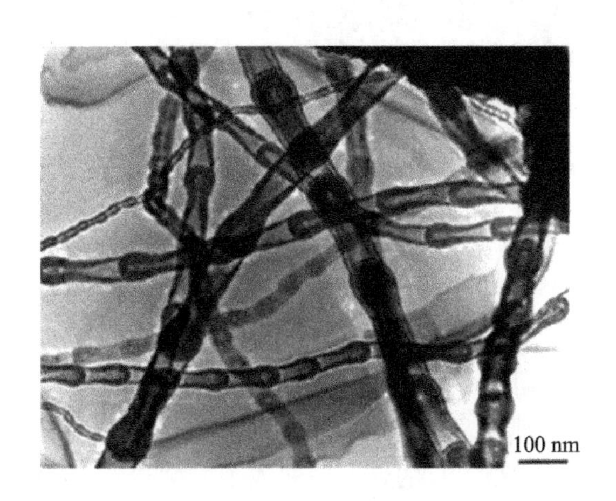

图 6-7 化学气相沉积法制备的竹节状 BNNT[23]

通过对 BNNT 进行掺杂、填充和功能化，可以获得具有多种结构和特性的相关材料，这极大地丰富了氮化硼纳米材料的种类，拓展了其应用。

由于六方氮化硼与石墨有相似的价键和晶体结构，可以将 C 掺杂进入 BN 中，得到 BCN 三元纳米管。图 6-8 显示了均匀的 BCN 纳米管和非均匀的 BN-C

纳米管结构[24]。在均匀的纳米管中，B、C、N 元素分布均匀。而在非均匀的 BN-C 纳米管结构中，显示出明显富 C 的内层和富 BN 的外层，两者之间存在明显的界面。此外，关于掺杂 F、O、Si 等元素的 BNNT 也已有相关实验或理论计算的报道。

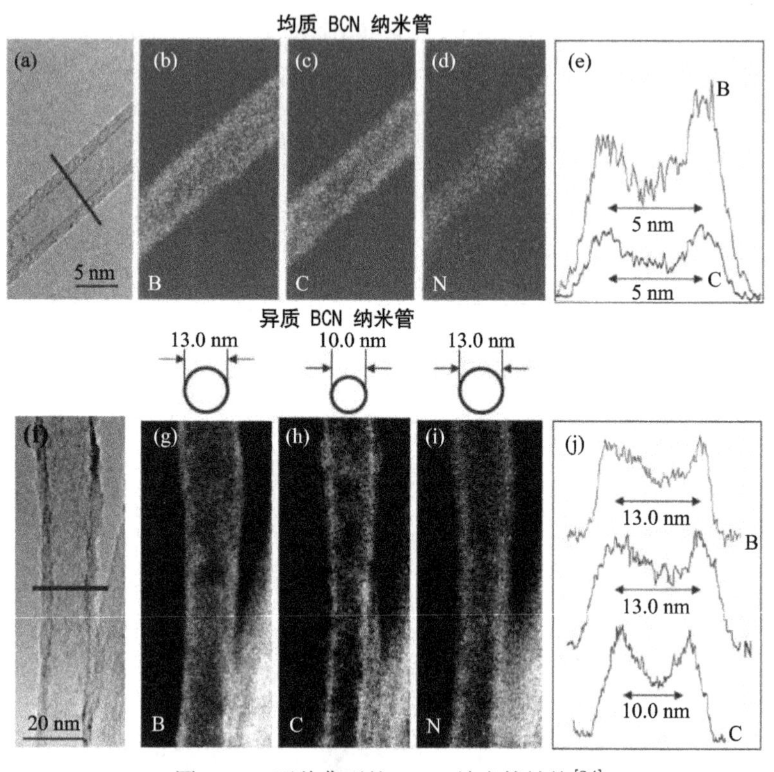

图 6-8 两种典型的 BCN 纳米管结构[24]

(a)~(e) B、C、N 元素均匀分布的纳米管透射照片及其元素分布情况；
(f)~(j) B、C、N 元素不均匀分布的纳米管透射照片及其元素分布情况

将由金属或无机化合物构成的分子/团簇填充到 BNNT 中，可具有特殊的性能，也已成为 BNNT 研究领域的重要组成部分。Okada 等[25] 研究了将 C_{60} 分子封装到 BNNT 中的热力学问题，这种封装会产生一定的能量增加。通过高分辨电镜成像也观察到了 BNNT 的管道内嵌入了一种富含 C 的物质，直径大约为 0.7 nm，与 C_{60} 分子的理论直径接近，这与碳纳米管中封装 C_{60} 组成的所谓“豆荚”结构十分相似。由于 BNNT 的绝缘特性，C_{60} 分子可在管道内移动，使组装起来的 BNNT/C_{60} 复合材料成为可能具有特殊电学性能的纳米结构分子器件。离散的金属团簇也可被封装进 BNNT 的通道中，Golberg 等[26] 将大小为 1 ~ 2 nm 的孤立 Mo 原子团嵌入长度约为 0.5 um 的 BNNT 中，由于 Mo 原子团与纳米管内壳表面不发生浸湿，它们在管状通道内可自由移动，这样的纳米结构可以在

热、磁或电场的作用下作为传递微小金属团簇的“管道”。

6.1.3 氮化硼纳米管的特性

1. 热稳定性

图 6-9 显示了化学气相沉积方法制备的多壁 CNT 和多壁 BNNT 在空气中的热重曲线[27]。CNT 在大约 500℃ 就发生了明显的质量损失，而 BNNT 在大约 950℃ 的更高温度才开始发生反应，主要以氧化反应为主，生成物为 B_2O_3。BNNT 的热稳定性和化学稳定性远好于 CNT，因此其在高温、化学活性等环境下使用具有更大的应用前景。

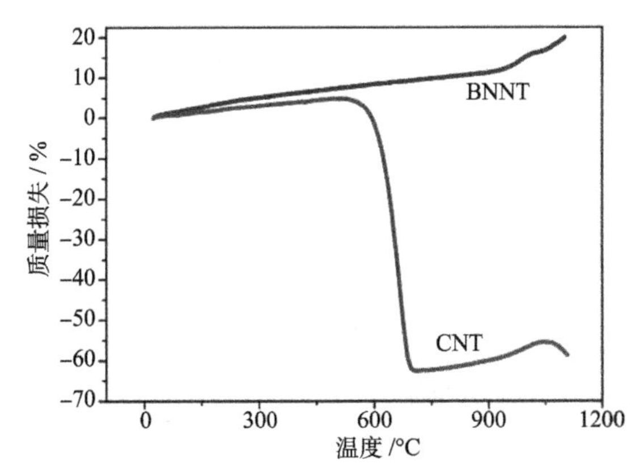

图 6-9 化学气相沉积方法制备的多壁 CNT 和多壁 BNNT 在空气中的热重曲线[27]

2. 热导率

BNNT 具有较高的热导率，其热传导能力与 CNT 相当。有研究表明，外径为 30~40 nm 的 BNNT，室温热导率可以达到 350 W/(m·K)[28]。Zettl 等[29] 还证明了当 BNNT 在外部不均匀地大量装载重分子时 (如 $C_9H_{16}Pt$)，显示出不对称的轴向热传导特性，在质量密度下降的方向有较大的热流，据此制成的 BNNT 热整流器可望应用在各种纳米量热计、微电子处理器、制冷和建筑节能等方面。

3. 电学特性

尽管 BNNT 在结构上与 CNT 非常相似，但它们的电学性能却有很大差异。CNT 是电的良导体，而 BNNT 则通常是绝缘的，仅当其管径减小到 1 nm 以下，或在外加电场等条件下时，可以使其固有的带隙减小，呈现出半导体或一定的导电特性。此外，还可以通过碳掺杂等方式来调节 BNNT 的导电性，减小纳米管的带隙，一些理论预测 B-C-N 材料显示出介于金属性的 CNT 和介电性的 BNNT 之间的半导体性质[30]。

C 掺杂的 BNNT，内部含有 B-B 或 C-B、C-N 和 N-N 等价键，会在带隙内产生新的能级，在外部电场作用下，BN 主体部分可以向这些新形成的能级提供电子，当电场集中在电子管的顶端时，电子就能发射到真空中，因此掺 C 的 BNNT 被认为是良好的场发射体材料[31]。虽然 C 掺杂 BNNT 产生场发射电流的能力与 CNT 相似，但其具有更好的环境稳定性，因为在 B-C-N 三元体系中，富含 BN 的成分比富含 C 的成分具有更高的热化学稳定性，这为其在平板显示器或新一代 STM 和 AFM 显微镜中应用开辟了一个新的领域。

调整 BNNT 电性能的另一种方法是对纳米管表面进行功能化处理。第一性原理计算表明，BNNT 可以是 p 型掺杂，也可以是 n 型掺杂，这取决于附着的多功能分子的电负性，它们的能隙可以通过改变功能化物质的浓度从 UV(紫外) 调整到可见光范围。在 BNNT 束中，管间耦合和由 B 原子向 N 原子的多次电荷转移，以及管道的蜂窝状 (横截面) 排列，也可导致带隙减小，带隙变化的值取决于束的排列和每个 BNNT 在束中的手性。

4. 磁学特性

Kang[32] 的研究表明，抽取了 1 或 2 个 B 原子得到具有缺陷的 BNNT，如果此时 BNNT 是锯齿状构型的可以表现出磁性，但扶手椅形的则不存在磁性。另一个理论工作也已经证明，BNNT 的内在磁性可以由它们的开放尖端诱导，开管端可以看作是晶格缺陷，导致了 BNNT 更深区域的缺陷状态。对于富 B 和富 N 的开管端，产生的磁矩对 BNNT 的手性是敏感的，富 B 开管端的 BNNT 具有更高的局部自旋构型稳定性，这在未来的自旋电子器件中有可能获得应用。

5. 力学特性

Chopra 和 Zettl[33] 测量了 BNNT 的屈服应力，为 1.1~1.3 TPa，因此 BNNT 可能是已知强度最高的绝缘纤维。尽管单层 BNNT 比 CNT 弹性模量略低，但其抗屈服和热降解能力可以超过 CNT。Golberg 等[34] 还通过在高分辨透射电极下两个金引线之间的 BNNT 的变形实验，研究了其塑性变形特性 (图 6-10)。单

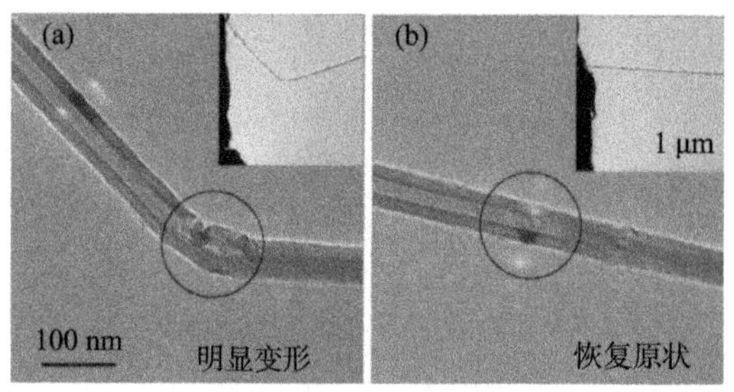

图 6-10　单根多壁 BNNT 在高分辨透射电镜下原位弯曲时的图像，显示了其独特的弹性和柔韧性[34]

(a) 加载时出现了明显的弯曲变形; (b) 卸载后完全恢复原状[34]

根的多壁 BNNT 具有很好的弹性和可弯曲性，变形后 BNNT 出现了明显起皱和大约 70° 的弯曲变形，但经过几十个周期的变形后 BNNT 仍可以恢复到原来的状态。

6.1.4 氮化硼纳米管的应用

目前，BNNT 还没有达到大规模实际应用的程度，主要原因是研究人员还不能很好地控制 BNNT 的合成，尚未掌握宏量且质量稳定的制备方法。此外，对于 BNNT 性能的研究也还有不完善之处，需要通过进一步的理论和实验研究来揭示并理解其内在特性。但现阶段，已有一些关于 BNNT 的研究是与应用密切相关的，如储氢、生物相容性、制备复合材料等，这些都为该系列材料未来的实际应用奠定了基础[5]。

1. 储氢

有多组研究人员通过理论计算对 BNNT 的储氢性能进行了深入研究，但由于模型和计算方法的不同，得到的结果具有一定的差异。有报道称 BNNT 的物理吸附和化学吸附都不具有能量优势，因此不适合作为储氢材料，但也有报告指出 BNNT 阵列的储氢能力明显优于 CNT 阵列。因此，目前仅从理论上很难对 BNNT 的储氢能力做出可靠的判断。然而，BNNT 的缺陷、掺杂或变形可以显著提高其吸收氢的能力，这已在研究人员中达成共识。

Ma 等[23] 的实验中，BNNT 在 10 MPa 时的吸氢量为 1.8 wt%，竹节结构 BN 纤维的吸氢量为 2.6 wt%，其主要的吸收机理是化学吸附。Tang 等[35] 合成了含有折叠结构的 BNNT，将其比表面积由 254 m^2/g 提高到 789 m^2/g，这些 BNNT 在 10 MPa 时可具有 4.2 wt% 的吸氢能力。Oku 和 Kuno[36] 也发现 BNNT 和 BN 纳米笼的混合物吸氢量最高可以达到 3 wt%。但总体上看，关于 BNNT 储氢性能的实验研究还很少，报道的实验结果也存在一定差异，尚需开展更加系统、全面的研究。

2. 复合材料的纳米填料

BNNT 具有很高的弹性模量和热导率，将其作为纳米填料，加入聚合物、陶瓷中构成复合材料，可以起到很好的强韧化、增加导热性等效果。

Zhi 等[37] 制备了 BNNT 增强聚苯胺和聚苯乙烯的复合聚合物薄膜，当仅使用 1 wt% BNNT 时，薄膜的弹性模量提高了约 21% (图 6-11)。与未添加的聚合物相比，含 BNNT 的复合膜具有更好的抗氧化性能，玻璃化转变温度则略有降低。

BNNT 与 CNT 都具有高导热性，但与 CNT 不同的是，BNNT 是电绝缘的，因此其可以作为纳米填料应用在高导热绝缘高分子复合材料中。Zhi 等[38] 通过添加 BNNT 有效提高了聚甲基丙烯酸甲酯 (PMMA) 的热导率，在 10 wt% BNNT

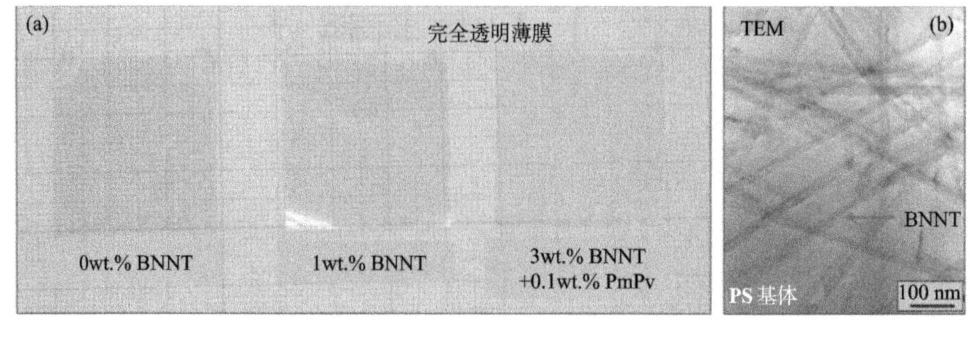

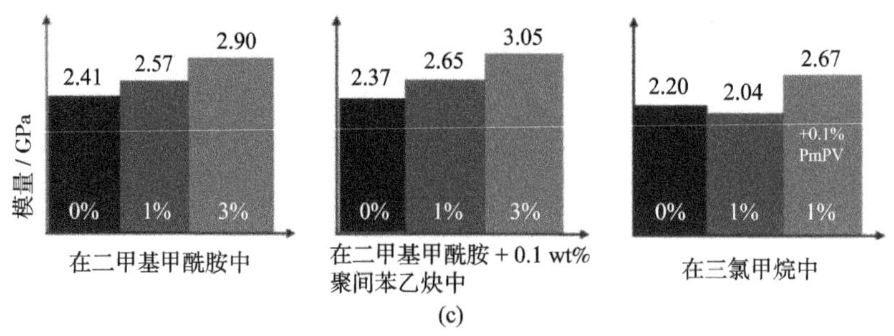

图 6-11　氮化硼纳米管增强的聚苯乙烯薄膜[37]

(a) 不同 BNNT 含量的聚苯乙烯薄膜的光学照片；(b) 透射照片中可以看到大量直线状的 BNNT 在聚合物中随机均匀分布；(c) 采用不同溶剂 (二甲基甲酰胺、二甲基甲酰胺 + 聚间苯乙炔、三氯甲烷) 处理的 BNNT 增强聚苯乙烯薄膜的拉伸弹性模量

的添加量下，PMMA 复合材料的热导率提高了 3 倍。在对聚乙烯醇缩丁醛、聚苯乙烯、聚甲基丙烯酸甲酯、聚乙烯乙烯醇中分别加入 18 wt%、35 wt%、24 wt%、37 wt% 的 BNNT 后，热导率分别提高了 7.5 倍、20.1 倍、21.1 倍、14.7 倍。高导热性有助于散热，且加入 BNNT 后仍能保持较好的电绝缘性，因此这些 BNNT 增强的高分子复合材料可作为新型的电子设备封装材料，使其具有更好的综合性能。

在采用 BNNT 强韧化陶瓷材料方面也已有相关报道。Bansal 等[39] 首先利用球磨法制备了钡钙铝硅酸盐玻璃复合材料，通过添加 4 wt% 的 BNNT 可使玻璃复合材料的强度提高 90%，断裂韧性提高 35%。Huang 等[40] 制备出 Al_2O_3-BNNT 和 Si_3N_4-BNNT 复合材料，其维氏硬度和杨氏模量未见明显改变，但可以观察到 BNNT 的添加可以显著提高 Al_2O_3 和 Si_3N_4 的高温超塑性变形能力。

3. 生物相容性及其应用

对于纳米材料来说，在将其实际应用在生物领域之前，生物相容性应该首先被考虑。BNNT 的生物相容性研究通常与 BNNT 在水溶液中的功能化和分散有关。继 Ciofani 等和 Chen 等在 BNNT 上进行了首次生物相容性实验后，一些关于 BNNT 的细胞毒性、生物相容性和生物医学应用研究的文章中也已有相关的报道。Ciofani 等[41] 在综述中对于 BNNT 在纳米医学中具有应用前景的几个主要方面进行了系统的归纳，主要包括药物缓释、基因传递、组织工程、细胞刺激、电穿孔、造影剂等 (图 6-12)。

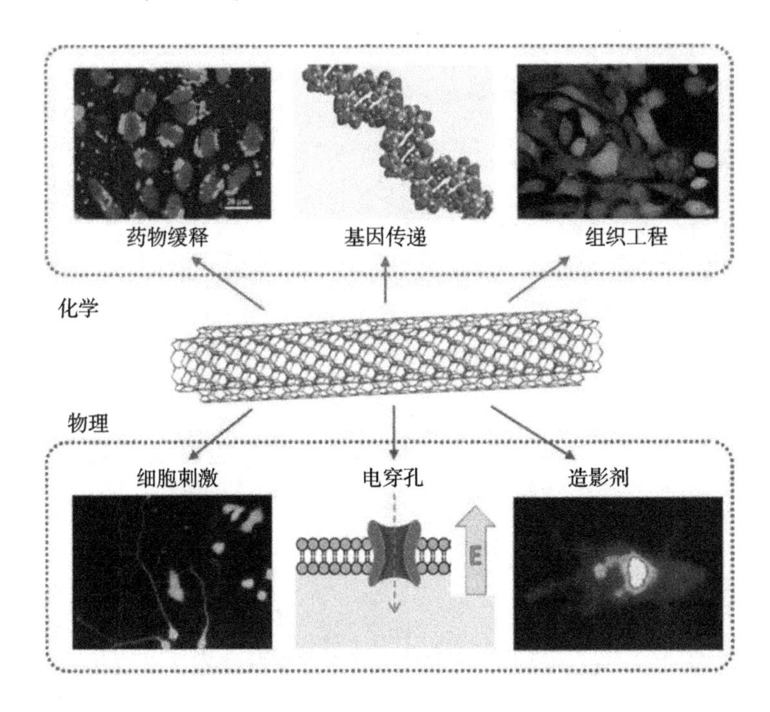

图 6-12 BNNT 在生物医学方面的应用[41]

6.2 氮化硼纳米片

氮化硼纳米片 (BNNS) 也是随着石墨烯 (graphene) 的发展而逐渐受到人们关注的，两者在结构上具有很多相似之处。图 6-13 显示了单层和多层 BNNS，以及氮化硼纳米带等二维纳米材料的结构示意图[42]。单层 BNNS，是由 B、N 原子相间排列组成的六元环状结构，B—N 键本质上是共价键，但具有一定的离子特性，长度约为 0.145 nm，相邻 B—N 环中心之间的距离约为 0.25 nm (石墨烯中 C—C 键间距约为 0.246 nm)。BNNS 边界处根据原子排列的不同方式，可以分为扶手椅形边界、N 锯齿形边界和 B 锯齿形边界。由此而衍生出来的氮化硼纳米带也有两种类型：单一 B 或 N 原子边界为主的锯齿形纳米带与 B 和 N 原子相间排列为主的扶手椅形纳米带。如果将多个单层的 BNNS 叠加在一起，就成为多层

BNNS，也可看成是很薄的 h-BN 晶体，相邻层之间的间距约为 0.333 nm，由范德瓦耳斯力结合在一起。除了厚度外，BNNS 的横向尺寸也是十分重要的一个指标，采用剥离法制备的纳米片尺寸一般在几百纳米到数微米，而化学气相沉积生长的氮化硼纳米片可以达到几厘米。

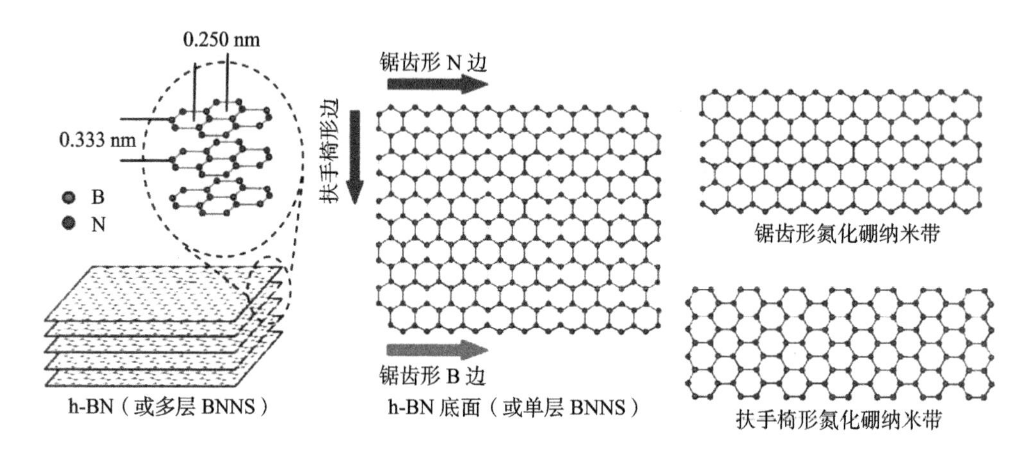

图 6-13　二维氮化硼纳米材料结构示意图[42]

6.2.1　氮化硼纳米片的制备方法

现在也已经发展出了多种用于制备二维氮化硼纳米材料的方法，它们中的大多数也是借鉴了石墨烯纳米片的制备技术，或在其基础上进行了调整。

1. 机械剥离法

石墨烯最早就是通过胶带互黏再分离，在拉拔力的作用下使层间脱黏，从而得到很薄的数层乃至单层的石墨原子层。这种方法也已成功应用于许多其他层状结构的化合物中，如 BN、MoS_2 等。该方法可得到理想厚度和横向尺寸的纳米片，且未引入其他杂质或官能团，适用于基础物理和光电子学等方面的研究。但通过大量的报道显示，这种方法虽然在石墨烯中获得了成功应用，但对于 BNNS 的剥离并不十分有效，所获得的几层或者单层的 BNNS 产率极低，这与 h-BN 晶体层片间的结合力相对较强有关。

另一种机械剥离制备 BNNS 的方法是利用剪切力代替拉拔力，起到破坏相邻 BN 层间的弱范德瓦耳斯力结合的作用，但仍可使层内的强 sp^2 键平面结构保持完整。Li 等[43] 在 N_2 气氛保护下，以苯甲酸苄酯 ($C_{14}H_{12}O_2$) 为溶剂，采用适宜的球磨转速，对 h-BN 晶体粉末进行处理，通过剪切力的作用得到 BNNS，图 6-14 显示了该方法所制备 BNNS 的形貌及其相应的层间剥离机理。

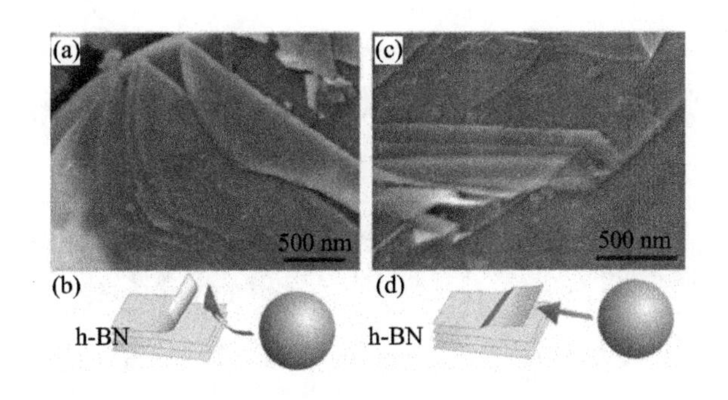

图 6-14 通过湿法球磨制备 BNNS[43]

(a)，(b) 氮化硼层片剥离的扫描照片及剥离机理；(c)，(d) 氮化硼层片发生扭折的扫描照片及其机理

2. 化学剥离法

采用 h-BN 晶体为原料，在化学溶剂的作用下，通过插层分离来制备单层或几层的 BNNS，也已被证明是一种有效的手段。Zhi 等[44] 将 h-BN 在 N, N-二甲基甲酰胺 (DMF) 中进行超声处理，也能够产生一定量的保持结晶度良好但水平尺寸有所减小的 BNNS，这是通过氮化硼层片表面的局部极化面与极性溶剂 DMF 之间的强相互作用实现的。Lian 等[45] 则认为极性溶剂-纳米片相互作用发生在羰基的氧原子和氮化硼纳米片上的硼原子之间，类似于路易斯酸碱相互作用。

Lin 等[42] 系统研究了多种有机溶剂对于 BNNS 的剥离和分散效果，许多强极性有机溶剂，如 N-甲基吡咯烷酮 (NMP)、N, N_0-二甲基乙酰胺 (DMAC)、1, 2-二氯苯 (DCB)、乙二醇 (EG) 等，在超声作用下均可对 h-BN 进行层间剥离，并形成稳定的 BNNS 分散溶液。相比之下，许多非极性溶剂如甲苯、己烯等则基本是无效果的 (图 6-15)。

熔融氢氧化物也可以被用于剥离 BNNS。Li 等[46] 将氢氧化钠 (NaOH)、氢氧化钾 (KOH) 和 h-BN 混合磨成粉末，然后放置到聚四氟乙烯 (PTFE) 内衬的不锈钢高压釜中，在 180℃ 温度下加热 2 h，就可以得到 BNNS 和氮化硼纳米卷 (图 6-16)。剥离包括以下过程：①阳离子 (Na^+ 或 K^+) 吸附在 h-BN 最外层的表面上，使薄片边缘发生卷曲；②阴离子 (OH^-) 和阳离子进入层间空间，阴离子在曲面上吸附，导致 BN 层连续卷曲；③BNNS 从母材上被直接剥离，或 BN 表面与氢氧化物发生反应被切割开。这种方法具有简单、一步法、成本低的优点，通过在水、乙醇等常见溶剂中再分散，可以很容易地将产物 BNNS 转移到其他衬底材料上。

高压微流化工艺是一种高通量、大规模生产 BNNS 的方法。Yurdakul 等[47] 将 h-BN 粉末和作为溶剂的二甲基甲酰胺 (DMF) 和氯仿 ($CHCl_3$) 的组合插入微流化处理器中，并将增压器保持 207 MPa 的恒定泵压力。在加速作用下，液体

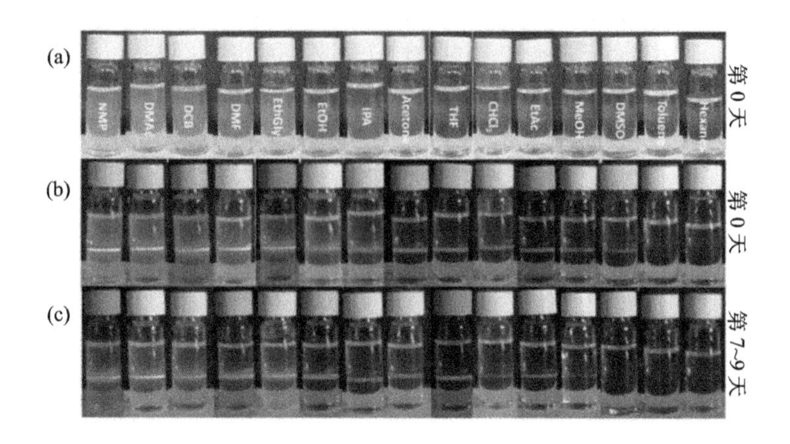

图 6-15　采用不同有机溶剂超声分散的 BNNS[42]

(a) 超声分散后直接观察的图像，从左到右所用的溶剂依次为：N-甲基吡咯烷酮 (NMP)、N, N_0-二甲基乙酰胺 (DMAC)、1, 2-二氯苯 (DCB)、N, N-二甲基甲酰胺 (DMF)、乙二醇 (EG)、乙醇 (EtOH)、异丙醇 (IPA)、丙酮 (acetone)、四氢呋喃 (THF)、氯仿 ($CHCl_3$)、乙酸乙酯 (EtAc)、甲醇 (MeOH)、二甲基亚砜 (DMSO)、甲苯 (toluene) 和己烯 (hexanes); (b) 从每个瓶的左侧用激光束照射相同的分散物，以直观地显示丁达尔效应；(c) 一周后 (7 ～ 9 天) 的丁达尔效应

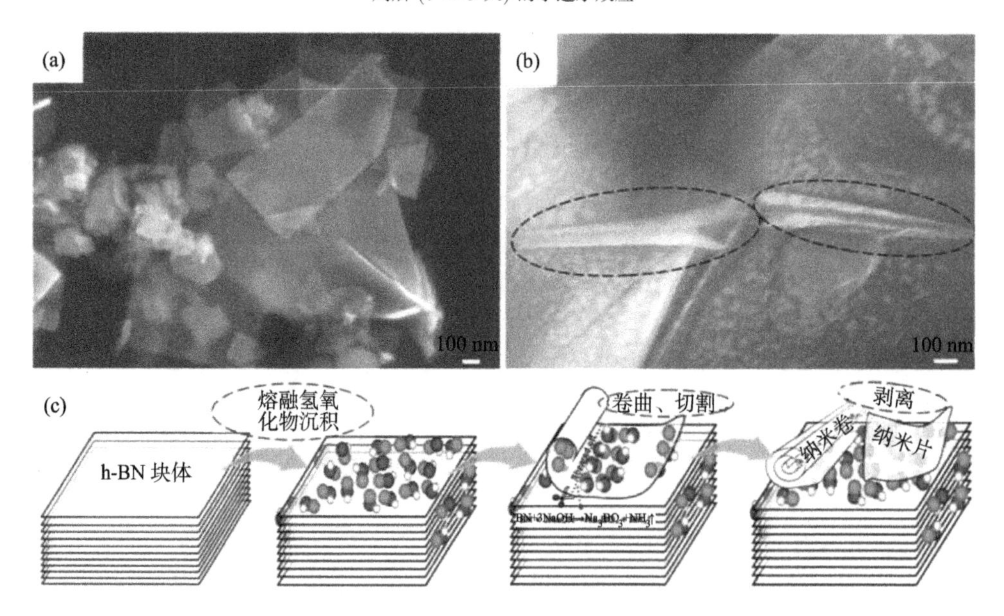

图 6-16　使用熔融氢氧化物剥离氮化硼[46](后附彩图)

(a)，(b) 剥离得到的 BNNS 和纳米卷的显微照片; (c) 熔盐剥蚀机理示意图 (绿、红、白色圆点分别代表 Na、O、H 原子)

分离成各种几何形状的微通道，水流通过与自身的撞击，产生极大的冲击力和剪切力，这些力比超声等作用产生的力大几个数量级，从而使 BNNS 从粉末表面脱落，报道称其产率可以达到 45%。Chen 等[48] 采用了另一种具有相同机理的方法，在倾斜的玻璃管中加入以 N-甲基-2-吡咯烷酮 (NMP) 为溶剂的 h-BN 粉末混合液体，再将玻璃管加速到 8000 r/min 自转产生剪切力，从而使 BNNS 剥离，剥离过程示意图如图 6-17 所示。

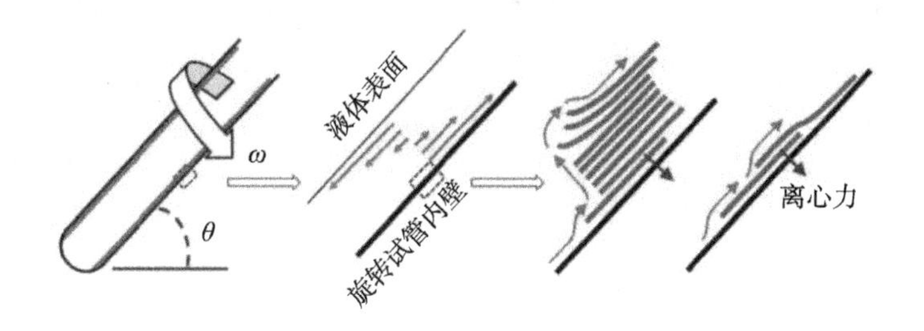

图 6-17 高速涡流辅助剪切剥离 BNNS 示意图[48]

3. 化学气相沉积法

沉积技术在数十年前就已经被用于 h-BN 薄膜的外延生长，多种化学先驱体的组合可用来实现 h-BN 薄膜的化学气相沉积生长，如 BF_3-NH_3、BCl_3-NH_3、B_2H_6-NH_3，也可通过单一先驱体的热分解来实现，如环硼氮烷 ($B_3N_3H_6$)、三氯环硼氮烷 ($B_3N_3H_3Cl_3$) 或六氯环硼氮烷 ($B_3N_3Cl_6$)。Paffett 等[49] 利用 $B_3N_3H_6$ 在 Pt(111) 和 Ru(0001) 等过渡金属表面上第一次实现了 h-BN 单层膜的生长。

由于界面结合键的不同，在不同金属表面形成的 h-BN 单层膜形貌也有所差异。理论计算和实验结果表明，在 3 d 过渡金属 (如 Ni(111)) 和 5 d 过渡金属 (如 Pt(111)) 上形成的平坦 h-BN 层与金属衬底结合较弱。然而，在 4 d 过渡金属上，h-BN 与衬底之间的结合能随衬底 d 轨道空位的增加而增加。例如，h-BN 与 Pd(111) 衬底结合较弱，而与 Rh(111) 和 Ru(0001) 衬底结合较强。

现阶段，在 Ni(111)、Cu(111)、Pt(111)、Pd(111)、Pd(110)、Fe(110)、Mo(110)、Cr(110)、Rh(111) 和 Ru(001) 等过渡金属表面都成功制备了 h-BN 单层膜。但与石墨烯六角形成核不同，h-BN 的化学气相沉积生长呈三角形 (图 6-18(a))，这可能是由于以氮原子为边缘的能量更低。此外，在更高的升华温度 (70 ~ 90℃) 下也形成了不对称的金刚石形岛 (图 6-18(b)，(c))[50]。随着生长的持续，薄片扩展并彼此合并形成了完全覆盖表面的层。但上述所有其他界面的结构都受到 h-BN 和金属表面之间相当大的晶格失配的影响，根据衬底的不同，该失配在 7% ~ 10% 变化，因此在 h-BN/Pt(111)、Pd(111) 和 Pd(110) 界面的 STM 图像中都可观察到一些莫尔条纹。

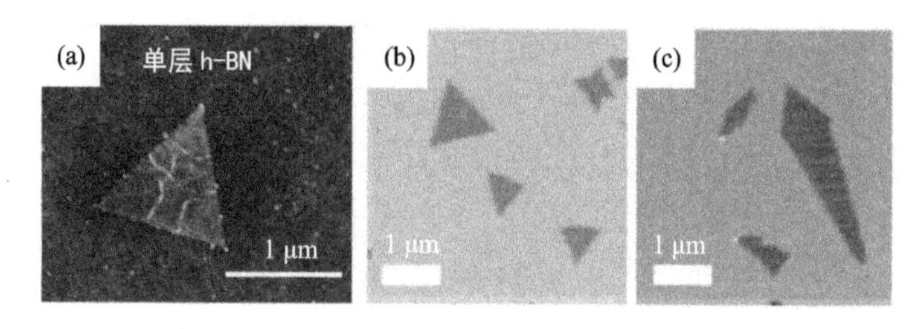

图 6-18　化学气相沉积技术生长的三角形 h-BN 单层膜 AFM 图像 (a) 及分别在 60℃、70℃ 下生长的 SEM 图像 (b)(c)[50]

此外，通过工艺条件控制，在某些基体上还能够生成 h-BN 纳米筛薄膜，这种结构是衬底材料与 N 原子的排斥力和 B 原子的吸引力之间微妙平衡的结果。

4. 固相反应法

固相反应法是用来制备 h-BN 粉体的常用方法，在本书第 3 章中已对多种反应进行了介绍。通过设计合适的反应物体系，结合工艺优化，固相反应也可以作为制备 BNNS 的有效手段。

将氟硼酸钠 ($NaBF_4$)、氯化铵 (NH_4Cl) 和叠氮化钠 (NaN_3) 粉末混合，在室温下压制成颗粒，然后在高压釜中于 300℃ 下加热 20 h，采用无模板固相反应法制备了垂直排列的花状 BN 纳米片。BN 生成反应是

$$NaBF_4 + 3\,NH_4Cl + 3\,NaN_3 \longrightarrow BN + NaF + 3\,NaCl + 4\,N_2 + 3\,NH_3 + 3\,HF \tag{6-1}$$

将其在水中超声处理 2 h，然后在二甲基甲酰胺、二甲基亚砜和 1, 2-二氯乙烷 (EDC) 中超声处理 3 h，最后在 4000 r/min 下离心 15 min 除去残留大尺寸 BN 颗粒，即可以得到 BNNS[45]。

通过燃烧和热处理工艺，由硼酸、尿素、叠氮化钠和氯化铵组成的黏性水凝胶在 600℃ 的马弗炉中点燃溶液，用去离子水和乙醇洗涤所得产物并在真空中干燥，再在 N_2 气氛中于 1000 ~ 1400℃ 温度范围内退火，可得到厚 30 nm、横向尺寸为几百纳米的 BNNS[51]。此外，以 B_2O_3、Zn 和 $N_2H_4{\cdot}2HCl$ 为原料，在 500℃ 下的高压釜中反应 12 h，经 HCl 处理、过滤、80℃ 干燥，也可以制备出平均厚度为 4 nm 的 BNNS[52]。

5. 取代反应

取代反应指的是特定化合物中的原子或官能团被另一原子或基团取代，从而实现新物质的合成。Han 等[53] 将 B_2O_3 粉末置于开放式石墨坩埚中，以氧化钼 (MoO_3) 为催化剂包覆，然后用石墨烯片材包覆，坩埚在流动的 N_2 气氛中于

1650℃ 下保温 30 min，随后，从石墨烯片中收集产物，在空气中于 650℃ 下加热 30 min 以除去剩余的 C 可获得 BNNS。

6. 高能电子辐照、等离子体刻蚀

在进行透射电子显微镜观察时，可见到 BN 在高能电子束照射下发生逐层剥离的情况，因此可以通过受控的高能电子辐照制备单层的 BN 纳米片。首先对 BN 纳米片或粉末进行机械切割以减少 BN 纳米片的层数，然后通过电子束辐照将其进一步细化为单层。在此过程中，直径为几个纳米的高能聚焦电子束入射到样品上，通过人为控制电子束在样品上的扫描，从最上面的层开始，逐层剥离厚度为几纳米的 BN 纳米片以获得 BN 单原子层。

受到切割多壁碳纳米管制备窄石墨烯纳米带的启发，BN 纳米管也可以通过 Ar 等离子体刻蚀，将管壁逐步打开、分裂和剥落，最终得到宽度为 15 nm、长度可达几微米的 BN 纳米带 (图 6-19(a))[54]。另外，通过将钾 (K) 蒸气插层到 BN 纳米管壁中使 BN 纳米管纵向分裂制备 BN 纳米带，原始 BN 纳米管由于 K 插层引起的压力积累而开始局部解压，导致纳米管在纵向进一步分裂形成多层纳米带 (图 6-19(b))[55]。

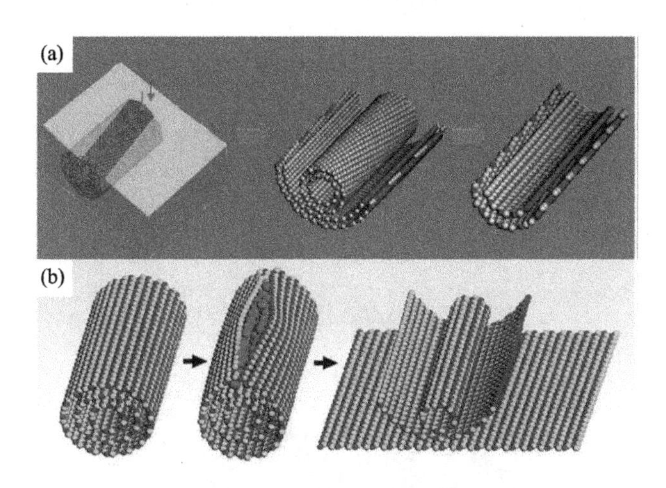

图 6-19 等离子体刻蚀切割形成 BN 纳米管过程示意图 (a) 和 BN 纳米管分裂形成纳米带过程示意图 (b)[54,55]

6.2.2 氮化硼纳米片的结构

Kim 等 [56] 在铜箔上通过化学气相沉积得到了氮化硼纳米片，再将其转移到 SiO_2/Si 基体上后，采用原子力显微镜 (AFM) 对其进行了表征 (图 6-20)。图中的白色箭头所指是纳米片的边缘，内嵌的高度变化图是沿着图中的横线所测量得到的，可见纳米片厚度约为 0.42 nm，表明该区域的是单层纳米片。

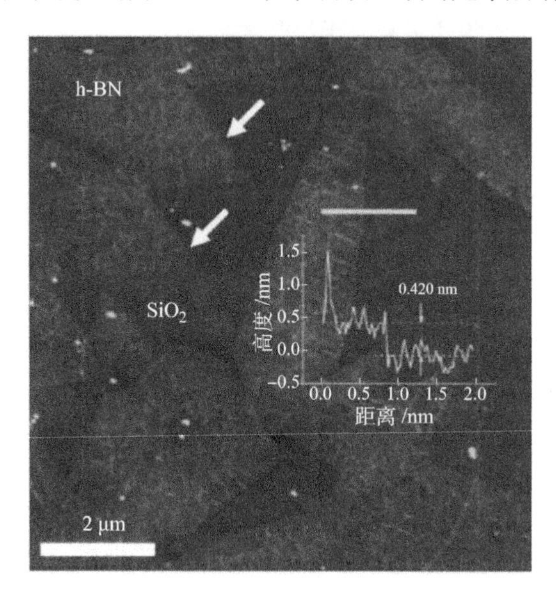

图 6-20　氮化硼纳米片的原子力显微镜照片[56]

透射电镜也是有效表征氮化硼纳米片等材料的手段。Lin 等[57] 采用高分辨透射电镜对液相剥离的氮化硼纳米片进行观察 (图 6-21)，可以清晰地看到纳米片的边缘，纳米片是由多个层叠合在一起的，越靠近边缘区域层数越少，透过性也越好。Han 等[58] 对氮化硼边缘条纹进行观察，可以清晰分辨出氮化硼纳米片的层数 (图 6-22)，从图 6-22(b) 中箭头处可看到三层和单层纳米片之间的界面。

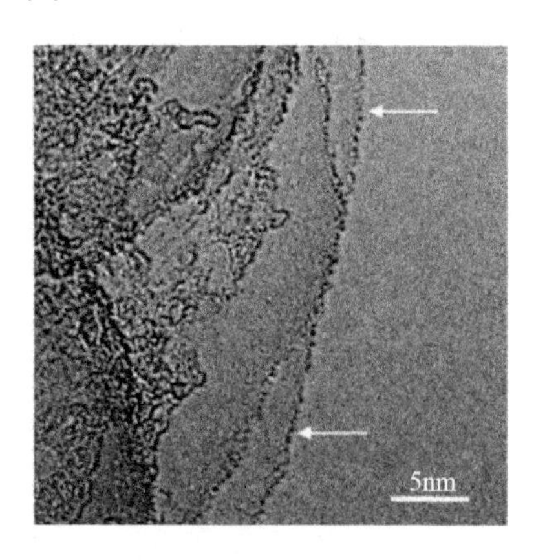

图 6-21　氮化硼纳米片的高分辨透射电镜照片[57]

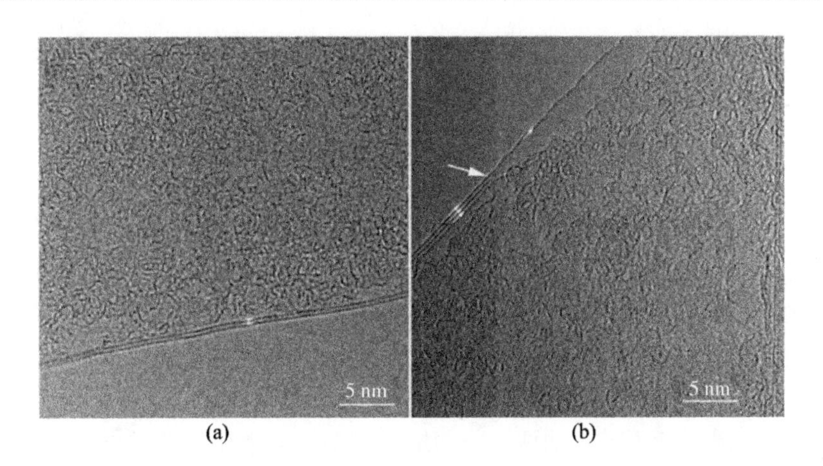

图 6-22 氮化硼纳米片边缘区域的高分辨透射电镜照片[58]

(a) 两原子层厚的氮化硼纳米片; (b) 三原子层厚的氮化硼纳米片

此外，光学显微镜也已成为观察氮化硼纳米片的有力手段，从 Gorbachev 等[59] 的研究结果可以看出 (图 6-23)，采用不同波长的光都可直接观察到纳米片的形貌，但其显示的清晰度和细节有所不同。由于光学显微镜具有便捷的特点，因此也已被很多研究者所采用。

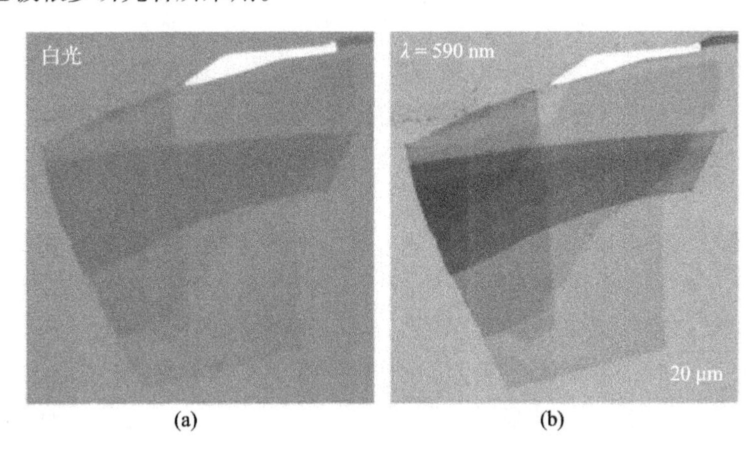

图 6-23 单层氮化硼纳米片在不同类型光下的形貌照片[59]

(a) 白光; (b) 波长为 590 nm 的单色光

6.2.3 氮化硼纳米片的特性及应用

h-BN 块体具有低密度、高热导率、电绝缘性、化学惰性等特点，BN 纳米作为 h-BN 的二维纳米结构衍生物，也继承了其独特的优点，具有广泛的应用前景。目前最有前途的应用是将 BNNS 作为石墨烯电子器件中的电介质衬底。此外，BNNS 还可用作多功能复合填料、耐热催化剂、传感器衬底、高耐久性场发射体和化学惰性超疏水膜等[60]。

1. 电学特性及应用

BN 纳米结构通常被认为是宽禁带半导体 (5.0~6.0 eV)，而对 BN 纳米管和 BNNS 电性能的理论分析表明，它们的带隙与原子结构无关。由于 BN 的化学和热学稳定性，并且没有悬空键和表面电荷能阱，BN 衬底上的石墨烯器件可以比 SiO_2 衬底上的同样器件具有更高的迁移率、场效应传输性能和化学稳定性。具有 BN-C-BN 三明治结构的多层 BN 纳米片–石墨烯异质结构有高达约 500000 $cm^2/(V\cdot s)$ 的电荷迁移率，而两个石墨烯层被 BN 纳米片分隔开的 C-BN-C 异质层状结构可被用于场效应隧穿晶体管器件[61]。对 BN 纳米片电子遂穿电流的测量表明，其隧道势垒可以降低到单原子平面，隧穿势垒电流与 BNNS 的厚度呈指数关系，因此，BNNS 可以用作石墨烯隧道结中的石墨烯和金属栅之间的隧道势垒。

与绝缘 BN 纳米片相比，具有锯齿形边缘或扶手椅形边缘的 BN 纳米带由于边缘效应导致了更显著的量子限域效应，从而具有各向异性的电性能。理论分析表明，锯齿形 BN 纳米带有间接带隙，并且随着纳米带宽度的增加而单调减小，而扶手椅形 BN 纳米带有直接带隙。尽管 BN 纳米带是绝缘体，但通过增加横向电场，可以逐渐实现纳米带中的绝缘体–金属转变[62,63]。

另一种改性二维 BN 纳米材料带隙宽度的方法是在其结构中掺杂第三种元素。考虑到 BN 和石墨烯具有相似的晶格参数和晶体结构，C 加入到 BN 网络中会形成稳定的结构，石墨烯的半金属性质与 BN 电绝缘性质的结合已经引起了人们对三元 B-C-N 体系的特别关注。硼碳氮化物 ($B_xC_yN_z$) 纳米结构由于其具有可变带隙能的半导体性质，有望应用在电子和发光器件中。经实验测量，纯 BN 纳米带和纳米片的带隙分别为 5.3 eV 和 5.7 eV，而将 C 掺入 BN 基体可以得到带隙更小的 BN-C 杂化纳米片，其特征是 C 在 BN 基体中的相分离，这导致在 BN 层中形成石墨烯岛，使其具备双重带隙特性，即 BN 晶格中的石墨烯岛的小带隙和 BN 基体的宽带隙。根据 C 含量和层片厚度的不同，带隙还可以调控[64]。

2. 光学特性及应用

与块状 h-BN 一样，二维 BN 纳米结构在电磁光谱的 390~700 nm 可见光区域不显示任何光学吸收。因此，它们表现出如薄膜或悬浮液一样的高透明性，并在结块时呈现白色。因此文献中 BN 纳米片有时也被称为“白色石墨烯”。然而，在深紫外范围内，BN 纳米片在 210~220 nm 处显示出明显的吸收峰[65]。纯 h-BN 单晶在 215 nm 处呈现出明显的发射峰和一系列 s 型激子吸收带。同样，BN 纳米片在深紫外区也呈现出较强的阴极发光 (CL) 发射。这使得这些 2D 纳米材料可应用于光存储、光催化、杀菌、眼科手术和纳米手术等领域的小型紫外激光等装置[66]。

BN 纳米片的其他光谱特征，如拉曼光谱 (Raman spectra) 和傅里叶变换红外光谱 (FTIR) 特征峰，也非常类似于块状 h-BN 晶体。低频模式的特征是整个平面相互滑动，而高频模式是 B 和 N 原子在平面内相互移动造成的。与块状 h-BN 晶体相比，多层 BN 纳米片中的衍射峰红移可能是因为：①在多层纳米片中相邻层的相互作用导致 B-N 键的略微伸长并因此导致声子的软化；②激光引起的局部温度升高；③纳米片固有的褶皱或与基底的相互作用而产生的应力[67]。然而，单层 BN 纳米片却显示出与样品相关的蓝移，这是孤立单层中稍短的 B—N 键使声子模式硬化所致。此外，在压缩和拉伸应力作用下，拉曼峰分别会向高频和低频移动。而在 BN 纳米片的典型 FTIR 光谱中，811 cm^{-1} 处有一个尖锐的吸收峰，1350~1520 cm^{-1} 处出现了一个宽吸收带，二者分别归因于 h-BN 平行于 c 轴的 B—N—B 弯曲振动模式和垂直于 c 轴的 B—N 伸缩振动模式。

3. 热学特性及应用

石墨烯优异的热输运性质引起了人们对其他类似于蜂窝的六方结构材料如 h-BN 的兴趣。h-BN 块体的室温理论热导率可达到 400 $W/(m \cdot K)$，这个值比大多数金属和陶瓷材料大得多，但仍比热解石墨低 4/5 倍。但理论研究表明，由于二维 BNNS 层中声子-声子散射的减少，单层 BN 具有比块体大得多的热导率，使单层 BNNS 成为室温热导率最高的材料之一[68,69]。

基于 BNNS 的高热导率，其中一个重要应用是作为导热聚合物填料。由于聚合物材料通常具有较低的热导率，一些传统的填料，如 Si_3N_4、AlN 和 BN 微粒已经应用到聚合物中以提高其热导率。然而，与微粒相比，纳米材料具有更高的比表面积，因此将其作为填料时，可以在使用尽量少的填料情况下，更有效地提高聚合物基复合材料的热导率。尽管石墨烯或其他导电填料的聚合物在渗流阈值之前可表现出高导热率和介电特性，然而，在某些需要保持较好的绝缘特性的场合下，BNNS 是更好的选择[70,71]。

4. 力学特性及应用

石墨烯被认为是刚性最强的材料之一，与其具有类似结构的无缺陷二维 BNNS 也具有超高的刚度和强度。

BNNS 已被多个实验证明可以用来有效增强聚合物膜的力学性能。例如，在 PMMA 薄膜中加入 0.3 wt% 的 BN 纳米片后，其弹性模量可提高 22%，强度可提高 11%[44]。此外，BNNS 还可用来提高陶瓷基复合材料的断裂韧性，采用放电等离子烧结法制备的一维/二维 BN 纳米材料增强 ZrB_2-SiC 复合材料，当 BN 含量达到 1 wt% 时，复合材料的断裂韧性可提高 24.4%[72]。

6.3 本章小结

本章介绍了代表性的氮化硼纳米管和氮化硼纳米片的发展历程，以及其在合成/制备方法、表征、性能和应用等方面的研究进展。近些年，以氮化硼纳米管和纳米片为主的系列化氮化硼纳米材料，正处于迅猛的发展阶段，有代表性、创造性的新研究成果不断涌现，本书在此方面的介绍可谓窥豹一斑。但可以预期的是，氮化硼纳米材料以其独特的性能，必将在今后的材料研究中发挥越来越大的作用，其规模化应用也是十分令人期待的。

参考文献

[1] Jiang X F, Weng Q H, Wang X B, et al. Recent progress on fabrications and applications of boron nitride nanomaterials: a Review. Journal of Materials Science & Technology, 2015, 31(6): 589-598.

[2] Shtansky D V, Firestein K L, Golberg D V. Fabrication and application of BN nanoparticles, nanosheets and their nanohybrids. Nanoscale, 2018, 10: 17477-17493.

[3] Kuchibhatla S V N T, Karakoti A S, Bera D, et al. One dimensional nanostructured materials. Progress in Materials Science, 2007, 52(5): 699-913.

[4] Golberg D, Bando Y, Huang Y, et al. Boron nitride nanotubes and nanosheets. ACS Nano, 2010, 4(6): 2979-2993.

[5] Zhi C Y, Bando Y, Tang C C, et al. Boron nitride nanotubes. Materials Science and Engineering R, 2010, 70(3-6): 92-111.

[6] Chopra N G, Luyken R J, Cherrey K, et al. Boron nitride nanotubes. Science, 1995, 269: 966, 967.

[7] Loiseau A, Willaime F, Demoncy N, et al. Boron nitride nanotubes with reduced numbers of layers synthesized by arc discharge. Physical Review Letters, 1996, 76(25): 4737-4740.

[8] Suenaga K, Colliex C, Demoncy N, et al. Synthesis of nanoparticles and nanotubes with well-separated layers of boron nitride and carbon. Science, 1997, 278(5338): 653-655.

[9] Golberg D, Bando Y, Eremets M, et al. Nanotubes in boron nitride laser heated at high pressure. Applied Physics Letters, 1996, 69(14): 2045-2047.

[10] Arenal R, Stephan O, Cochon J L, et al. Root-growth mechanism for single-walled boron nitride nanotubes in laser vaporization technique. Journal of the American Chemical Society, 2007, 129(51): 16183-16189.

[11] Golberg D, Rode A, Bando Y, et al. Boron nitride nanostructures formed by ultra-high-repetition rate laser ablation. Diamond and Related Materials, 2003, 12(8): 1269-1274.

[12] Golberg D, Bando Y, Kurashima K, et al. MoO_3-promoted synthesis of multi-walled BN nanotubes from C nanotube templates. Chemical Physics Letters, 2000, 323(1-2): 185-191.

[13] Shelimov K B, Moskovits M. Composite nanostructures based on template-grown boron nitride nanotubules. Chemistry of Materials, 2000, 12(1): 250-254.

[14] Dai J, Xu L Q, Fang Z L, et al. A convenient catalytic approach to synthesize straight boron nitride nanotubes using synergic nitrogen source. Chemical Physics Letters, 2007, 440(4-6): 253-258.

[15] Xu L Q, Peng Y Y, Meng Z Y, et al. A co-pyrolysis method to boron nitride nanotubes at relative low temperature. Chemistry of Materials, 2003, 15(13): 2675-2680.

[16] Cai P J, Chen L Y, Shi L, et al. One convenient synthesis route to boron nitride nanotube. Solid State Communications, 2005, 133(10): 621-623.

[17] Chen Y, Chadderton L T, Gerald J F, et al. A solid-state process for formation of boron nitride nanotubes. Applied Physics Letters, 1999, 74(20): 2960-2962.

[18] Lourie O R, Jones C R, Bartlett B M, et al. CVD growth of boron nitride nanotubes. Chemistry of Materials, 2000, 12(7): 1808-1810.

[19] Golberg D, Bando Y, Tang C C, et al. Functional boron nitride nanotubes. 2010 3rd International Nanoelectronics Conference (INEC), 2010: 47-48.

[20] Zhi C Y, Bando Y, Tang C C, et al. Effective precursor for high yield synthesis of pure BN nanotubes. Solid State Communications, 2005, 135(1-2): 67-70.

[21] Golberg D, Bando Y, Tang C C, et al. Boron nitride nanotubes. Advanced Materials, 2007, 19(18): 2413-2432.

[22] Chopra N G, Luyken R J, Cherrey K, et al. Boron Nitride Nanotubes. Science, 1995, 269(5226): 966-967.

[23] Ma R Z, Bando Y, Zhu H W, et al. Hydrogen uptake in boron nitride nanotubes at room temperature. Journal of the American Chemical Society, 2002, 124(26): 7672, 7673.

[24] Golberg D, Bando Y, Dorozhkin P, et al. Synthesis, analysis, and electrical property measurements of compound nanotubes in the B-C-N ceramic system. MRS Bulletin, 2004, 29(1): 38-42.

[25] Okada S, Saito S, Oshiyama A. New metallic crystalline carbon: three dimensionally polymerized C_{60} fullerite. Physical Review Letters, 1999, 83(10): 1986-1989.

[26] Golberg D, Bando Y, Kurashima K, et al. Nanotubes of boron nitride filled with molybdenum clusters. Journal of Nanoscience and Nanotechnology, 2001, 1(1): 49-54.

[27] Golberg D, Bando Y, Kurashima K, et al. Synthesis and characterization of ropes made of BN multiwalled nanotubes. Scripta Materialia, 2001, 44(8-9): 1561-1565.

[28] Chang C W, Fennimore A M , Afanasiev A, et al. Isotope effect on the thermal conductivity of boron nitride nanotubes. Physical Review Letters, 2006, 97(8): 085901.

[29] Chang C W, Okawa D, Majumdar A, et al. Solid-state thermal rectifier. Science, 2006, 314(5802): 1121-1124.

[30] Liu A Y, Wentzcovitch R M, Cohen M L. Atomic arrangement and electronic structure of BC_2N. Physical Review B, 1989, 39(3): 1760-1765.

[31] Vaccarini L, Luc Henrard C G, Hernández E, et al. Mechanical and electronic properties of carbon and boron-nitride nanotubes. Carbon, 2000, 38(11-12): 1681-1690.

[32] Kang H S. Theoretical study of boron nitride nanotubes with defects in nitrogen-rich synthesis. Journal of Physical Chemistry B, 2006, 110(10): 4621-4628.

[33] Chopra N G, Zettl A. Measurement of the elastic modulus of a multi-wall boron nitride nanotube. Solid State Communications, 1998, 105(5): 297-300.

[34] Golberg D, Bai X D, Mitome M, et al. Structural peculiarities of in situ deformation of a multi-walled BN nanotube inside a high-resolution analytical transmission electron microscope. Acta Materialia, 2007, 55(4): 1293-1298.

[35] Tang C C, Bando Y, Ding X X, et al. Catalyzed collapse and enhanced hydrogen storage of BN nanotubes. Journal of the American Chemical Society, 2002, 124(49): 14550, 14551.

[36] Oku T, Kuno M. Synthesis, argon/hydrogen storage and magnetic properties of boron nitride nanotubes and nanocapsules. Diamond and Related Materials, 2003, 12(3-7): 840-845.

[37] Zhi C Y, Bando Y, Tang C C, et al. Boron nitride nanotubes/polystyrene composites. Journal of Materials Research, 2006, 21(11): 2794-2800.

[38] Zhi C Y, Bando Y, Terao T, et al. Towards thermoconductive, electrically insulating polymeric composites with boron nitride nanotubes as fillers. Advanced Functional Materials, 2009, 19(12): 1857-1862.

[39] Bansal N P, Hurst J B, Choi S R. Boron nitride nanotubes-reinforced glass composites. Journal of the American Ceramic Society, 2006, 89(1): 388-390.

[40] Huang Q, Bando Y, Xu X, et al. Enhancing superplasticity of engineering ceramics by introducing BN nanotubes. Nanotechnology, 2007, 18(48): 485706.

[41] Ciofani G, Danti S, Genchi G G, et al. Boron nitride nanotubes: biocompatibility and potential spill-over in nanomedicine. Small, 2013, 9(9-10): 1672-1685.

[42] Lin Y, Connell J W. Advances in 2D boron nitride nanostructures: nanosheets, nanoribbons, nanomeshes, and hybrids with graphene. Nanoscale, 2012, 4(22): 6908-6939.

[43] Li L H, Chen Y, Behan G, et al. Large-scale mechanical peeling of boron nitride nanosheets by low-energy ball milling. Journal of Materials Chemistry, 2011, 21(32): 11862-11866.

[44] Zhi C Y, Bando Y, Tang C C, et al. Large-scale fabrication of boron nitride nanosheets and their utilization in polymeric composites with improved thermal and mechanical properties. Advanced Materials, 2009, 21(28): 2889-2893.

[45] Lian G, Zhang X, Tan M, et al. Facile synthesis of 3D boron nitride nanoflowers composed of vertically aligned nanoflakes and fabrication of graphene-like BN by exfoliation. Journal of Materials Chemistry, 2011, 21(25): 9201-9207.

[46] Li X L, Hao X P, Zhao M W, et al. Exfoliation of hexagonal boron nitride by molten hydroxides. Advanced Materials, 2013, 25(15): 2200-2204.

[47] Yurdakul H, Göncü Y, Durukan O, et al. Nanoscopic characterization of two-dimensional (2D) boron nitride nanosheets (BNNSs) produced by microfluidization. Ceramics International, 2012, 38(3): 2187-2193.

[48] Chen X J, Dobson J F, Raston C L. Vortex fluidic exfoliation of graphite and boron nitride. Chemical Communications, 2012, 48(31): 3703-3705.

[49] Paffett M T , Simonson R J , Papin P, et al. Borazine adsorption and decomposition at Pt(111) and Ru(001) surfaces. Surface Science, 1990, 232(3): 286-296.
[50] Kim K K, Hsu A, Jia X T, et al. Synthesis of monolayer hexagonal boron nitride on Cu foil using chemical vapor deposition. Nano Letters, 2012, 12(1): 161-166.
[51] Zhao Z Y, Yang Z G, Wen Y, et al. Facile synthesis and characterization of hexagonal boron nitride nanoplates by two-step route. Journal of the American Ceramic Society, 2011, 94(12): 4496-4501.
[52] Wang L C, Sun C H, Xu L Q, et al. Convenient synthesis and applications of gram scale boron nitride nanosheets. Catalysis Science & Technology, 2011, 1(7): 1119-1123.
[53] Han W Q, Yu H G, Liu Z X. Convert graphene sheets to boron nitride and boron nitride-carbon sheets via a carbon-substitution reaction. Applied Physics Letters, 2011, 98(20): 203112.
[54] Zeng H B, Zhi C Y, Zhang Z H, et al. "White graphenes" : boron nitride nanoribbons via boron nitride nanotube unwrapping. Nano Letters, 2010, 10(12): 5049-5055.
[55] Erickson K J, Gibb A L, Sinitskii A, et al. Longitudinal splitting of boron nitride nanotubes for the facile synthesis of high quality boron nitride nanoribbons. Nano Letters, 2011, 11(8): 3221-3226.
[56] Kim K K, Hsu A, Jia X T, et al. Synthesis of monolayer hexagonal boron nitride on Cu foil using chemical vapor deposition. Nano Letters, 2012, 12(1): 161-166.
[57] Lin Y, Williams T V, Connell J W. Soluble, exfoliated hexagonal boron nitride nanosheets. Journal of Physical Chemistry Letters, 2010, 1(1): 277-283.
[58] Han W Q, Wu L J, Zhu Y M, et al. Structure of chemically derived mono- and few-atomic-layer boron nitride sheets. Applied Physics Letters, 2008, 93(22): 223103.
[59] Gorbachev R V, Riaz I, Nair R R, et al. Hunting for monolayer boron nitride: optical and Raman signatures. Small, 2011, 7(4): 465-468.
[60] Pakdel A, Bando Y, Golberg D. Nano boron nitride flatland. Chemical Society Reviews, 2014, 43(3): 934-959
[61] Britnell L, Gorbachev R V , Jalil R, et al. Field-effect tunneling transistor based on vertical graphene heterostructures. Science, 2012, 335(6071): 947-950.
[62] Du A J, Smith S C, Lu G Q. First-principle studies of electronic structure and C-doping effect in boron nitride nanoribbon. Chemical Physics Letters, 2007, 447(4-6): 181-186.
[63] Park C H, Louie S G. Energy gaps and stark effect in boron nitride nanoribbons. Nano Letters, 2008, 8(8): 2200-2203.
[64] Pakdel A, Wang X B, Zhi C Y, et al. Facile synthesis of vertically aligned hexagonal boron nitride nanosheets hybridized with graphitic domains. Journal of Materials Chemistry, 2012, 22(11): 4818-4824.
[65] Coleman J N, Lotya M, O' Neill A, et al. Two-dimensional nanosheets produced by liquid exfoliation of layered materials. Science, 2011, 331(6017): 568-571.
[66] Watanabe K, Taniguchi T, Kanda H. Direct-bandgap properties and evidence for ultraviolet lasing of hexagonal boron nitride single crystal. Nature Materials, 2004, 3(6): 404-409.

[67] Pakdel A, Zhi C Y, Bando Y, et al. Boron nitride nanosheet coatings with controllable water repellency. ACS Nano, 2011, 5(8): 6507-6515.

[68] Lindsay L, Broido D A. Enhanced thermal conductivity and isotope effect in single-layer hexagonal boron nitride. Physical Review B, 2011, 84(15): 155421.

[69] Sevik C, Kinaci A, Haskins J B, et al. Characterization of thermal transport in low-dimensional boron nitride nanostructures. Physical Review B, 2011, 84(8): 085409.

[70] Wang X B, Pakdel A, Zhang J, et al. Large-surface-area BN nanosheets and their utilization in polymeric composites with improved thermal and dielectric properties. Nanoscale Research Letters, 2012, 7(1): 662.

[71] Romasanta L J, Hernández M, López-Manchado M A, et al. Functionalised graphene sheets as effective high dielectric constant fillers. Nanoscale Research Letters, 2011, 6(1): 508.

[72] Yue C G, Liu W W, Zhang L, et al. Fracture toughness and toughening mechanisms in a (ZrB_2-SiC) composite reinforced with boron nitride nanotubes and boron nitride nanoplatelets. Scripta Materialia, 2013, 68(8): 579-582.